実験医学 増刊 Vol.34-No.15 2016

遺伝子制御の新たな主役
栄養シグナル

糖、脂質、アミノ酸による転写調節・生体恒常性機構と
疾患をつなぐニュートリゲノミクス

編集＝矢作直也

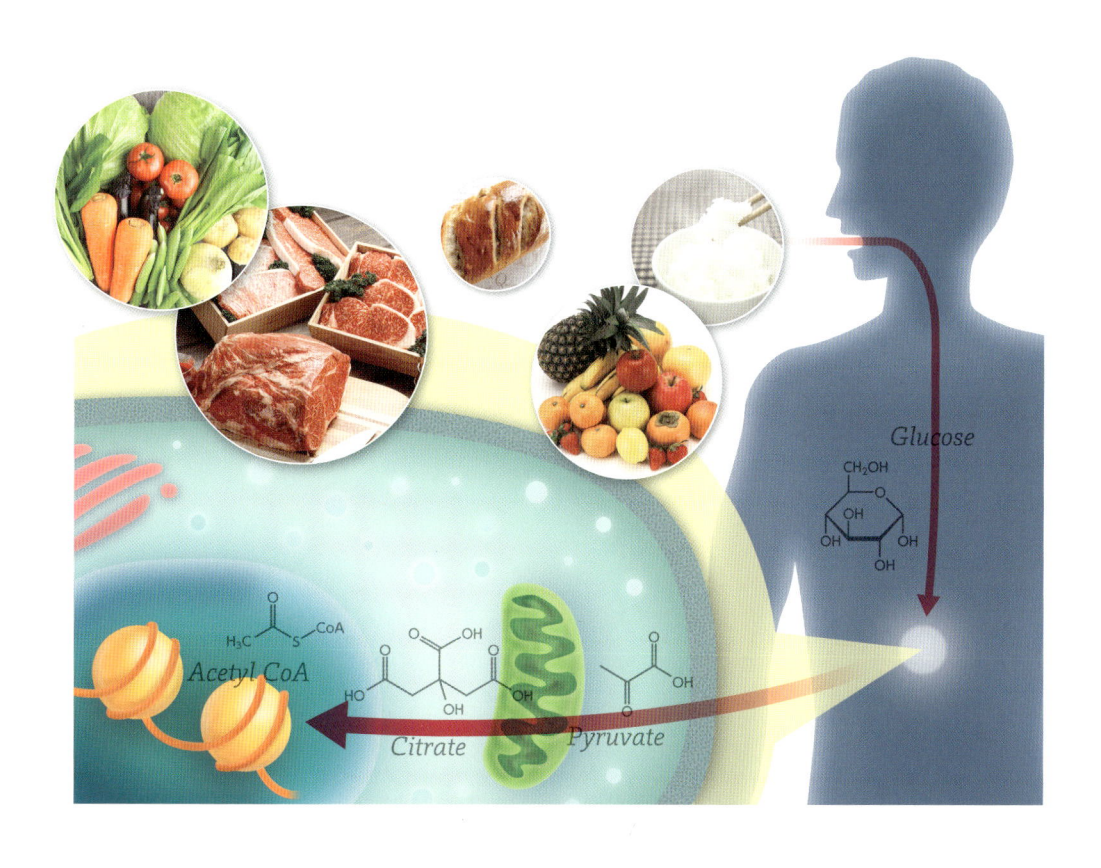

羊土社

【注意事項】本書の情報について──────

　本書に記載されている内容は，発行時点における最新の情報に基づき，正確を期するよう，執筆者，監修・編者ならびに出版社はそれぞれ最善の努力を払っております．しかし科学・医学・医療の進歩により，定義や概念，技術の操作方法や診療の方針が変更となり，本書をご使用になる時点においては記載された内容が正確かつ完全ではなくなる場合がございます．また，本書に記載されている企業名や商品名，URL等の情報が予告なく変更される場合もございますのでご了承ください．

序

　外界から栄養を摂取し，代謝して生きる，というのは，ヒトはもとより，動物すべてに共通の営みであり，日常の言葉のなかでも，「食べていく」と「生きていく」はほぼ同義で使われるくらいに，「食べる≒生きる」は当たり前のこととされています．しかし，「食べる」ことから，「生きる」こと，すなわち生命活動へつなげていくプロセスは実際には気が遠くなるほどに多くの過程からなり立っていて，そこには複雑な調節機構があるはずです．にもかかわらず，哺乳類だけをとってみても，草食動物もいれば肉食動物もおり，雑食の動物もいて実にさまざまな栄養環境に置かれているなかで，体の構造や組成は大きくみれば種を超えて保たれ大差はない，というのは，たいへん不思議なことに思われます．

　一方，数年〜10数年というスパンで見ていくと，過食が肥満や糖尿病，動脈硬化といった，いわゆる生活習慣病につながることもある，というのも広く知られている事実です．また，カロリー制限は酵母・線虫・昆虫・哺乳類に共通して，寿命延長効果があるとされています．しかし，これら周知の事実についても，「過食とは何か…？」「そもそも適正なカロリーとは…？」「最も健康的な食事とは…？」と考えていくと，どんどんわからないことだらけになっていきます．早い話，私自身，糖尿病外来では患者さんたちに「食事は控えめに，外食のときは食事を残しましょう」と話した同じ日に，家に帰れば自分の子ども達には，「ご飯は残さず，しっかり食べなさい」と言うわけで，ことはさほど単純ではありません．だからこそ，生体も「高度な情報処理」を日々，行いながら，なんとか難しいバランス・落としどころを探りつつ上手に生きている，ということでしょう．

　このように謎に満ちた生命と栄養との関係がいま，生命科学・医学の研究課題として改めて大きな注目を集めはじめています．単なるエネルギー源として，または生体の構成物質としてとらえられていた栄養の，「情報物質」としての新たな側面が質量分析などの技術革新を背景に次々と明らかにされつつあります．また同時に，それらの情報がどのように処理されていくのか，その「情報処理系」についても，ゲノム科学の進歩やさまざまな個体解析技術の発展を通じて，新たな知見が積み上がってきています．

　本書では，「情報物質」としての栄養・代謝物についての最新の話題（第1章）から，「情報処理系」としてのニュートリゲノミクス（第2章），そしてさらに，それらと疾患とのかかわり（第3章）まで，非常に幅広いテーマを扱いました．各章のより詳しい内容については，それぞれの概論もご覧ください．専門外の方や一般の方からは，「ニュートリゲノミクス」と聞いてもなんだか難しそうでよくわからない…という声も聞こえてきそうです．そういう方はぜひ，こんなふうにイメージしてみてはいかがでしょうか．ゲノム・クロマチンというのは，細胞にとって意思決定の最高中枢機関であり，会社で言えば「役員会」のような場です．「栄養」はざっくり言えば「お金」に当たります．ニュートリゲノミクスとは，この「役員会」をそこに出席している「財務担当役員」の目で見ていく，そんなイメージです．

考えてみれば，冒頭に書いたように，「食べる≒生きる」であり，すなわち，あらゆる生命現象に栄養はかかわっているわけで，ニュートリゲノミクスという研究分野も，実際のところ，あらゆる生命現象が対象です．また，ゲノム編集を含む遺伝子改変技術や *in vivo* イメージング技術，あるいは次世代シークエンサーを用いた腸内細菌解析技術など，「個体まるごと」でのアプローチ手法が近年，大きく進歩してきたことも，ニュートリゲノミクス研究を後押ししてくれています．本書が1つのきっかけとなり，潜在的にはこれまでも栄養シグナルとのつながりが見え隠れしていた現象・研究に今後，正面から「ニュートリゲノミクス」の光が当たるようになれば，編者の意図としては大成功です．

◆　　　　　◆　　　　　◆

　本書の企画に際しては，日本分子生物学会で2014，15年と2度に渡って行われたワークショップ (2014年「『食』と『カラダ』の相互作用：メタゲノミクスからニュートリゲノミクスまで」と2015年「栄養・メタボライトと遺伝子発現調節〜ニュートリゲノミクスの最前線」) から多くのことを学ばせていただきました．また，さらにその背景として，平成23〜27年度文部科学省新学術領域研究「生命素子による転写環境とエネルギー代謝のクロストーク制御 (転写代謝システム)」では5年間にわたり，非常に多くの先生方と交流させていただき，なかでも領域代表の深水昭吉先生には多大なるご支援を賜りました．さらにそのまた背景としまして，平成16〜21年度文部科学省特定領域研究「遺伝情報発現におけるDECODEシステムの解明」では領域代表の五十嵐和彦先生をはじめとする諸先生方にたいへん温かくご指導いただきました．こうした研究活動の熱く楽しい議論の場を通じて貴重なご縁をいただいた先生方に，今回，本書のご執筆をご快諾いただけたことも，個人的にはたいへん嬉しく，有難いことでした．この場をお借りしまして，これまでのご指導・ご高配，ならびにご執筆の労をおとりくださいましたことに厚く御礼申し上げます．

　ニュートリゲノミクスはまだ発展途上の学問領域であり，本書も同じく「未完の書」ではありますが，本書が次なる段階への一歩となり，この分野がさらに発展していくきっかけになれば望外の喜びです．

2016年8月

矢作直也

実験医学 増刊 Vol.34-No.15 2016

CONTENTS

遺伝子制御の新たな主役 栄養シグナル
糖、脂質、アミノ酸による転写調節・生体恒常性機構と疾患をつなぐニュートリゲノミクス

序 .... 矢作直也

第1章 新たに見えてきた，栄養・代謝物シグナルによる遺伝子制御メカニズム

概論 栄養シグナルの一覧と全体像 .... 矢作直也　16 (2414)

1. 栄養・代謝物シグナルのメタボローム解析 .... 大澤　毅　19 (2417)

2. アミノ酸によるトア（TOR）制御メカニズム
—その傾向と対策 .... 鎌田芳彰　25 (2423)

3. S-アデノシルメチオニン代謝と全身性傷害応答 .... 三浦正幸　32 (2430)

4. Sirtuin・NAD^+と遺伝子制御 .... 山縣和也　39 (2437)

5. 解糖系派生物メチルグリオキサールによるメタボリックシグナリング
.... 井上善晴　45 (2443)

6. 核内のピルビン酸キナーゼM2による転写調節機構
.... 松田知成，松田　俊，井倉　毅　52 (2450)

7. 脂肪酸結合タンパク質と遺伝子発現調節 .... 関谷元博　58 (2456)

8. コレステロールによる遺伝子発現制御 .... 佐藤隆一郎　64 (2462)

9. 栄養による胆汁酸代謝遺伝子制御からの代謝疾患へのアプローチ
　　　　　　　　　　　　横山葉子，中村杏菜，横江　亮，田岡広樹，渡辺光博　70（2468）

10. 鉄代謝と遺伝子制御　　　　　　　　　　　　　松井（渡部）美紀，五十嵐和彦　77（2475）

第2章　栄養環境応答において，ゲノムはどのように読まれるか？〜ニュートリゲノミクス〜

概論 ニュートリゲノミクスとは　　　　　　　　　　　　　　　　　　　　矢作直也　86（2484）

1. FAD依存性ヒストン脱メチル化酵素による遺伝子制御
　　　　　　　　　　　　日野信次朗，阿南浩太郎，高瀬隆太，興梠健作，中尾光善　88（2486）

2. エネルギー代謝とDNAメチル化制御
　　　　　　　辻本和峰，橋本貢士，袁　勲梅，川堀健一，榛澤　望，小川佳宏　95（2493）

3. 絶食時のエネルギー代謝とヒストンアセチル化制御
　　　　　　　　　　　　　　　　　　　　　　　　　　　松本道宏，酒井真志人　102（2500）

4. エネルギー代謝とメディエーター複合体　　　　　　　　　　　　　大熊芳明　110（2508）

5. 酸化ストレス応答転写因子NRF2の転写制御機構
　　　　　　　　　　　　　　　　　　　　　　　　　　　関根弘樹，本橋ほづみ　119（2517）

6. 摂食・絶食サイクルの転写調節機構　　　　　　　　　　　　　　　矢作直也　127（2525）

第3章　栄養による遺伝子制御と生命現象・臓器機能〜その破綻と疾患の観点から〜

概論 医学・疾患研究とニュートリゲノミクス　　　　　　　　　　　　　　矢作直也　138（2536）

1. オートファジーと栄養遺伝子制御　　　　　　　　　　　久万亜紀子，水島　昇　140（2538）

2. 低酸素と栄養遺伝子制御　　　　　　　　　　山口純奈，田中哲洋，南学正臣　147（2545）

CONTENTS

3. **食品-腸内細菌-宿主クロストークによる腸管免疫制御**
   ………………………………………………………………青木　亮，長谷耕二 155 (2553)

4. **栄養摂取による概日遺伝子発現の制御**……………………………………明石　真 163 (2561)

5. **栄養から見る線虫の寿命制御経路**…………………………………廣田恵子，深水昭吉 170 (2568)

6. **哺乳類の老化・寿命と栄養遺伝子制御**
   ………………………………………………池上龍太郎，清水逸平，吉田陽子，南野　徹 176 (2574)

7. **栄養と代謝物による遺伝子発現と脂肪細胞の機能制御**………酒井寿郎 183 (2581)

8. **メカノ-メタボ連関と栄養による遺伝子発現制御**
   ―エネルギー代謝コーディネータとしての骨格筋機能………清水宣明，田中廣壽 189 (2587)

9. **栄養素によるグルカゴン，インスリンの変動と糖尿病との関連**
   ……………………………………………………………………北村忠弘，小林雅樹 196 (2594)

10. **動脈硬化と栄養遺伝子制御**
    ―膜貫通型転写因子が制御する脂質代謝と動脈硬化………中川　嘉，島野　仁 204 (2602)

11. **腸内細菌による栄養成分の代謝物と宿主病態**
    ―発がん・がん予防との関連に着目して………………………大谷直子，原　英二 211 (2609)

Topics

i. **哺乳類の細胞サイズを規定する分子基盤**……………………………山本一男 217 (2615)

ii. **ERRによるメタボリックスイッチとiPS細胞誘導**
    ……………………………………………………………………櫛笥博子，川村晃久，木田泰之 223 (2621)

索　引 …………………………………………………………………………………………… 227 (2625)

略語一覧

2-HG	:	2-hydroxyglutarate（2-ヒドロキシグルタル酸）
4E-BP1	:	initiation factor 4E（eIF4E）結合タンパク質
AceCS	:	acetyl-CoA synthetase（アセチルCoA合成酵素）
AceCS1	:	acetyl-CoA synthetase 1
ACF	:	aberrant crypt foci（異常陰窩巣）
ACL	:	ATP-citrate lyase
AGEs	:	advanced glycation end products
AhR	:	aryl-hydrocarbon receptor（芳香族炭化水素受容体）
αKG	:	α-ketoglutaric acid（αケトグルタル酸）
AMPK	:	AMP-activated protein kinase（AMP活性化プロテインキナーゼ）
ApoB	:	apolipoprotein B（アポリポタンパク質B）
AQP-1	:	aquaporin-1
ARE	:	antioxidant response element（抗酸化応答配列）
ARNT	:	AhR nuclear translocator（AhR核内輸送体）
Arnt	:	aryl hydrocarbon receptor nuclear translocator
ATF4	:	activating transcription factor 4
ATG13	:	autophagy-related protein 13
ATGL	:	adipose triglyceride lipase
ATP	:	adenosine triphosphate（アデノシン三リン酸）
Bach1	:	BTB and CNC homology 1
Bach2	:	BTB and CNC homology 2
bai	:	bile acid-inducible
BAT	:	brown adipose tissue（褐色脂肪細胞）
BCAA	:	branched-chain amino acid（分岐鎖アミノ酸）
BCAT2	:	branched chain amino acid transaminase 2
BNIP3	:	BCL2/adenovirus E1B 19-kDa interacting protein 3
BRG1	:	brahma-related gene 1
CA	:	cholic acid（コール酸）
cAMP	:	cyclic AMP（環状アデノシンーリン酸）
CAT	:	chloramphenicol acetyltransferase
CBP	:	CREB binding protein（CREB結合タンパク質）
CBS	:	cystathionine β-synthase（シスタチオンβ-合成酵素）
CCR9	:	C-C chemokine receptor type 9
CD	:	circular dichroism（円偏光二色性）
CDCA	:	chenodeoxycholic acid（ケノデオキシコール酸）
C. elegans	:	*Caenorhabditis elegans*
CE-MS	:	capillary electrophoresis/mass spectrometry（キャピラリー電気泳動-質量分析）
CHD6	:	chromodomain helicase DNA binding protein 6
ChIP-qPCR	:	chromatin immunoprecipitation-quantitative polymerase chain reaction（クロマチン免疫沈降-定量ポリメラーゼ連鎖反応）
CITED2	:	CBP/p300-interacting transactivator, with Glu/Asp-rich carboxy-terminal domain, 2
CKD	:	chronic kidney disease（慢性腎臓病）
CNC	:	cap'n'collar
CNS3	:	conserved noncoding sequence 3
COX	:	cytochrome c oxidase（シトクロムCオキシダーゼ）
COX7RP	:	cytochrome c oxidase subunit 7a related polypeptide
CREB	:	cAMP responsive element binding protein（cAMP反応性領域結合タンパク質）
CREB3L3	:	cAMP responsive element binding protein 3-like 3
CRP	:	C-reactive protein
CRTC2	:	CREB regulated transcription coactivator 2
Cry	:	*Cryptochrome*（クリプトクローム）
CSE	:	cystathionase（シスタチオナーゼ）
DCA	:	deoxy cholic acid（デオキシコール酸）

Dcytb	: duodenal cytochrome		**FMN**	: flavin mononucleotide（フラビンモノヌクレオチド）
DEM	: diethyl maleate（マレイン酸ジエチル）		**FMO**	: flavin-containing monooxygenase（フラビン含有モノオキシゲナーゼ）
DHNA	: 1,4-dihydroxy-2-naphthoic acid（1,4-ジヒドロキシ-2-ナフトエ酸）		**FoxO**	: forkhead box O
DLS	: dynamic light scattering（動的光散乱測定）		**FoxO1**	: forkhead box O1
DMBA	: 7,12-dimethylbenz[a]anthracene		**FXR**	: farnesoid X receptor
DOG	: 2-deoxy-D-glucose（2-デオキシ-D-グルコース）		**G6Pase**	: glucose 6-phosphatase（グルコース-6-ホスファターゼ）
DOHaD	: developmental origins of health and disease		**G6PD**	: glucose-6-phosphate dehydrogenase（グルコース6リン酸脱水素酵素）
Dox	: doxycycline（ドキシサイクリン）		**γGCL**	: γ glutamate cysteine ligase（γグルタミルシステイン合成酵素）
DPP4	: dipeptidyl peptidase-4		**GAP**	: GTPase activating protein（GTPase 活性化因子）
DR	: vitamin D receptor（ビタミンD受容体）		**GC**	: glucocorticoid（グルココルチコイド）
ECAR	: extracellular acidification rate（細胞外酸性化速度）		**GCLM**	: glutamate-cysteine ligase, modifier subunit
ELISA	: enzyme-linked immunosorbent assay		**GCN5**	: general control of amino-acid synthesis 5
Elovl6	: elongation of very long-chain fatty acids family member 6		**GEF**	: guanine nucleotide exchange factor（GDP-GTP交換因子）
ERM	: enhanced retroviral mutagen		**GIP**	: glucose-dependent insulinotropic polypeptide
ERR	: estrogen-related receptor（エストロゲン関連核内受容体）		**GLP-1**	: glucagon-like peptide-1
ES細胞	: embryonic stem cells		**GLUT**	: glucose transporter
FABP	: fatty acid binding protein（脂肪酸結合タンパク質）		**GLUT1**	: glucose transporter 1
FAD	: flavin adenine dinucleotide		**GLUT4**	: glucose transporter 4（グルコーストランスポーター4）
FADS	: FAD synthetase（FADシンセターゼ）		**GNMT**	: glycine N-methyltransferase（グリシンNメチルトランスフェラーゼ）
FAS	: fatty acid synthase		**GP2**	: glycoprotein-2
FBP	: fructose 1,6-bisphosphate（フルクトース1,6-ビスリン酸）		**GPAT1**	: glycerol-3-phosphate acyltransferase 1
FBXL5	: F-box and leucine-rich repeat protein 5		**GPCR**	: G protein-coupled receptor（Gタンパク質共役受容体）
FFA	: free fatty acid（遊離脂肪酸）		**GPR**	: G protein coupled receptor（Gタンパク質共役受容体）
FGF21	: fibroblast growth factor 21		**GR**	: glucocorticoid receptor（グルココルチコイドレセプター）
FICZ	: 6-formylindolo[3,2-*b*]carbazole			
FIH	: factor inhibiting HIF			

略語一覧

GSK3β : glycogen synthase kinase 3 β
GTP : guanosine triphosphate（グアノシン三リン酸）
GVHD : graft versus host disease（移植片対宿主病）
H3K4 : histone H3 lysine 4
H3K9 : histone H3 lysine 9
H3K27 : histone H3 lysine 27
HA : hemagglutinin（ヘマグルチニン）
HAT : histone acetyltransferase（ヒストンアセチル基転移酵素）
Hcy : homocysteine（ホモシステイン）
HDAC : histone deacetylase（ヒストン脱アセチル化酵素）
HIF : hypoxia-inducible factor（低酸素誘導因子）
HIF-1 : hypoxia inducible factor-1
HIF-1α : hypoxia-inducible factor-1 α
HIF3α : hypoxia inducible factor 3 α
HNF : hepatocyte nuclear factor
HNF-4α : hepatocyte nuclear factor-4 α
hnRNP : heterogeneous nuclear ribonucleoprotein
HO-1 : heme oxygenase-1（ヘムオキシゲナーゼ-1）
HRE : hypoxia response element
Hsf-1 : heat shock factor-1
HSL : hormone-sensitive lipase
I3C : indole-3-carbinol
IAld : indole-3-aldehyde
ICZ : indolo[3,2-b] carbazole
IDH : isocitrate dehydrogenase（イソクエン酸脱水素酵素）
IDR : intrinsically disordered region（天然変性領域）
IDRs : intrinsically disordered regions（天然変性領域）
IEL : intraepithelial lymphocyte（上皮内リンパ球）

IGF : insulin-like growth factor（インスリン様増殖因子）
IGF-I : insulin-like growth factor-1
ILC : innate lymphoid cells（自然リンパ球）
iPS細胞 : induced pluripotent stem cell（人工多能性幹細胞）
IRE : iron responsive element
IRP : iron regulatory protein
JAK : Janus kinase
JMJD : jumonji domain-containing
JNK : c-JUN N-terminal kinase
KAT2B : K（lysine）acetyltransferase 2B
KDM : lysine demethylases（ヒストンリジン脱メチル化酵素）
KEAP1 : kelch-like ECH-associated protein 1
KLF15 : krüppel-like factor 15
LC : liquid chromatography（液体クロマトグラフィ）
LC-MS/MS : liquid chromatography-mass spectrometry/mass spectrometry（液体クロマトグラフィー質量分析法）
LCA : lithocholic acid（リトコール酸）
LDHA : lactate dehydrogenase（乳酸デヒドロゲナーゼA）
LRH : liver receptor homolog（肝臓受容体ホモログ）
LSD1 : lysine-specific demethylase 1
LSD2 : lysine-specific demethylase 2
LTi : lymphoid tissue inducer
LXR : liver X receptor
LXRα : liver X receptor α
LXRE : LXR response element
MAPK : mitogen-activated protein kinase
MAT : methionine adenosyltransferase（メチオニン合成酵素）
MCA : muricholic acid（ミュリコール酸）

MCD	: malonyl-CoA decarboxylase	**Nrp1**	: neuropilin-1
ME1	: malic enzyme 1（リンゴ酸酵素）	**NSC**	: neural stem cells（神経幹細胞）
MED16	: mediator complex subunit 16	**OCR**	: oxygen consumption rate（酵素消費速度）
MEF	: mouse embryonic fibroblast（マウス胎仔線維芽細胞）	**OGT**	: O-GluNAc transferase（O-GluNAc 転移酵素）
MG	: methylglyoxal	**OXPHOS**	: oxidative phosphorylation（酸化的リン酸化）
mGRKO	: muscle-specific glucocorticoid receptor knock out（骨格筋特異的グルココルチコイドレセプターノックアウト）	**Pck1**	: phosphoenolpyruvate carboxykinase1
		PCSK9	: proprotein convertase subtilisin/kexin type 9
miR-33	: miroRNA-33	**PDC**	: pyruvate dehydrogenase complex（ピルビン酸脱水素酵素複合体）
MnSOD	: manganese superoxide dismutase	**PDE**	: phosphodiesterase
MS	: mass spectrometry（質量分析装置）	**PDH**	: pyruvate dehydrogenase（ピルビン酸脱水素酵素複合体）
MTHF	: methylenetetrahydrofolate（メチレンテトラヒドロ葉酸）	**PDK1**	: pyruvate dehydrogenase kinase-1（ピルビン酸デヒドロゲナーゼキナーゼ-1）
MTHFD2	: methylenetetrahydrofolate dehydrogenase (NADP$^+$ dependent) 2	**PDX1**	: pancreatic and duodenal homeobox 1
mTOR	: mechanical target of rapamycin	**PEP**	: phosphoenolpyruvate（ホスホエノールピルビン酸）
mTORC	: mammalian TOR complex	**PEPCK**	: phosphoenolpyruvate carboxykinase（ホスホエノールピルビン酸カルボキシキナーゼ）
mTORC1	: mechanistic target of rapamycin complex 1（mTOR 複合体1）	**Per**	: *Period*（ピリオド）
MuRF1	: muscle RING-finger protein-1	**PFKFB3**	: 6-phosphofructo-2-kinase/fructose-2,6-bisphosphatase 3
NAD$^+$	: nicotinamide adenine dinucleotide（ニコチンアミドアデニンジヌクレオチド）	**PGC-1**	: PPARγ coactivator 1（ペルオキシソーム増殖因子活性化受容体γコアクチベーター1）
NADPH	: nicotinamide adenine dinucleotide phosphate	**PGC-1α**	: PPARγ coactivator-1α（PPARγコアクチベーター1α）
NAFLD	: nonalcoholic fatty liver disease（非アルコール性脂肪性肝炎）	**PGD**	: phosphogluconate dehydrogenase（ホスホグルコン酸デヒドロゲナーゼ）
NASH	: nonalcoholic steatohepatitis	**PHD**	: prolyl hydroxylase（プロリン水酸化酵素）
ncRNA-a	: non-coding RNA-activating（エンハンサー様長鎖ノンコーディングRNA）	**PI3K**	: phosphatidylinositol 3-kinase（ホスファチジルイノシトール（PI）3-キナーゼ）
Neh	: nrf2-ECH homology	**PIC**	: preinitiation complex（転写開始前複合体）
NES	: nuclear export signal（核外搬出シグナル）	**PKA**	: protein kinase A（Aキナーゼ，cAMP依存性キナーゼ）
NFκB	: nuclear factor κB		
NLS	: nuclear localization signal（核移行シグナル）	**PKM2**	: pyruvate kinase M2（ピルビン酸キナーゼM2）
NRF2	: nuclear factor E2-related factor-2		

略語一覧

Pol Ⅱ	：RNA ポリメラーゼⅡ		**SAM**	：S-adenosylmethionine（S-アデノシルメチオニン）
PPAR	：peroxisome proliferator-activated receptor		**SAMS**	：S-adenosyl-methionine synthase（SAM合成酵素）
PPARα	：peroxisome proliferator-activated receptor α		**SAP**	：serum amyloid P-component
PPARγ	：peroxisome proliferator-activated receptor γ		**SASP**	：senescence-associated secretory phenotype（細胞老化随伴分泌現象）
PPAT	：phosphoribosyl pyrophosphate amidotransferase		**SAXS**	：small angle X-ray scattering（X線小角散乱）
PRD-BF1	：positive regulatory domain 1-binding factor 1		**SCAP**	：SREBP cleavage activating protein
PRDM16	：PRD1-BF1-RIZ1 homologous domain-containing 16（PR類似領域含有タンパク質16）		**SCD1**	：stearoyl-CoA desaturase 1（ステアロイルCoAデサチュラーゼ）
pTreg	：peripherally-induced Treg（末梢分化Treg）		**sDR**	：solid dietary restriction
R5P	：ribose 5-phosphate（リボース5リン酸）		**SDR**	：systemic damage response（全身性傷害応答）
RA	：retinoic acid（レチノイン酸）		**Sema3E**	：semaphorin3E（セマフォリン3E）
Raldh1	：retinaldehyde dehydrogenase1（レチナールデヒドロゲナーゼ1）		**SERBP1c**	：sterol regulatory element binding protein 1c
Rap	：rapamycin（ラパマイシン）		**SETDB1**	：SET domain bifurcated 1
RAR	：retinoic acid receptor		**SHP**	：small heterodimer partner（低分子量ヘテロ二量体パートナー）
REDD1	：regulated in development and DNA damage responses 1		**SIRT**	：sirtuin（サーチュイン）
RFK	：riboflavin kinase（リボフラビンキナーゼ）		**SIRT1**	：sirtuin 1
RIA	：radioimmunoassay		**sMAF**	：small MAF
RIZ1	：retinoblastoma protein-interacting zinc finger protein 1		**SPF**	：specific pathogen mouse
RORγt	：retinoid-related orphan receptor γt		**SRB**	：suppressor of RNA polymerase B（RNAポリメラーゼB（Ⅱ）抑制遺伝子産物）
ROS	：reactive oxygen species（活性酸素種）		**SRC1**	：steroid receptor coactivator 1
RTK	：receptor tyrosine kinase（レセプター型チロシンキナーゼ）		**SRE**	：SREBP responsive element
RXR	：retinoid X receptor		**SRE**	：sterol regulatory element
S1P	：site-1 protease		**SREBP**	：sterol regulatory element-binding protein
S2P	：site-2 protease		**SREBP-1a**	：sterol regulatory element-binding protein-1a（ステロール制御エレメント結合タンパク質1a）
S6K	：ribosomal protein S6 kinase（p70 S6キナーゼ）		**SSD**	：sterol sensing domain
SAICAR	：succinylaminoimidazolecarboxamide ribose-5'-phosphate		**STAT**	：signal transducer and activator of transcription

STAT3	: signal transducers and activator of transcription 3	**TOR**	: target of rapamycin（トアタンパク質）
STZ	: streptozotocin（ストレプトゾトシン）	**TORC**	: TOR complex
SUMO	: small ubiquitin-related modifier	**TORC1**	: TOR complex 1
SWR	: systemic wound response（全身性創傷応答）	**TORC2**	: TOR complex 2
TALDO1	: transketolase（トランスアルドラーゼ）	**TR**	: thyroid hormone receptor（甲状腺ホルモン受容体）
TCA	: tricarboxylic acid	**Treg**	: regulatory T cells（調節性T細胞）
TET	: ten-eleven translocation	**TSC**	: tuberous sclerosis complex（結節性硬化症タンパク質複合体）
TFEB	: transcription factor EB	**tTreg**	: thymus-derived Treg（胸腺由来Treg）
TFEL	: transcription factor expression library（転写因子発現ライブラリー）	**Ucp1**	: uncoupling protein 1（脱共役タンパク質1）
TG	: triglyceride（中性脂肪）	**UDCA**	: ursodeoxycholic acid（ウルソデオキシコール酸）
TGF-β	: transforming growth factor（トランスフォーミング増殖因子）	**V-ATPase**	: vacuolar-type H^+-ATPase（液胞型H^+輸送性ATPase）
THF	: tetrahydrofolic acid（テトラヒドロ葉酸）	**VEGF**	: vascular endothelial growth factor
TKT	: transketolase（トランスケトラーゼ）	**VHL**	: von Hippel–Lindau
TMA	: trimethylamine（トリメチルアミン）	**xCT**	: cystine/glutamate transporter
TMAO	: trimethylamine N-oxide（トリメチルアミンN-オキシド）		

執筆者一覧

●編　集

矢作直也　　筑波大学医学医療系ニュートリゲノミクスリサーチグループ

●執　筆 （五十音順）

青木　亮	江崎グリコ株式会社/慶應義塾大学大学院医学研究科消化器内科
明石　真	山口大学時間学研究所
阿南浩太郎	熊本大学発生医学研究所細胞医学分野
五十嵐和彦	東北大学医学系研究科生物化学分野
井倉　毅	京都大学放射線生物学研究センター
池上龍太郎	新潟大学大学院医歯学総合研究科循環器内科学
井上善晴	京都大学大学院農学研究科応用生命科学専攻エネルギー変換細胞学分野
大熊芳明	長崎大学大学院医歯薬総合研究科生化学教室
大澤　毅	東京大学先端科学技術研究センターシステム生物医学分野
大谷直子	東京理科大学理工学部応用生物科学科
小川佳宏	東京医科歯科大学大学院医歯学総合研究科分子内分泌代謝学分野
鎌田芳彰	自然科学研究機構基礎生物学研究所/総合研究大学院大学
川堀健一	東京医科歯科大学大学院医歯学総合研究科分子内分泌代謝学分野
川村晃久	立命館大学生命科学部生命医科学科
北村忠弘	群馬大学生体調節研究所代謝シグナル解析分野
木田泰之	産業技術総合研究所創薬基盤研究部門ステムセルバイオテクノロジー研究グループ
櫛笥博子	産業技術総合研究所創薬基盤研究部門ステムセルバイオテクノロジー研究グループ
久万亜紀子	東京大学大学院医学系研究科分子生物学分野
興梠健作	熊本大学発生医学研究所細胞医学分野
小林雅樹	群馬大学生体調節研究所代謝シグナル解析分野
酒井寿郎	東京大学先端科学技術研究センター代謝医学分野
酒井真志人	国立国際医療研究センター研究所糖尿病研究センター分子代謝制御研究部
佐藤隆一郎	東京大学大学院農学生命科学研究科応用生命化学
島野　仁	筑波大学医学医療系内分泌代謝・糖尿病内科/筑波大学国際統合睡眠医科学研究機構（WPI-IIIS）
清水逸平	新潟大学大学院医歯学総合研究科循環器内科学/新潟大学大学院医歯学総合研究科先進老化制御学講座
清水宣明	東京大学医科学研究所附属病院抗体・ワクチンセンター免疫病治療学分野
関根弘樹	東北大学加齢医学研究所遺伝子発現制御分野
関谷元博	筑波大学医学医療系内分泌代謝・糖尿病内科
田岡広樹	慶應義塾大学政策メディア研究科
高瀬隆太	熊本大学発生医学研究所細胞医学分野
田中哲洋	東京大学大学院医学系研究科腎臓・内分泌内科
田中廣壽	東京大学医科学研究所附属病院抗体・ワクチンセンター免疫病治療学分野
辻本和峰	東京医科歯科大学大学院医歯学総合研究科分子内分泌代謝学分野
中尾光善	熊本大学発生医学研究所細胞医学分野
中川　嘉	筑波大学医学医療系内分泌代謝・糖尿病内科/筑波大学国際統合睡眠医科学研究機構（WPI-IIIS）
中村杏菜	慶應義塾大学政策メディア研究科
南学正臣	東京大学大学院医学系研究科腎臓・内分泌内科
橋本貢士	東京医科歯科大学大学院医歯学総合研究科メタボ先制医療講座
長谷耕二	慶應義塾大学大学院薬学系研究科生化学講座
原　英二	大阪大学微生物病研究所遺伝子生物学分野/がん研究会がん研究所がん生物部
榛澤　望	東京医科歯科大学大学院医歯学総合研究科分子内分泌代謝学分野
日野信次朗	熊本大学発生医学研究所細胞医学分野
廣田恵子	筑波大学生命環境系グローバル教育院ヒューマンバイオロジー学位プログラム
深水昭吉	筑波大学生命領域学際研究センター
松井（渡部）美紀	東北大学医学系研究科生物化学分野/日本学術振興会RPD特別研究員
松田　俊	京都大学大学院工学研究科/富士フイルム株式会社
松田知成	京都大学大学院工学研究科
松本道宏	国立国際医療研究センター研究所糖尿病研究センター分子代謝制御研究部
三浦正幸	東京大学大学院薬学系研究科遺伝学教室
水島　昇	東京大学大学院医学系研究科分子生物学分野
南野　徹	新潟大学大学院医歯学総合研究科循環器内科学
本橋ほづみ	東北大学加齢医学研究所遺伝子発現制御分野
矢作直也	筑波大学医学医療系ニュートリゲノミクスリサーチグループ
山縣和也	熊本大学大学院生命科学研究部病態生化学分野
山口純奈	東京大学大学院医学系研究科腎臓・内分泌内科
山本一男	長崎大学医学部共同利用研究センター細胞機能解析支援部門
袁　勲梅	東京医科歯科大学大学院医歯学総合研究科分子内分泌代謝学分野
横江　亮	慶應義塾大学総合政策学部
横山葉子	慶應義塾大学政策メディア研究科/慶應義塾大学SFC研究所ヘルスサイエンスラボ
吉田陽子	新潟大学大学院医歯学総合研究科循環器内科学/新潟大学大学院医歯学総合研究科先進老化制御学講座
渡辺光博	慶應義塾大学政策メディア研究科/慶應義塾大学SFC研究所ヘルスサイエンスラボ

第1章
新たに見えてきた，栄養・代謝物シグナルによる遺伝子制御メカニズム

第1章 新たに見えてきた，栄養・代謝物シグナルによる遺伝子制御メカニズム

概論

栄養シグナルの一覧と全体像

矢作直也

　栄養とは，われわれが生きていくうえで必要不可欠なものであり，日々，さまざまな酵素により代謝され消費されていく「消耗品」というイメージがある．しかし実際には，ただ単に代謝・消費されていく対象というわけではなく，その摂取や代謝は細かな調節を受けており，その調節に際して，栄養・代謝物そのものが「情報」としての意味をもちつつ，細胞・臓器内外でやりとりされている．本章では，そのような「情報物質としての栄養」という概念について，各項で具体例とともにわかりやすくとり上げる．

　「情報物質としての栄養」という観点から，近年注目されている栄養・代謝物シグナル分子の一覧を本書各論との対応を交えて表にまとめた．なかでも，クエン酸回路（TCA回路）の中間代謝産物や補酵素のなかには，ヒストンのアセチル化やメチル化修飾（いわゆるヒストンコード）にかかわる分子が多く含まれ，エネルギー代謝とエピゲノム情報・遺伝子発現調節の密接な関係が注目されてきた（図）．

　また，糖・エネルギー代謝のみにとどまらず，アミノ酸代謝や脂質代謝の産物のなかにも，新たな情報伝達機能・作用点がみえてきたものが数多く存在する（表）．

　さらに，代謝経路そのものも，細胞質内やミトコンドリア内だけでなく，核内での解糖系の役割が注目されるなど，さまざまな角度から，栄養代謝と遺伝子発現調節の新たな関係が明らかにされつつある．

　また，いわゆる三大栄養素（炭水化物・脂肪・タンパク質）以外にもビタミン類やミネラル類など，「情報物質」としての側面を併せもつ栄養素は数多く存在している．そのようなもののなかから一例として，鉄についての話題を第1章-10でとり上げた．

　本章では，新たにみえてきた「栄養・代謝物シグナル」に注目しながら，それらによる遺伝子発現制御機構の具体例・詳細について，各分野の専門家に筆をとっていただいた．筆者の直感としては，未知の「栄養・代謝物シグナル」やそのセンサー分子もおそらくまだ数多く隠れているに違いなく，ごく最近，報告された経路も含め，今後の展開がとても楽しみである．

[略語]
AMPK：5′AMP-activated protein kinase
DNMT：DNA methyltransferase
FABPs：fatty acid binding proteins
FXR：farnesoid X receptor
HDACs：histone deacetylases
LXR：liver X receptor
PPAR：peroxisome proliferator-activated receptor
PRMT：protein arginine methyltransferase
SAM：S-adenosyl-methionine
SCAP：SREBP cleavage activating protein

Direct sensing mechanisms of nutritional signals
Naoya Yahagi：Nutrigenomics Research Group, Faculty of Medicine, University of Tsukuba（筑波大学医学医療系ニュートリゲノミクスリサーチグループ）

表　情報物質としての栄養・代謝物シグナル分子

	栄養・代謝物シグナル分子	作用対象	文献	各論
糖・エネルギー代謝	アセチルCoA	Histone acetyltransferaces (CBP, p300, GCN5 etc)		1-6, 2-3, 2-5, 2-6, 3-2, 3-7
	クロトニルCoA	CBP, p300	1	
	α-KG（α-ケトグルタル酸）	JHDMs, TET1/2, PHD	JHDMs：2, TET：3	2-2, 3-2
	2-HG（2-ヒドロキシグルタル酸）	JHDMs, TET1/2, PHD（阻害）	4, 5	2-2
	コハク酸	JHDMs, TET1/2, PHD（阻害）	6	3-2
	フマル酸	JHDMs, TET1/2, PHD（阻害）	6	3-2
	NAD$^+$	Sirtuins, PARP1, PARP2, CD38, CD157		1-4, 1-5, 2-6
	NADH	CtBP1/2	7	1-5, 2-6, 3-2
	FAD	LSD1/2	8	2-1, 3-2, 3-Top-i
	AMP	AMPK		1-2, 3-5, 3-6, 3-10
	ATP	kinases		1-2, 1-3, 1-6
	グルコース	GLUT2, Glucokinase, T1R2-T1R3		1-9, 2-2
	グリコーゲン	AMPKβ	9	1-9, 2-6, 3-2, 3-9
アミノ酸	SAM	DNMT, PRMT, KMT		1-2, 1-3, 2-2, 3-5
	セリン	PKM2, SLC36A4	PKM2：10	1-2, 1-6
	グルタミン	SLC36A4		1-2, 2-5, 3-2, 3-Top-i
	ロイシン	Sestrin1/2	11	1-2, 1-5, 2-5, 3-8, 3-9
	アルギニン	SLC38A9, CASTOR1/2	SLC38A9：12, 13, CASTOR1/2：14	1-2,
	アスパラギン	SLC38A9		1-2,
	アミノ酸全般	aminoacyl tRNA synthetases-tRNA-GCN2, T1R1-T1R3	GCN2：15	
脂質関連	脂肪酸	PPARα/γ/δ, GPR40, GPR120, CD36, TLR4, FABPs		1-4, 1-7, 1-9, 2-4, 3-1, 3-Top-ii
	酪酸	HDACs（阻害）	16	3-3
	β-ヒドロキシ酪酸	HDACs（阻害）	17	3-3
	コレステロール	SCAP, HMG-CoA reductase	SCAP：18	1-8, 2-6, 3-10
	オキシステロール	LXR	19	1-7, 1-8, 1-9, 2-2
	胆汁酸	FXR, TGR5	FXR：20, 21, 22	1-8, 1-9, 3-1, 3-11, 3-Top-ii

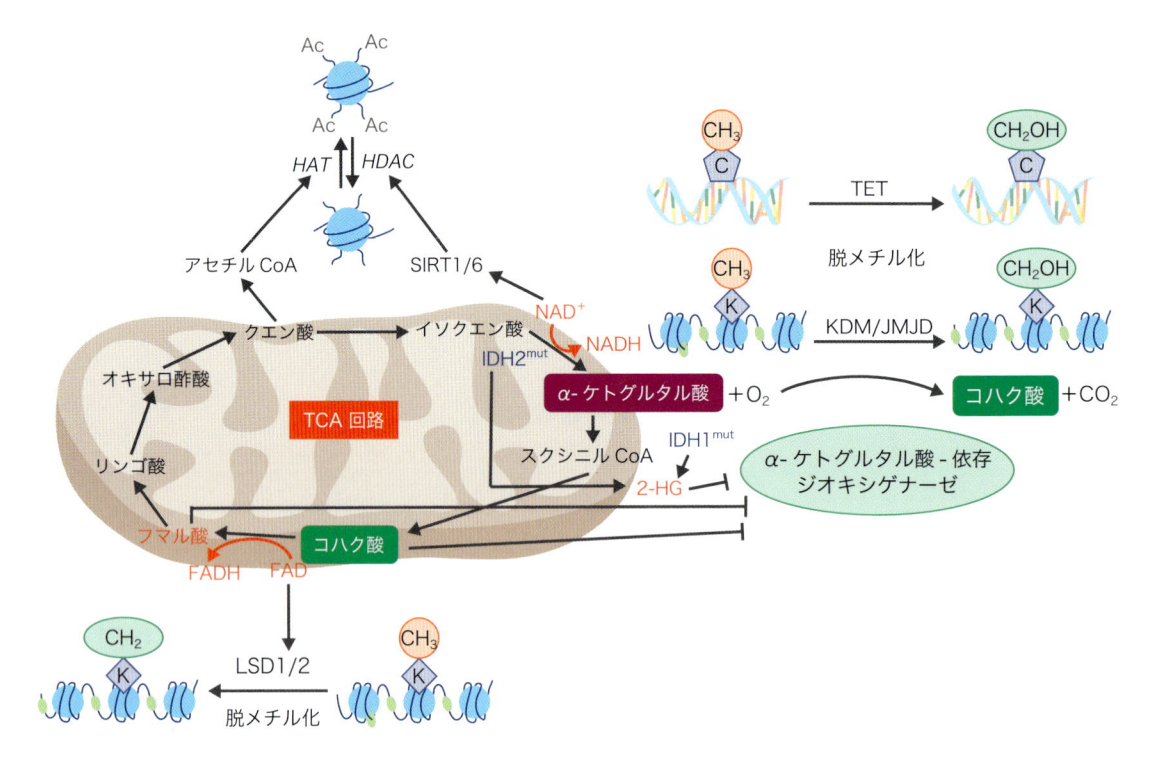

図　クエン酸回路とクロマチン修飾
クエン酸回路（TCA回路）の中間代謝産物や補酵素のなかには，ヒストンのアセチル化やヒストン・DNAのメチル化にかかわる分子が多く含まれる．2-HG，コハク酸，フマル酸はα-ケトグルタル酸と拮抗し，α-KG依存的なジオキシゲナーゼ〔例えばJMJDファミリーのKDMsやTETファミリーの5mC（メチル化シトシン）水酸化酵素〕を阻害する．文献6,23をもとに作成．

文献

1) Sabari BR, et al：Mol Cell, 58：203-215, 2015
2) Tsukada Y, et al：Nature, 439：811-816, 2006
3) Tahiliani M, et al：Science, 324：930-935, 2009
4) Xu W, et al：Cancer Cell, 19：17-30, 2011
5) Prensner JR & Chinnaiyan AM：Nat Med, 17：291-293, 2011
6) Xiao M, et al：Genes Dev, 26：1326-1338, 2012
7) Zhang Q, et al：Science, 295：1895-1897, 2002
8) Shi Y, et al：Cell, 119：941-953, 2004
9) McBride A, et al：Cell Metab, 9：23-34, 2009
10) Chaneton B, et al：Nature, 491：458-462, 2012
11) Wolfson RL, et al：Science, 351：43-48, 2016
12) Wang S, et al：Science, 347：188-194, 2015
13) Rebsamen M, et al：Nature, 519：477-481, 2015
14) Chantranupong L, et al：Cell, 165：153-164, 2016
15) Dong J, et al：Mol Cell, 6：269-279, 2000
16) Candido EP, et al：Cell, 14：105-113, 1978
17) Shimazu T, et al：Science, 339：211-214, 2013
18) Hua X, et al：Cell, 87：415-426, 1996
19) Janowski BA, et al：Nature, 383：728-731, 1996
20) Makishima M, et al：Science, 284：1362-1365, 1999
21) Parks DJ, et al：Science, 284：1365-1368, 1999
22) Wang H, et al：Mol Cell, 3：543-553, 1999
23) Shaughnessy DT, et al：Environ Health Perspect, 122：1271-1278, 2014

＜著者プロフィール＞
矢作直也：1994年東京大学医学部医学科卒業，東京大学大学院医学系研究科内科学専攻博士課程修了（医学博士）．東京大学大学院医学系研究科分子エネルギー代謝学講座特任准教授を経て筑波大学医学医療系ニュートリゲノミクスリサーチグループ准教授（現職）．大学院時代より，栄養環境応答としての遺伝子発現変化の研究（ニュートリゲノミクス）をはじめる．糖尿病をはじめとする代謝疾患の診療に従事しつつ，転写複合体解析のための新たな方法論・TFEL scanを駆使したニュートリゲノミクス研究を展開中．

第1章 新たに見えてきた，栄養・代謝物シグナルによる遺伝子制御メカニズム

1. 栄養・代謝物シグナルのメタボローム解析

大澤　毅

生命は核酸，糖，脂質，タンパク質などの複雑な有機化合物から構成されている．近年，次世代シークエンサー，質量分析器の普及により，ゲノム配列，転写，翻訳，代謝，タンパク質複合体など，生命現象が網羅的にまた1細胞レベルで解析され，メガデータの統合解析なしでは生命の全体像はみえてこない時代を迎えている．真核生物の複雑かつ精緻なしくみを解き明かし，疾患へつながる細胞の変化を捉えるにはこれら多階層のオミクスを統合する視点が必要である．本稿では，最近登場したメタボローム解析から新たにみえてきた栄養・代謝物シグナルにおける最近の知見について概説したい．

はじめに

栄養や代謝物シグナルは，生体の発生からさまざまな疾患において重要な役割を果たす．近年のゲノム，エピゲノム，トランスクリプトーム，プロテオームなどのオミクス解析技術の革新により，発生からがんや生活習慣病などの疾患にいたるまで，栄養シグナルを基軸とした複雑な遺伝子制御のメカニズム，すなわち「転写・代謝システム」が明らかになりつつある．本稿では，新たな階層のオミクスとして近年登場した代謝物（メタボローム）の解析技術（メタボロミクス）の①重要性，②分析法の種類，③問題点，および④メタボローム解析からみえてきた，がんにおける栄養・代謝物シグナルの研究に関するわれわれの最近の知見を紹介したい．

[キーワード＆略語]
メタボローム，メタボロミクス，がん代謝，低栄養

ATP：adenosine triphosphate
　（アデノシン三リン酸）
cAMP：cyclic AMP（環状アデノシン一リン酸）
GTP：guanosine triphosphate
　（グアノシン三リン酸）
HDAC：histone deacetylase
　（ヒストン脱アセチル化酵素）
SAM：S-adenosylmethionine
　（S-アデノシルメチオニン）

1 メタボローム解析がなぜ重要か？

1）メタボロームは表現型

近年のゲノム，エピゲノム，トランスクリプトーム，プロテオームなどのオミクス解析技術に加えて，メタボローム解析技術が登場してきたが，なぜメタボローム解析が重要なのであろうか？ヒトの生体内では，25,000もの遺伝子によって7,500もの代謝酵素が合成される．いわゆるDNA-RNA-タンパク質は生命のセ

Nutrition & metabolite signaling revealed by metabolomics analysis
Tsuyoshi Osawa：Laboratory for Systems Biology and Medicine, Research Center for Advanced Science and Technology, The University of Tokyo（東京大学先端科学技術研究センターシステム生物医学分野）

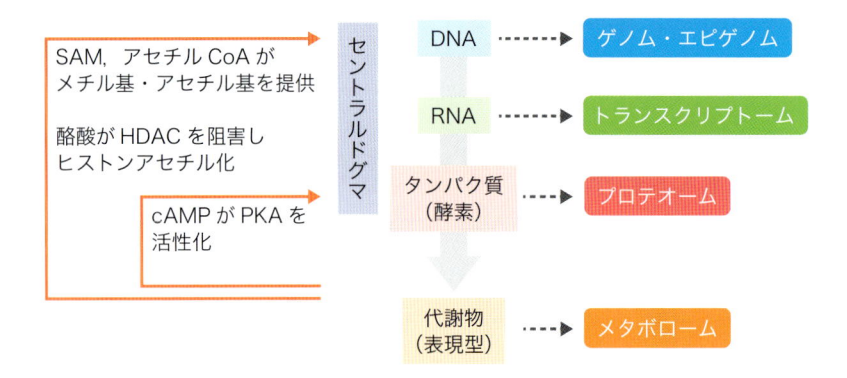

図1 代謝物は表現型であると同時にその他の階層のオミクスを制御する
代謝物はDNA-RNA-タンパク質のセントラルドグマの最終産物（表現型）として存在する他，S-アデノシルメチオニン（SAM）やアセチルCoAがヒストンやタンパク質を制御する際に重要なメチル基やアセチル基の供与体になる．また，酪酸はヒストン脱アセチル化酵素（HDAC）を阻害し，ヒストンのアセチル化を促進する．また，cAMPは，プロテインキナーゼAのリン酸化を制御する．このように代謝物は上階層のオミクスも制御する．

ントラルドグマを形成するが，代謝物はその最終産物，すなわち表現型である（図1）．また，代謝物は発生や疾患を反映しているため疾患における機能性物質や診断マーカーの検索，治療法の開発に応用可能であると考えられている．加えて，ゲノムの安定性やタンパク質の量的な変動に比べて，代謝物の量的な変動は短時間でより大きいことが知られており，このこともまたメタボローム解析が重要とされる要因の1つである．

2）メタボロームはシグナル物質

生命において少なくとも一部の代謝物は，エピゲノム修飾やタンパク質のシグナル伝達系を制御するフィードバックループを形成するなど，シグナル物質として働くことが知られている．例えば，S-アデノシルメチオニン（SAM）やアセチルCoAといった代謝物はヒストンやタンパク質のメチル基・アセチル基の供与体として存在し，遺伝子の発現制御やタンパク質のシグナル伝達系において重要な役割を果たす[1]．また，TCA回路の中間代謝物であるα-ケトグルタル酸は，ヒストン脱メチル化酵素群の補酵素として働くエピゲノム制御に重要な代謝物の1つである[2]．さらに，酪酸は，ヒストン脱アセチル化酵素（HDAC）の阻害剤として知られ，ヒストンのアセチル化を促進する[3]．

また，代謝物はエピゲノム修飾やタンパク質の修飾のみならず，cAMPのように細胞内のエネルギー状態を反映し，タンパク質のリン酸化酵素の制御を促してリン酸化シグナル伝達系を制御することは古くから知られている（図1）[4]．また，細胞内のATPやGTPなどの高エネルギー代謝物や，オメガ酸やアラキドン酸などの生理活性脂質は，シグナル伝達代謝物として細胞増殖，運動，炎症などさまざまな反応に関与することが知られている[5)6)]．このように代謝物は単に生体における表現型というだけではなく，フィードバックループを形成するシグナル伝達物質として働くことが示されてきており，今後さらに，機能未知な代謝物のシグナル物質としての機能が明らかにされることが期待される．

2 メタボローム解析の種類

メタボローム解析とは，代謝物を網羅的に分析する技術である．しかし，代謝物質は極性や水溶性などさまざまな物性をもつ化学物質の集合体であるため，代謝物全体を1つの分析法で測定する技術は現在のところ存在しない．代謝物は，極性の有無（イオン性-中性），揮発性，水溶性と非水溶性などに分類され，それぞれ，キャピラリー電気泳動質量分析計（CE-MS），ガスクロマトグラフ質量分析計（GC-MS），高速液体クロマトグラフ質量分析計（LC-MS）などの質量分析器により代謝物を分析することができる（図2）．それぞれの代謝物の分析法には特徴があり，網羅できる代謝物の性質や，分離能，感度，安定性，操作性などに違いがある．また，測定する代謝物の性質により試料

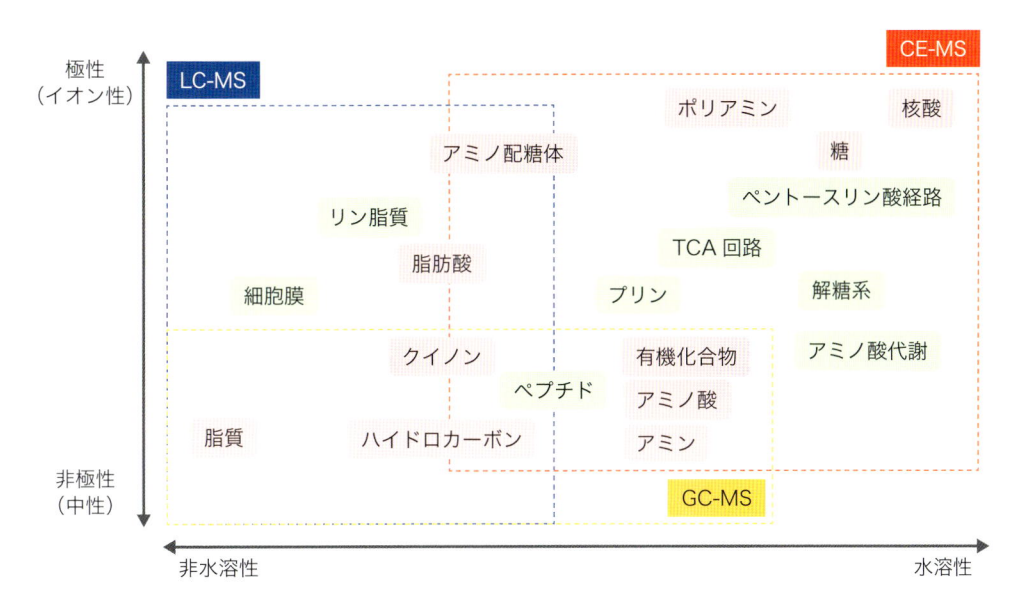

図2 メタボローム解析の種類と解析可能な代謝物の種類
メタボローム解析の分析法の種類にはCE-MS，LC-MS，GC-MSなどが存在する．CE-MSは，主に水溶性で極性のある糖やアミノ酸の分析に適している．LC-MSは，非水溶性の脂質の分析に適している．GC-MSは，誘導体化反応が必要であるが，非極性の代謝物の解析に適している．これらの組合わせにより，網羅的な代謝物の解析が可能になってきている．

の調製法も異なる．近年，がんや生活習慣病などの疾患におけるメタボローム研究で使用されている解析法は主に，CE-MSを用いた糖やアミノ酸のイオン性分子の解析法と，LC-MSによる非水溶性の脂質の解析法の組合わせである．これらの組合わせにより三大栄養素である糖・脂質・アミノ酸のある程度の網羅的な分析が可能になってきた．このようにメタボローム解析技術の発展により，発生から疾患にいたるさまざまな生命現象を代謝や栄養シグナルの観点から解明する研究が国内外でさかんに行われている[7]．

3 メタボローム解析の問題点

1）未検出の物質と流速の問題

現状のメタボローム解析の問題点は大きく2点あげられる．第1の問題点は，代謝経路における反応の方向，すなわち代謝の流れ（フラックス）がわからないことである．ある条件で比較対象と比べて代謝物の濃度が高いことが判明しても，実際の代謝経路の流れはわからない（図3）．例えば，解糖系の中間代謝物の濃度が全体的にある条件下の細胞で高いとき，解糖系が亢進しているか，それとも糖新生が亢進しているのかという代謝反応の方向は判別できない．

第2の問題点は，網羅的に代謝物を測定できる技術が発展してきているが，代謝マップで同定・測定できる代謝物は限られていることである．検出できない代謝物が数多く存在するため，代謝経路に測定された代謝物をあてはめても代謝マップが穴あきの"虫食い"状態になってしまう．ある実験条件における代謝経路や代謝物の流れを解明するときに，代謝経路における未検出（N.D.）の代謝物の存在はメタボローム解析を難しくしている（図3）．例えば，図3に示すように，エタノールアミン，ヒスチジンなどは検出されているものの，ヒスチジンから右側の代謝経路の代謝物は未検出（N.D.）になっているため，この代謝経路の解析は困難である．前述した2つのメタボローム解析の問題点を解決するために，次の項目で述べるような実験的なアプローチと計算的なアプローチでこれらの問題点を解決することが試みられている．

2）実験的なアプローチと計算的なアプローチによるメタボローム解析

代謝の流れを規定する方法の1つに代謝物の放射性

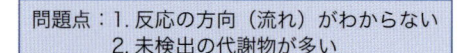

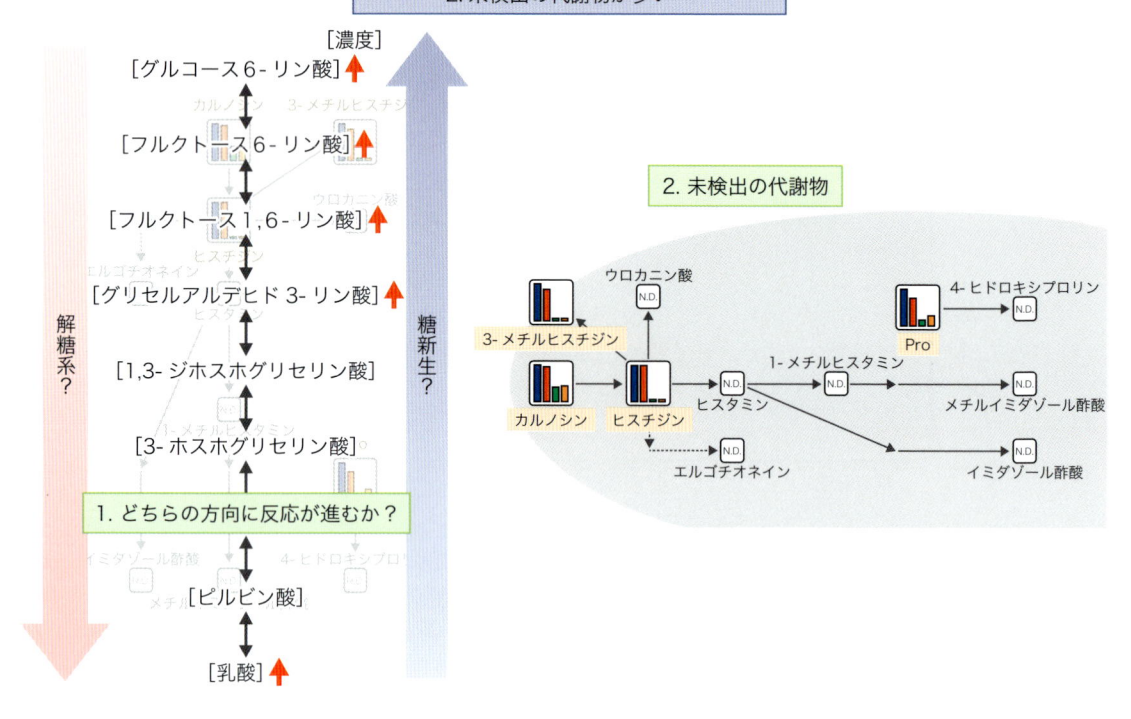

図3　メタボローム解析の問題点
　メタボローム解析の問題点として，①代謝反応の流れ（フラックス）がわからないこと，②未検出の代謝物が多いことがあげられる．

同位体，もしくは安定同位体でラベル化した代謝物を利用した生化学的なトレース実験がある[8]．例えば，炭素骨格を[13]Cの安定同位体でラベル化したグルコース，グルタミンや脂肪酸を培養培地に添加し，培養細胞に取り込ませた後に代謝物の濃度を測定することにより代謝経路の流れを規定することができる．われわれは，[13]C安定同位体でラベル化したグルタミンを培養細胞に添加し，特定の培養条件下ではグルタミン安定同位体由来の2-ヒドロキシグルタル酸（2-HG）が蓄積することを見出した（**図4**）．このように，安定同位体ラベル化代謝物を使うことにより代謝物の流れを規定することができる．

　また，代謝のフラックスを計算的に予測する方法として①ミカエリス・メンテン式，②ギブスの自由エネルギーの計算式を使って代謝経路の流れをシミュレーションできることが報告されている[9)10]．われわれもこれらの計算式を使った代謝のフラックス，および未検出の代謝物の代謝物濃度を計算的に規定する方法論を代謝物のエネルギー総和を加味し，現在開発中である．さらに，メタボローム解析とエピゲノム，トランスクリプトーム，プロテオームなどの多階層のオミクス解析と統合することによって，代謝経路の酵素の発現や活性化の情報を代謝の研究と組合わせて代謝の方向を解明することが可能となってきた．今後，多階層オミクスとメタボローム解析の統合的な解析によりさらなる代謝分野の発展が期待される．

4 がんにおける栄養・代謝物の解析

1）高栄養の代謝シグナル：がんとWarburg効果

　これまで代謝物解析の重要性，問題点，そしてその解決法に関して解説してきたが，実際にがん細胞におけるメタボローム解析を行うと何がみえてくるのだろうか？　正常細胞と比べてがん細胞では代謝が変化する

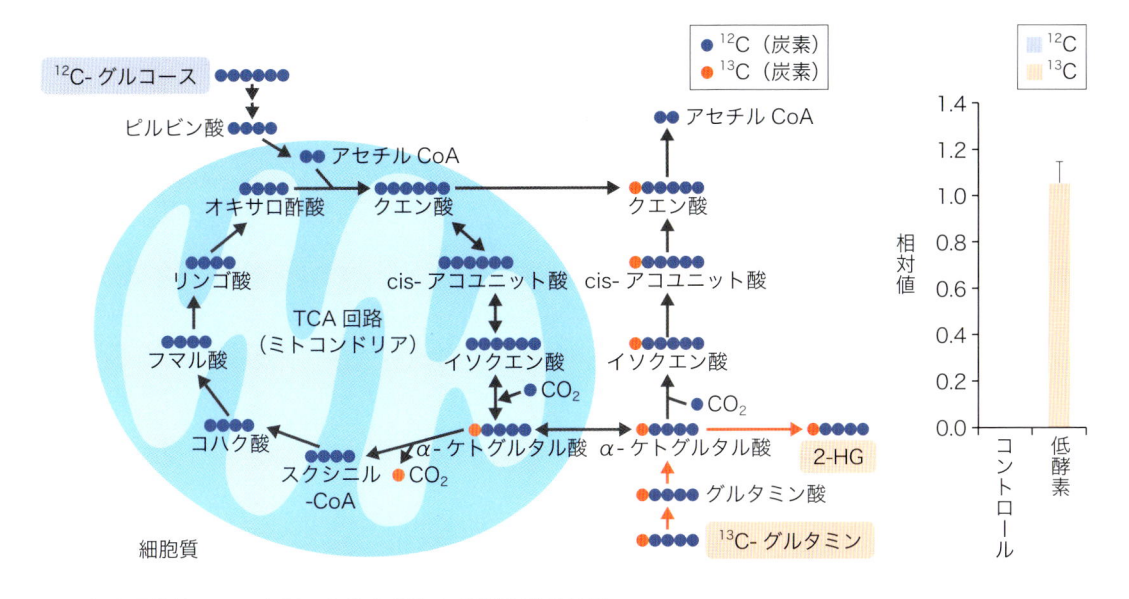

図4 安定同位体ラベルを用いた生化学的な代謝物流路実験
^{13}C-グルタミンの安定同位体を培養培地に添加し，グルタミン由来の代謝物を探索することができる．TCA回路における代謝物のうち2-HGがグルタミン由来の安定同位体^{13}Cを含むことから，低栄養培養条件下では2-HGはグルタミンから合成される．その他のTCA回路の代謝物は^{12}C-グルコースと^{13}C-グルタミンの両方から合成されている．

ことが古くから知られている．例えば，Warburg博士により1956年にScience紙に発表された"がんの起源"という論文で報告されている通り[11]，嫌気的解糖系は非効率なエネルギー産生経路（酸化的リン酸化が1分子のグルコースから36ATP産生するのに対し，解糖系からは2ATPしか産生しない）であるが，増殖期や低酸素のがん細胞においては主要なエネルギー産生系である（図5）．また，近年，アミノ酸のグルタミンを利用した経路（グルタミノリシス）ががんにとって重要であるということが報告され[12]，われわれも通常培養時に比べて低酸素培養時のがん細胞ではグルタミン由来の2-HGが産生されることを見出している．この2-HGは，がんの増殖に寄与する代謝物"オンコメタボライト"としても，最近注目されている[13]．

2）低栄養の代謝シグナル：エタノールアミンリン酸経路

最近，われわれや他グループの研究から，増殖期のがん細胞に対して休止期のがん細胞や低栄養で生存するがん細胞では解糖系に依存せず，がん細胞は自身の蓄えである細胞内の脂肪滴や細胞膜成分から得られる脂肪酸の分解系によりがんが生存していることが見出されてきた（図5）[14]．また，近年，低栄養時のがんの

生存戦略として，細胞外の酢酸を細胞内に取り込み，取り込んだ酢酸からエネルギー源であるアセチルCoAを産生する機構も報告されている[15]．さらに，われわれは低栄養のさまざまながん細胞で脂肪酸由来の代謝物が蓄積することや，これらの代謝物が細胞内のエネルギー状態を制御する可能性があることを見出している．

おわりに

このようにメタボローム解析が新しい階層のオミクス解析として登場したことにより，新たに代謝物が発生や疾患において重要な表現型を示すだけではなく，エピゲノムやタンパク質のシグナル伝達系を制御するフィードバックループを形成することがわかってきた．メタボローム解析は，今後さまざまな分野におけるメカニズム解明につながる重要な知見をもたらすことは自明である．しかしながら，現時点におけるメタボローム解析の流れや"虫食い"などの問題を解決する新たな実験的と計算的な手法の開発や他の階層オミクスとの統合的な解析技術の開発が必要である．

われわれのがんメタボローム解析とその他のオミクスとの統合解析の研究から，低栄養におけるがん細胞

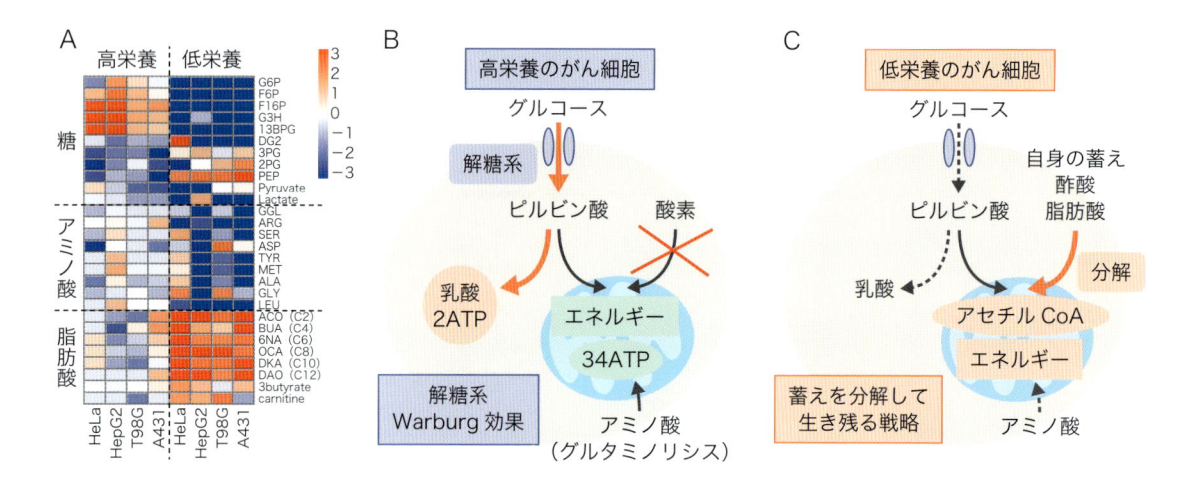

図5 増殖期と低栄養のがん細胞における代謝機構
A) 高栄養および低栄養時のがん細胞（HeLa, HepG2, A431, T98G, MCF7がん細胞株）のメタボローム解析による糖，アミノ酸，脂肪酸の蓄積を示している．B) 高栄養のがん細胞は，嫌気的解糖系（Warburg効果）で知られるように，酸素を必要としないグルコースから乳酸を産生する解糖系を利用しエネルギー（2ATP）を産生する．C) 一方，低栄養のがん細胞は自身の蓄えである脂肪滴や細胞膜成分の脂肪酸分解系や細胞外の酢酸を栄養源とし生き延びる．

代謝物の「シグナル伝達物質」としての可能性が明らかになりつつある．このようにメタボロミクスを中心としたオミクス統合解析技術の発展は，いまだ知られていない新たな生理活性物質の発見に寄与することが予想され，発生からさまざまな疾患において重要な生理活性代謝物の発見や「栄養とシグナル」のメカニズム解明につながることが期待され，今後の医学・生命科学において大きな役割を果たすことが期待される．

文献

1) Kaelin WG Jr & McKnight SL：Cell, 153：56-69, 2013
2) Black JC, et al：Mol Cell, 48：491-507, 2012
3) Davie JR：J Nutr, 133：2485S-2493S, 2003
4) Skalhegg BS & Tasken K：Front Biosci, 5：D678-D693, 2000
5) Kriel A, et al：Mol Cell, 48：231-241, 2012
6) Bazinet RP & Layé S：Nat Rev Neurosci, 15：771-785, 2014
7) Wishart DS：Nat Rev Drug Discov, 15：473-484, 2016
8) Hosios AM, et al：Dev Cell, 36：540-549, 2016
9) Krumsiek J, et al：Curr Opin Biotechnol, 39：198-206, 2016
10) Jankowski MD, et al：Biophys J, 95：1487-1499, 2008
11) WARBURG O：Science, 123：309-314, 1956
12) McKeehan WL：Cell Biol Int Rep, 6：635-650, 1982
13) Lu C, et al：Nature, 483：474-478, 2012
14) DeNicola GM & Cantley LC：Mol Cell, 60：514-523, 2015
15) Schug ZT, et al：Cancer Cell, 27：57-71, 2015

＜著者プロフィール＞
大澤　毅：2001年英国ロンドン大学キングスカレッジ卒業．'05年英国ロンドン大学（UCL）大学院腫瘍学博士課程修了（'10年腫瘍学博士取得）．'06年より東京大学医科学研究所腫瘍抑制分野研究員．'07年より東京医科歯科大学分子腫瘍医学特任助教．'11年より東京大学先端科学技術研究センターシステム生物医学特任助教（現職）．がん微小環境におけるがん悪性化機構の研究に取り組んでいる．

第1章 新たに見えてきた，栄養・代謝物シグナルによる遺伝子制御メカニズム

2. アミノ酸によるトア(TOR)制御メカニズム
―その傾向と対策

鎌田芳彰

> 細胞内アミノ酸栄養センシングは，タンパク質の材料となる20種類のアミノ酸が細胞内に十分に揃っているかをモニターする，生命にとって必須なメカニズムである．しかしアミノ酸栄養センシングの研究は，トア複合体1（TORC1）とその結合タンパク質にスポットライトがあたるまで，闇に包まれていた．爾来アミノ酸によるトア制御研究は飛躍的発展を遂げ，その勢いは現在も留まるところを知らない．本稿では，TORC1制御2016年最新モデルにいたる成果を継時的に追いつつ，トア研究の傾向をあぶりだし，今後の研究の対策を練る．

はじめに

20種類のアミノ酸は必要不可欠な栄養素であり，タンパク質の材料として各アミノ酸はどれも代替不可能である．したがって，全種類のアミノ酸が十分に揃っているかどうか監視する，細胞内アミノ酸栄養センシングは，最重要の生命現象である．

この10年，トア複合体1（target of rapamycin complex 1：TORC1）によるアミノ酸栄養センシングの研究は大きな飛躍を遂げつつあり，最先端のトア制御モデルは毎年のように書き換えられる．本稿で紹介する最新（2016年5月）モデルも早々に時代遅れとな

[キーワード&略語]
トア，TOR，TORC1，アミノ酸，Rag

4E-BP1：initiation factor 4E
　〔(eIF4E) 結合タンパク質〕
AMPK：AMP-activated protein kinase
　（AMP活性化キナーゼ）
ATG13：autophagy-related protein 13
GAP：GTPase activating protein
　（GTPase 活性化因子）
GEF：guanine nucleotide exchange factor
　（GDP-GTP 交換因子）
IGF：insulin-like growth factor
　（インスリン様増殖因子）
MEF：mouse embryonic fibroblast
　（マウス胎仔由来線維芽細胞）
PI3K：phosphatidylinositol 3-kinase
　〔ホスファチジルイノシトール（PI）3-キナーゼ〕
RTK：receptor tyrosine kinase
　（レセプター型チロシンキナーゼ）
S6K：ribosomal protein S6 kinase
　（p70 S6キナーゼ）
TOR：target of rapamycin（トアタンパク質）
TORC1, TORC2：TOR complex 1,2
　（トア複合体1,2）
TSC：tuberous sclerosis complex
　（結節性硬化症タンパク質複合体）
V-ATPase：vacuolar-type H^+-ATPase
　（液胞型 H^+ 輸送性ATPase）

TOR regulating mechanism by amino acids
Yoshiaki Kamada：National Institute for Basic Biology/SOKENDAI (The Graduate University for Advanced Studies)（自然科学研究機構基礎生物学研究所/総合研究大学院大学）

表1　2つのトア複合体は真核生物に保存されている

トア複合体1（TOR complex 1, TORC1）			
哺乳類	出芽酵母	ショウジョウバエ	線虫
mTOR	Tor1/2	TOR	TOR (let-363)
raptor	Kog1	raptor	daf-15
mLst8	Lst8	Lst8	lst-8

トア複合体2（TOR complex 2, TORC2）			
哺乳類	出芽酵母	ショウジョウバエ	線虫
mTOR	Tor2	TOR	TOR (let-363)
rictor	Avo3/Tsc11	rictor	rict-1
mSin1	Avo1	Sin1	sinh-1
mLst8	Lst8	Lst8	lst-8

トア複合体の主要構成因子を示した．藻類・植物にはTORC2は存在しない．

ることは必至であるが，本稿では従来の研究の傾向，現在の課題を紹介するに留まらず，将来の研究予想の提供も試みる．

本稿では，誌面の制限上，哺乳類トア（mTOR）を中心に述べる．トア研究に多大な貢献を果たしたもう1つのモデル生物，出芽酵母については他著にゆずる[1]．

1 トアと2つのトア複合体（TORC1, TORC2）

1）トア

トアは酵母から哺乳類まで，真核生物に広く保存されたSer/Thrプロテインキナーゼであり，特に哺乳類のトアはmTOR[※1]とよばれる[1]〜[4]．トアの特異的阻害剤ラパマイシン（rapamycin）は多くの真核細胞の細胞成長・細胞増殖を阻害する効果をもち，ラパマイシン処理でトアを阻害された細胞は擬似的に栄養飢餓応答（特にアミノ酸飢餓）の表現型を示す．このことから，トアの栄養センサー機能を探る研究がはじまった．

2）2つのトア複合体とその機能

トアは数種のタンパク質と2種類のトア複合体1, 2

> **※1　mTOR（mammalian TOR）**
> 近年，"mechanistic"TORと読み替え，酵母，ショウジョウバエなど他の生物もmTORとよぶようにとする動きがあるが，筆者はそれには与しない．哺乳類でも"m"を外してTORとよぶべきである．

（TOR complex 1, 2：TORC1, TORC2）を形成する[5]〜[7]．これら2つの複合体の主要コンポーネントは，真核生物に広く保存されている（**表1**）．

TORC1のみラパマイシン感受性で，TORC2はラパマイシン非感受性である[7]．よって前述のラパマイシンの効果はTORC1の阻害と原則的に同等であり，栄養センサーとしての役割はTORC1が担う．TORC1の機能は細胞に必須であり，主要コンポーネントに含まれるmTOR, raptor, mLst8の遺伝子欠損は（胚性）致死を引き起こす[8]．余談であるが，mTORノックアウトの報告は，若き日の山中伸弥先生の研究である[8]．

哺乳類TORC1（mTORC1）はアミノ酸や増殖因子，ATPレベルなどを感知し，基質のリン酸化を通して，細胞の構成成分（タンパク質，脂質，核酸）の生合成を活性化し，結果的に細胞成長・細胞増殖を促進する[1]〜[4]．逆に，富栄養状態ではTORC1は飢餓ストレス応答を抑制する．例えば，タンパク質分解の一種，オートファジーは活性化型TORC1により誘導が抑えられる．

TORC1はプロテインキナーゼとして，基質のSer/Thr残基をリン酸化する．哺乳類，出芽酵母では複数の基質が同定された（**図1**）．哺乳類mTORC1はAGCキナーゼS6Kと4E-BP1をリン酸化し，タンパク質合成を活性化する[4]．S6Kは他にも脂質や核酸合成の調節も行っている．逆に，mTORC1はAtg13, ULK1をリン酸化して，オートファジーの誘導を抑制する．

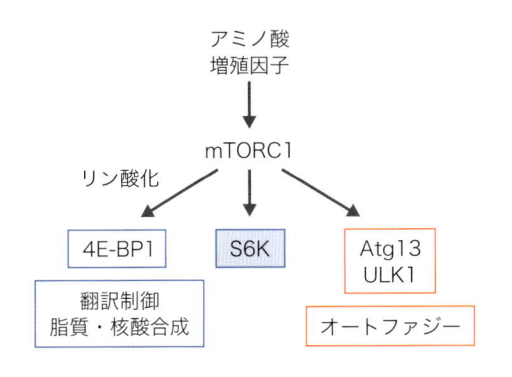

図1　mTORC1の基質とその機能
哺乳類mTORC1経路の簡略図を示す．□はAGCファミリープロテインキナーゼ．TORC2の上流は不明な点が多い．

TORC1の基質AGCキナーゼはさらに複数の基質をリン酸化することが報告・予想されるので，TORC1はAGCキナーゼを介して多岐にわたる生命現象を統括することができる．

さて，それではTORC1はどのようにして制御されているのだろうか？これまでのmTORC1研究成果（各時点でのモデル）を継時的に追っていこう．

2 TORC1制御研究の傾向とモデルの変遷

1）夜明け前（2005年ごろ）：TSC-Rhebの発見

mTORC1はアミノ酸のほか，増殖因子（インスリン，IGF），ATPレベルによって活性制御を受ける（図2）．最初に発見されたのは，増殖因子によるmTORC1の制御メカニズムであった[2)~4)]．

増殖因子によるmTORC1制御において，鍵を握るのはリソソーム局在の低分子量GTPase，Rheb（Ras homolog enriched in brain）とそのGAP，TSC（tuberous sclerosis complex）1-TSC2複合体である[2)~4)]．RhebはGTP結合型が活性化型なので，Rheb GAPであるTSC1-TSC2はRhebを負に制御する（図2）．細胞膜上レセプター型チロシンキナーゼ（RTK）が増殖因子を認識して，RTK-PI3K-PDK1-Aktシグナル経路を活性化する．AktはTSC2を直接リン酸化し，TSC1-TSC2をリソソームから（＝Rhebから）解離させる．RhebはGTP結合型になり，直接mTORC1を活性化する．

細胞内エネルギーレベルはAMP/ATP比の形でAMPKによりモニターされており，AMP/ATP比の上昇に伴いAMPKは活性化されTSC2をリン酸化する．このリン酸化はTSC複合体を活性化し，結果的にRheb，mTORC1を不活性化する．

RhebのGTP/GDP結合状態は細胞内アミノ酸環境に影響を受けないので，アミノ酸は別の経路によりmTORC1に伝達されると考えられた（図3A）．

In vitro mTORC1キナーゼ再構成系により，GTP-RhebはmTORC1を直接活性化することが証明されているが，その活性化機構は不明である[9)]．後述するように，アミノ酸によるmTORC1の活性化の検証は，すべてリン酸化抗体を用いた *in vivo* 実験によるものである．

2）黎明期（2008年ごろ）：Ragの時代（Ragtime(s)）のはじまり

プロテオミクスの発展は，タンパク質間相互作用の発見・解析に大きく貢献した．トア研究においても例外ではない．これから述べるアミノ酸によるmTORC1制御因子群の発見は，主として，プロテオミクス技術を駆使したmTORC1結合タンパク質の探索と，その遺伝子をRNAiなどでノックアウトした細胞が示すアミノ酸応答異常の *in vivo* 解析，そしてその芋づる式連鎖（結合タンパク質に結合するタンパク質の探索）である．

はじめにmTORC1結合タンパク質として同定されたのは，リソソームに局在する低分子量GTPaseであるRagA，またはBと，RagC，またはDのヘテロ二量体だった（Rag二量体には4通りの組合わせがあるが，簡略化してRagA，RagCを代表させて述べる）[10)]．これらのGTP/GDP結合型変異体の解析は，Rag二量体がmTORC1のアミノ酸栄養センシングに重要な機能を果たす証拠となった（図3B）．RagAは，多くのGTPase同様，GTP結合型が活性化型であるが，奇妙なことにRagCはGDP結合型が活性化型である．すなわち，アミノ酸存在下では活性化型GTP-RagA・GDP-RagCに，アミノ酸飢餓では不活性化型GDP-RagA・GTP-RagCの組合わせで機能する．Rag二量体自身にはmTORC1を活性化する能力はないが，そのかわり，活性化型Rag二量体はmTORC1に結合し，mTORC1を細胞質からリソソームに移行・局在させる役割をもつ．

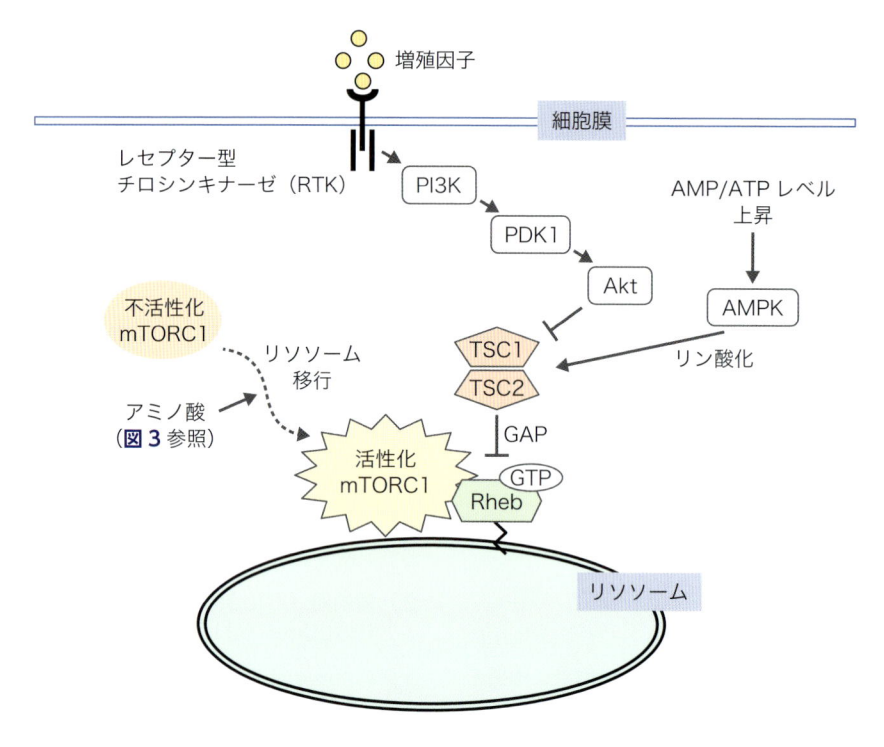

図2 増殖因子によるmTORC1の制御モデル

そこで，mTORC1はGTP-Rhebと出合い，活性化される．

この発見により，mTORC1制御因子Ragの時代がはじまり，リソソームがmTORC1活性化の舞台としてクローズアップされた[11)12)]．

3) 発展期 (2011～2015年) 敵はリソソームにあり

流れはRagにかかわるリソソーム因子の探索に向かう．そして，Rag二量体に結合するリソソームタンパク質として同定されたのが，RagulatorとSLC38A9である．

i) Ragulator RagA GEF

Ragulatorはリソソームに局在するタンパク質複合体である[13)14)]．Ragulatorは5種のタンパク質，LAMTOR1～5からなり，LAMTOR1が脂質修飾を受けてリソソーム膜に固定される．Ragulatorの機能は2つある．1つは，Rag二量体のリソソーム局在である．通常，低分子量GTPaseはファルネシル化などの脂質修飾を受けオルガネラの膜に刺さる形で局在する．しかし，Rag二量体は脂質修飾を受けず，Ragulatorに結合する形でリソソームにつなぎ止められる．第2の機能は，RagulatorはRagAのGEFとして機能し，アミノ酸存在下においてRagAを活性化する[14)]．(一方，RagulatorはRagCに対しては機能しない，図3C)．

リソソームにはV-ATPaseが存在するが，RagulatorはV-ATPaseに結合する．特に，RagulatorコンポーネントLAMTOR2とV-ATPaseの結合はアミノ酸環境によって制御されており，V-ATPaseがRagulatorのRag GEF活性を調節している[14)]．しかしV-ATPaseがアミノ酸を感知するメカニズムは解っていない．

ii) SLC38A9 - リソソーム膜アミノ酸センサー

リソソーム膜に局在するアミノ酸トランスポーター様膜タンパク質SLC38A9はRagulator，Rag二量体に結合し，リソソーム内のアミノ酸，特にArgのセンサーとして働き，結果的にmTORC1を活性化する（図3C）[15)16)]．SLC38A9-Rag二量体結合はRagの活性化に影響を受け，GDP-結合型RagAにより強い結合性を示す．SLC38A9は弱いながらもArgやAsnトランスポート活性をもつ．SLC38A9のmTORC1活性化作用はV-ATPase非依存的である．

まとめると，細胞は監視するアミノ酸としてリソソー

A) 〜2005年 TSC-Rhebの発見

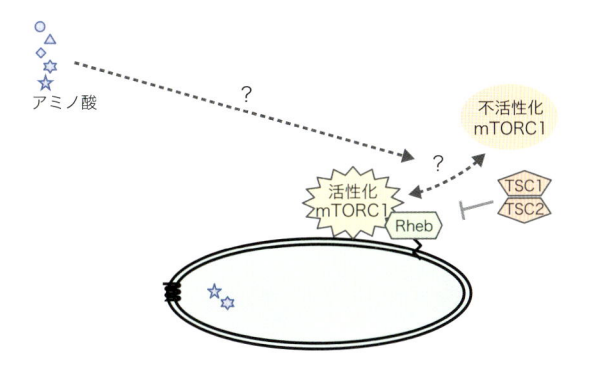

B) 2008年 Ragによるリソソーム局在

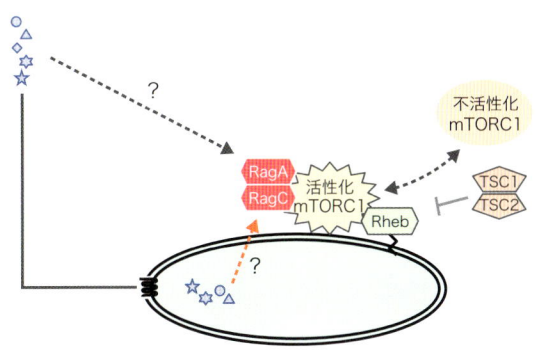

C) 2011〜'15年 Ragulator, SLCの登場 リソソームアミノ酸感知モデル

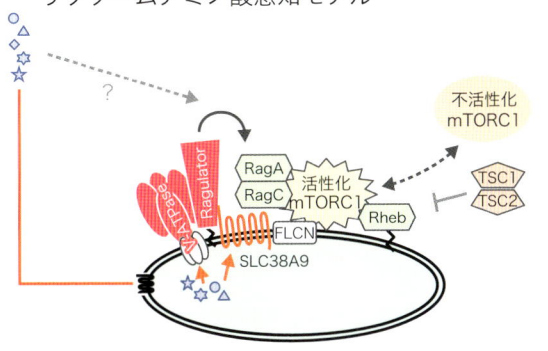

D) 2013〜'15年 GATOR, Rag非依存的経路

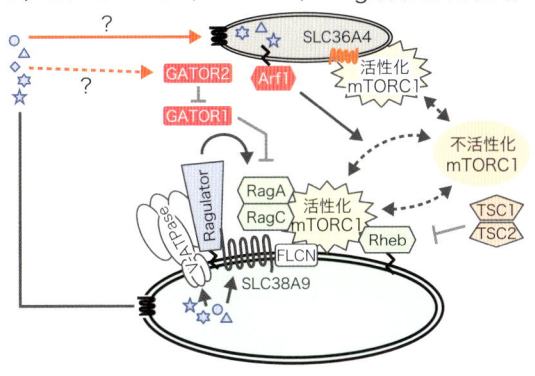

図3 アミノ酸によるmTORC1の制御モデルの変遷（2005〜2015）

ム内アミノ酸を利用しており，その情報はSLC38A9とV-ATPase両方から並行してRagulatorやRagに伝達される．ここまででリソソームからmTORC1までつながったため，図3Cはリソソームアミノ酸栄養センシングの暫定的完成モデルとなった．

4）転回期（2013〜2015年）後から前から
i) GATOR1, GATOR2 RagA GAP

アミノ酸は主として細胞外より供給され，細胞質がタンパク質合成の場としてアミノ酸を消費する．にもかかわらず，細胞にとってはバックヤード的存在であるリソソームのアミノ酸をわざわざセンシングする意義とは何か，疑問に感じられる読者も多いであろう．その疑問に答えるように，細胞質内アミノ酸を関知するmTORC1制御因子が発見された．また，「Rag依存的mTORC1のリソソーム移行」モデルが成熟すると，その例外が浮上してくるのも研究の常である．

GATOR1[※2]，GATOR2[※3]はRag結合タンパク質として同定された，細胞質のRag調節因子である[17]．GATOR1はRagAへの結合能，RagAに対するGAP（＝RagAの不活性化）活性を持つ．GATOR1の欠損はアミノ酸非依存的なmTORC1のリソソーム局在，活性化を引き起こす．

GATOR2はGATOR1と結合する．GATOR2の欠損はアミノ酸依存的なmTORC1活性化の異常がみられるので，GATOR2はアミノ酸シグナルに応答して，

※2 GATOR1

3種のタンパク質DEPDC5, NPRL2, NPRL3からなる複合体である．DEPDC5にGAPドメインが存在し，このコンポーネントが直接RagAに結合する．

※3 GATOR2

5種のWDリピートタンパク質Sec13, Seh1L, WDR24, WDR59, Miosからなる．Sec13, Seh1Lは核膜孔複合体の，Sec13は小胞輸送を司るCOP II 小胞のコンポーネントでもある．

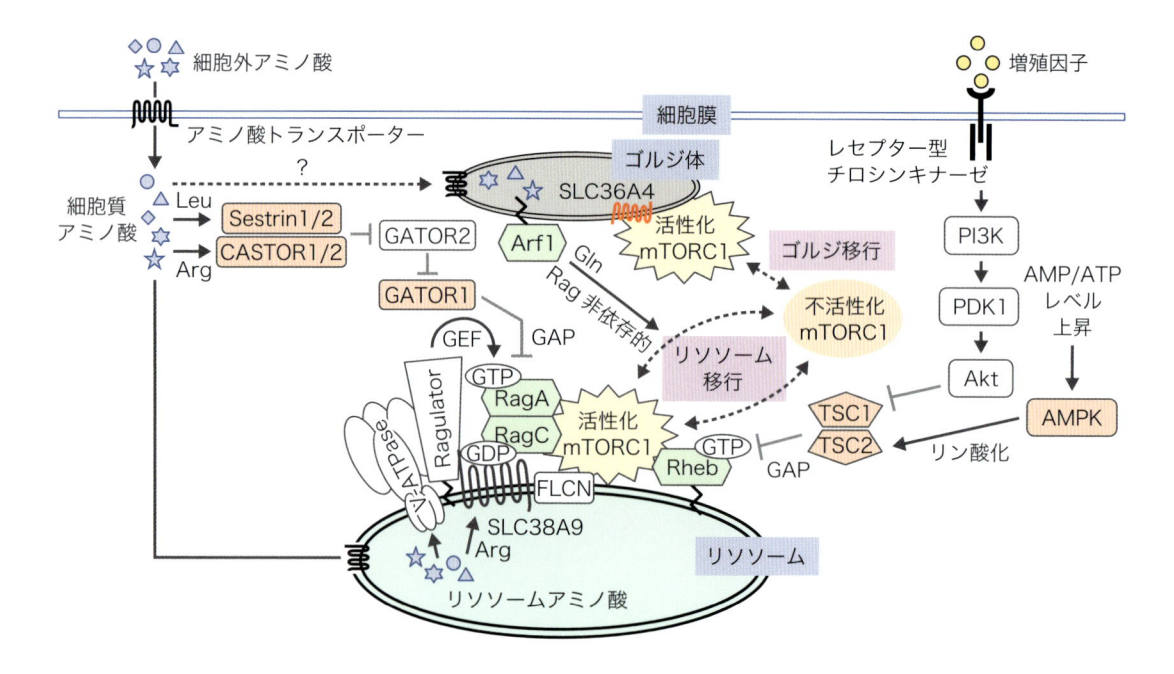

図4 アミノ酸によるmTORC1の制御，2016年（夏）モデル

GATOR1のGAP活性を負に（mTORC1を正に）制御していることが示唆される．

ⅱ）Rag非依存的経路

さらにRag非依存的，リソソーム以外の場所でのmTORC1活性化について報告が出てきた．これらの報告は，mTORC1が必須であるのにRagA−/−RagB−/− MEFが致死でない（胚性致死になる）理由となる．2つの例をあげる．

1つ目は，Rag非依存的なmTORC1のリソソーム局在である[18]．RagA−/−RagB−/−MEFにおいてGlnによるmTORC1のリソソーム局在，活性化が観察された．これはV-ATPase依存的で，Ragulator非依存的である．その経路にはゴルジ体間の小胞輸送に必須のGTPase，Arf1が関与する．

2つ目は，ゴルジ体におけるmTORC1の活性化である[12]．アミノ酸トランスポーター様タンパク質は，リソソーム局在のSLC38A9だけでなく，細胞膜やゴルジ体にも存在する．なかでもゴルジ体に局在するSLC36A4はゴルジ体内のGln，Ser情報をmTORC1に直接伝達する可能性が示唆される（図3D）．

以上のようにmTORC1は，アミノ酸を，後（リソソーム）から前（細胞質）から，あらゆる手を使って感知しているということが明らかになってきた．

5）2016年最新モデル 細胞質でつかまえて

今年（2016年），GATOR2のアミノ酸シグナル応答のメカニズムが明らかにされた．Leuに結合する細胞質タンパク質Sestrin1/2とArgに結合するCASTOR1/2の発見である[19)20)]．アミノ酸存在下では（細胞質の）Leu，ArgはそれぞれSestrin，CASTORに結合し，両タンパク質はGATOR2への結合能・不活性化能を失う．GATOR2は活性化され，GATOR1の不活性化，RagAのGTP結合を介してmTORC1を活性化する．逆にアミノ酸飢餓時には，Sestrin，CASTORはGATOR2に結合して不活性化し，GATOR1のRagA GAP活性を上昇させmTORC1を不活性化する．こういう複雑なメカニズムを通して，細胞質のアミノ酸情報はGATORシステムに捕捉され，リソソームのRagへと伝達される．

おわりに

図2と図3Dに最新の知見を加えてまとめ，現時点のモデルを図4に示した．ご覧のように，mTORC1の制御メカニズムはかように複雑である[12]．筆者が感じ

表2 現在のトア研究の問題点

	問題点
1	細胞内の複数のアミノ酸プールをmTORC1が感知するならば，それぞれの（場合によっては異なる）情報はどのようにして1つに集約されるのか？
2	RagA, RagCの制御はどうやら別系統で行われるようである．では，どうやってコーディネートされているのか？
3	V-ATPaseによるリソソームの酸性化は，エンドサイトーシスなどの細胞内輸送やリソソーム内へのアミノ酸取り込みなど，リソソームの機能にとって重要である．V-ATPaseはじめリソソームタンパク質のmTORC1への寄与は，こういった間接的な影響を排除しきれているだろうか？
4	2 1) ですでに述べたように，アミノ酸によるmTORC1制御の研究は，すべてmTORC1基質のリン酸化抗体を用いた *in vivo* 実験でmTORC1活性を判定している．*In vitro* 再構成実験による直接的な証明は必要ないのか？
5	哺乳類では，血中アミノ酸は厳密に調整されている．温泉に喩えるならアミノ酸「掛け流し」状態であり，哺乳類細胞がアミノ酸飢餓に陥ることなど滅多にない．このモデルの生理的意義とはなんだろうか？一方，自然界の酵母や植物では窒素源の枯渇はよくあるストレスであろう．それではどこまで，両者のアミノ酸栄養センシングは保存されているだろうか？
6	20種類のアミノ酸のうち，このモデルで特定されたのは数種類のアミノ酸に関するセンシングのみである．細胞は全20種類のアミノ酸をモニターしているのか，それとも数種類をもってアミノ酸全体の情報として把握しているのか？

た問題点を6点あげる（**表2**）．今後はこのような課題が解決されていき，新たなモデルに付け加えられるだろう．

筆者は酵母において，全20種類のアミノ酸を検知しうる，新規のアミノ酸栄養センシング機構を追究している．

mTORC1によるアミノ酸栄養センシング研究は，すでに述べたように，現在進行形である．これからも新たな因子・しくみがつけ加えられ，同時に，すでに報告された因子のいくつかは淘汰されていくだろう．どうなるか，皆さんもぜひ予想してほしい．

文献

1) 鎌田芳彰：化学と生物, 54, in press, 2016
2) 前田達哉：細胞工学, 31：1306-1312, 2012
3) Loewith R & Hall MN：Genetics, 189：1177-1201, 2011
4) Laplante M & Sabatini DM：Cell, 149：274-293, 2012
5) Kim DH, et al：Cell 110：163-173, 2002
6) Hara K, et al：Cell, 110：177-189, 2002
7) Loewith R, et al：Mol Cell, 10：457-468, 2002
8) Murakami M, et al：Mol Cell Biol, 24：6710-6718, 2004
9) Sato T, et al：J Biol Chem, 284：12783-12791, 2009
10) Sancak Y, et al：Science, 320：1496-1501, 2008
11) Shimobayashi M & Hall MN：Cell Res, 26：7-20, 2016
12) Goberdhan DC, et al：Cell Metab, 23：580-589, 2016
13) Sancak Y, et al：Cell, 141：290-303, 2010
14) Bar-Peled L, et al：Cell, 150：1196-1208, 2012
15) Rebsamen M, et al：Nature, 519：477-481, 2015
16) Wang S, et al：Science, 347：188-194, 2015
17) Bar-Peled L, et al：Science, 340：1100-1106, 2013
18) Jewell JL, et al：Science, 347：194-198, 2015
19) Wolfson RL, et al：Science, 351：43-48, 2016
20) Chantranupong L, et al：Cell, 165：153-164, 2016

＜著者プロフィール＞
鎌田芳彰：1993年東京大学大学院理学系研究科博士課程修了．博士（理学）．'93年農業資源研究所非常勤研究員．'93〜'96年Johns Hopkins大学にてポスドクとして出芽酵母のシグナル伝達の研究をはじめる．'96年より基礎生物学研究所・助手（現助教）．オートファジー誘導機構をはじめ，3つのTOR経路と2つのTOR基質を発掘した．最近，筆者は酵母において，新規のアミノ酸栄養センシング機構を見出した．現在，このアイディアを新規TORC1制御モデルとして世に問いたいと考えている．

第1章 新たに見えてきた，栄養・代謝物シグナルによる遺伝子制御メカニズム

3. S-アデノシルメチオニン代謝と全身性傷害応答

三浦正幸

> S-アデノシルメチオニン（SAM）はメチル化をはじめとする生体の分子機能調節にかかわる代謝物であり，その量は厳密に制御されていると考えられる．ショウジョウバエを用いた研究から，SAM代謝そのものが多様な組織傷害に敏感に応答して，生体の恒常性維持や組織再生に寄与することが明らかになってきた．

はじめに

　S-アデノシルメチオニン（SAM）は，ほとんどすべてのメチル化反応におけるメチル基供与体である．DNAやRNAのメチル化は直接遺伝子発現に影響し，エピジェネティックな遺伝子発現制御においてはヒストンのメチル化が中心的な働きを担っている．本稿では，SAM代謝そのものの生体調節機能に関して，筆者らの研究を中心に紹介したい．

1 SAMの合成

　SAMはメチオニンとATPから，SAMS（S-adenosyl-methionine synthase）あるいはMAT（methionine adenosyltransferase）とよばれる酵素によって，メチオニン経路の中間代謝物としてつくられる．哺乳類には3種のMAT遺伝子がある（$MATI\alpha = MAT1A$, $MATII\alpha = MAT2A$, $MATII\beta = MAT2B$）．$MAT1A$と$MAT2A$は，それぞれ触媒サブユニットMATα1とMATα2を，$MAT2B$は調節サブユニットMATβをコードしている．MATには3種のアイソフォームがあ

[キーワード&略語]
組織傷害，ネクローシス，再生，全身性傷害応答

CBS：cystathionine β-synthase
　（シスタチオンβ-合成酵素）
CE-MS：capillary electrophoresis/mass spectrometry（キャピラリー電気泳動-質量分析）
CSE：cystathionase（シスタチオナーゼ）
GNMT：glycine N-methyltransferase
　（グリシンNメチルトランスフェラーゼ）
Hcy：homocysteine（ホモシステイン）

MAT：methionine adenosyltransferase
　（メチオニン合成酵素）
SAMS：S-adenosyl-methionine synthase
　（SAM合成酵素）
SDR：systemic damage response
　（全身性傷害応答）
SWR：systemic wound response
　（全身性創傷応答）

S-adenosyl-methionine metabolism and systemic damage response
Masayuki Miura：Department of Genetics, Graduate School of Pharmaceutical Sciences, the University of Tokyo（東京大学大学院薬学系研究科遺伝学教室）

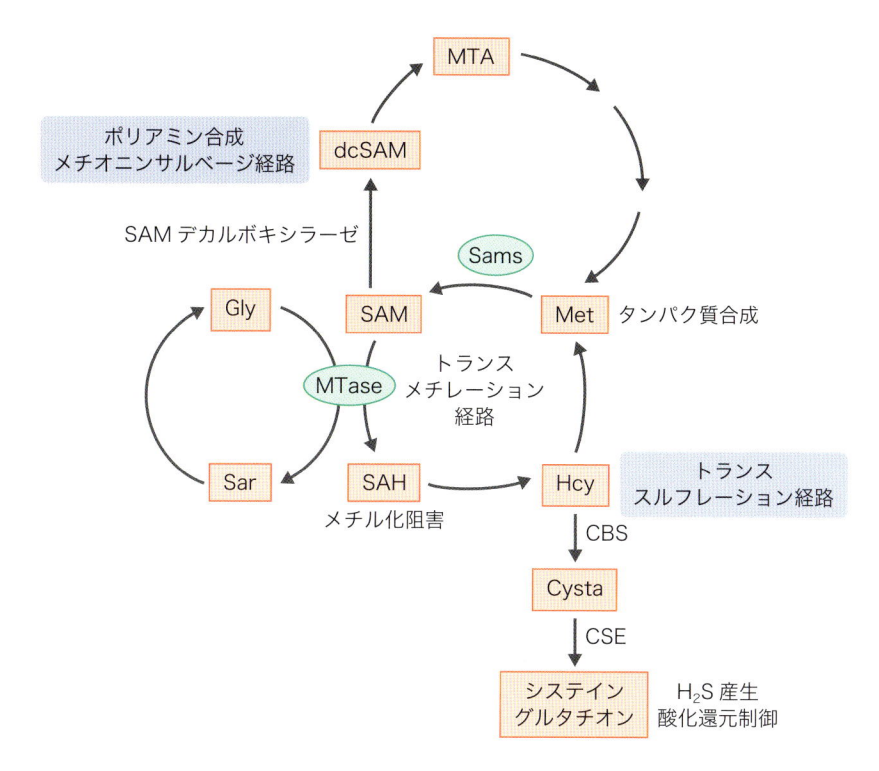

図1　SAM代謝経路
SAMはメチル基転移酵素（MTase）によるメチル化反応のメチル供与体であり，反応後にSAH（S-adenosylhomocysteine）になる．SAHは多くのMTaseを阻害する．肝臓ではMTaseの1つであるGNMTが大量にあり，SAMの量を調節している．SAH：S-adenosylhomocysteine, Gly：glycine, Sar：sarcosine, dcSAM：decarboxylated SAM, MTA：5′-methylthioadenosine, Met：methionine, Hcy：homocysteine, Cysta：cystathionine, GNMT：glycine N-methyltransferase, Sams：SAM synthase.

る．*MAT1A*からつくられる遺伝子産物MATα1が四量体になったのがMATⅠ，二量体でつくられるのがMATⅢである．MATⅡは，*MAT2A*からの遺伝子産物MATα2に調節サブユニットとして*MAT2B*の遺伝子産物MATβが結合してできる酵素である．MATⅠ，Ⅲは肝臓に強く発現し，MATⅡは全身で発現している．ショウジョウバエには1つの*sams*遺伝子のみが存在する．

2 SAMの代謝

SAMはメチル基供与体として機能するが，メチオニン経路の中間代謝物としてトランススルフレーション経路とポリアミン合成にも重要である（**図1**）．

1）トランスメチレーション経路

SAMはメチルスルホニウム結合をもち，ほとんどすべてのメチル化反応のメチル基供与体として使われる．ヒトには200種以上のメチル基転移酵素があり，SAMを利用して，DNA, RNA, タンパク質や脂質のメチル化修飾を行っている[1]．SAMはすべての細胞でつくられるが，肝臓では特に多くのメチル化反応が行われている（生体でのメチル化反応の85％が肝臓で起こるといわれる）[2]．

2）トランススルフレーション経路

メチオニンサイクルの中間代謝物にホモシステイン（homocysteine：Hcy）があるが，Hcyからシスタチオニンβ-合成酵素（cystathionine β-synthase：CBS），シスタチオナーゼ（cystathionase：CSE）によって触媒される反応で，それぞれシスタチオニン（Cysta），システインがつくられる．システインからはグルタチオンがつくられ，細胞の活性酸素種の還元による消去を行い，寿命とのかかわりも明らかになっ

ている[3]．システインからは，生体シグナル分子としての機能をもつ硫化水素もつくられる．

3）ポリアミン合成

ポリアミンはすべての生物に存在する正電化をもつ低分子化合物であり，転写や翻訳，細胞死の調節にかかわる．寿命に関しては，オートファジー誘導とのかかわりが報告されている[4]．SAMがSAMデカルボキシラーゼで脱炭酸されdcSAMができるステップが，ポリアミン合成経路の律速となっている．

また，SAMからポリアミンを生合成する際にできるMTAはメチオニンサルベージ経路に使われる．

3 SAM代謝と全身性傷害応答

以下では，SAM代謝そのものが生体のさまざまな組織傷害ストレスに応じた恒常性維持にかかわることを，筆者らの研究を中心に紹介する．このSAM代謝の生体機能を見出した経緯を説明するために，はじめに全身性傷害応答，全身性創傷応答について概説する．

1）全身性創傷応答

ⅰ）植物における全身性創傷応答

組織が体の内外から傷害を受けた場合，傷害を受けた組織だけではなく離れた組織でも傷害応答がみられる．この現象が知られるようになったのは，ポテトやトマトの葉が昆虫によって外傷を受けた場合に，外傷を受けていない葉においても，タンパク質分解酵素阻害タンパク質の蓄積が起こることが報告されてからである[5]．その後，葉に創傷が起こるとそこではジャスモン酸合成の代謝が活性化し，ジャスモン酸が篩管を通って他の葉に移動して，植物ディフェンシンのような生体防御遺伝子を誘導することが明らかになった[6]．この現象を全身性創傷応答（systemic wound response：SWR）という．

ⅱ）ショウジョウバエにおける全身性創傷応答

近年になり，SWRはショウジョウバエでも観察された[7]．ソウル大学のLee研究室によると，ショウジョウバエ表皮にガラス針で傷をつけると，体液中のフェノールオキシダーゼ活性化，活性酸素種の産生に続いて神経細胞でのJNK活性化が起こり，この応答が起きないと創傷後にショウジョウバエは死に至る[8]．この研究とは独立に，筆者らは創傷後に腸上皮でのカスパーゼが活性化して腸の細胞再生系が賦活化することを見出した．このカスパーゼ活性化にも，活性酸素種は必要であり，腸上皮での創傷後のカスパーゼ活性化を抑制すると，ショウジョウバエは死に至った[9]．

これら2つのSWRの発見は，これまでの創傷は創傷部位の組織修復あるいは創傷部位で活性化する免疫系細胞によって制御される現象という考え方から，複数の組織がかかわる全身性の生体応答であるとの認識が可能になってきた点で重要である．この現象が発見された植物は組織間を移動する免疫担当細胞がなく，組織間連絡がジャスモン酸のような代謝物によってなされる点が示唆的である．

ⅲ）全身性傷害応答とは

はじめ創傷によって引き起こされる応答ということでSWRという言葉でこの現象は表現されていたが，がんモデルによる基底膜の破壊など，内的な組織傷害によっても離れた組織での応答が認められてきたため[10]，ここでは全身性傷害応答（systemic damage response：SDR）とより広い組織傷害への生体応答を指す言葉を用いる．

2）ネクローシスによるSDR

ⅰ）アポトーシス阻害からネクローシスへの移行

生体で起こる細胞死，特に疾患とかかわる疾患部位での細胞死の多くは，アポトーシスやネクローシスが入り混じった様相を呈する．筆者らはネクローシスをもつ個体の生体応答を調べる実験系の構築を行った．ショウジョウバエは羽化直後に翅の上皮細胞がアポトーシスを起こし，体内吸収されることで翅が軽くなり飛翔可能になる．このアポトーシスを遺伝学的に阻害すると数日で翅にネクローシスが誘導される．アポトーシス阻害からネクローシスに移行することは，哺乳類細胞でも多く観察されている[11]．この個体での全身性応答を調べる目的でキャピラリー電気泳動−質量分析（capillary electrophoresis/mass spectrometry：CE−MS）による体液メタボローム解析を行ったところ，SAMからグリシンがメチル基供与を受けてつくられるサルコシンが4倍ほど上昇していた．この反応を触媒するメチル基転移酵素はGNMT（glycine N-methyltransferase）であり脂肪体で大量に発現し，SAM量の調節に機能している．

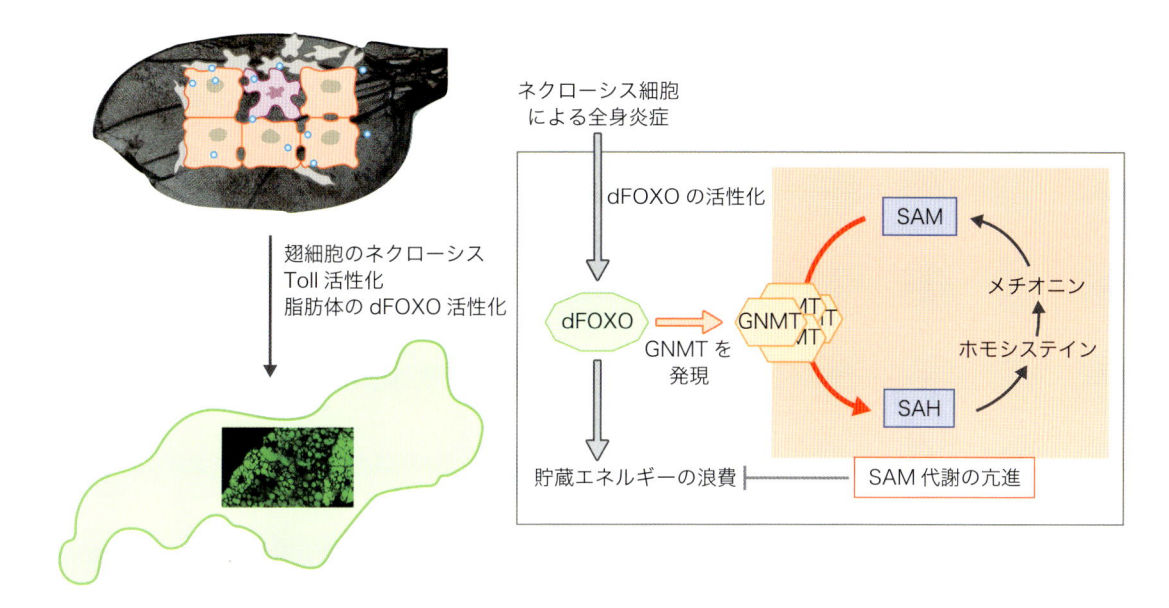

図2　ネクローシスによる全身性傷害応答
翅にネクローシスが起きると自然免疫Toll経路が活性化する．脂肪体ではdFOXOの活性化によるGNMTの発現が誘導され，SAM代謝が亢進してエネルギー消費を抑制する．

ⅱ）ネクローシスによるSAM/SAH発現調節

ネクローシスを誘導した個体では，自然免疫Tollの活性化に引き続き，脂肪体での転写因子dFOXOの活性化が起こっていたが，GNMTはdFOXOの下流で発現誘導されていることが明らかになった．ネクローシスを誘導した個体でSAMレベルは低下し，サルコシン合成にSAMのメチル基を供与してできたSAH（S-adenosylhomocysteine）は上昇していた．細胞のメチル化能の指標としてSAM/SAH比が使われるが，ネクローシスをもつ個体ではメチル化指標は低下した．dFOXOの活性化はインスリンシグナル低下時に起こるが，栄養飢餓条件においてGNMTの発現誘導，SAMレベルの低下が起きた．

ネクローシスを誘導した個体は飢餓ストレスに感受性が高まり，この感受性は*gnmt*遺伝子の変異体ではさらに高まった．このとき，貯蔵エネルギーとしての脂質TAG（triacylglycerol）の飢餓時での減少がGNMT変異体では加速した．したがって，dFOXOによるGNMTの発現上昇は生体のエネルギー保持の面での適応応答であると考えられた（**図2**）[12]．

ⅲ）GNMTやNNMTによるSAM量の調節

GNMTは哺乳類では肝臓に多く発現していてSAM量の調節を行っているが，脂肪組織ではNNMT（nicotinamide N-methyltransferase）がその働きをしている．NNMTを脂肪組織と肝臓でノックダウンするとSAMレベルが上昇し，生体でのエネルギー消費が増えて高脂肪食を与えたマウスの肥満度は軽減した[13]．このようにGNMTやNNMTは，組織でのSAM量を調節することによって，生体でのエネルギー消費状態を調節する働きをもつことが明らかになった．

3）組織再生にかかわるSDR

ショウジョウバエの翅は，幼虫期の未分化な上皮性組織である翅成虫原基に由来する．成虫原基は再生可能な組織であり，成虫原基の一部を外科的，あるいは遺伝学的に傷害しても，正常発生で形成される翅と同じ形態の翅がつくられる．

筆者らは翅がつくられる部位に温度感受性ジフテリア毒素（DtA[ts]）を発現させて，29℃から18℃に飼育温度シフトを起こすことで組織を一過的に傷害し，再び29℃に戻して幼虫を飼育すると羽化してきた成虫の翅は正常発生のものと変わりがなく修復・再生が行われる実験系を構築した．SAM代謝に注目して解析をした結果，翅成虫原基傷害後に脂肪体でのSAMレベルの低下，SAHレベルの上昇によるメチル化指標の低下が

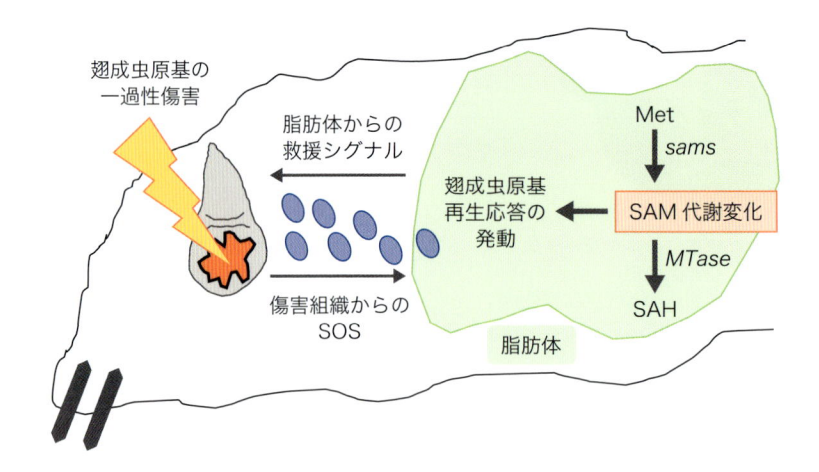

図3　翅成虫原基傷害による脂肪体でのSAM代謝変化
翅成虫原基傷害後に脂肪体でのSAM代謝変化が起こる．この変化が成虫原基の再生に必要とされる．

起こっていた．成虫で翅のネクローシス誘導に伴った，脂肪体でのSDRと同じようなSAM代謝変化がみられたことになる．しかし，幼虫の翅成虫原基傷害ではGNMTの発現上昇はみられなかったことから，SAMの低下はGNMT以外のメチル基転移酵素の働きが亢進することが考えられた．

このSDRとして起こる脂肪体でのSAM代謝変化は，再生にとってどのような働きがあるのだろうか．ショウジョウバエには，特定の組織で遺伝子発現を独立に操作できる2成分遺伝子発現系※が複数開発されている．筆者らは翅成虫原基でのDtA^{ts}の発現をQF/QUASシステムで制御し，脂肪体でのSAM代謝にかかわる遺伝子の操作をGal4/UASシステムで行うことで，SDRにおける脂肪体でのSAM代謝の役割を調べた．gnmtやsamsの脂肪体での過剰発現やノックダウンは正常発生での翅形成には影響がなかったが，組織再生においては翅の再生不全を引き起こした．この結果は，翅成虫原基傷害後の脂肪体SAM代謝変化は，翅再生を遠隔操作によって支持する重要な役割をもつことが示唆された（図3）[14]．

ヒトやマウスの肝臓は，その7割近くを切除しても再生することが知られているが，GNMTやMAT1Aの機能が低下したマウスにおいて，肝臓の再生が阻害されることが報告されている[15)16)]．

4 SAM代謝と老化

1）メチオニン代謝と寿命

さまざまな生物種において，寿命延長効果を示すレシピとして食餌や栄養制限があるが[17)]，食餌制限による寿命延長効果が必須アミノ酸を供給することによってみられなくなることがショウジョウバエの研究から明らかにされた[18)]．メチオニンを減じた食餌ではラットや線虫で寿命延長の効果が示され，ショウジョウバエにおいても低アミノ酸餌という飼育条件化ではメチオニン制限による寿命延長が報告されている[19)]．

筆者らはメチオニン代謝の寿命へのかかわりを考えるうえで，メチオニンサイクルの代謝物のなかでもSAM代謝は重要な位置にあると考え研究を行った．この考えを支持する研究として，線虫のSAM合成酵素sams1のノックダウンによって寿命が延長することが報告されている[20)21)]．しかし，マウスMAT1Aの欠損では肝障害，肝がんの発症が生じ[22)]，ショウジョウバエsamsノックダウンではむしろ寿命が短縮する[23)]．これは動物種によっては，SAM合成の低下により起こる

※ **2成分遺伝子発現系**
Gal4あるいはQFとよばれる転写因子がそのDNA結合領域であるUAS（upstream activating sequences）あるいはQUAS（QF upstream activating sequences）に結合し下流遺伝子の転写を促す．Ga4/UASの組合わせとは独立にQF/QUASの組合わせで遺伝子発現制御が可能なため，異なる細胞や組織で独立に任意の遺伝子を発現させることが可能である．

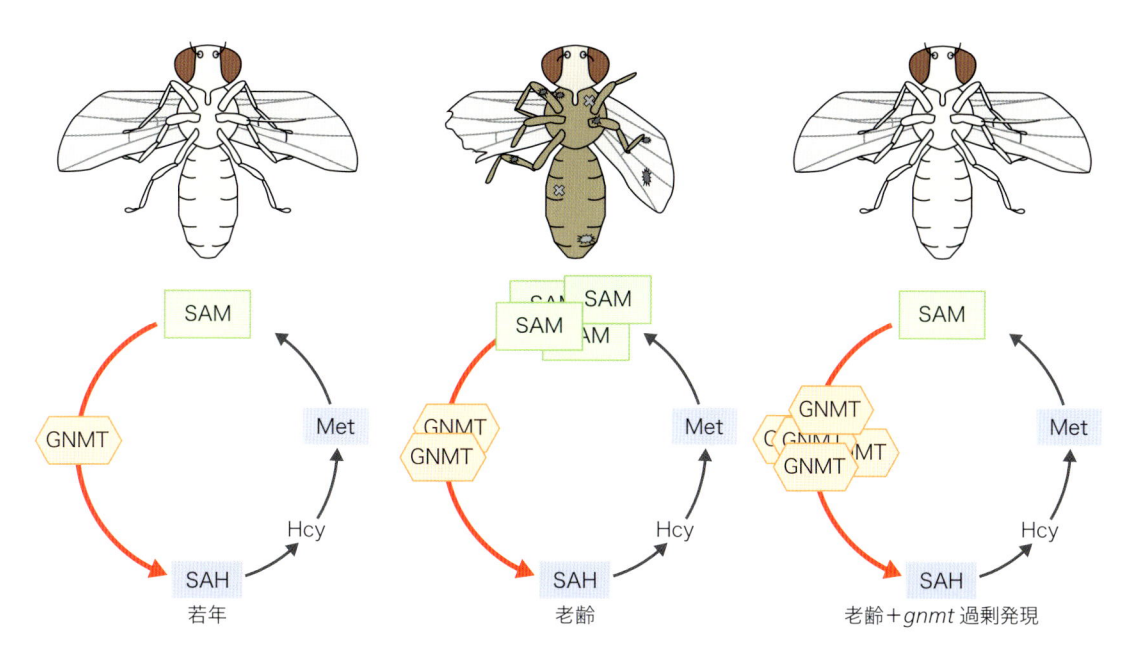

図4 老化によるSAM代謝変化
老化に伴うSAMの蓄積を*gnmt*の過剰発現によって抑制することにより寿命延長効果がみられる．

メチオニンレベルが上昇して毒性が顕在化することを示唆している．メチオニンの蓄積を起こさず，SAM量の調節を行う実験による検証が必要とされた．以下にその研究を紹介する．

2）脂肪体におけるGNMTのSAM代謝

老化に伴うメチオニンサイクルの代謝物を測定すると，SAMレベルの上昇が観察された．この現象とは逆に，SAMを消費するGNMT量もdFOXO依存的に増加していた．これまでの研究から，SAM代謝は生体ストレスに対して適応的に変化することをみていたので，GNMT量の増加も老化によるSAM上昇への適応と考えることができるのではないか．その場合，老化に伴って上昇するGNMT量はSAM量を抑えるのには十分ではない可能性がある．そこでGNMTの過剰発現を脂肪体で行った．するとSAM量が低下し，寿命の延長も実現された．この際，メチオニンのレベルに変化はなかった．この結果は，寿命の制御にSAM量を抑えることが重要であるという線虫での結果と符合する．寿命延長効果のある食餌制限時には老化に伴うSAMの上昇が通常食に比べて抑えられていたこと，さらに食餌制限やインスリンシグナル抑制での寿命延長効果が*gnmt*の発現を抑制すると消失することから，脂肪体での

GNMTによるSAM代謝が寿命制御に重要な役割をもつことが示された（図4）[23]．

おわりに

肝臓や脂肪組織に多量に存在するGNMTやNNMTは，SAM量を調節する緩衝作用をもつ．NNMTはさまざまながん細胞で高発現していて，SAMを消費してメチル化指数を下げ，がん化にかかわる遺伝子発現を促進することが示唆されている[24]．SAMを用いる特定のメチル化反応に加え，細胞のメチル化指数に影響するSAMとSAHの組織や生体での量的制御が，ストレス刺激や疾患における生体恒常性制御に深くかかわると考えられる．

本稿では小幡史明博士，樫尾宗志朗氏と行った研究を中心に紹介した．

文献

1) Petrossian TC & Clarke SG：Mol Cell Proteomics, 10：M110.000976, 2011
2) Lu SC & Mato JM：Physiol Rev, 92：1515-1542, 2012
3) Ingenbleek Y & Kimura H：Nutr Rev, 71：413-432, 2013

4) Eisenberg T, et al：Nat Cell Biol, 11：1305-1314, 2009
5) Green TR & Ryan CA：Science, 175：776-777, 1972
6) Schilmiller AL & Howe GA：Curr Opin Plant Biol, 8：369-377, 2005
7) Lee WJ & Miura M：Curr Top Dev Biol, 108：153-183, 2014
8) Nam HJ, et al：EMBO J, 31：1253-1265, 2012
9) Takeishi A, et al：Cell Rep, 3：919-930, 2013
10) Pastor-Pareja JC, et al：Dis Model Mech, 1：144-154, 2008
11) Yuan J & Kroemer G：Genes Dev, 24：2592-2602, 2010
12) Obata F, et al：Cell Rep, 7：821-833, 2014
13) Kraus D, et al：Nature, 508：258-262, 2014
14) Kashio S, et al：Proc Natl Acad Sci USA, 113：1835-1840, 2016
15) Chen L, et al：FASEB J, 18：914-916, 2004
16) Varela-Rey M, et al：Hepatology, 50：443-452, 2009
17) Fontana L, et al：Science, 328：321-326, 2010
18) Garndison RC, et al：Nature, 462：1061-1064, 2009
19) Lee BC, et al：Nat Commun, 5：3592, 2014
20) Hansen M, et al：PLoS Genet, 1：119-128, 2005
21) Ching TT, et al：Aging Cell, 9：545-557, 2010
22) Martínez-Chantar ML, et al：Am J Clin Nutr, 76：1177-1182, 2002
23) Obata F & Miura M：Nat Commun, 6：8332, 2015
24) Ulanovskaya OA, et al：Nat Chem Biol, 9：300-306, 2013

<著者プロフィール>
三浦正幸：1983年東京都立大学理学部生物学科卒業，'88年大阪大学理学研究科博士課程修了（理学博士）．慶応大学医学部助手，NIHフォガティーインターナショナルリサーチフェローとしてマサチューセッツ総合病院へ留学，筑波大学基礎医学系講師，大阪大学医学部助教授，理化学研究所脳センターチームリーダーを経て東京大学大学院薬学系研究科遺伝学教室教授（現職）．細胞が死ぬことによって起こる細胞の社会現象に魅了されている．

第1章 新たに見えてきた，栄養・代謝物シグナルによる遺伝子制御メカニズム

4. Sirtuin・NAD$^+$と遺伝子制御

山縣和也

> サーチュイン（Sirtuin）はNAD$^+$依存性の脱アセチル化酵素であり，栄養状態やさまざまな環境刺激に対して代謝制御をはじめとする幅広い生物学的応答を示す．哺乳類では7種類のサーチュイン（SIRT1～7）が存在しており，それぞれが特有の酵素活性・細胞内局在を呈する．SIRT1は種々の転写因子に作用し代謝の恒常性維持に関与しており，SIRT1を標的とした治療法の開発も進んでいる．また，最近まで酵素活性の不明であったSIRT7も肝臓や脂肪組織における代謝を制御していることが明らかになってきた．

はじめに

　サーチュイン（Sirtuin）は，種を超えて高度に保存されたニコチンアミドアデニンジヌクレオチド（nicotinamide adenine dinucleotide：NAD$^+$）依存性の脱アセチル（アシル）化酵素であり，代謝をはじめ老化，発がん，ストレス応答など多様な生物学的作用において重要な役割を担っている．NAD$^+$の基本的な働きは，補酵素としてエネルギー代謝（異化）経路における多くの脱水素酵素の活性制御であるが，細胞内の代謝（栄養）状態を反映するNAD$^+$がサーチュインの活性化に必要であることは，エネルギー代謝のセンサーとしてのサーチュインの役割を示唆している．

　哺乳類では7種類のサーチュイン（SIRT1～7）が存在しており，いずれの分子も中央に酵素活性を示すコアドメインを有している．N末端ならびにC末端の配列はSIRT1～7の各分子で大きく異なっており，この多様性が各分子の細胞内局在や特異的な機能に関与している．SIRT1は核と細胞質，SIRT2は細胞質，SIRT3～5はミトコンドリア，SIRT6は核，SIRT7は核（特に核小体）とおのおの異なった細胞内局在を示す．酵素活性に関しても，SIRT1～3が強い脱アセチ

[キーワード&略語]
サーチュイン，NAD$^+$，SIRT1，SIRT7

G6Pase：glucose 6-phosphatase
（グルコース-6-ホスファターゼ）
NAD$^+$：nicotinamide adenine dinucleotide
（ニコチンアミドアデニンジヌクレオチド）
PEPCK：phosphoenolpyruvate carboxykinase
（ホスホエノールピルビン酸カルボキシキナーゼ）
PPAR：peroxisome proliferator-activated receptor
SREBP：sterol regulatory element-binding protein

Gene regulation by sirtuins and NAD$^+$
Kazuya Yamagata：Department of Medical Biochemistry, Faculty of Life Sciences, Kumamoto University（熊本大学大学院生命科学研究部病態生化学分野）

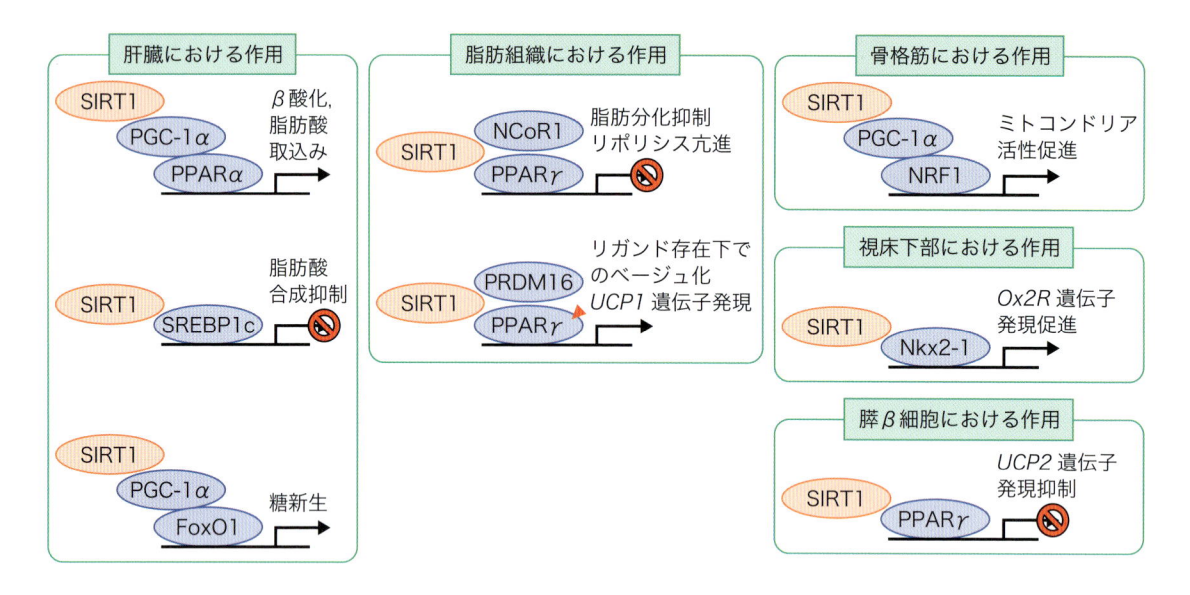

図1 SIRT1による遺伝子発現制御
SIRT1は脂肪組織におけるリポリシスを亢進させ，肝臓や骨格筋で脂肪酸の利用を促進する．

ル化酵素活性を示すのに対し，SIRT4はADPリボース転移酵素活性，SIRT5は脱マロニル，脱サクシニル化活性を示す[1]．SIRT6はヒストンH3K9およびH3K56選択的な脱アセチル化活性を示すが，脱アセチル化以外に脱ミリストイル，脱デカノイル，脱パルミトイル化活性など種々の脱アシル化活性を有する[2]．SIRT7は後述3のようにヒストンH3K18などに対する選択的な脱アセチル化活性を有する．

本稿では，研究が最も進展しているSIRT1および近年その作用が明らかになりつつあるSIRT7について，代謝作用や疾患との関係を概説する．

1 SIRT1による代謝制御

糖脂質代謝の制御に重要な働きを担う肝臓，脂肪，骨格筋，脳（視床下部），膵β細胞におけるSIRT1の役割が解明されつつあり，以下に各臓器における働きについて述べる（**図1**）．

1）肝臓における作用

肝臓は空腹時に脂肪酸を主要なエネルギー源として用いる．転写因子PPAR（peroxisome proliferator-activated receptor）αや転写調節因子であるPGC-1α（PPARγ coactivator-1α）は，脂肪酸の取り込みや脂肪酸のβ酸化に関与する遺伝子の発現を正に制御するが，SIRT1はPPARαやPGC-1αを脱アセチル化することで活性化し，肝臓における脂質の利用を促進する．肝臓特異的SIRT1ノックアウトマウスでは，脂質利用の低下により脂肪肝の増悪が認められる[3]．逆に全身性のSIRT1過剰発現マウスでは脂肪肝が改善することが報告されている[4]．

一方，食後などエネルギーが豊富な状況では，転写因子SREBP1c（sterol regulatory element-binding protein 1c）などの作用で肝臓に取り込まれた過剰のグルコースから脂肪酸が生成される．SIRT1はSREBP1cを脱アセチル化することで脂肪酸合成を抑制する．

また肝臓は空腹時に糖新生を行い，グルコースを産生する．転写因子FoxO1（forkhead box 1）は，空腹時には核内に留まり，PEPCK（phosphoenolpyruvate carboxykinase）やG6Pase（glucose 6-phosphatase）など糖新生遺伝子の発現を上昇させる．糖新生におけるSIRT1の役割については不明な点もあるが，FoxO1やPGC-1αを脱アセチル化することにより活性化し，糖新生遺伝子の発現を増加させることにより糖新生を亢進させる[5]．

2）脂肪組織における作用

PPARγは脂肪細胞分化のマスターレギュレーターで

あり，中性脂肪合成系の遺伝子発現も制御している．SIRT1はコリプレッサーであるNCoR1（nuclear receptor corepressor1）などをリクルートして，PPARγの活性を抑制する．その結果，脂肪細胞分化の抑制，脂肪分解（リポリシス）の亢進が起きる[6]．脂肪細胞特異的SIRT1ノックアウトマウスでは脂肪細胞サイズの増大，重量の増加が認められ，肥満を呈する[7]．

脂肪組織はエネルギーを貯蔵する白色脂肪組織（white adipose tissue：WAT）とエネルギーを消費する褐色脂肪組織（brown adipose tissue：BAT）に分類されるが，皮下の白色脂肪細胞は寒冷刺激などにより褐色化（ベージュ化）することが知られている．SIRT1はPPARγリガンド存在下でPPARγの脱アセチル化，褐色脂肪細胞の分化に重要なPRDM16（PR-domain containing 16）のリクルートを促進し，白色脂肪細胞をベージュ脂肪細胞へと分化転換させる[8]．*Ucp1*遺伝子は褐色脂肪細胞に発現し熱産生に重要な働きを担うが，SIRT1トランスジェニックマウスでは皮下脂肪組織における*Ucp1*遺伝子発現が増加している．

3）骨格筋における作用

空腹時や運動により骨格筋ではAMPキナーゼが活性化されることで，NAD^+量が上昇し，SIRT1の活性化が起きる．SIRT1はPGC-1αを脱アセチル化し，PGC-1αは転写因子NRF1およびPPARαを活性化することでミトコンドリア活性促進，脂質利用の促進を引き起こす[9]．このようにSIRT1は脂肪細胞から脂肪酸を動員し，骨格筋や肝臓における脂肪酸燃焼を促進することでインスリン感受性を亢進させる働きを担う．実際，レスベラトロールやSIRT1720といったSIRT1活性化物質の投与やSIRT1の過剰発現マウスでは耐糖能の改善が認められる[10,11]．

4）脳（視床下部）における作用

脂肪細胞から分泌されるレプチンは視床下部弓状核（arcuate nucleus：ARC）に発現する摂食促進系NPY（neuropeptide Y）およびAgRP（agouti-related protein）ニューロン，摂食抑制系POMC（pro-opiomelanocortin）ニューロンを制御することで，摂食行動の抑制とともに交感神経活性化を介したエネルギー消費亢進を引き起こす．POMCニューロン特異的SIRT1ノックアウトマウスは，エネルギー消費が低下し，体重の増加が認められることから，POMCニューロンにおけるSIRT1はエネルギー消費を調節する作用をもつと考えられる[12]．

一方，AgRP特異的SIRT1トランスジェニックマウスは摂餌量の低下から体重の低下が認められる[13]．視床下部背内側核（DMH）および外側野（LHA）におけるSIRT1は，転写因子Nkx2-1を脱アセチル化することでオレキシン2型受容体（Ox2R）の発現を増加させる作用があり，脳神経特異的SIRT1トランスジェニックマウスでは活動量の増加，体温上昇が引き起こされる[14]．

5）膵β細胞における作用

膵β細胞はグルコースの上昇に対しインスリンを分泌することで血糖の恒常性を維持する．膵β細胞特異的SIRT1トランスジェニックマウスは，*Ucp2*の遺伝子発現を抑制することでグルコース応答性インスリン分泌の亢進が認められる[15]．また，SIRT1はβ細胞のFoxO1を脱アセチル化することで酸化ストレスからβ細胞を保護する働きも有する[16]．

2 SIRT1活性制御とNAD^+

NAD^+は解糖系やクエン酸回路において補酵素として働くが，SIRT1をはじめとするサーチュインの活性化にも必須である．NAD^+合成経路にはトリプトファンからの*de novo*経路とニコチンアミド（NAM）からのサルベージ経路が存在する（**図2**）．哺乳類ではNAMからの合成経路が重要であり，律速酵素であるNAMPT（nicotinamide phosphoribosyltransferase）により，NAMからニコチンアミドモノヌクレオチド（nicotinamide mononucleotide：NMN）が生成し，ついでNMNAT（nicotinamide mononucleotide adenyltransferase）によりNAD^+が合成される．サーチュインによりNAD^+からNAMとO-アセチルADPリボースが生成される．NAMはサーチュイン活性を阻害する．

高脂肪食負荷マウスの肝臓や脂肪組織においてはNAMPTの発現低下とともにNAD^+含量が低下しており，これら臓器におけるSIRT1の作用不全の一因となっていると考えられる．SIRT1を活性化させるために，NAD^+前駆体であるNMNやNAD^+分解酵素であるPARP〔poly（ADP-ribose）polymerase〕の阻害

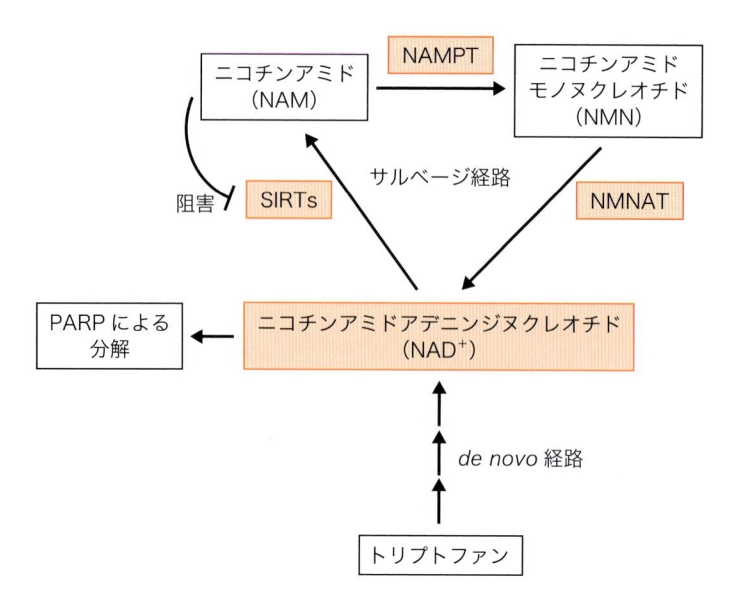

図2　NAD⁺合成・分解経路
NAMからサルベージ経路によりNAD⁺が合成される．NAMPT：nicotinamide phosphoribosyltransferase，NMNAT：nicotinamide mononucleotide adenyltransferase，PARP：poly（ADP-ribose）polymerase．

剤を用いた検討がなされており，NMNの投与によりNAD⁺含量が増加し，高脂肪食負荷マウスにおけるインスリン感受性やインスリン分泌の亢進とともに耐糖能が改善することが報告されている[17]．NAD⁺含量の低下は加齢マウスにおいても認められる[18]．

3 SIRT7による代謝制御

SIRT7は核移行シグナルと核小体移行シグナルをもち，核質および核小体に局在する．SIRT7の酵素活性は長らく不明であったが，Barberらによってヒストン H3K18選択的な脱アセチル化活性を有していることが明らかにされた[19]．SIRT7は転写因子ELK4と結合し，H3K18の脱アセチル化により腫瘍抑制遺伝子である *NME1* などの発現を抑制し，腫瘍促進的に作用する[19]．PAF53はPol I（RNA polymerase 1）の構成成分であり，核小体におけるrDNAの転写に必要である．SIRT7はPAF53を脱アセチル化することでPol IをrDNAの転写領域に保持し，rDNAの転写を促進させる働きも有する[20]．

1）肝臓における作用

筆者らはSIRT7ノックアウトマウスを用いてSIRT7の代謝作用について検討を行った．その結果，高脂肪食負荷SIRT7ノックアウトマウスでは，コントロールマウスに比して肝臓に蓄積される中性脂肪含量が顕著に減少していることが判明した[21]．転写因子TR4（testicular nuclear receptor）は脂肪酸のトランスポーターであるCD36，中性脂肪の合成に関与するMOGAT1（monoacylglycerol O-acyltransferase 1），脂肪の貯蔵を制御するCIDE-AおよびCIDE-Cの遺伝子発現を制御することで，肝臓における脂肪蓄積を増加させる．TR4タンパク質はDCAF1/DDB1/CUL4B E3ユビキチンリガーゼ複合体によりユビキチン化され分解されるが，SIRT7はDCAF1/DDB1/CUL4B E3ユビキチンリガーゼ複合体の活性を抑制することを見出した[21]．SIRT7の欠失によりユビキチンリガーゼ複合体の活性が上昇するためTR4発現量が低下し，肝臓における脂肪の蓄積が低下すると考えられる（**図3**）．

一方，Shinらは，SIRT7がMycに結合してその活性を抑制することでリボソームタンパク質の発現を抑制しており，SIRT7ノックアウトマウスではその抑制が解除されるため小胞体ストレスが亢進し，脂肪肝が惹起されることを報告した[22]．筆者らのSIRT7ノックアウトマウスを用いた検討では小胞体ストレス関連遺伝

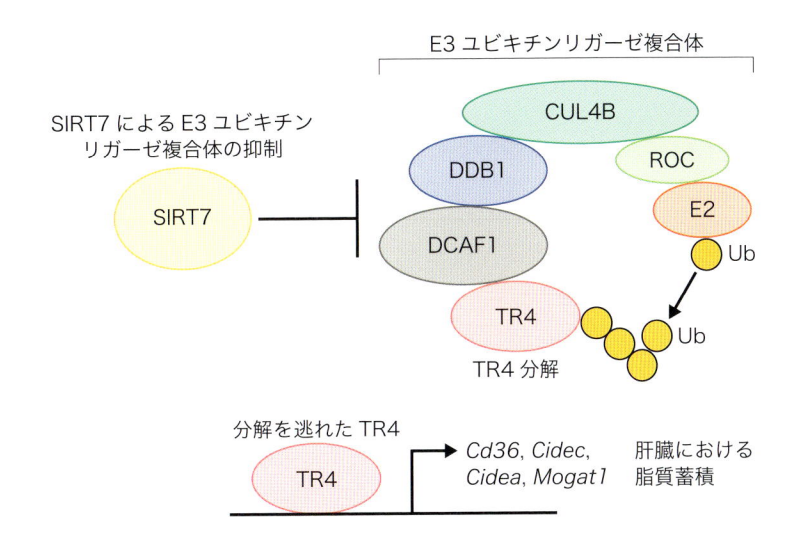

図3 SIRT7によるTR4タンパク質量調節
SIRT7はE3ユビキチンリガーゼ複合体（CUL4B/DDB1/DCAF1）と結合し，その活性を抑制することで核内受容体TR4のタンパク量を制御している．Ub：ユビキチン．

子の発現に変化なく，異なった結果が得られた理由は不明である．また，Ryuらは，SIRT7がミトコンドリア機能に重要なGABP（GA-binding protein）β1を脱アセチル化することでGABP転写活性を亢進させており，加齢のSIRT7ノックアウトマウスではミトコンドリア機能低下に基づく微小脂肪滴の蓄積が肝臓で認められることを報告した[23]．加齢がSIRT7ノックアウトマウスの表現型に影響を及ぼす可能性についてさらに検討が必要である．

2）褐色脂肪組織（BAT）における作用

高脂肪食負荷SIRT7ノックアウトマウスでは，脂肪肝の改善とともに肥満および耐糖能の改善が認められた[21]．同マウスの体温はコントロールマウスより高く，熱産生に重要な*Ucp1*遺伝子の発現がBATにおいて増加していた．このことからSIRT7の欠失はBATにおける熱産生を亢進させることでエネルギー消費を増加させ，肥満や糖代謝異常を改善させると考えられる．

3）心臓における作用

心破裂は心筋梗塞による死亡原因の約10％程度を占める．心臓においてSIRT7はオートファジーによるTGF-β type 1 receptorの分解を抑制しており，SIRT7ノックアウトマウスではレセプターの減少によるTGF-βシグナルが減弱することで線維化や血管新生が減弱し，創傷治癒の遅延が起きるため，心筋梗塞後の心破裂をきたしやすいことが判明した[24]．

おわりに

哺乳類では7種類のサーチュイン（SIRT1〜7）が存在しているが，おのおのの働きは必ずしも同一ではない．例えばSIRT1は肝臓における脂肪蓄積を減少させる方向に働くのに対し，同様に核内に存在し，NAD⁺依存性の酵素活性を有するSIRT7は脂肪蓄積促進的に働く．したがって，個々のサーチュインの詳細な生理作用とその分子機構を解明していくことに加え，各サーチュインがいかなる状況下でどのように相互作用を行い，機能がどのように統合されているか明らかにしていくことが重要である．現在，サーチュインを標的とする治療法の開発が進んでいるが，各サーチュインに選択的な活性化薬・抑制薬の開発も必要であろう．

今後，サーチュインによる代謝制御機構の理解が進むことで，新たな代謝異常症や生活習慣病の治療法の開発が進展するものと期待される．

文献

1) Du J, et al：Science, 334：806-809, 2011
2) Jiang H, et al：Nature, 496：110-113, 2013
3) Purushotham A, et al：Cell Metab, 9：327-338, 2009
4) Pfluger PT, et al：Proc Natl Acad Sci USA, 105：9793-9798, 2008
5) Liu Y, et al：Nature, 456：269-273, 2008
6) Picard F, et al：Nature, 429：771-776, 2004
7) Chalkiadaki A & Guarente L：Cell Metab, 16：180-188, 2012
8) Qiang L, et al：Cell, 150：620-632, 2012
9) Cantó C, et al：Nature, 458：1056-1060, 2009
10) Lagouge M, et al：Cell, 127：1109-1122, 2006
11) Milne JC, et al：Nature, 450：712-716, 2007
12) Ramadori G, et al：Cell Metab, 12：78-87, 2010
13) Sasaki T, et al：Diabetologia, 57：819-831, 2014
14) Satoh A, et al：Cell Metab, 18：416-430, 2013
15) Moynihan KA, et al：Cell Metab, 2：105-117, 2005
16) Kitamura YI, et al：Cell Metab, 2：153-163, 2005
17) Yoshino J, et al：Cell Metab, 14：528-536, 2011
18) Gomes AP, et al：Cell, 155：1624-1638, 2013
19) Barber MF, et al：Nature, 487：114-118, 2012
20) Chen S, et al：Mol Cell, 52：303-313, 2013
21) Yoshizawa T, et al：Cell Metab, 19：712-721, 2014
22) Shin J, et al：Cell Rep, 5：654-665, 2013
23) Ryu D, et al：Cell Metab, 20：856-869, 2014
24) Araki S, et al：Circulation, 132：1081-1093, 2015

＜著者プロフィール＞
山縣和也：1987年大阪大学医学部卒業．'91年大阪大学大学院医学系研究科博士課程修了（医学博士）．'93年米国シカゴ大学（Bell研究室）に留学し，糖尿病遺伝子の同定を行う（Nature 1996a, 1996b）．'98年日本学術振興会特別研究員．2000年大阪大学助手（第二内科）．'07年より熊本大学大学院生命科学研究部病態生化学分野教授（現職）．研究テーマ：糖尿病・代謝学．転写因子やサーチュインによる代謝制御．大学院生募集しています．

第1章 新たに見えてきた，栄養・代謝物シグナルによる遺伝子制御メカニズム

5. 解糖系派生物メチルグリオキサールによるメタボリックシグナリング

井上善晴

> 解糖系は生物種を超えたエネルギー生産における中心代謝経路である．解糖系の代謝中間体からアミノ酸や脂質などの合成が行われることからも，その代謝フラックスは細胞の生育に伴って適切に制御される必要がある．一方，解糖系の代謝フラックスの過剰な上昇は代謝性ストレスとしてさまざまな疾患の原因にもなる．本稿では，解糖系から派生する代謝中間体としてメチルグリオキサール（MG）に着目し，MGがメタボリックシグナル因子として細胞機能に及ぼす影響について紹介する．

はじめに

細胞内における代謝系の多くには，その代謝フラックスを適切にコントロールするためのしくみが備わっている．例えば，細菌のアミノ酸生合成系などによくみられるフィードバック阻害やフィードバック抑制は，そのアミノ酸を細胞内で過不足なく維持するための，閉じた代謝ループ内での合目的的な代謝制御機構であり，そのアミノ酸は当該代謝ループ内での制御因子として機能している．

一方，真核生物において特定のアミノ酸は，より多彩な役割を担う．例えば，ロイシンはTORC1（target of rapamycin complex 1）を介して，細胞の成長や老化などに，タンパク質合成，リボソーム生合成，オートファジーの制御などを通して関与する．この場合，ロイシンはタンパク質を構成するための材料としての役割だけでなく，成長や老化といった生命活動の根幹にかかわるような広汎な細胞生理に関与するシグナル分子として機能していると捉えることができる．解糖系の過程で生成する2-オキソアルデヒドであるメチルグリオキサール（MG）は，転写因子やシグナル伝達経路の構成モジュールに作用することで，さまざまな細胞応答に関与する．

[キーワード&略語]
メチルグリオキサール，終末糖化産物，グリオキサラーゼ，カルボニルストレス，TOR

AGEs：advanced glycation end products
MAPK：mitogen-activated protein kinase
MG：methylglyoxal
TOR：target of rapamycin
TORC：TOR complex

Metabolic signaling by methylglyoxal, a derivative from glycolysis
Yoshiharu Inoue：Laboratory of Molecular Microbiology, Division of Applied Life Sciences, Graduate School of Agriculture, Kyoto University（京都大学大学院農学研究科応用生命科学専攻エネルギー変換細胞学分野）

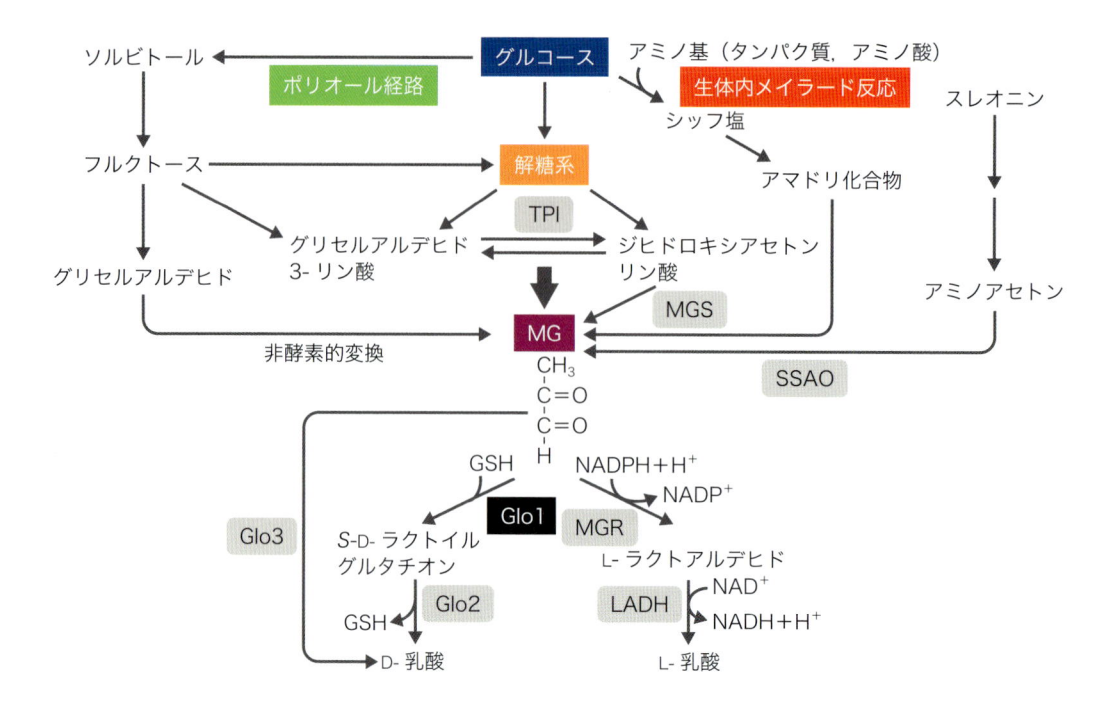

図1 MGの生成と代謝
細胞内ではグルコースの代謝，あるいは終末糖化産物（AGEs）生成のプロセスでMGが生じる．生成したMGはグルタチオン依存的，あるいは非依存的な経路による乳酸に代謝される．TPI：トリオースリン酸イソメラーゼ，MGS：MG合成酵素，SSAO：セミカルバジド感受性アミンオキシダーゼ，Glo1：グリオキサラーゼⅠ，Glo2：グリオキサラーゼⅡ，Glo3：グリオキサラーゼⅢ，MGR：MG還元酵素，LADH：ラクトアルデヒド脱水素酵素，GSH：還元型グルタチオン．

1 MGの代謝

1）MGの生成[1)2)]

ⅰ）解糖系からの生成

あらゆる生物にとってグルコースは最も利用しやすいエネルギー源であり，グルコースの嫌気的酸化経路である解糖系は，生物種を超えて保存されたエネルギー獲得形態の1つである．解糖系酵素の1つであるトリオースリン酸イソメラーゼ（TPI）反応では，グリセルアルデヒド3-リン酸とジヒドロキシアセトンリン酸がエンジオール中間体を経て相互に変換される．エンジオール中間体のC3位のリン酸基のC-O結合は回転しうるため，分子面に対してリン酸基がアキシャルに配位すると容易にリン酸基が脱離し，ケト-エノール互変異性化によりMGが生じる（**図1**）．

ⅱ）ポリオール経路からの生成

通常，グルコースは解糖系で代謝されるが，細胞が過剰なグルコースに曝露されると，解糖系だけでは処理できなくなったグルコースがポリオール経路へと流入する．その結果，ソルビトールやフルクトースが大量に生産される．肝臓におけるフルクトース代謝では，グリセルアルデヒドが生成する．グリセルアルデヒドは非酵素的にMGに変換される．

ⅲ）スレオニン代謝からの生成

ミトコンドリアにおけるスレオニンとグリシンの代謝の過程でアミノアセトンが生じるが，アミノアセトンはMGの前駆体として働き，セミカルバジド感受性アミンオキシダーゼ（SSAO）による脱アミノ化反応の結果，MGが生じる．

ⅳ）MG合成酵素

細菌はジヒドロキシアセトンリン酸からMGを合成する酵素（MG合成酵素：MGS）をもつ．真正細菌の一種である*Desulfovibrio gigas*では，解糖系へ流入するグルコースの実に40％がMG合成酵素によりMGに変換される[3)]．真核生物からのMG合成酵素の精製例はヤギの肝臓から一例あるが，真核生物におけるMG合成酵

素の普遍性については明確な証拠は得られていない．

2）MGの分解

MGの主要な代謝はグルタチオン（GSH）依存的に，グリオキサラーゼ系とよばれる2つの酵素によって行われる．MGはGSHと非酵素的に縮合してヘミチオアセタールとなり，これにグリオキサラーゼⅠ（Glo1）が作用してS-D-ラクトイルグルタチオンに変換される．次いで，グリオキサラーゼⅡ（Glo2）によりD-乳酸とGSHに加水分解される．またMGは，DJ-1/Hsp31/PfpIスーパーファミリーに属するグリオキサラーゼⅢ（Glo3）とよばれる酵素により，GSH非依存的に直接D-乳酸に酸化される．一方，MGはNADPH依存的にL-ラクトアルデヒドに還元され，次いでNAD$^+$存在下でL-乳酸に酸化される（図1）．

2 MGと疾患

1）MGによるAGEs生成

グルコースはタンパク質やアミノ酸と反応してシッフ塩を形成し，アマドリ化合物を経てジカルボニル化合物であるMGや3-デオキシグルコソンに変換される（図1）．MGはグルコースの20,000倍以上もの反応性の高さでタンパク質のアミノ基と反応することが可能[4]で，タンパク質の糖化反応が急速に進行する．その後，カルボニル化タンパク質は分解などを受け，終末糖化産物（advanced glycation end products：AGEs）が生成する．カルボニルストレスによる血中や組織中のAGEsの蓄積は，さまざまな細胞機能障害を惹起する．

2）糖尿病と糖尿病合併症

MGと糖尿病との関連については，古くからさまざまな報告がある．糖尿病患者では血漿や組織中のMGレベルが上昇しており，血漿中のAGEsレベルも亢進している[5]．しかし，MGレベルの上昇が糖尿病の原因なのか，あるいは結果なのかはまだよくわかっていない．

MGは膵臓の発生や内分泌細胞の分化誘導などに重要な転写因子であるPdx-1や，インスリン遺伝子の発現制御を行う転写因子MafAの発現を抑制することが報告されている．すなわち，MGを投与したSDラットではPdx-1やMafAの発現量が低下し，結果的にインスリンの分泌量も低下した[6]．どのようなメカニズムでこれらの転写因子の発現が低下したのかはまだ明らかになっていないが，MGがインスリンの分泌を減少させることで，糖尿病のトリガー因子，ないしは増悪因子として機能している可能性が考えられる．

一方，糖尿病による高血糖は，糖尿病性の神経障害，網膜症，腎症などの合併症（三大合併症）を惹起し，それらはカルボニルストレスとの相関性がきわめて高い[5)7]．

3）Glo1と精神疾患

MGを代謝する主要な酵素はGlo1である．$GLO1$遺伝子の欠損やコピー数の増大は，細胞内MGレベルと相関する[2)8)9]．近年，$GLO1$遺伝子の変異あるいは多型と精神疾患（不安症，パニック障害，鬱病，自閉症，自閉症スペクトラム，統合失調症など），ならびに疼痛との関連性を示す研究結果が報告されている[9)10]．

それらのうちで最もよく解析が進んでいるものに，$GLO1$の遺伝子多型と不安症との関係がある．マウスの前帯状皮質における局所的な$GLO1$遺伝子の過剰発現は不安様行動を誘発し，逆にノックダウンは不安様行動を抑制した[11]．また，その後の解析から，$GLO1$遺伝子のコピー数多型（CNV）が不安様行動と相関していることが明らかにされた[12]．

4）GABA$_A$受容体作動薬剤としてのMG

GABA（γ-アミノ酪酸）は脳の興奮を抑える物質であり，イオンチャネル型GABA$_A$受容体を活性化し，抗不安作用・鎮静作用を示す．興味深いことに，MGはGABA$_A$受容体アゴニストとして作用することが報告された[9]．このことは，$GLO1$遺伝子のCNVや過剰発現と不安様行動との関連性を合理的に説明するモデルを提供するのではないかと期待されている．すなわち，$GLO1$遺伝子のコピー数の増加や過剰発現はMGレベルの低下をもたらし，その結果，GABA$_A$受容体のMGによる活性化が起こらないため不安様行動をとるようになると考えられる．GABAとMGは構造的には類似しておらず，どのような機構でMGがGABA$_A$受容体を活性化しているのかについてはまだ解明されていない．

3 MGによる遺伝子発現制御

1）MGによるCys残基の修飾によるYap1の活性化

出芽酵母（$S.\ cerevisiae$）のYap1（yeast AP-1）は，AP-1の機能的ホモログとして単離されたbZIP型

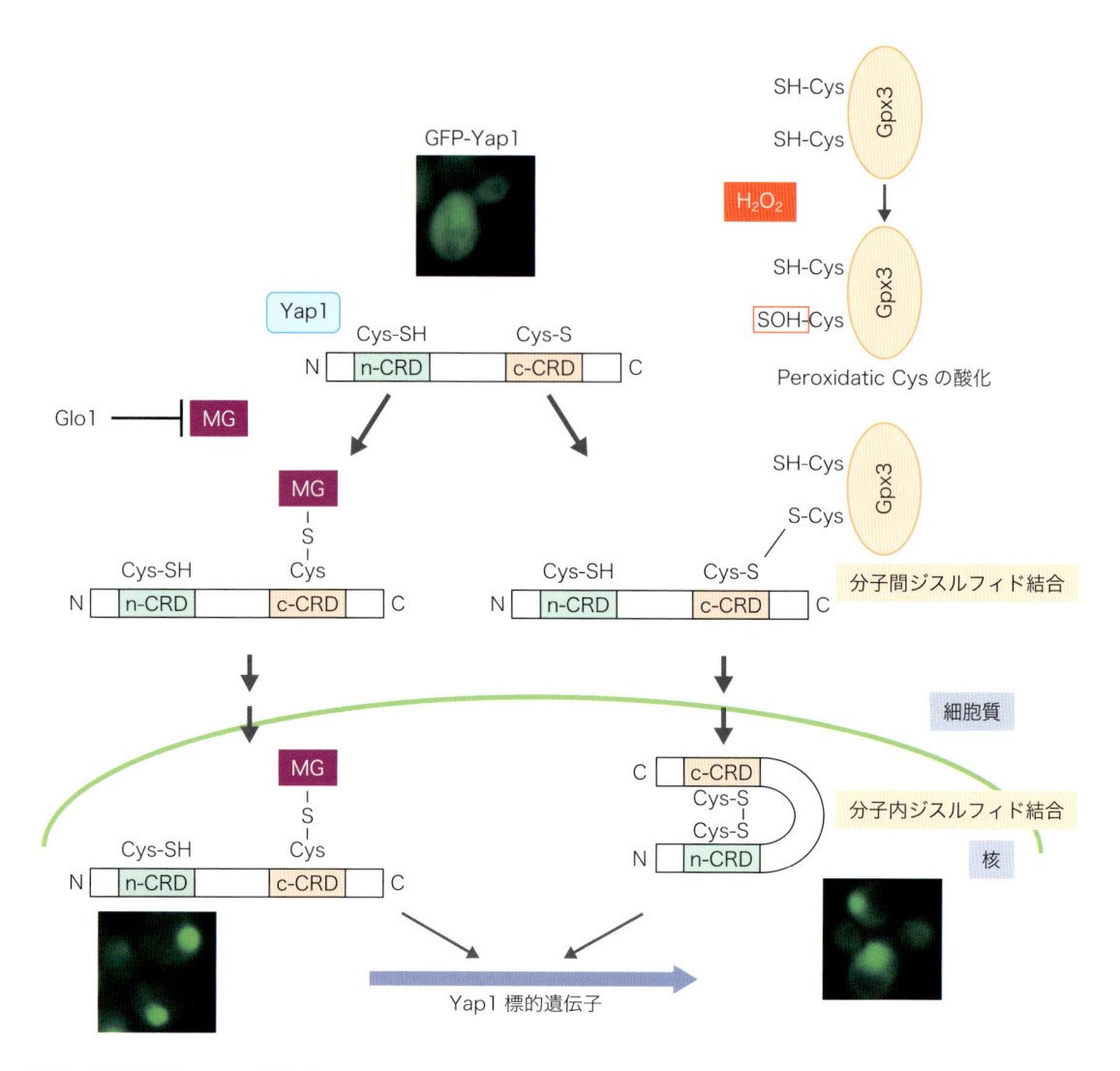

図2 転写因子 Yap1 の活性化

酵母を H_2O_2 で処理すると，グルタチオンペルオキシダーゼ（GPx）の1つである Gpx3 がレドックスセンサーとして機能し，Gpx3-Yap1 の分子間ジスルフィド結合の形成を経て，最終的に Yap1 分子中の n-CRD と c-CRD 間で分子内ジスルフィド結合が形成され核局在となる．一方，MG による活性化ではジスルフィド結合の形成を伴わず，c-CRD 中の Cys 残基が MG 修飾される．

転写因子である．Yap1 の H_2O_2 による活性化機構については詳細な解析が行われている[13]．Yap1 は通常，細胞質に局在するが，酸化的ストレス条件下では Yap1 分子中のN末端側ならびにC末端側のCys リッチドメイン（n-CRD，c-CRD）間で分子内ジスルフィド結合が形成され，核局在となり，Yap1 標的遺伝子の発現が増加する（**図2**）．

筆者らは $glo1\Delta$ 株における遺伝子発現の網羅的プロファイリングから，MG が Yap1 を活性化していることを見出した[14]．すなわち，$glo1\Delta$ 株では細胞内のレドックス状態※は変化していないにもかかわらず，Yap1 は構成的に核局在した[14]．また，酵母では細胞外から MG を与えても細胞内レドックス状態は変化しない[15]にもかかわらず，Yap1 は核に蓄積し，標的遺伝子の転写を活性化した．Yap1 の c-CRD 中の3つの Cys 残基のうち，いずれか1つでもあれば $glo1\Delta$ 株や MG 処理により Yap1 は核局在し，標的遺伝子の転写を活性化した．しかしながら，c-CRD 中の Cys 残基をすべて置

換すると，n-CRD中のCys残基が残っていてもMGによる核局在や標的遺伝子の転写活性化能を失った．これらのことから，MGはYap1 c-CRD中のCys残基を修飾することでYap1の核外輸送を阻害し，結果として標的遺伝子の転写を活性化していることが明らかとなった．また，この修飾は可逆的で，培地からMGを除去するとすみやかにYap1は核外輸送された[14]．このように，MGは転写因子を可逆的に修飾することでその機能を変換し，遺伝子発現を制御していることが明らかとなった（図2）．

2） *Agn2* 遺伝子の転写制御[16]

マウス腎由来毛細血管内皮細胞を高濃度のグルコースに曝露するとMGレベルが上昇し，血管新生に関与するアンジオポイエチン2（*Agn2*）遺伝子の発現レベルが上昇した．*Agn2*遺伝子のプロモーター上にはグルコースの濃度に応答する領域（GC-box）が存在し，高濃度グルコース曝露時には転写活性化因子Sp1が結合し，反対に転写抑制因子Sp3の結合は減少した．Sp3と相互作用する核内タンパク質のうち，コリプレッサーであるmSin3AがMG修飾を受けることが明らかとなった．MG修飾を受けたmSin3AはSp3と*O*-結合型*N*-アセチルグルコサミン（*O*-GlcNAc）トランスフェラーゼとの相互作用を増大させ，その結果，Sp3は*O*-GlcNAc修飾を受けた．mSin3AのMG修飾を受ける残基（Arg^{925}とLys^{938}）の置換体では，高濃度グルコース曝露時の*Agn2*遺伝子の発現上昇はみられなかった．

この現象は，ヒト大動脈内皮細胞や網膜ミュラー細胞でも同様に起こり，またストレプトゾトシン誘発糖尿病マウスにおいても，mSin3AのMG修飾と*Agn2*遺伝子の発現上昇が観察された．これらのことは，転写制御因子のMG修飾が遺伝子発現をコントロールし，ひいては糖尿病合併症の発症や進展に関与する可能性を示唆する．

※ レドックス状態

Redox : reduction-oxidationの混成語．酸化還元状態のこと．細胞質は様々な抗酸化酵素や抗酸化性の化合物によって還元状態を維持しているが，それらの成分の欠損，あるいはミトコンドリアでの酸素呼吸や，NADPHオキシダーゼ，キサンチンオキシダーゼなどにより活性酸素が生成すると酸化的ストレスとなり，細胞は種々の損傷を受ける．

---

4 シグナルイニシエーターとしてのMG

1） His-Aspリン酸リレー系の活性化

MGによる酵母Yap1の活性化において，細胞外から加えたMGは細胞膜を透過し，Yap1を修飾した[14]．一方，MGは神経細胞膜上に存在するGABA$_A$受容体を活性化することから，細胞膜上に存在する何らかのタンパク質を介してシグナル伝達経路を活性化する機構も考えられる．筆者らは出芽酵母の細胞膜上のタンパク質であるSln1がMGセンサーとして機能し，その機能的下流にある酵母のp38 MAPキナーゼであるHog1経路を活性化することを見出した[17]．Sln1はHis-Aspリン酸リレー系（2成分制御系）のセンサーキナーゼ（Hisキナーゼ）である．His-Aspリン酸リレー系は，細菌から高等植物まで保存されているが，哺乳類ではみつかっていない．His-Aspリン酸リレー系は，さまざまな環境ストレスを感知して遺伝子発現を制御する．筆者らは分裂酵母（*S. pombe*）においてもHis-Aspリン酸リレー系がMGシグナル伝達に関与することを明らかにしている（図3）[18]．また最近，コメのMG応答性遺伝子の網羅的解析から，植物においてもHis-Aspリン酸リレー系によるMGシグナル伝達機構の存在が示唆されている[19]．

2） TORシグナル経路の活性化

TOR（target of rapamycin）は真核生物に広く保存されたSer/Thrキナーゼである．TORは機能が異なる2種類のTOR複合体（TOR complex），すなわちTORC1とTORC2を形成する．TORは，AktやPKCなどAGCキナーゼファミリーに属するいくつかのタンパク質リン酸化酵素を基質とすることが知られている．筆者らは，出芽酵母がもつ唯一のCキナーゼであるPkc1のTM（turn motif）内のThr^{1125}，ならびにHM（hydrophobic motif）内のSer^{1143}がTORC2によってリン酸化されることを明らかにした[20,21]．さらに，酵母をMGで処理（〜30分）するとTORC2が活性化され，Pkc1のSer^{1143}のリン酸化レベルが上昇した（図4）．さらに，マウスの前駆脂肪細胞（3T3-L1）ならびに筋芽細胞（C2C12）においても，MG処理によりmTORC2依存的にAktのHM内のSer^{473}のリン酸化が15〜30分で誘導された（図4）．TORC2の活性化因子としては，これまでに哺乳類においてインスリンな

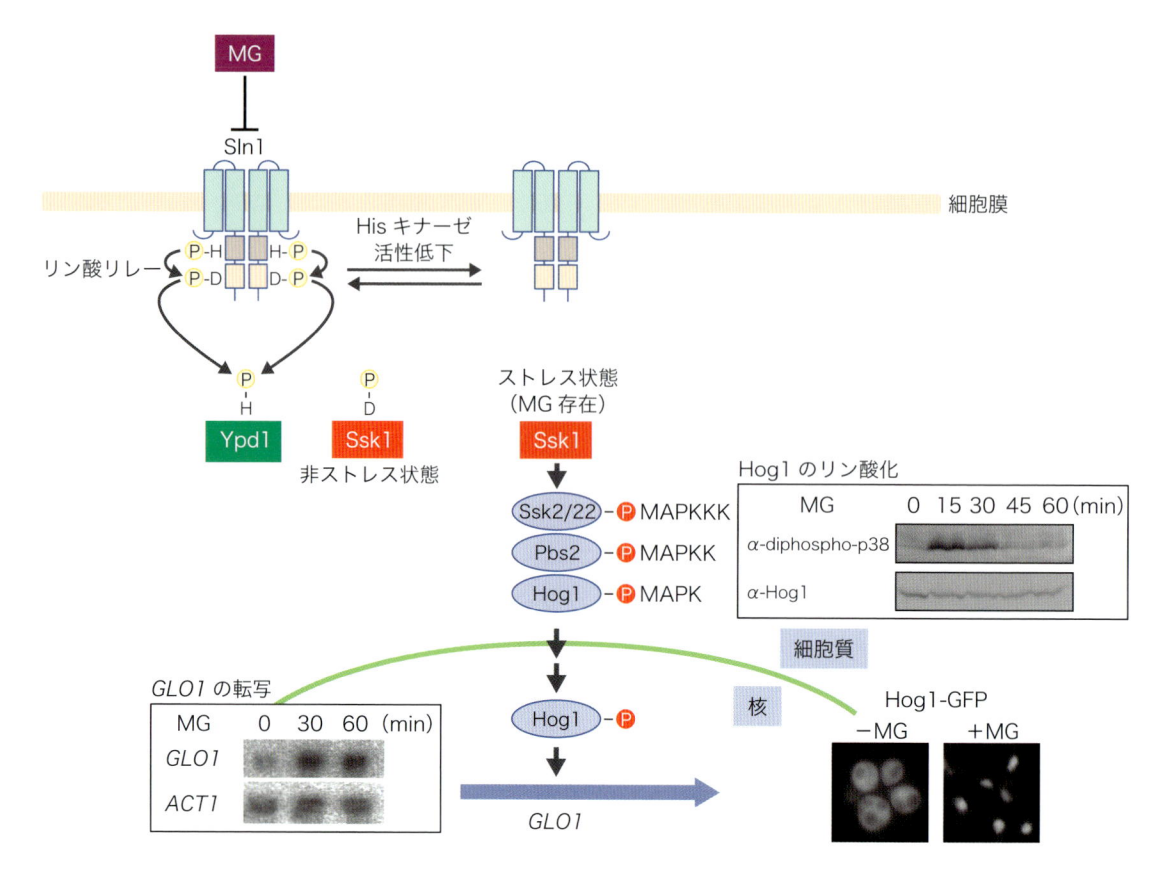

図3 MGによるHis-Aspリン酸リレー系を介したMAPキナーゼの活性化

酵母のHis-Aspリン酸リレーシグナル経路のセンサーキナーゼSln1は，非ストレス状態ではHisキナーゼにより自身のHis残基をリン酸化し，そのリン酸はSln1分子中のC末端のAsp残基へ転移される．次いで，リン酸リレータンパク質Ypd1のHis残基を経て，レスポンスレギュレーターSsk1のAsp残基へリン酸が転移する．一方，MG刺激を受けるとHisキナーゼ活性が低下し，非リン酸化型Ssk1はHog1 MAPK経路のMAPKKKであるSsk2/Ssk22を活性化し，リン酸化カスケードが活性化される．リン酸化されたHog1は核へ移行し，転写因子をリクルートすることで種々の標的遺伝子の転写を活性化する．*GLO1* も標的遺伝子の1つである．

らびにインスリン様成長因子が知られていたが，生物種を超えた普遍的な活性化因子は知られていなかった．これに対し，MGは酵母でも哺乳類細胞でもTORC2活性化のシグナルイニシエーターとして機能することが明らかとなった．

一方，ヒト胎児腎細胞由来のHEK293細胞において，*in vitro* でAktとMGを長時間（24時間）インキュベートするとAktのCys^{77}がMG修飾を受ける．これを基質としてMAPKAPK2（MAPK-activated protein kinase 2）による *in vitro* キナーゼアッセイを行うと，Ser^{473}のリン酸化が未修飾のものより2倍程度上昇することが報告されている[22]．しかしながら，脂肪細胞においてAkt Ser^{473}のリン酸化を行なう責任キナーゼはmTORC2であり，脂肪細胞においてMGによるmTORC2を介したAktの活性化におけるAkt Cys^{77}のMG修飾の効果は，限定的であろうと考えられる．

おわりに

MGはタンパク質のLys，Arg，ならびにCys残基と不可逆的，あるいは可逆的に結合する．一般にAGEsの生成には数日〜数カ月を要する．一方，MGそのものによるシグナル伝達経路の活性化は数分〜数十分のオーダーで起こることから，AGEsを介さずに，転写因子やシグナル伝達経路のモジュールのMG修飾そのものが細胞応答のトリガーになっていると考えられる．

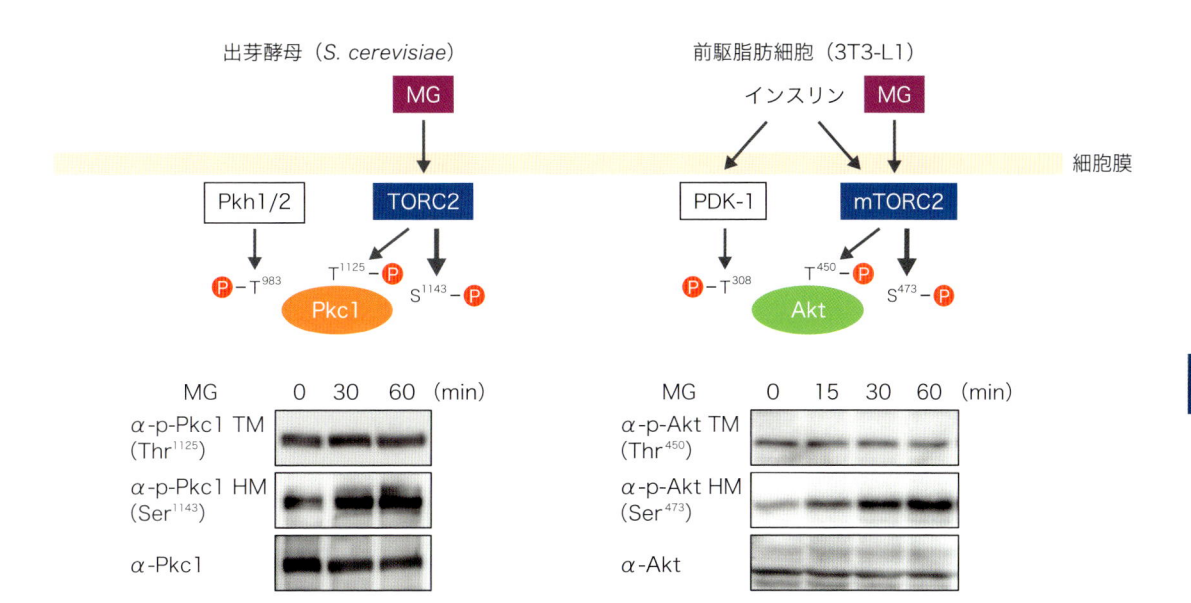

図4 MGによるTORC2シグナルの活性化

酵母Pkc1のactivation loop内のThr^{983}はPkh1/Pkh2によりリン酸化される．一方，TM（turn motif）内のThr^{1125}，ならびにHM（hydrophobic motif）内のSer^{1143}はTORC2によりリン酸化される．このうち，Ser^{1143}のみがMG刺激によりTORC2依存的にリン酸化レベルが上昇する．哺乳類ではインスリン刺激によりAktのactivation loop内のThr^{308}がPDK-1によりリン酸化される．またTM内のThr^{450}とHM内のSer^{473}はmTORC2によりリン酸化されるが，インスリンに応答するのはSer^{473}だけである．MG刺激によるmTORC2の活性化においてもSer^{473}のリン酸化レベルが上昇する．

したがって，細胞全体のMGレベルの上昇というより，そういったモジュールが局在する部位での局所的なMGレベルの急激な上昇が，シグナルイニシエーションとなっているのかもしれない．今後，MGセンサーの同定が進めば，MGおよびその代謝異常が関与する種々の疾患に対する治療薬の開発につながることが期待される．

文献

1) Inoue Y & Kimura A : Adv Microb Physiol, 37 : 177-227, 1995
2) Inoue Y, et al : Semin Cell Dev Biol, 22 : 278-284, 2011
3) Fareleira P, et al : J Bacteriol, 179 : 3972-3980, 1997
4) Thornalley PJ : Ann N Y Acad Sci, 1043 : 111-117, 2005
5) Rabbani N & Thornalley PJ : Diabetes, 63 : 50-52, 2014
6) Dhar A, et al : Diabetes, 60 : 899-908, 2011
7) Dornadula S, et al : Chem Res Toxicol, 28 : 1666-1674, 2015
8) Bierhaus A, et al : Nat Med, 18 : 926-933, 2012
9) Distler MG, et al : J Clin Invest, 122 : 2306-2315, 2012
10) Kovač J, et al : Eur Child Adolesc Psychiatry, 24 : 75-82, 2015
11) Hovatta I, et al : Nature, 438 : 662-666, 2005
12) Williams RT, et al : PLoS One, 4 : e4649, 2009
13) Okazaki S, et al : Mol Cell, 27 : 675-688, 2007
14) Maeta K, et al : Mol Cell Biol, 24 : 8753-8764, 2004
15) Maeta K, et al : FEMS Microbiol Lett, 243 : 87-92, 2005
16) Yao D, et al : J Biol Chem, 282 : 31038-31045, 2007
17) Maeta K, et al : J Biol Chem, 280 : 253-260, 2005
18) Takatsume Y, et al : J Biol Chem, 281 : 9086-9092, 2006
19) Kaur C, et al : Front Plant Sci, 6 : 682, 2015
20) Nomura W & Inoue Y : Mol Cell Biol, 35 : 1269-1280, 2015
21) 野村亘，井上善晴：化学と生物，54 : 273-279, 2016
22) Chang T, et al : FASEB J, 25 : 1746-1757, 2011

＜著者プロフィール＞

井上善晴：1985年京都大学農学部卒業．'87年同大学院農学研究科修士課程修了．'88年同博士課程中退．'88年京都大学助手（食糧科学研究所）．'95年同助教授．2001年京都大学大学院農学研究科助教授．'07年より同准教授．この間（'96～'97年），米国カリフォルニア州立大学バークレー校，ならびに米国立衛生研究所に留学（文部省在外研究員）．代謝ストレスによる細胞応答機構に興味をもって研究中．

第1章 新たに見えてきた，栄養・代謝物シグナルによる遺伝子制御メカニズム

6. 核内のピルビン酸キナーゼM2による転写調節機構

松田知成，松田　俊，井倉　毅

ピルビン酸キナーゼM2（PKM2）は，ほとんどのがん細胞で高発現しており，PKM2の発がんにおける役割に注目が集まっている．最近，PKM2が核内で転写補助因子として働くという知見が次々と報告されており，筆者らも核内のPKM2がダイオキシン受容体による転写活性を調節していることを発見した．本稿ではこの話題を中心に，筆者らが考えるPKM2による転写調節のメカニズムについて紹介する．

はじめに

アセチル補酵素A（アセチルCoA）は，TCA回路，脂肪酸代謝，アミノ酸代謝などをはじめ，細胞内のさまざまな反応に利用される重要な代謝物である．さらに，アセチルCoAはタンパク質アセチル化反応のアセチル基供与体としても重要である．核において，ヒストンのアセチル化はクロマチンの構造変化を引き起こし，転写，複製，DNA修復反応を促進するので，アセチルCoAの代謝はこれらの生命現象に密接に関連しているといえる．

ピルビン酸キナーゼ（pyruvate kinase：PK）とピルビン酸デヒドロゲナーゼ複合体（pyruvate dehydrogenase complex：PDC）は，アセチルCoAを生成する代謝経路で働く酵素である．PKは解糖系の最終反応，すなわち，ホスホエノールピルビン酸（phosphoenolpyruvate：PEP）とADPからピルビン酸とATPを生成する反応を触媒する．PDCは，ピルビ

[キーワード&略語]
アセチルCoA，ピルビン酸キナーゼM2，ピルビン酸脱水素酵素複合体，ダイオキシン受容体，Warburg効果

AhR：aryl hydrocarbon receptor
　（ダイオキシン受容体）
Arnt：aryl hydrocarbon receptor nuclear translocator
FBP：fructose 1,6-bisphosphate
　（フルクトース1,6-ビスリン酸）
hnRNP：heterogeneous nuclear ribonucleo protein
PDC：pyruvate dehydrogenase complex
　（ピルビン酸脱水素酵素複合体）
PEP：phosphoenolpyruvate
　（ホスホエノールピルビン酸）
PKM2：pyruvate kinase M2
　（ピルビン酸キナーゼM2）
SAICAR：succinylaminoimidazolecarbox-amide ribose-5′- phosphate

Nuclear pyruvate kinase M2 serves as a transcriptional coactivator
Tomonari Matsuda[1]/Shun Matsuda[1,2]/Tsuyoshi Ikura[3]：Faculty of Engineering, Kyoto University[1]/FUJIFILM Corporation[2]/Radiation Biology Center, Kyoto University[3]（京都大学大学院工学研究科[1]/富士フイルム株式会社[2]/京都大学放射線生物学研究センター[3]）

ン酸とCoAからアセチルCoAを合成する．主として PKは細胞質に，PDCはミトコンドリアに局在するが，最近これらの酵素が細胞核にも存在し，さまざまな転写制御に関与していることが明らかとなってきた．

1 PKの4種類のアイソフォーム

哺乳類には4種類のPKタンパク質（PKL，PKR，PKM1，PKM2）と，2種類の*PK*遺伝子（*PKLR*と*PKM*）がある．*PK*遺伝子はそれぞれ転写開始部位の違いやスプライシングによりバリアントをもち，*PKLR*遺伝子はPKL（Liver-type）とPKR（Red blood cell type）をコードし，*PKM*遺伝子は，PKM1（Muscle type1）とPKM2（Muscle type2）をコードする．これらの発現には組織特異性がある．PKLは肝臓，腎臓，腸などに発現し，PKRは赤血球で発現している．また，活性の高いPKM1は脳や筋肉など，分化した組織に発現し，PKM2は増殖している細胞やがん細胞で発現している[1]．

PKは基本的に四量体として働くが，PKM2のみが，活性の高い四量体と，活性の低い二量体の，2つの状態をとる．この活性の切り替えは，フルクトース1,6-ビスリン酸（fructose 1,6-bisphosphate：FBP），セリン，SAICARなどの低分子によるアロステリックな活性化と，リン酸化，アセチル化，酸化などの翻訳後修飾による不活化により制御されている[1]．

これら4種類のPKのなかで，PKM2のみが，ほとんどのがんで高発現していることから，PKM2にがん治療の標的分子として注目が集まっている．がん細胞でPKM2が高発現している理由の1つとして，がんタンパク質のc-Mycがスプライシングに関与するタンパク質，hnRNP（heterogeneous nuclear ribonucleo protein）を転写誘導し，hnRNPによってスプライシングがPKM1からPKM2に切り替わるというメカニズムが知られている[2]．

2 PKM2による転写因子の活性化

2008～2012年にかけて，PKM2が核内で転写調節因子として働くことを示した論文が，立て続けに発表された．PKM2が相互作用する転写因子として，Oct4[3]，β-catenin[4]，hypoxia-inducible factor 1[5]，STAT3[6]などが報告されており，これらの標的遺伝子の転写を活性化することにより細胞増殖を促進している可能性が指摘されている．しかしながら，いったいどのようにPKM2がこれらの転写因子を活性化するのかについては，明確には説明されていない．

PKM2による転写活性化の1つの説明として，PKM2にはタンパク質キナーゼ活性があり，STAT3の705番目のチロシン[6]や，ヒストンH3の11番目のスレオニン[7]を直接リン酸化して転写を活性化するという説が提唱されている．ちなみに，このPKM2によるタンパク質のリン酸化におけるリン酸供与体は，ATPではなくPEPであるとされている．つい最近も，細胞内のタンパク質を脱リン酸化した後，PKM2とPEPでリン酸化反応を行い，リン酸化されたタンパク質をプロテオーム技術で解析し，405個のPKM2のターゲットタンパク質を同定したという論文が発表された[8]．

一方，最近マサチューセッツ工科大学のHeidenらの研究グループは，PKM2のタンパク質キナーゼ活性を明確に否定する論文を発表している[9]．このなかで，彼らはPEPによるタンパク質のリン酸化反応は，ほとんどがATPのコンタミネーションによるアーティファクトであり，精製したPKM2とPEPを使った*in vitro*の実験でも，STAT3やヒストンH3のリン酸化は全く起こらないとしている．このように，PKM2がタンパク質キナーゼ活性をもつという説が本当かどうかについては，今後の論争を待たねばならない．

筆者らもまた，核内のPKM2がダイオキシン受容体（aryl hydrocarbon receptor：AhR）による転写を活性化することを見出し，そのメカニズムを提唱している[10]．この説では，核内のPKM2がPDCと協調して，転写の局所でアセチルCoAを合成し，ヒストンアセチル化[※1]を容易にすることで転写を活性化する．以下に詳しく説明する．

※1　ヒストンアセチル化

ヒストンH3，H4，H2A，H2Bなどのさまざまな部位が，ヒストンアセチル化酵素によりアセチル化される．これによりリジンの正電荷が中和され，ヌクレオソームの構造変化が起こると考えられている．p300はヒストンアセチル化酵素の一種である．

3 PKM2によるAhRの転写活性化

1）PKM2の酵素活性はAhRの転写活性に影響する

AhRはリガンド依存的な転写因子で，CYP1A1やCYP1A2などの薬物代謝酵素の転写を活性化する．リガンドとして，ダイオキシンやポリ塩化ビフェニル，多環芳香族炭化水素などの環境汚染物質が知られている．

筆者らはまず，HeLa細胞にFlagタグをつけたAhRを発現させ，AhRのリガンドを曝露して，核内のAhR複合体を精製した．質量分析計で解析した結果，その複合体にはPKM2，PDCそして，アセチル化酵素のp300などが含まれていた．すなわち，リガンドを曝露したAhR複合体には，アセチルCoAを合成するタンパク質と消費するタンパク質がセットで存在することが明らかとなった．

次に細胞のPKM2をノックダウンすると，リガンド依存的なCYP1A1の発現が抑制された．そして，PKM2をノックダウンした細胞に，野生型のPKM2遺伝子を再導入するとCYP1A1の発現はもとに戻るが，PKM2の酵素活性（PEPからピルビン酸をつくる活性）を失った変異遺伝子を再導入しても，CYP1A1の発現はもとに戻らなかった．このことより，PKM2の酵素活性がAhRの転写活性を増強するのに必要であることが明らかとなった．

2）PKM2の酵素活性はAhR標的遺伝子プロモーターのヒストンアセチル化に影響する

次に，クロマチン免疫沈降実験を用いて，AhRおよびPKM2がCYP1A1のプロモーター領域へリクルートされるかどうか解析した．AhRもPKM2もAhRリガンド依存的に，CYP1A1のプロモーター領域へ結合した．さらに，PKM2をノックダウンしても，AhRはCYP1A1のプロモーター領域へリクルートされたが，AhRをノックダウンするとPKM2はリクルートされなかった．このことより，AhRがリガンド依存的にPKM2を細胞質から核内のCYP1A1のプロモーター領域にリクルートすることがわかった．

プロモーター領域のヒストンアセチル化は転写の亢進と関連している．そこで次に，ヒストンH3の9番目のリジンのアセチル化抗体をもちいたクロマチン免疫沈降実験により，CYP1A1プロモーター領域におけるヒストンアセチル化の亢進について解析した．細胞にAhRリガンドを曝露すると，確かにCYP1A1プロモーター領域のヒストンH3のアセチル化が亢進していることがわかった．次にPKM2をノックダウンした細胞で同じ実験をすると，AhRリガンド依存的なアセチル化の亢進はみられなかった．さらに，この細胞に野生型のPKM2を戻すと，再びアセチル化の亢進がみられたが，酵素活性のない変異型のPKM2を戻しても変化がなかった．これらの実験結果より，AhRリガンドによる，CYP1A1プロモーター領域のヒストンアセチル化の亢進には，PKM2の酵素活性，すなわち，プロモーター領域においてピルビン酸とATPを合成する活性，が必要であることが明らかとなった．

3）PDCは核内にも存在し，ピルビン酸からアセチルCoAを合成する

それでは，プロモーター局所におけるピルビン酸の合成とヒストンアセチル化にはどのような関係があるのだろうか．先ほど，AhR複合体中にPDCが存在することを述べたが，ピルビン酸とCoAとPDCがあれば，アセチルCoAが合成できる．そして，アセチルCoAはアセチル化酵素p300の基質となり，ヒストンアセチル化のアセチル基供与体となる．筆者らはこのアイデアを確かめるため，まず，核のなかに活性なPDCが存在するかどうか検討した．超遠心により徹底的に精製した核を使って，PDCの存在量と，アセチルCoAの合成活性を測定した．その結果，PDCは徹底的に精製した核のなかにも存在し，タンパク質量で補正したアセチルCoAの合成活性はミトコンドリア分画と同程度であった．ちょうど折よく，アルバータ大学のMichelakisらも，核内のPDCがヒストンアセチル化のためのアセチルCoAの供給に重要であるとする説を報告した[11]．

最後に，クロマチン免疫沈降実験によって，PDCがCYP1A1プロモーター領域に存在するか確認したところ，確かにPDCはCYP1A1プロモーター領域に存在し，AhRリガンド曝露により，さらにリクルートされることが明らかになった．

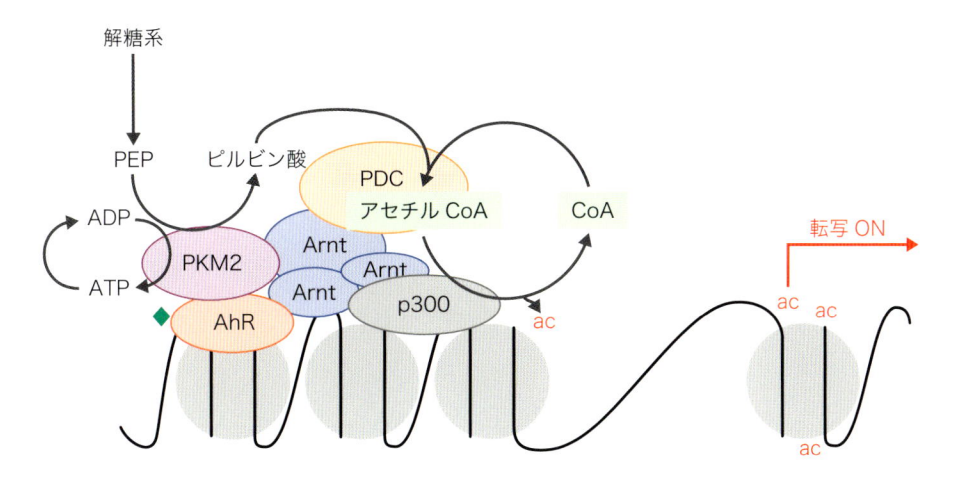

図　PKM2とPDCによる転写局所におけるアセチルCoA供給モデル

AhRはリガンド依存的に標的遺伝子のプロモーターに，PKM2，PDC，p300などを含む複合体を形成する．解糖系から供給されるPEPを利用して，PKM2は転写局所にATPとピルビン酸を供給する．PDCはピルビン酸をアセチルCoAに変換し，これがp300によるヒストンアセチル化の基質となる．ヒストンがアセチル化したクロマチン領域は開いて転写が促進される．

表1　PKM2，PDC，p300のKm値

酵素	基質	反応産物	Km	文献
PKM2（FBPあり）	PEP	ピルビン酸＋ATP	130〜170 μM	12
PKM2（FBPなし）	PEP	ピルビン酸＋ATP	2,700 μM	12
PKM2（FBPあり，なし）	ADP	ピルビン酸＋ATP	240〜630 μM	12
PDC	ピルビン酸	アセチルCoA	41 μM	13
p300	アセチルCoA	アセチル化ヒストン	5〜25 μM	14

4　PKM2とPDCによる，転写局所におけるアセチルCoA供給モデル

1）モデルの概要

以上の実験結果より，筆者らが提唱するPKM2によるAhR転写活性化のモデルを図にまとめる．AhRはリガンドと結合するとPKM2を連れて核内に移行し，標的遺伝子のプロモーター上にArnt（aryl hydrocarbon receptor nuclear translocator）やp300そしてPDCなどをリクルートする．PKM2は転写局所にATPとピルビン酸を供給し，さらにPDCによるピルビン酸の変換でアセチルCoAを供給する．これにより，転写局所で高濃度となったATPやアセチルCoAが，クロマチンリモデリング因子[※2]やヒストンアセチル化を介してクロマチンの構造変換を誘発し，転写が促進される．

2）基質濃度に関する考察

しかし，ATPもアセチルCoAも細胞のなかにたっぷりあり，このようなシステムは必要ないと考える読者も多いだろう．この点に関して少し検証したい．**表1**は今回登場するPKM2，PDC，p300の酵素反応のKm値である[12)〜14)]．また，**表2**はそれらの基質や生成物の大体の細胞内濃度を示している[15)〜17)]．これをみると，細胞内にはp300が働くのに十分な濃度のアセチルCoAがあり，確かに局所でのアセチルCoAの生産は不要であると思われる．また，PDCが働くのに十分

> **※2　クロマチンリモデリング因子**
> ATP依存性に，ヌクレオソームの除去，交換，移動などを行い，転写活性化に影響を及ぼすタンパク質複合体のこと．SWI/SNF，ISWI，CHD，INO80，などが知られている．

表2　各代謝産物の生理的濃度

代謝産物	試料	濃度	文献
PEP	ヒト細胞質	15〜19 µM	15
ピルビン酸	ヒト細胞質	27〜370 µM	15
ADP	ヒト細胞質	150〜390 µM	15
ATP	ヒト細胞質	1,290〜1,790 µM	15
CoA	ラット肝臓	10 µM	16
アセチルCoA	ラット肝臓，心臓，筋肉	3〜50 µM	17

な量のピルビン酸もあり，PKM2による局所的なピルビン酸の生産もメリットがないように思える．さらに，SWI/SNFのようなクロマチンリモデリング因子は，*in vitro*において，100 µM程度のATPで十分働くが，これに対して細胞内のATP濃度はその10倍以上あり，PKM2による局所におけるATPの生産も必要ないようにみえる．

しかし，p300やPDCの酵素反応のKm値と細胞内の基質濃度は非常に近く，局所的な供給により，基質濃度が上昇すれば，まだ反応速度が上がる余地はある．さらに，表2における代謝物の濃度はあくまでも細胞の平均の濃度であり，転写の局所において必ずしもこの濃度が保たれているとは限らない．確かに，細胞ぐらいの大きさの空間であれば，低分子はすみやかに拡散して，1秒もかからずに濃度は均一になるはずである．ただし，もしも邪魔するものが何もなければの話である．まず，核膜はすみやかな拡散を妨げるバリアとなるだろう．さらに，細胞内はさまざまな細胞内小器官，タンパク質，核酸などが，ひどく込み合った状態であり，低分子といえども思い通りに拡散できないだろう．また，おびただしい種類のタンパク質がATPやアセチルCoAを利用するため，これらはミトコンドリアから核の内部へと拡散して行くそばからどんどん消費される．例えるなら，群がる海鳥やマグロの大群に突っ込んでゆくイワシの群れのようなもので，これら捕食者の攻撃を突破した後は，イワシの数はだいぶ減っているだろう．

一方，ピルビン酸を利用する酵素はATPやアセチルCoAの場合に比べて大幅に減り，PEPを利用する酵素はさらに少ない．したがって，ATPやアセチルCoAに比べると，ピルビン酸やPEPは比較的邪魔をされずに転写の局所まですみやかに拡散するだろう．このような状況下では，筆者らのモデルが成り立つ可能性も大いにあると考えている．

そもそも，筆者らのモデルや実験結果は，このようなアセチルCoAの局所供給システムが，AhRによる転写誘導に必須であるとはいっていない．実際，PKM2をノックダウンして，AhRリガンドによるCYP1A1の発現をみる実験では，ピルビン酸が入っていない培地で実験を行うと，PKM2ノックダウンによりCYP1A1の発現が劇的に減少する．一方，ピルビン酸が入っている培地で実験を行っても，PKM2のノックダウンによりCYP1A1の発現は劇的ではないが減少する．このことから，PKM2はAhRによる転写誘導に必須というよりは，栄養欠乏状態においても転写誘導を維持するために重要な役割を果たしているようにも思える．

一方，表1，2において，PKM2のKm値や，細胞内のピルビン酸濃度に比べて，細胞内のPEP濃度が低いことが少し気になったが，PKM2が触媒する反応：PEP＋ADP→ピルビン酸＋ATPの標準自由エネルギー変化は，－31.4 kJ/molである．これから平衡定数を計算すると，［ピルビン酸］［ATP］/［PEP］［ADP］＝3×10^5となり，PEP濃度はピルビン酸よりかなり低くなっても反応は十分進行する．実際の細胞内の比を表2の値を入れて計算すると，最大でも300程度なので，解糖系によってPEPがどんどん供給されていれば，熱力学的には全く問題なくPKM2の反応は進行する．

3）発がんにおけるPKM2の意義に関する考察

ⅰ）Warburg効果との関係

がん細胞は，Warburg効果として知られる独特の代謝様式を示す．その特徴は，①グルコースの取り込み

が亢進している，②PKM2が発現し，解糖系が亢進している，③乳酸発酵が亢進している，などである．がん細胞では乳酸脱水素酵素が高発現し，ピルビン酸を乳酸に変えてしまうため，正常細胞に比べてピルビン酸濃度が少なくなっている．このような状況でも，がん細胞は核内のPKM2により，解糖系の亢進により豊富に利用できるPEPを使って，アセチルCoAを転写の局所に供給することができると考えられる．

ⅱ）AhRによる解毒機能の亢進

AhRリガンドにはダイオキシンなどの環境汚染物質の他にも，生体内のリガンドが知られている．特に，以前筆者らが尿から発見したインディルビンは，体内でインドールの酸化により自動的に生成するきわめて強いリガンドである．さらに，インディルビンはサイクリン依存性キナーゼ（CDK）の阻害剤としても作用する．よって，がん細胞をはじめ，活発な増殖が必要な細胞にインディルビンが蓄積すると，CDKを阻害して増殖が止まってしまうと考えられる．しかし，インディルビンは，自らが誘導したCYP1A1によって容易に分解される[18]．もしかしたら，がん細胞はPKM2を利用してCYP1A1の転写を活性化し，自らの増殖に脅威となるインディルビンのような生体内リガンドの解毒を亢進しているのかもしれない．

おわりに

がん細胞におけるPKM2高発現の意義については，多くの関心を集めながら完全には解明されていない．筆者らのモデルでは，AhRの転写活性化において，転写局所におけるアセチルCoAの供給システムとしての役割を示したが，AhR以外の，発がんにかかわる転写因子でも，同じようなことが起こっているのかどうかは今後の検討課題である．今後の研究の発展が，栄養と発がんの関連の解明や，PKM2をターゲットとした新しいがん治療法の開発研究とつながることを期待している．

文献

1) Dong G, et al：Oncol Lett, 11：1980-1986, 2016
2) David CJ, et al：Nature, 463：364-368, 2010
3) Lee J, et al：Int J Biochem Cell Biol, 40：1043-1054, 2008
4) Yang W, et al：Nature, 480：118-122, 2011
5) Lou, W, et al：Cell, 145：732-744, 2011
6) Chueh FY, et al：Cell Signal, 23：1170-1178, 2011
7) Yang W, et al：Cell, 150：685-696, 2012
8) He CL, et al：Sci Rep, 6：21524, 2016
9) Hosios AM, et al：Mol Cell, 59：850-857, 2015
10) Matsuda S, et al：Nucleic Acids Res, 44：636-647, 2016
11) Sutendra G, et al：Cell, 158：84-97, 2014
12) Uniprot database：http://www.uniprot.org/
13) Kato M, et al：Structure, 16：1849-1859, 2008
14) Henry RA, et al：ACS Chem Biol, 10：146-156, 2015
15) http://www.hmdb.ca/metabolites/HMDB00263
16) Liu G, et al：Anal Chem, 75：78-82, 2003
17) Gilibili RR, et al：Biomed Chromatogr, 25：1352-1359, 2011
18) Adachi J, et al：Toxicol Sci, 80：161-169, 2004

＜筆頭著者プロフィール＞
松田知成：京都大学工学研究科博士課程修了．環境汚染物質による毒性メカニズムにひろく興味をもっている．

第1章 新たに見えてきた，栄養・代謝物シグナルによる遺伝子制御メカニズム

7. 脂肪酸結合タンパク質と遺伝子発現調節

関谷元博

> 脂肪酸結合タンパク質（fatty acid binding protein：FABP）は脂肪酸に対する結合能を有する約15 kDaの小分子タンパク質であり，脂肪酸代謝のさかんな臓器に種々のアイソフォームが発現し，全身性の代謝恒常性維持機構において重要な役割を果たしている．従来FABPは，細胞内での脂肪酸のオルガネラへの輸送などが主要な役割と考えられてきたがそれだけでなく，近年細胞外へ分泌され全身で機能していることが示され，治療標的となる可能性も示唆されている．本稿では細胞内・細胞外のFABPとりわけFABP4（aP2）に焦点をあて，その機能のなかでも遺伝子発現制御機構について概説する．

はじめに

脂肪酸は酸化反応によってエネルギーを供給するエネルギー貯蔵型の代謝産物であり，またリン脂質などの構成成分として細胞の形態維持にも重要な役割を果たしている．また細胞外にも放出され，さまざまな細胞表面受容体も同定され，細胞内に取り込まれて生体膜の合成・エネルギー産生・脂肪滴の合成などに利用されるなど，生体内での機能は多方面に及んでいる．その構造・種類も鎖長や不飽和度，水酸基などの修飾をはじめ多岐にわたり，近年では分岐型の水酸化脂肪酸の脂肪酸エステルといった生理活性を有した脂肪酸骨格を主骨格とする脂質など，新しい脂質も同定されてきている[1]．

[キーワード＆略語]
脂肪酸結合タンパク質（FABP），脂肪酸，転写，脂質代謝

ATGL：adipose triglyceride lipase
FABP：fatty acid binding protein
（脂肪酸結合タンパク質）
G6Pase：glucose 6-phosphatase
HNF：hepatocyte nuclear factor
HSL：hormone-sensitive lipase
JAK：Janus kinase
JNK：c-JUN N-terminal kinase
NES：nuclear export signal
（核外搬出シグナル）
NLS：nuclear localization signal
（核移行シグナル）
Pck1：phosphoenolpyruvate carboxykinase1
PPAR：peroxisome proliferator-activated receptor
SCD1：stearoyl-CoA desaturase 1
（ステアロイルCoAデサチュラーゼ）
STAT：signal transducer and activator of transcription

Orchestrated regulation of gene expression by fatty acid binding protein (FABP) family
Motohiro Sekiya：Department of Internal Medicine, Metabolism and Endocrinology, University of Tsukuba（筑波大学医学医療系内分泌代謝・糖尿病内科）

1 FABPとは

1）FABPと脂肪酸の結合

このように生体恒常性維持に多面的に寄与している脂肪酸を生体調節系に結びつける分子が脂肪酸結合タンパク質（fatty acid binding protein：FABP）ファミリーである．遊離脂肪酸は通常細胞内において毒性を発揮するため，細胞内に取り込まれた後，CoAチオエステルを形成してアシルCoAとなるか，FABPに結合することで毒性を減弱させている．de novo合成された脂肪酸や脂肪滴の分解によって生じる脂肪酸なども同様である．FABPは脂肪酸のみならずアシルCoAにも結合能を有している．

FABPは約15 kDaの小分子タンパク質で脂肪酸のアルキル基を収容する疎水性のポケット構造を有し，脂肪酸の電離したカルボニル基とはFABPのポケット構造に配置された荷電アミノ酸を介してイオン結合を形成することで脂肪酸との結合をより強固なものとしている[2]．比較的脂溶性の高い遊離脂肪酸をそのポケット構造に収容することで水溶性にし，細胞内での輸送を容易にしている．肝臓型のFABP（L-FABP, FABP1）は1分子のFABPに2分子の脂肪酸を収容することができるとされるが，その他は基本的に1分子のFABPが1分子の脂肪酸を収容することが示されている．

FABPは脂肪酸以外にもエイコサノイド，レチノイド，アシルカルニチンなどの代謝産物やトログリタゾンのような小分子までさまざまな分子と結合することも報告されている．その構造特性からは脂肪酸のアシル基のような疎水性部分とカルボキシ基（COOH）のようなわずかなマイナス電荷を有する官能基を有する代謝産物，化合物に親和性があるように見受けられる．本稿では以降，幅広いFABPファミリー分子のうち，脂肪組織に高発現し，メタボリックシンドロームにおける役割が詳細に検討されてきたFABP4について焦点を当てて記載していく．

2）FABP4について

FABP4は脂肪細胞，マクロファージ，樹状細胞に主に発現するが，脂肪細胞においては総タンパク質の0.5〜6%をFABP4が占めており，巨大な脂肪酸バッファー容量を供給している．脂肪細胞ではde novoでの脂肪酸合成があり，細胞外からの取り込みもあるが，とりわけ脂肪分解（lipolysis）によって極短時間に大量の脂肪酸が脂肪滴から放出されるためその毒性緩和のために巨大な脂肪酸バッファー容量が必要であると思われる．脂肪細胞の分化とともに発現が急増することもこうした脂肪細胞内での働きを支持している．3で後述するがFABP4の細胞外分泌も脂肪分解と連動していることも，その意義を考えた場合興味深い．クローニングされた当初，peripheral myelin protein 2（FABP8）と相同性の高い（P2），脂肪細胞（a）に高発現する分子ということでaP2ともよばれる[3]．

3）FABP4と疾患

FABP4の欠損マウスは肥満モデルマウスにおいての糖尿病・インスリン抵抗性[4]を，動脈硬化モデルにおいて動脈硬化病変形成[5]を著明に改善し，これらはFABP4の脂肪酸結合を阻害する小分子化合物によっても同様の表現型が観察された[6]．FABP4の欠損はメタボリックシンドロームの改善作用だけでなく，喘息[7]や特定の種類の腫瘍性病変[8]も改善することが報告されている．肥満は糖尿病，インスリン抵抗性，動脈硬化，高血圧といったメタボリックシンドロームを惹起・増悪させるだけでなく，睡眠時無呼吸，喘息，がんといった非メタボリックシンドロームの一連の疾患群の増悪因子となることも知られているが，FABP4はこうした幅広い疾患群の病態形成に強く寄与しているものと考えられる[9]．ヒトにおいてもFABP4の発現量の減少するプロモーター上の多型があることが報告され，またこうした多型と冠動脈疾患および糖尿病の発症頻度の低下が相関することが複数報告されている[2]．

2 細胞内のFABP4-転写調節を中心に

FABP4はミトコンドリアや小胞体などの脂肪酸を利用する各細胞内オルガネラに脂肪酸を輸送することで種々の細胞内代謝にかかわるとされてきたが，核もそうしたオルガネラの1つである．FABP4のアミノ酸配列の一次構造には核移行シグナル（nuclear localization signal：NLS）や核外搬出シグナル（nuclear export signal：NES）を見出せないが，1次構造において散在するアミノ酸が3次構造において近接し（NLS：K21, R30, K31, NES：L66, L86, L91），NLSおよびNESを形成している（図1）[10]．

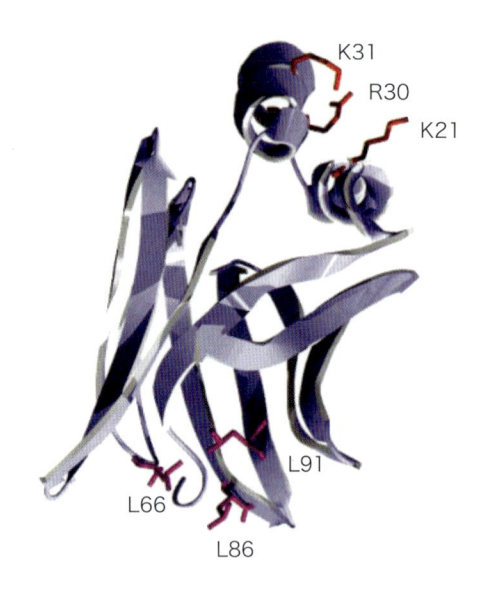

図1　FABP4の立体構造
FABP4は立体構造をとったときにはじめてNLS, NESが形成される．文献10より転載．

1）PPARγとの相互作用

　PPAR（peroxisome proliferator activated receptor），HNF（hepatocyte nuclear factor）4などは脂肪酸を中心とした脂質・代謝産物群をリガンドとして認識することが示唆されている核内受容体である．PPARγはFABP4の高発現している脂肪細胞やマクロファージに強く発現しており，FABPとPPARの相互作用はこれまでさかんに検証されてきている．PPARγとFABP4の間には相互作用が報告され，リガンドの受け渡しが行われていると推察されている．しかしながら，FABP4のリガンドがPPARγを活性化するかどうかは一定の見解が得られておらず，ノックアウトマウスなどを用いた検証ではFABP4はPPARγをむしろ抑制する．リガンドフリーのFABP4（アポFABP4）とPPARγが相互作用，リガンドを引き抜いている可能性もある[2]．またFABP4はPPARγのユビキチン化を介してPPARγを負に制御しているメカニズムも報告された[11]．一方，FABP4 mRNAの発現はPPARγで正に制御されている．

　FABP4がPPARγの活性に影響を与えていることは確かであるが，コンテクスト依存的な部分があり，FABP4が多数のリガンドをとりうることも影響しているかもしれない．現状では既報の解釈として，両者の間にはネガティブフィードバックがあると考える方が素直であろう．またFABP4の欠損は遊離脂肪酸とりわけ不飽和の遊離脂肪酸濃度を増加させ，PPARγの活性化によってUCP2の発現を増加，さらには小胞体ストレスや炎症反応を減弱させることも報告された（**図2**）[12]．

2）遺伝的FABP4欠損モデルの解析

　脂肪組織におけるFABP4の欠損は，細胞内脂肪酸のバッファー作用に与える影響が多大であるのか，内皮型のFABP（FABP5）の著明な代償性発現亢進を誘導する．それゆえFABP4欠損マウスの表現型は，FABP5の代償性発現亢進によって一部過小評価されているのではないかという懸念があった．実際，FABP4とFABP5の二重欠損はそれぞれの単独欠損に比して，肥満誘導性の糖尿病や動脈硬化症にさらに治療効果があることが示された[13]．さらにこれらFABPの欠損によって脂肪細胞での脂肪酸組成が不飽和脂肪酸に富んだ組成に変化することが示され，とりわけパルミトレイン酸〔palmitoleate（C16：1, n-7）〕が増加，本脂肪酸が分泌されホルモン作用を示し（lipokine），肝臓でのステアロイルCoAデサチュラーゼ〔stearoyl-CoA desaturase 1（SCD1）〕などの脂肪合成系酵素の発現を調節，また筋組織においてはインスリン感受性を制御することが示された[14]．

　さらにマクロファージにおいてはFABP4はLXR（liver X receptor）を負に制御し，その下流であるSCD1などの発現を減少させ，小胞体ストレスの増加から動脈硬化を増悪させる因子となっていることも示された．FABP4がLXRをどのように制御するかは完全には明らかになっていないが，前述のパルミトレイン酸のような不飽和脂肪酸が関与している可能性が示唆された[15]．SCD1などの脂肪酸合成系酵素群の発現はメタボリックシンドロームにおいて肝臓では亢進し，脂肪組織などでは低下しており，病態形成への寄与が考えられているが，FABP4の欠損モデルは逆に肝臓においてこうした発現を抑制し，脂肪組織やマクロファージにおいて増加させているのは興味深い．

3）STATシグナリング，炎症反応への影響

　またFABP4はその脂肪酸結合依存性にJAK（janus kinase）2と結合し，下流のSTAT（signal transducer and activator of transcription）シグナリングを減弱させることも報告された[16]．さらに炎症反応の制御に

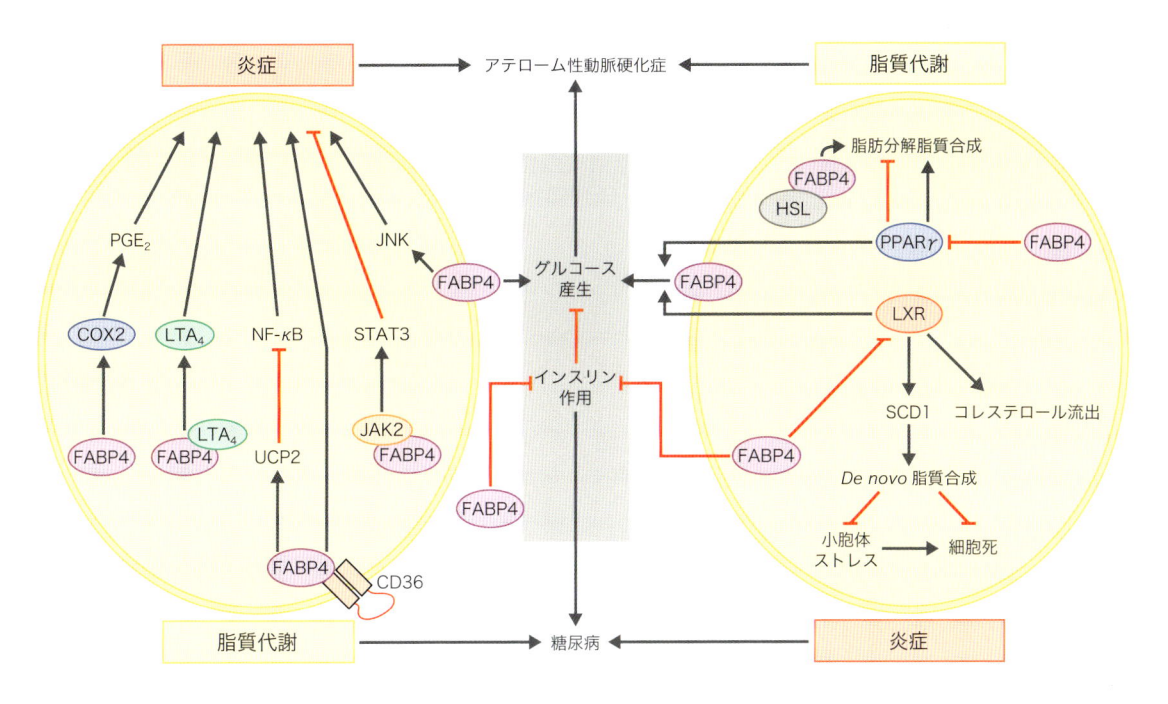

図2 FABP4による脂質代謝・炎症調節
FABP4はさまざまな脂質代謝を介して，脂質代謝・炎症のinterfaceを調節している．文献2をもとに作成．

重要な役割を果たしているJNK（c-JUN N-terminal kinase）はFABP4の発現を増加させるし，またJNKによる炎症反応の誘導にFABP4が必要であることも示された[17]．

3 分泌型（細胞外）のFABP4

1）FABP4の分泌様式

これまで細胞内のFABP4の転写調節機構について記載してきたが，FABP4を中心としたFABPファミリーは細胞外に放出され，ホルモン作用を有していることが近年報告されはじめている（**図3**）．FABPは典型的なシグナル配列を有しておらず，非古典的な分泌様式をとることが示されている．またFABP4は主に脂肪細胞から分泌され，脂肪分解の誘導が分泌刺激になることも示された[18]．これは血中のFABP4濃度が絶食時や肥満で増加することと一致している．中性脂質の脂肪分解を担っているATGL（adipose triglyceride lipase）やHSL（hormone-sensitive lipase）の欠損でFABP4の分泌が抑制されることからも脂肪分解機構がFABP4の分泌を直接制御していることが示唆される

が，分子基盤の詳細は今後の研究課題である[19]．HSLとFABP4は直接結合することが示されているのも興味深い[20]．

分泌されるFABP4のごく一部はエクソソームに近い径の小胞に包まれた形で分泌されることも報告された．大部分は小胞に包まれない遊離体であるが，分泌型FABP4に2種類の存在様式があることも興味深い[19]．分泌されるFABP4も遊離型と小胞内のもので生理的な役割が異なる可能性があるが，今後の研究成果が期待される．

2）分泌型発現FABP4による遺伝子制御

さらにそうした分泌型FABP4（遊離型）が少なくとも，肝臓を刺激して糖新生を亢進させることも明らかになった．リコンビナントFABP4タンパク質を用いた実験で，肝細胞においてG6Pase（glucose 6-phosphatase）やPck1（phosphoenolpyruvate carboxykinase1）といった糖新生系の遺伝子群の発現を分泌型FABP4が増加させることが*in vitro*および*in vivo*で示された[18]．さらにこうした分泌型FAPB4の活性には，脂肪酸の結合が必要であることも示された[18]．

またこうした知見からすると，分泌型FABP4を抑制

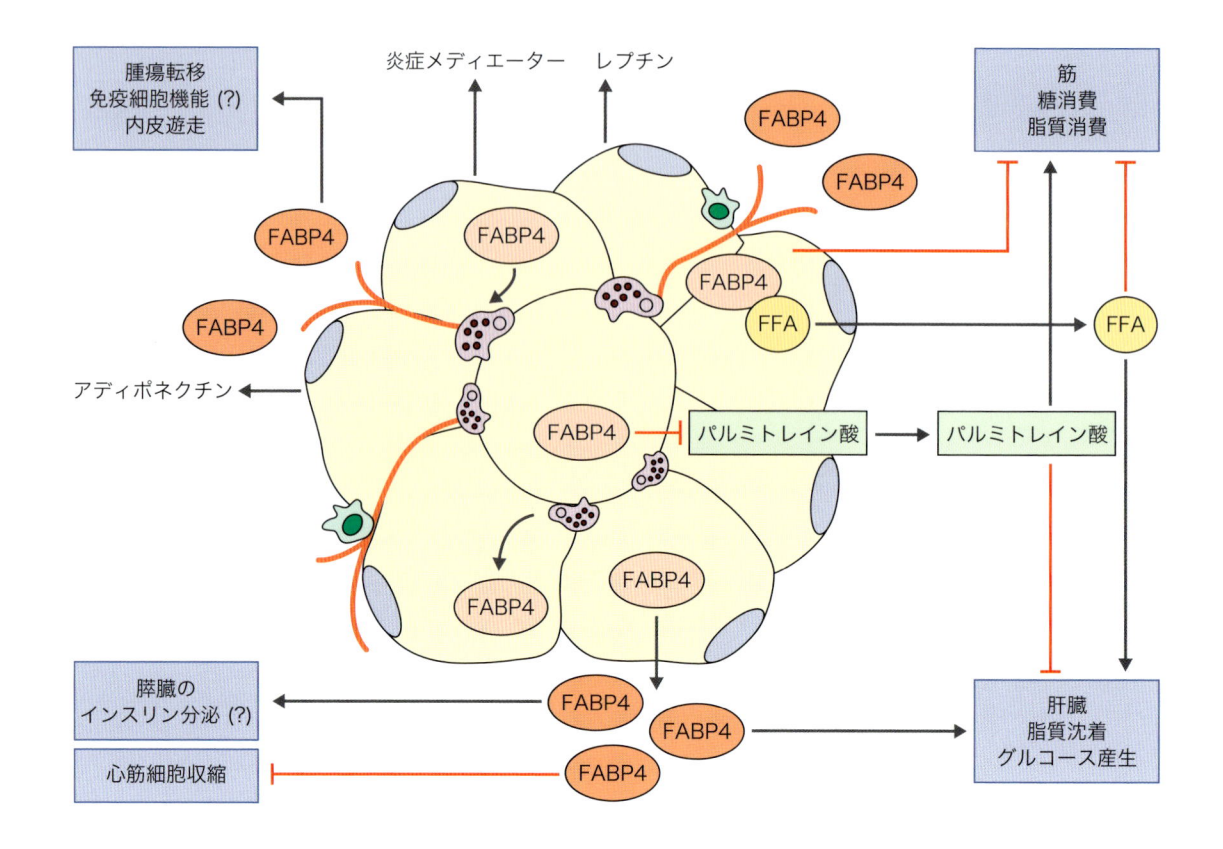

図3　細胞外におけるFABP4の機能
FABP4は脂肪組織に発現するが，全身性の代謝をpalmitoleate（C16：1, n-7）を介したり，FABP4そのものの分泌で制御している．文献2をもとに作成．

すると肝臓での糖新生の抑制効果から糖尿病の治療効果が期待されるが，実際FABP4の中和抗体を投与することで肥満マウスの肝臓での糖新生が抑制され糖尿病が改善すること，また糖新生だけでなく，脂肪肝などに対する治療効果もあることが明らかになった[18) 21)]．その他，分泌型FABP4の心筋細胞に対する収縮能抑制効果[22)]や膵β細胞のインスリン分泌能に対する増強効果[23)]など分子生物学的な実験は報告がはじまったところであるが，肝臓以外の臓器でも分泌型FABP4はさまざまな働きを有している可能性が高い．ヒトの血中FABP4濃度は肥満，動脈硬化，2型糖尿病，脂質異常症など多数のメタボリックシンドロームの発症や病勢とまさに相関することが多数報告され，現在報告数は100を超えている[2)]．動物レベルで中和抗体による大きな治療効果が示されているだけに，FABP4の細胞膜受容体の存在や，そのシグナル伝達様式，転写調節機構などの解明や，さらには中和抗体のメタボリックシンドロームにおける臨床応用が期待される．中和抗体は重要なエピトープもマッピングされ，モノクローナル抗体による治療効果が得られるようになった[21)]．臨床応用への期待が高まると同時に，分子基盤の同定に重要な知見，示唆を含んでいる．

また血中のFABP4濃度がメタボリックシンドロームの重症度判定や予後予測などバイオマーカーとして今後臨床の場で使われる可能性も高い．血中のFABP4が肝臓での糖新生系の遺伝子発現を調節するメカニズムとして，細胞外のFABP4が肝細胞での脂肪酸代謝を変え，新しく同定された転写抑制因子がその脂肪酸代謝産物量

の変化を検知して糖新生系の転写調節機構を変化させているとする報告もなされた[24]．本転写抑制因子の活性化によっても糖尿病・脂肪肝の治療効果があることが示され，新しい創薬標的となる可能性がある[24]．

おわりに

古典的には1960年代から，脂肪酸代謝と糖代謝はランドル回路を介して表裏一体であることが知られてきた．近年では，脂肪細胞から肝臓に流入する脂肪酸の酸化分解産物由来のアセチルCoAが肝臓からの糖新生の律速代謝産物となっていることも示された[25]．さらに脂肪細胞から供給される脂肪酸は肝臓などの組織においてエネルギー過剰状態では中性脂質の蓄積に用いられること，過剰に蓄積した中性脂質がメタボリックシンドロームに寄与すること（脂肪毒性），そうした中性脂質の蓄積はリポタンパク質代謝にも影響することなどが知られ，脂肪酸の代謝はメタボリックシンドロームの発症機序を考えるうえで最重要位に位置しており，また近年免疫疾患やがんなどメタボリックシンドローム以外の疾患群においても脂肪酸代謝の重要性は多々報告されている．さらにメタボリックシンドロームの発症機構・病態形成において慢性的で低レベルでの炎症反応の持続が重要な役割を果たしていることも知られており，metaflammationともよばれ，FABPも1つの責任分子であると考えられる[2]．こうした生物学的背景を振り返っても脂肪酸と結合し，細胞の内外でその代謝制御にかかわっているFABPファミリーがこうした代謝のcrossroadとしてさまざまな病態，生理的分子機構に寄与していることは容易に想像できる．本稿では主にFABP4を中心に概説したが，他のFABPアイソフォームも脂肪酸代謝における重要な役割が報告されており，FABPを中心に脂肪酸代謝の研究からさまざまな病態・疾患の新しい分子基盤の同定や治療法の開発が発展することが大いに期待される．

文献

1) Yore MM, et al：Cell, 159：318-332, 2014
2) Hotamisligil GS & Bernlohr DA：Nat Rev Endocrinol, 11：592-605, 2015
3) Furuhashi M & Hotamisligil GS：Nat Rev Drug Discov, 7：489-503, 2008
4) Hotamisiligil GS, et al：Science, 274：1377-1379, 1996
5) Makowski L, et al：Nat Med, 7：699-705, 2001
6) Furuhashi M, et al：Nature, 447：959-965, 2007
7) Shum BO, et al：J Clin Invest, 116：2183-2192, 2006
8) Nieman KM, et al：Nat Med, 17：1498-1503, 2011
9) Hotamisligil GS：Nature, 444：860-867, 2006
10) Ayers SD, et al：Biochemistry, 46：6744-6752, 2007
11) Garin-Shkolnik T, et al：Diabetes, 63：900-911, 2014
12) Xu H, et al：Mol Cell Biol, 35：1055-1065, 2015
13) Maeda K, et al：Cell Metab, 1：107-119, 2005
14) Cao H, et al：Cell, 134：933-944, 2008
15) Erbay E, et al：Nat Med, 15：1383-1391, 2009
16) Thompson BR, et al：J Biol Chem, 284：13473-13480, 2009
17) Hui X, et al：J Biol Chem, 285：10273-10280, 2010
18) Cao H, et al：Cell Metab, 17：768-778, 2013
19) Ertunc ME, et al：J Lipid Res, 56：423-434, 2015
20) Shen WJ, et al：Proc Natl Acad Sci USA, 96：5528-5532, 1999
21) Burak MF, et al：Sci Transl Med, 7：319ra205, 2015
22) Lamounier-Zepter V, et al：Circ Res, 105：326-334, 2009
23) Wu LE, et al：Mol Metab, 3：465-473, 2014
24) Sekiya M, et al：Keystone Symposia, 2016
25) Perry RJ, et al：Cell, 160：745-758, 2015

＜著者プロフィール＞

関谷元博：東大糖尿病・代謝内科で大学院生として中性脂質の合成・分解系を中心として基礎研究を開始．日本学術振興会特別研究員（PD）などを経て2009年末～'15年末までHarvard School of Public Health, Gokhan Hotamisligil研究室に留学．分泌型FABP4の肝臓での糖新生促進作用について研究．その過程で興味深い新しい代謝制御システムを同定し，'16年より筑波大学医学医療系内分泌代謝・糖尿病内科講師（現職）にてAMED-PRIME「画期的医薬品等の創出をめざす脂質の生理活性と機能の解明」のサポートのもとその新しいシステムの解明と医療応用をめざし研究している．

第1章 新たに見えてきた，栄養・代謝物シグナルによる遺伝子制御メカニズム

8. コレステロールによる遺伝子発現制御

佐藤隆一郎

> コレステロールは30数段階に及ぶ酵素反応を介して合成される．合成後，さらに酸化され，やがては胆汁酸へと異化される．この過程で複数の転写因子，核内受容体などの活性化を介して，複数の代謝関連遺伝子の発現制御を行う．その中心的役割を担う転写因子がSREBP-2である．SREBP-2は小胞体膜タンパク質として合成された後に，細胞内コレステロール量を感知する機構により，活性型へと変換される．この機構には複数の因子が関与し，互いの活性を重層的に制御しあう．その複雑な機構がしだいに解き明かされつつある．

はじめに

コレステロールはアセチルCoAから30数段階の酵素反応を介して合成される．すべての細胞にはこの合成経路は備わっているものの，細胞活動に十分なコレステロールを供給することはできず，細胞表面のLDL受容体によりLDLを細胞内へと取り込み，不足分を補っている．一方，肝臓はコレステロール合成の最もさかんな臓器であり，VLDLを分泌し，肝外組織へとコレステロールを供給する役割を担っている．こうした臓器間でのコレステロール輸送による再分配とは別に，個々の細胞では細胞内のコレステロール量はきわめて厳密に制御されている．そしてその制御の大半はコレステロール代謝に関与する遺伝子の発現調節により執り行われている．

1 コレステロール合成経路とコレステロール代謝物による遺伝子発現制御

1）コレステロールの代謝を調節するSREBP

コレステロール代謝調節の特徴として，個々の細胞単位できわめて厳密なネガティブフィードバック機構が機能していることがあげられる．つまり細胞内のコ

[キーワード&略語]
コレステロール，遺伝子発現，SREBP, SCAP

PCSK9: proprotein convertase subtilisin/kexin type 9
S1P: site-1 protease
S2P: site-2 protease
SCAP: SREBP cleavage activating protein
SRE: sterol regulatory element
SREBP: sterol regulatory element-binding protein
SSD: sterol sensing domain
SUMO: small ubiquitin-related modifier

Regulation of gene expression by cholesterol
Ryuichiro Sato：Department of Applied Biological Chemistry, Graduate School of Agricultural and Life Sciences, The University of Tokyo（東京大学大学院農学生命科学研究科応用生命化学）

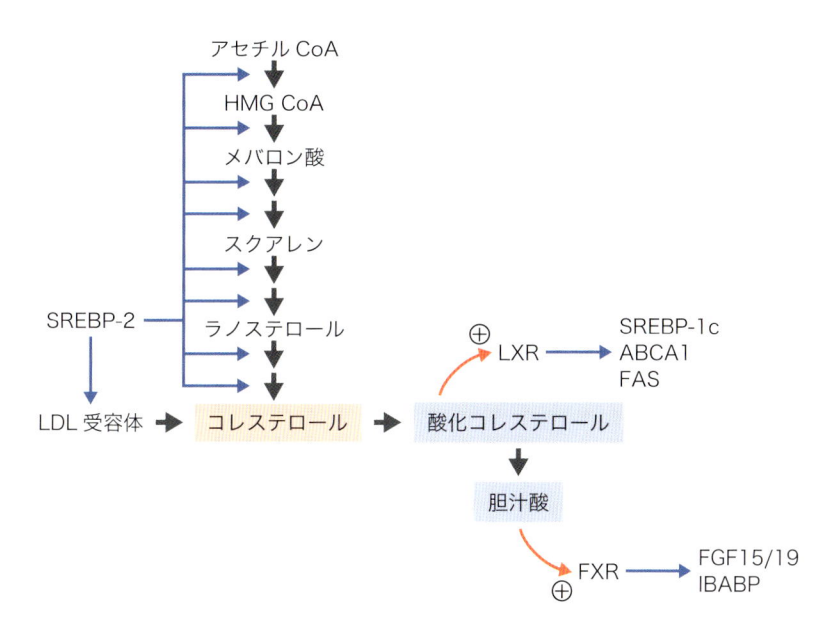

図1　SREBP-2，LXR，FXRによる転写制御の概略
コレステロール合成経路により産生されたコレステロールは，酸化コレステロール，胆汁酸へと代謝され，それぞれ個別の転写因子を介して代謝制御に関与する．

レステロール量が多くなると，コレステロール合成経路の複数の酵素遺伝子の発現が低下し，同時にLDL受容体遺伝子発現も低下し，細胞内コレステロールを減少させる方向へと進む．一方，細胞内コレステロール量が低いときにはこれと逆の現象が起こる．このような遺伝子発現制御の調節因子として発見されたのが転写因子SREBP (sterol regulatory element-binding protein) であり[1)2)]，コレステロール量の増減に伴い活性が調節され，応答遺伝子発現を転写レベルで制御する（図1）．この調節に主に関与するのは，2種類のSREBPのうちSREBP-2であることが知られている．

2）LXR，FXRによる転写制御

コレステロールの一部はさらに酸化を受け，24または27ヒドロキシコレステロールなどへと形を換える．それらは核内受容体LXR (liver X receptor) にリガンドとして結合し，その活性を上昇させ，応答遺伝子発現を正に制御する．LXRの応答遺伝子としては，SREBP-1c，ABCA1 (ATP-binding cassette transporter A1)，FAS (fatty acid synthase) などがあげられる．SREBP-1cは脂肪酸合成経路の種々の遺伝子発現を正に制御する．一方，ABCA1は細胞内からコレステロールを細胞外へと排出するポンプとして機能する．総じてLXRは脂肪酸合成を活性化させ，同時に細胞内コレステロール排出を亢進する方向へと働きかける．

こうして産生された酸化コレステロールは肝臓において最終的に，胆汁酸へと異化される．胆汁酸は小腸，肝臓において核内受容体FXR (farnesoid X receptor) のリガンドとして結合し，その活性を上昇させる．FXRの応答遺伝子としては，小腸においてFGF15/19 (fibroblast growth factor15/19)，IBABP (ileum bile acid-binding protein) があげられる．FXRは肝臓，小腸において胆汁酸代謝関連遺伝子群の発現を調節する働きを有する．

2 転写因子SREBP ファミリー

1）SREBPの構造

約1,150アミノ酸からなる前駆体として合成されるSREBPは，他のbHLH (basic helix-loop-helix) ファミリーの転写因子と異なり3つの領域から構成される．①約480アミノ酸から構成され，bHLH-Zip領域を有しDNAに結合するN末端領域，②2カ所の疎水性膜貫通領域とその間に存在する親水性でループ構

造をとって小胞体内腔に突出する領域，③ステロールによる調節に必要なC末端の約590アミノ酸から構成される領域．転写活性化領域であるN末端が核に移行するためには，ステロールによって制御された2段階のタンパク質切断によって膜から切り離される必要がある．

2）異なる働きを示すSREBPファミリー

SREBPファミリーとして2種類の遺伝子にコードされたSREBP-1（染色体17p11.2）とSREBP-2（染色体22q13）が存在する．SREBP-1とSREBP-2 mRNAの各組織における発現パターンは，SREBP-1が脂質代謝の活発な肝臓，副腎などで発現が高いのに対し，SREBP-2は各組織で一様に発現している．この事実は，SREBP-2がコレステロール代謝を制御するために各組織で一様に発現し，SREBP-1が脂肪酸合成などを制御するために脂質代謝が活発な臓器で高発現していると考えることができる．

SREBP-1には高活性型のSREBP-1aと低活性型のSREBP-1cの2種類のスプライシングアイソフォームが存在するが，ほとんどの組織においてはSREBP-1cが主要な発現型として機能している．ヒトSREBP-1a活性型を過剰発現させたトランスジェニックマウス（Tg-SREBP1a）では，肝臓の肥大化を伴う顕著な脂肪肝が認められる．ヒトSREBP-2活性型を過剰発現させたトランスジェニックマウス（Tg-SREBP2）ではこのような表現型は現れず，この差異はSREBP-1aが脂肪酸合成関連酵素遺伝子の転写を著しく上昇させるのに比べ，SREBP-2はむしろコレステロール合成関連酵素遺伝子の転写を上昇させることに起因している[3]．実際，[³H]でラベルされた水から脂肪酸もしくはコレステロールへの変換を調べると，Tg-SREBP1aでは前者を著しく上昇させ，Tg-SREBP2では後者をより強く上昇させる．

3 SREBP標的遺伝子の応答配列

SREBP応答遺伝子の上流に位置するプロモーター領域にはSRE（sterol regulatory element）配列（5′-TCACNCCAC-3′）が存在し，さらにE-box配列（5′-CANNTG-3′）にもSREBPは結合する．E-boxに結合する転写因子は複数存在することから，SRE配列を介した転写制御が標的遺伝子の特異性を決定づけていると考えるのが妥当である．SRE配列の近傍には，Sp1あるいはNF-Yといったすべての組織に恒常的に存在すると考えられている転写因子の結合配列が存在し，DNA上でこれらとタンパク質-タンパク質結合を介しながら，転写を促進している．

4 SREBPの活性化機構

1）SREBP複合体形成による応答遺伝子転写制御

2 1）で述べたように，SREBPは2カ所の膜貫通領域を有し，合成直後は膜タンパク質として小胞体膜上に存在し，SCAP（SREBP cleavage activating protein）と複合体を形成する（図2）．SREBPの第2膜貫通領域の後方のC末端領域は細胞質に突き出ており，この部位がSCAPのC末端領域と結合する．SCAPのC末端領域には，多くのタンパク質-タンパク質結合に関与するWDリピート※1が8回存在し，SREBPとの結合にかかわっている[4]．またSCAPは8回の膜貫通領域をもち，そこにはSSD（sterol sensing domain）が含まれる．SSDはコレステロール合成の律速酵素HMG CoA還元酵素の膜貫通領域にも存在し，複数のコレステロール関連膜タンパク質の機能を規定していると考えられている．

実際にコレステロールが結合するのは，小胞体内腔側に突き出たループ領域（2つの膜貫通領域を結ぶループ）である．その結果SCAPの構造変化がもたらされ，別の小胞体膜タンパク質INSIG（insulin inducing gene）が結合し，SREBP-SCAP-INSIG複合体が形成される[5,6]．この三量体が小胞体膜上に局在する限り，SREBPは活性化されることなく，応答遺伝子の転写は負に制御される．一方，小胞体膜のコレステロールが減少すると（細胞内コレステロールの減少を意味する），SCAP-INSIG結合は解除され，SREBP-SCAP複合体はゴルジ体へと輸送される．INSIGにはINSIG-1とINSIG-2が存在し，INSIG-1は不安定で早い分解を受

※1　WDリピート

Trp-Asp（WD）でおわる約40アミノ酸のモチーフが4回以上くり返し存在する配列．β-プロペラ構造を形成し，タンパク質が結合する構造を呈している．WDリピートタンパク質は多数存在し，タンパク質間結合に関与している．

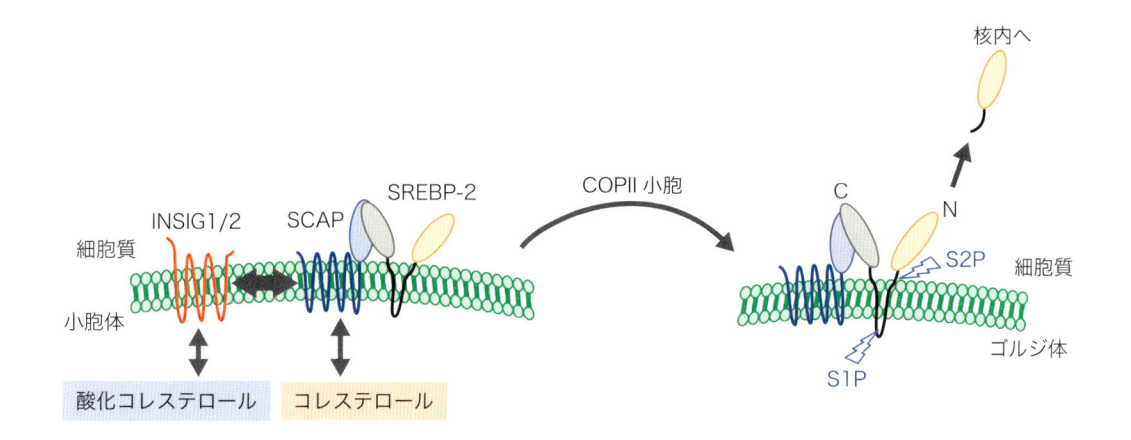

図2　転写因子SREBPの小胞体からゴルジ体への輸送とその活性化
コレステロール合成がさかんな状況下では，コレステロールがSCAPと結合し，酸化コレステロールがINSIGと結合し，SREBP-SCAP-INSIG複合体が形成される．コレステロール合成が低下すると，三量体形成が行われずに，SREBP-SCAP複合体がゴルジ体へと輸送され，さらにそこで2段階の切断を受け，活性型SREBPが遊離される．

けるが，INSIG-2は比較的安定であるなど相違点がみられるが，それぞれの生理的役割分担については依然として不明確な点が多く残る．

2）コレステロール依存的なゴルジ体への輸送

SCAPの第6，7膜貫通領域の間の約80アミノ酸からなるループは，細胞質に突き出ている．この領域の詳細な解析の結果，6アミノ酸からなる配列Met-Glu-Leu-Ala-Asp-Leuが小胞体からゴルジ体への輸送に必須であり，この配列がSec24と直接結合することが確認されている[7]．Sec24はSec23，Sar1と複合体を形成し，小胞体からCOP II 小胞をつくり出し，ゴルジ体への小胞輸送を行う．コレステロールが過剰状態でSCAPがINSIGと結合している際には，このMet-Glu-Leu-Ala-Asp-Leu配列はSec24と結合できず小胞体膜上に留まる．一方，コレステロール不足状況下では，INSIGが解離し，この配列がSec24と結合することにより，小胞輸送を介してSREBP-SCAP複合体はゴルジ体へと輸送される．

3）SREBPの核輸送機構

ゴルジ体近傍ならびにゴルジ体において，SREBPは2カ所で切断される．第1段階目の切断に関与するS1P（site-1 protease），第2段階目の切断酵素S2P（site-2 protease）が，bHLHドメインを有するN末端を細胞質へと切り出す．S1Pは，SREBPの2カ所の膜貫通領域の間のゴルジ体内腔側に突き出たループ部位を切断する．この切断によりSREBPは，ほぼ2等分され，第1膜貫通領域を含むN末端側はさらにS2Pによる切断を受け，活性型SREBPが産生される．切断により活性化されたSREBPは核へ輸送される．S2Pの切断にはS1Pによる切断が必須であり，セリンプロテアーゼであるS1P活性を阻害処理により阻害すると，活性型SREBP量は激減する[8]．S2Pによる切断部位は，膜貫通領域に存在するが，S1Pによる切断の後，膜貫通領域の一部が膜から浮き出る形で細胞質側に顔を出し，この部位をS2Pは切断する．したがって，第1切断なしでは，S2Pによる活性型SREBPの切断は生じない．

5 核内におけるSREBPの活性制御

1）ユビキチン化，アセチル化によるSREBP活性制御

核へと輸送されたSREBPは，ユビキチン化修飾を受け，短時間の間にプロテアソーム系による分解を受ける．プロテアソーム阻害剤によりSREBPを安定化させると，種々の応答遺伝子の発現は上昇する[9]．ユビキチン化は基質のLys残基へのイソペプチド結合により成立するが，Lys残基はアセチル化修飾も受けるため，SREBPのユビキチン化部位もアセチル化部位と一致し，互いに拮抗関係にある[10]．

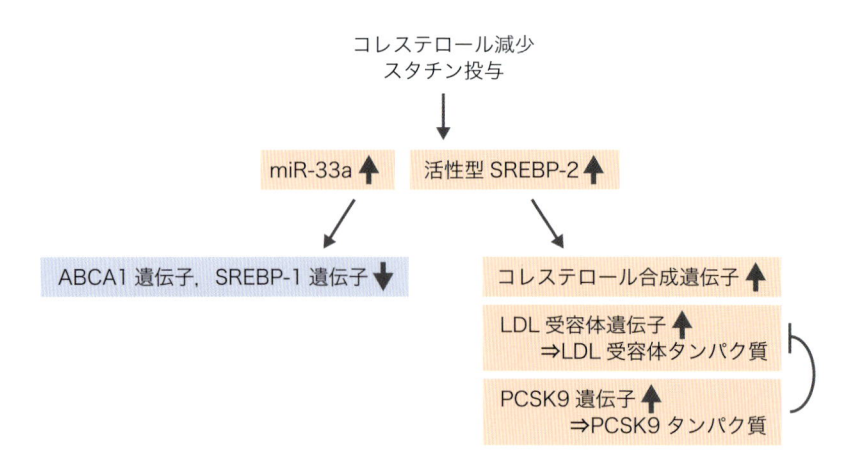

図3 SREBP-2, miR-33aによる代謝制御機構の概略
コレステロール減少,スタチン投与状況下では,SREBP-2が活性化されると同時にmiR-33a発現も上昇する.これらの因子の増加に伴い,下流遺伝子群が発現増加・減少し,代謝制御のサイクルが回る.

2）SUMO化修飾による活性調節

SREBPはユビキチンと構造が酷似したSUMO（small ubiquitin-related modifier）による修飾も同じく受ける.SUMO化[※2]もLys残基を標的とするが,SREBPの場合,ユビキチン化部位と重複せず,SREBPはSUMO化修飾を受けると転写活性が抑制される.したがって,SREBPは核内においてユビキチン化修飾による早い分解,もしくはSUMO化修飾による不活性化を受けることになる.これはプロセシングを精妙に調節して産生した活性型が,短時間に応答遺伝子発現を制御して役目をおえるというきわめて厳密な制御機構を生体が維持していることを意味している.

ある種の成長因子により細胞を刺激するとMAPKが活性化され,SREBPはリン酸化を受けるが,この部位がSUMO化部位と近接しており,SUMO化を抑制する.つまり,成長因子刺激により細胞が成長する際には,膜脂質の供給も急務であり,SREBPのSUMO化による活性抑制を解除して,脂質合成を増進するという生理的意義をもつ[11].

※2 SUMO化
100アミノ酸残基程度のユビキチンに似たタンパク質SUMOによるタンパク質翻訳後修飾の1つ.分解を促進することなく,活性調節,細胞内局在変化などをもたらす.

6 SREBP-2による代謝調節

1）SREBP-2による血清LDLコレステロール量調節

SREBP-1,SREBP-2はそれぞれ脂肪酸合成,コレステロール合成経路の諸酵素の遺伝子発現を制御している.SREBP-2の重要性としては,LDL受容体発現を介した血清LDLコレステロール量の調節があげられる.脂質異常症の治療薬として多用されているスタチン類は,HMG CoA還元酵素阻害剤である.その作用機序としては肝臓におけるコレステロール量低下がSREBP（特にSREBP-2）の活性化を惹起し,LDL受容体発現を亢進させ血中LDLのクリアランスを上昇させると考えられている.

2）PCSK9によるLDL受容体タンパク質分解促進作用

SREBP-2の応答遺伝子の1つとしてPCSK9（proprotein convertase subtilisin/kexin type 9）があげられる[12].PCSK9は分泌タンパク質として血液中に存在し,LDL受容体に結合する.その結果,LDL受容体/PCSK9は細胞内へと取り込まれ,リソソームですみやかな分解を受け,細胞表面のLDL受容体は減少する（図3）.PCSK9遺伝子のプロモーター領域にもSRE配列が存在し,SREBP-2が活性化されたときには,LDL受容体発現を亢進させながら,LDL受容体タンパク質を減少させる因子の発現をも上昇させる不思議な現象が起こることになる.分泌タンパク質を介した作用で

あり，LDL受容体タンパク質が十分に上昇した後にPCSK9による分解促進作用は発揮される．PCSK9抗体は新たな高コレステロール血症治療薬として期待が寄せられている．

3）マイクロRNAを介した遺伝子発現制御機構

スタチン投与によりLDLコレステロールの減少と並行してHDLコレステロールの上昇が認められるケースがある．この作用は，肝臓においてHDL産生に関与するABCA1発現がSREBP-2により促進されることに起因すると考えられている[13]．ABCA1発現は肝外組織では，コレステロール上昇により活性化されるLXRにより支配されているが，肝臓においては異なるプロモーター領域が優位に働き，むしろコレステロール低下により活性化されるSREBP-2により発現亢進すると説明されている．

一方，この知見とは異なる制御機構も提示されている．SREBP-2遺伝子のイントロン部分に存在するマイクロRNA miR-33aが相補的配列をもつABCA1の発現を負に制御する機構が明らかにされている[14][15]．SREBP-2発現が上昇するコレステロール枯渇もしくはスタチン投与条件下では，miR-33a発現も上昇し，結果的にABCA1発現を低下させ，細胞内コレステロール量を温存する方向へと導くことになる．さらにmiR-33aがSREBP-1遺伝子発現をも制御する機構が提示されており[16]，マイクロRNAを介した複数の遺伝子発現制御機構が複雑に絡み合うことにより脂質代謝が制御されていることが明らかになりつつある（**図3**）．

おわりに

コレステロールによる遺伝子発現制御の中心的調節因子はSREBP-2である．SREBP発見から20年以上が経過するにもかかわらず，現在もSREBP-1とSREBP-2の活性化機構の解明は十分になされていない．活性化の鍵因子となるINSIGタンパク質も2種類存在し，それらの役割分担も定かではない．分子細胞生物学的な解析のさらなる積み重ねにより，臨床応用へとつながる新たな発見が強く望まれる．

文献

1) Yokoyama C, et al：Cell, 75：187-197, 1993
2) Hua X, et al：Proc Natl Acad Sci USA, 90：11603-11607, 1993
3) Horton JD, et al：J Clin Invest, 101：2331-2339, 1998
4) Gong X, et al：Cell Res, 25：401-411, 2015
5) Yang T, et al：Cell, 110：489-500, 2002
6) Yabe D, et al：Proc Natl Acad Sci USA, 99：12753-12758, 2002
7) Sun LP, et al：J Biol Chem, 280：26483-26490, 2005
8) Okada T, et al：J Biol Chem, 280：36318-36325, 2005
9) Hirano Y, et al：J Biol Chem, 276：36431-36437, 2001
10) Giandomenico V, et al：Mol Cell Biol, 23：2587-2599, 2003
11) Hirano Y, et al：J Biol Chem, 278：16809-16819, 2003
12) Dudu RT & Ballantyne CM：Nat Rev Cardiol, 11：563-575, 2014
13) Tamehiro N, et al：J Biol Chem, 282：21090-21099, 2007
14) Rayner KJ, et al：Science, 328：1570-1573, 2010
15) Horie T, et al：Proc Natl Acad Sci USA, 107：17321-17326, 2010
16) Horie T, et al：Nat Commun, 4：2883, 2013

＜著者プロフィール＞

佐藤隆一郎：東京大学農学部卒，同大学院農学系研究科修了（農学博士）．帝京大学薬学部（助手）を退職し，テキサス大学サウスウエスタンメディカルセンターに4年間留学（Drs. Goldstein & Brown）．帝京大学薬学部講師，大阪大学大学院薬学研究科助教授を経て，東京大学大学院農学生命科学研究科助教授，教授（現職）．代謝調節機構に関する分子細胞生物学的研究を行っているが，健全な食生活による健康維持のため，食品中の機能性成分の有効活用をめざしている．

第1章 新たに見えてきた，栄養・代謝物シグナルによる遺伝子制御メカニズム

9. 栄養による胆汁酸代謝遺伝子制御からの代謝疾患へのアプローチ

横山葉子，中村杏菜，横江 亮，田岡広樹，渡辺光博

胆汁酸は脂質の消化吸収を助けるだけではなく，食事とリンクする全身の栄養状態のシグナル伝達分子としての役割をもつことが分子生物学的な研究により明らかになってきた．核内受容体FXR（farnesoid X receptor），Gタンパク質共役型受容体（GPCR）のTGR5/M-BARをはじめとする胆汁酸のターゲットシグナルは，脂質・糖・エネルギー代謝の制御に関与しており，脂肪肝，脂質異常症，糖尿病，動脈硬化の新しい治療ターゲットとして注目されている．

はじめに

この10年間，胆汁酸に関する研究は飛躍的な発展をなしえた．現在では，胆汁酸はGPCRや核内受容体のリガンドとなり，生体内シグナル分子として生体恒常性に深く関与していることが示唆されている．本稿では，栄養による胆汁酸代謝調節，シグナル伝達分子としての胆汁酸の生体恒常性調節機構を中心に，新しい治療ターゲットとしての可能性について述べる．

[キーワード&略語]
胆汁酸，FXR，TGR5/M-BAR，代謝，栄養

ApoB：apolipoprotein B
　（アポリポタンパク質B）
BAT：brown adipose tissue（褐色脂肪細胞）
CA：cholic acid（コール酸）
CDCA：chenodeoxycholic acid
　（ケノデオキシコール酸）
DCA：deoxy cholic acid（デオキシコール酸）
FXR：farnesoid X receptor
GLP-1：glucagon-like peptide-1
GPCR：G protein coupled receptor
LCA：lithocholic acid（リトコール酸）
LRH：liver receptor homolog
　（肝臓受容体ホモログ）
MCA：muricholic acid（ミュリコール酸）
NAFLD：nonalcoholic fatty liver disease
　（非アルコール性脂肪性肝炎）
NASH：nonalcoholic steatohepatitis
SHP：small heterodimer partner
　（低分子量ヘテロ二量体パートナー）
UDCA：ursodeoxycholic acid
　（ウルソデオキシコール酸）

Approach for metabolic syndrome through the regulation of bile acid metabolism gene expression by nutrients
Yoko Yokoyama[1) 2)] /Anna Nakamura[1)] /Ryo Yokoe[3)] /Hiroki Taoka[1)] /Mitsuhiro Watanabe[1) 2)]：Graduate School of Media and Governance, Keio University[1)] /Health Science Laboratory, Keio Research Institute at SFC, Keio University[2)] /Faculty of Policy Management, Keio University[3)]（慶應義塾大学政策メディア研究科[1)] /慶應義塾大学SFC研究所ヘルスサイエンスラボ[2)] /慶應義塾大学総合政策学部[3)]）

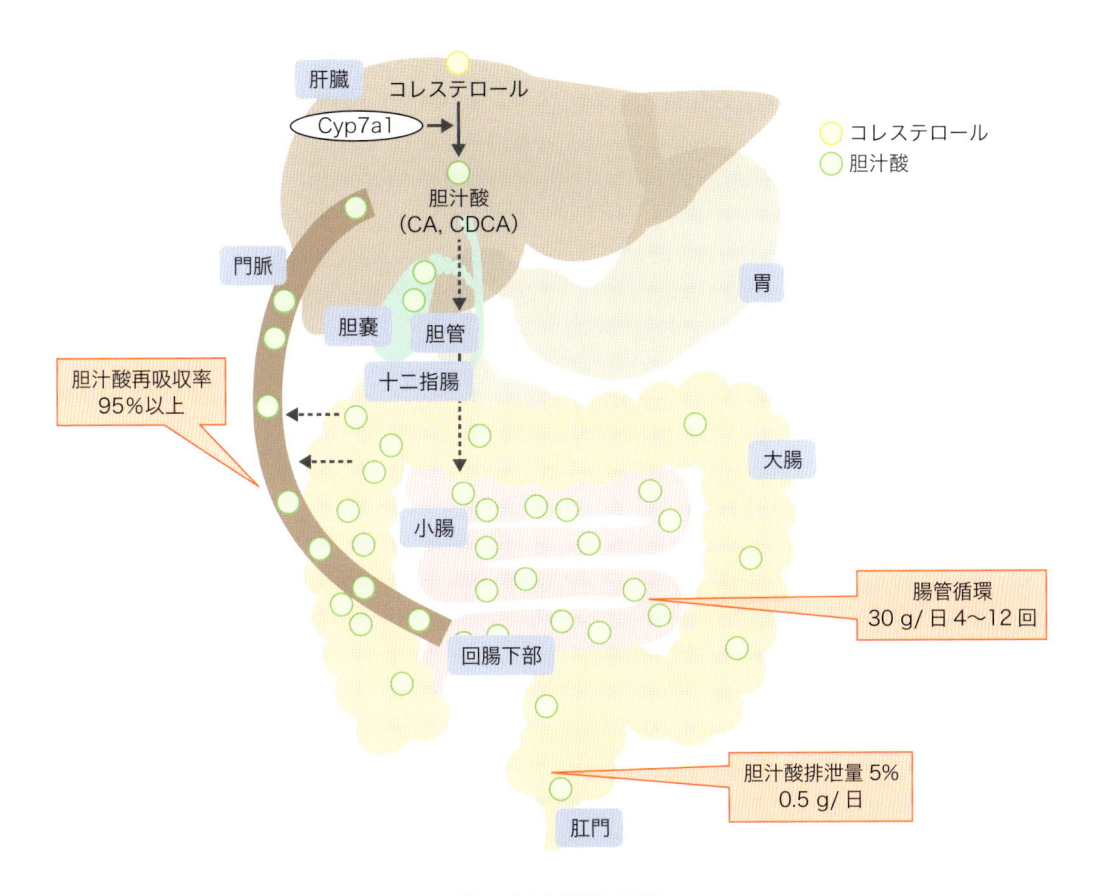

図1　胆汁酸腸肝循環

1　胆汁酸合成と腸肝循環

　胆汁酸は肝臓においてCyp7a1（cholesterol 7a-hydroxylase）が律速酵素となりコレステロールから一次胆汁酸とよばれるコール酸（CA）とケノデオキシコール酸（CDCA）が合成され，通常胆嚢にプールされている．胆汁酸は基質であるコレステロールのステロイド骨格に起因する疎水性作用と，水酸基とカルボキシル基の親水性作用を有する両親媒性物質である．また界面活性化作用を有し，食事性の脂質が高濃度に存在する腸管において腸管壁に脂質が吸着するのを防ぎ，かつ，生体内に効率よく脂質を取り込む際に重要な役割を担っている．これらのメカニズムから，胆汁酸は食事により摂取されたコレステロール・脂質をミセル化する消化・吸収に重要な分子としてよく知られている．

　肝臓で合成された胆汁酸の大部分はタウリンまたはグリシンに抱合され，胆汁酸輸送タンパク質により能動的に輸送され毛細胆管へ排泄される．肝臓から分泌された胆汁は胆嚢にプールされ，食事を摂取すると胆嚢は収縮され，胆管により十二指腸と小腸に分泌される．脂肪の消化吸収に携わった後，その約95％は回腸下部により再吸収され，門脈を経て肝臓に戻るという腸肝循環を1日に4〜12回くり返す（図1）．小腸で吸収されなかった胆汁酸は回盲弁を通過した後，腸内細菌の作用により抱合型胆汁酸の非抱合型への加水分解，7αの脱水酸基反応によるCAのデオキシコール酸（DCA）への変換・CDCAからリトコール酸（LCA）への変換，CDCAから7-ケトLCAへの酸化さらにウルソデオキシコール酸（UDCA）への還元が行われ，胆汁酸は非抱合型の二次胆汁酸となり，大腸粘膜より吸収される．腸管から吸収されなかった胆汁酸は糞便に排出され，この胆汁酸排泄システムは生体にとってコレステロールが異化され体外に排出される唯一の経路

である．糞便中に排出され失われた約5％の胆汁酸とほぼ同量の胆汁酸が肝臓で合成され，胆汁酸プールは厳密かつ巧妙に制御されている．

2 栄養による胆汁酸代謝

1）三大栄養素と胆汁酸代謝

胆汁酸合成の律速酵素Cyp7a1は上昇と下降をくり返す概日リズムを刻み，食後にあたる時間帯に上昇がみられる．1日に絶食と摂食をくり返すことや，肝臓の代謝は食後に活性化されることから，胆汁酸分泌だけでなく合成も，食事による栄養との関連が示唆される．

食事由来の栄養素による肝臓の胆汁酸代謝制御は十分明らかになっていないが，三大栄養素（脂質・炭水化物・タンパク質）の脂質については，コレステロールを多く含む食事摂取によりCyp7a1の発現上昇や胆汁酸合成が促進されることが指摘されてきた．

また，炭水化物（グルコース）摂取もCyp7a1を活性化させるとの報告がある[1]．グルコース摂取により，*Cyp7a1*遺伝子プロモーター領域のヒストンのアセチル化促進によるエピジェネティックな変化およびインスリンシグナルを介した*Cyp7a1*遺伝子の発現が増加し，胆汁酸プール量の増加および胆汁酸組成に変化がみられた[1]．またヒトにグルコースを投与し変動する血中メタボライトを検討した研究では，191のメタボライトのうち胆汁酸濃度が最も大きく上昇しており[2]，グルコースによる胆汁酸合成促進が示唆される．

胆汁中の胆汁酸はほとんどがタウリンあるいはグリシンが結合した抱合型であり，遊離型は通常は1％以下である．胆汁酸の抱合は，ミセル形成や脂質吸収促進，腸肝循環といった種々の生理作用発現に必要である．タウリンあるいはグリシンの抱合比はヒトでは1：2，ラットでは100：1といわれるが，タウリンの摂取量に依存し，少ないとタウリンの抱合比は低下する．しかしグリシンの摂取量の増加では変動がほとんどみられないことから，タウリンとの反応の方が優位であると考えられているが[3]，抱合反応は胆汁酸の種類によっても異なるといわれている．遺伝的肥満モデルob/obマウスではタウリン抱合型の胆汁酸がコントロールと比較して減少しており，非アルコール性脂肪性肝炎（NAFLD）の進展と関連していたことも指摘されており[4]，抱合反応が直接疾患と関連することも示唆されている．抱合反応の変化は腸内細菌を介することが指摘されており，食事による栄養は間接的に影響を与えていると考えられる．

2）腸内細菌と胆汁酸代謝

食事由来の栄養素は腸内細菌叢の変化を引き起こすが，腸内細菌は胆汁酸組成に重要な役目をもつ．一次胆汁酸は生体のなかでは2種類（齧歯類では4種類）だが，腸内細菌により約30種類の二次胆汁酸に代謝される．これには*Lactobacillus*, *Bifidobacteria*, *Enterobacter*, *Bacteroides*, *Clostridium*[5] などの腸内細菌がかかわっている．

腸内細菌が合成に関与する二次胆汁酸は，一次胆汁酸と比較し活性酸素産生やミトコンドリア障害など細胞障害性や細胞内シグナル伝達系活性化作用が強く，肝障害や肝がん，大腸がんの発症と関連する．実際，二次胆汁酸の1つであるDCAが肥満により増加し，肝臓に運ばれる量が多くなると肝星細胞の老化が起こり，肝臓のがん化が促進されるとの報告がある[6]．また胆汁酸の種類によって細胞内シグナル伝達系やトランスポーターの活性化作用が異なり[7]，リガンドあるいは逆にアンタゴニストともなりうるため，胆汁酸組成の変化は生体に重要な意味をもつ．

腸内細菌は胆汁酸組成を変化させるだけではなく，胆汁酸プール量を調整することも指摘されている[8]．腸内細菌をもたない無菌マウスでは，胆汁酸は腸内細菌の代謝を受けず，一次胆汁酸であるTβ-MCAの割合が増加する．腸管で増加したTβ-MCAはFXRのアンタゴニストとして作用しFGF15を低下させ，肝臓でのCyp7a1抑制が緩和されるため胆汁酸合成を促進し，胆汁酸プール量が増加した[8]．胆汁酸プール量の調整は，エネルギー消費や体重増加，インスリン抵抗性と関連し，腸内細菌は胆汁酸代謝に重要な役割をもつことがここからも明らかである．

3 シグナル伝達分子としての胆汁酸

胆汁酸は，食事による脂質や脂溶性ビタミンの消化吸収を助けるだけではなく，生体内シグナル伝達分子としての役割が解明されている（表）．このうち主要な3つのシグナル，①核内受容体FXRを介する経路，②

表 胆汁酸受容体と機能

受容体		ターゲット	リガンド	臓器・組織	機能
細胞膜受容体	TGR5		TLCA > LCA > DCA > CDCA > CA	腸管 褐色脂肪細胞・骨格筋 膵β細胞 心臓細胞 免疫 マクロファージ	GLP-1分泌 甲状腺ホルモン活性化による熱産生 糖代謝 心機能 抗炎症作用 抗炎症作用,インスリン抵抗性改善,抗動脈硬化作用
	Muscarinic receptors		TDCA, TLCA	内皮細胞 脂肪細胞 膵臓	抗動脈硬化作用 肥満制御 糖代謝
	S1PR2		Taurine or glycine conjugated	肝臓	脂質・糖代謝
核内受容体	FXR		CDCA > LCA = DCA > CA	肝臓 腸管 膵β細胞 心血管系	胆汁酸代謝・糖代謝,オートファジー抑制 胆汁酸代謝,GLP-1抑制 インスリン分泌 心血管系保護
	VDR		LCA > 3-keto-LCA > GLCA > 6-keto-LCA	肝臓 心血管系	脂質代謝 血管保護
	PXR		LCA, 3-keto-LCA >> CDCA, DCA, CA	肝臓 循環器系 免疫	脂質・糖代謝 先天性免疫系制御 先天性免疫系制御

文献9,10をもとに作成.

TGR5/M-BARなどGPCRを介する経路,③MAPK経路は,脂質・糖・エネルギー代謝を制御している.

1)胆汁酸核内受容体FXRを介した代謝調節(図2)

FXRは,肝臓,小腸,腎臓,副腎,肺,脂肪組織,心臓に発現している.FXR欠損マウスではアポリポタンパク質B(ApoB)を含む脂質(LDL,VLDL)が上昇し,血中TGが高く,軽度の脂肪肝を発症する.逆にFXRをアゴニスト投与により活性化させると血漿中のTGが低下し,VLDL産生が減少する.

FXRはコレステロールから胆汁酸への異化代謝を制御している.①胆汁酸によるFXR活性を介して発現が誘導されたSHP(small heterodimer partner)がLXRおよびLRH-1(liver receptor homolog-1)活性を抑制し,肝臓のCyp7a1やCyp8b1の転写を抑制し,胆汁酸の合成をネガティブフィードバックする.②腸管のFXRはFGF15/19の発現を制御しており,腸管から分泌されたFGF15/19は肝臓のFGF受容体FGFR4を介して,JNKを活性化し胆汁酸合成律速酵素であるCyp7a1の発現を抑制する.

FXRは脂質代謝にも関係する.胆汁酸またはFXR合成アゴニストは肝臓においてFXRを活性化し,発現誘導された核内受容体SHPがLXRの転写活性を低下させSREBP1-cの発現を抑制し,脂肪酸合成酵素遺伝子の発現を低下させ,TG合成を抑制し,血中へのVLDL分泌を低下させる経路をはじめとし,FXRは脂質代謝を調整している[11].

摂食時に胆汁酸により活性化されたFXRは糖新生の遺伝子PEPCKやG6Paseを抑制するという報告[12]があるが,FXRと糖代謝との関連は不明な点が多い.

近年,胆汁酸を介したFXRシグナルがオートファジーを直接的に制御していることが報告された[13].オートファジーは,飢餓状態で細胞内の細胞質成分を分解し,栄養分をリサイクルすることにより細胞のエネルギー恒常性を維持するシステムであり,オートファジー関連遺伝子は栄養が不足する飢餓状態で活性化し,飽食時には抑制される.胆汁酸を介したFXRシグナルはオートファジー関連遺伝子のプロモーター領域に結合することで,飽食時のオートファジーを抑制していた.胆汁酸が生体内に栄養を感知させるための伝達分子として,脂質・糖・エネルギー代謝以外にも機能してい

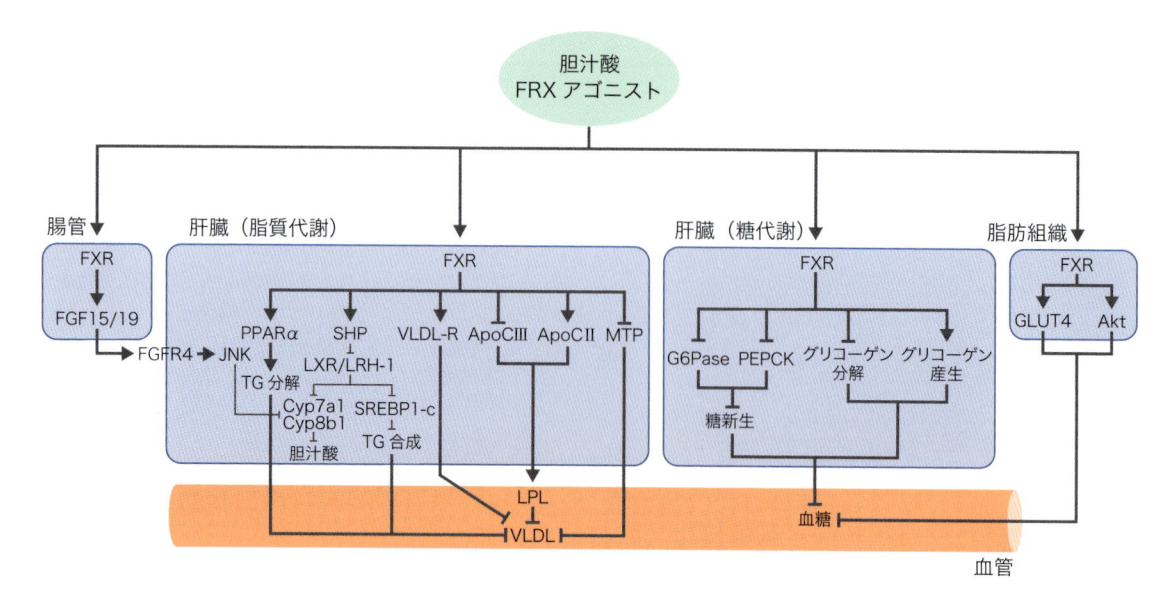

図2 胆汁酸によるFXRを介した代謝制御

ることを示す結果であり興味深い．

また，最近の研究では腸管でのFXRの働きが注目されている．腸管FXRの抑制により腸管セラミド合成・分泌が抑制され，肝臓に運ばれるセラミドが低下し，肝臓のSREBP1-cを抑制し脂肪酸合成が低下し，脂肪肝が改善するという報告もある[14]．またFXRは腸管L細胞にも発現しており，GLP-1（glucagon-like peptide-1）の前駆物質となるプログルカゴンの発現を抑制することが発表され，腸管FXRの抑制が糖代謝改善につながる可能性が示唆された[15]．遺伝的肥満モデルob/obマウスでの実験で，肝特異的にFXRを欠損させると体重増加抑制や糖代謝改善はみられなかったが，全身のFXR欠損では効果がみられ[16]，腸管でのFXR抑制が代謝制御に重要であることを示唆している．一方で，腸管特異的FXRアゴニストであるフェクサラミン投与による腸管でのFXR活性化が食事誘導性肥満モデルマウスの代謝を改善したことが指摘[17]されるなど結果の一致がみられておらず，今後の研究の進展が期待される．

2）胆汁酸をリガンドとするTGR5/M-BARを介した代謝調節（図3）

TGR5は胆汁酸をリガンドとするGPCRのロドプシン様スーパーファミリーの一員で，発現は胎盤，脾臓，肺，肝臓，胃，回腸，大腸，胆嚢上皮，骨格筋，褐色脂肪組織にみられる．TGR5/M-BAR欠損マウスに高脂肪食を与えると脂肪蓄積がみられ，体重が増加する．逆にTGR5が活性化されると体重増加が抑制され，脂肪肝が改善し，線維化が抑えられ肝機能が改善する．さらに血漿TGと非エステル型の脂肪酸濃度も低下する．

まずTGR5による体重増加抑制は，エネルギー消費が増加したためと考えられる．飽食時の生理的血清濃度に相当する胆汁酸（〜15 μM）またはTGR5合成アゴニストがTGR5を活性化することにより細胞内cAMPレベルが増加し，エネルギー消費に重要な臓器，褐色脂肪細胞（BAT）と骨格筋の細胞内の脱ヨード酵素2（D2）の発現が亢進する．そして，このD2が不活性型のサイロキシン4（T4）を活性型のトリヨードサイロニン（T3）に変換し，T3が脱共役タンパク質（UCP）やPGC-1αなどのエネルギー生産系遺伝子の発現を亢進させる．その結果，BATや骨格筋のミトコンドリアの酸化的リン酸化が促進され，エネルギー消費が高くなる[18]．近年，ヒトにおいても同様にCDCAがTGR5を介して褐色脂肪細胞でミトコンドリアの脱共役やD2の発現が亢進し，エネルギー消費が高くなることが確認された[19]．

TGR5は糖代謝にも関連する．TGR5は腸管L細胞に存在し，TGR5アゴニストはL細胞からのグルカゴン様ペプチドGLP-1分泌を亢進させる．GLP-1は膵

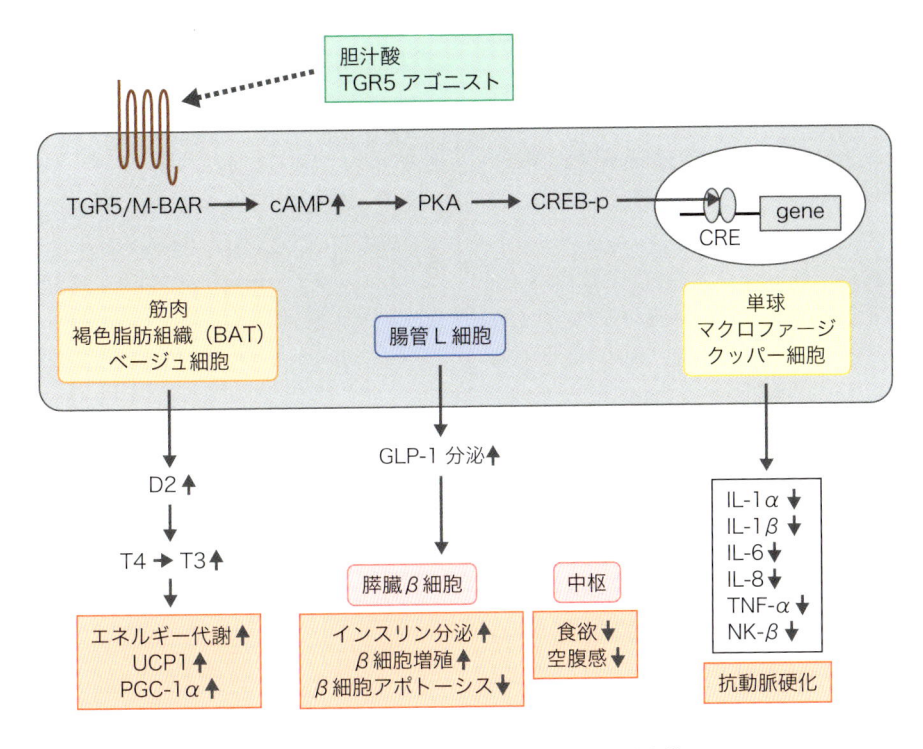

図3 胆汁酸によるTGR5を介した代謝制御

臓β細胞において，β細胞増殖やアポトーシス低下により機能維持に重要であるほか，中枢に作用し食欲を低減させるなどの報告がある．また減量外科手術のルーワイ胃バイパス術（LRYGB）は，体重減少効果だけではなく2型糖尿病の改善がみられる．LRYGBにより血中胆汁酸やGLP-1の増加が確認されることから，胆汁酸によるエネルギー代謝亢進とTGR5を介したGLP-1分泌増加[20]や，胆汁酸が腸内細菌叢を変化させ，それによる二次胆汁酸組成変化を介する経路が予測される．さらにマクロファージ特異的TGR5は脂肪細胞の炎症を抑制し，インスリン抵抗性の改善に関連することも明らかとなっている[21]．

4 胆汁酸と疾病予防・治療

1）アゴニスト

胆汁酸のエネルギー代謝亢進作用メカニズムの臨床応用として，ヒトにCAを投与することはコレステロールの増加を引き起こすなどの問題があり，できない．
天然化合物のFXRアゴニストにはグレープの種から抽出された抗酸化物質であるプロシアニジンや，濾過されていないコーヒーに存在するカフェストールがある．半合成物質のINT-747はCDCAの構造式に基づいて合成されたが，CDCAより10倍ほど強くFXRを活性化する．INT-747は，自己免疫疾患の胆汁性肝硬変の第三相試験，NASHの第二相試験まで完了しており，いずれも有意な治療効果が認められている．
天然化合物のTGR5アゴニストにはオリーブの木から採れるオレアノール酸がある．合成物質のINT-777はステロイド系リガンドである．TGR5リガンドによる血糖値の低下が確認されており，これは腸管L細胞のGLP-1分泌促進による耐糖能の改善効果と考えられる．またINT-777はマクロファージに対する抗炎症作用を介してアテローム性動脈硬化にも効果が確認されており，臨床試験に向けて研究が進んでいる．

2）胆汁酸吸着レジン

胆汁酸を腸管内で吸着し糞便への排出を促進する陰イオン交換樹脂製剤は主に，コレステロール血症を対象に用いられている．これらの製剤は，腸管において胆汁酸を吸着し，回腸下部からの胆汁酸の再吸収を阻

害し，糞便への排出を促進する．この胆汁酸の腸管循環阻害により肝臓での胆汁酸濃度や胆汁酸プール量が低下するため，胆汁酸をリガンドとするFXRは活性化されずSHPの発現量は低下し，胆汁酸合成律速酵素であるCyp7a1の遺伝子発現・活性は亢進し，胆汁酸プールを維持するために肝臓内でコレステロールから胆汁酸への異化が促進する．その結果，肝臓内のコレステロールプールが減少し，SREBPsの転写活性が亢進し，LDL受容体の発現を亢進させ，血中からのLDLコレステロール取り込みが促進して血中コレステロールが低下する．また，胆汁酸への異化促進はBATでのエネルギー代謝が亢進し，インスリン感受性が改善されることも報告されている[22]．

このような新しい胆汁酸の機能を臨床に還元する知見が，胆汁酸吸着レジンを用いた検討により報告されている．胆汁酸吸着レジンの投与は，ヒトへの臨床試験でも血糖コントロール改善，肥満改善，血中コレステロール値やLDLコレステロール値の低下，などが確認されている[23]〜[25]．これらの研究をもとに，胆汁酸吸着レジンのコレセベラムは2008年1月米国食品医薬品局（FDA）より糖尿病治療薬としての適応追加の承認を得た．

3）食品

胆汁酸を効率よく働かせるためには，古い胆汁酸を排出することが重要である．胆汁酸排出に効果的に働く食物成分は食物繊維である．水溶性食物繊維が腸内で胆汁酸を抱合することで，小腸からの再吸収を抑制して，排出を促進し，新たな胆汁酸の生成を促す．

また，回腸下部での胆汁酸の再吸収を抑制することで，古い胆汁酸の排出を促して，新たな胆汁酸の分泌量を増やし，血液中の胆汁酸比率を高める．この働きにより基礎代謝の増加，内臓脂肪減少，体重増加抑制に寄与する食品成分についても研究が進んでいる．

食事による栄養摂取は，腸内細菌叢を変化させる．それにより代謝を受ける胆汁酸組成変化が，胆汁酸の生体内シグナル伝達系活性化作用の変化を通じて全身に影響を与える可能性も示唆されており，今後の研究が期待される．

おわりに

胆汁酸は，主要な栄養素である脂質の消化吸収を助ける働きだけではなく，栄養のシグナル伝達分子として脂質・糖・エネルギー代謝やオートファジーを制御していることが分子生物学的な研究で明らかになった．これらのシグナル伝達経路を臨床に応用することにより，メタボリックシンドロームをはじめとする疾患の予防と治療への寄与が期待される．

文献

1) Li T, et al：J Biol Chem, 287：1861-1873, 2012
2) Shaham O, et al：Mol Syst Biol, 4：214, 2008
3) Hardison WG：Gastroenterology, 75：71-75, 1978
4) Park MY, et al：J Appl Microbiol, in press, 2016
5) Nicholson JK, et al：Science, 336：1262-1267, 2012
6) Yoshimoto S, et al：Nature, 499：97-101, 2013
7) Song P, et al：Toxicol Appl Pharmacol, 283：57-64, 2015
8) Sayin SI, et al：Cell Metab, 17：225-235, 2013
9) Vitek L & Haluzik M：J Endocrinol, 228：R85-R96, 2016
10) Schaap FG, et al：Nat Rev Gastroenterol Hepatol, 11：55-67, 2014
11) Watanabe M, et al：J Clin Invest, 113：1408-1418, 2004
12) Ma K, et al：J Clin Invest, 116：1102-1109, 2006
13) Lee JM, et al：Nature, 516：112-115, 2014
14) Jiang C, et al：J Clin Invest, 125：386-402, 2015
15) Trabelsi MS, et al：Nat Commun, 6：7629, 2015
16) Prawitt J, et al：Diabetes, 60：1861-1871, 2011
17) Fang S, et al：Nat Med, 21：159-165, 2015
18) Watanabe M, et al：Nature, 439：484-489, 2006
19) Broeders EP, et al：Cell Metab, 22：418-426, 2015
20) Nakatani H, et al：Metabolism, 58：1400-1407, 2009
21) Perino A, et al：J Clin Invest, 124：5424-5436, 2014
22) Watanabe M, et al：PLoS One, 7：e38286, 2012
23) Yamakawa T, et al：Endocr J, 54：53-58, 2007
24) Zieve FJ, et al：Clin Ther, 29：74-83, 2007
25) Kondo K & Kadowaki T：Diabetes Obes Metab, 12：246-251, 2010

＜筆頭著者プロフィール＞
横山葉子：京都大学大学院医学研究科博士課程修了（社会健康医学博士）．日本学術振興会特別研究員PD（国立循環器病研究センター）を経て，慶應義塾大学政策・メディア研究科特任助教．栄養疫学研究と基礎医学研究との融合研究により，食と健康のエビデンスの発信をめざしている．

第1章 新たに見えてきた，栄養・代謝物シグナルによる遺伝子制御メカニズム

10. 鉄代謝と遺伝子制御

松井（渡部）美紀，五十嵐和彦

> 生体内で鉄およびヘムは，タンパク質と結合して活性中心を形成し，電子伝達や酸素運搬といった必須の機能を担う．一方で，生体内の鉄・ヘム濃度が上昇すると，酸化ストレスやDNA損傷などを引き起こし，細胞にとって強い毒性を示す側面もある．近年，細胞内外の鉄・ヘム濃度を緻密に調節する制御系が明らかになるとともに，ヘムが免疫応答の調節を担うという新たな機能も浮上しつつある．

はじめに

鉄は，ほぼすべての生命にとって必須の金属であるとともに，活性酸素種（reactive oxygen species：ROS）をつくる毒としての側面も有する．食物に含まれる鉄は，ヘム[※1]鉄，鉄2価，鉄3価として存在し，これらの体内への吸収は異なることがわかっている．消化により遊離したヘムと鉄2価は，腸管上皮から吸収される．一方，鉄3価はそのままでは吸収されず，腸管上皮に存在する酵素（Dcytb）により鉄2価へ還元されてから吸収される．吸収された鉄は，腸管上皮細胞の血管内腔側に存在するフェロポーチン（鉄トラ

> ※1 ヘム
> ポルフィリンの中心に鉄が結合した錯体の総称．ヘム合成は，ミトコンドリア内で合成される．酸素運搬に関与するヘモグロビンやミオグロビン，電子伝達系に関与するシトクロム群の活性中心を担う．

[キーワード＆略語]
ヘム・鉄，転写因子，鉄代謝

Bach1：BTB and CNC homology 1
Bach2：BTB and CNC homology 2
CD：circular dichroism（円偏光二色性）
Dcytb：duodenal cytochrome
DLS：dynamic light scattering
　（動的光散乱測定）
FBXL5：F-box and leucine-rich repeat protein 5
HO-1：heme oxygenase-1
　（ヘムオキシゲナーゼ-1）
IDR：intrinsically disordered region
　（天然変性領域）
IRE：iron responsive element
IRP：iron regulatory protein
ROS：reactive oxygen species
SAXS：small angle X-ray scattering
　（X線小角散乱）

Iron metabolism and gene regulation
Miki Watanabe-Matsui[1) 2)] /Kazuhiko Igarashi[1)]：Department of Biochemistry, Tohoku University Graduate School of Medicine[1)] /Research Fellow of Japan Society for the promotion of Science[2)]（東北大学医学系研究科生物化学分野[1)] / 日本学術振興会RPD特別研究員[2)]）

ンスポーター）により血中に移行し，各臓器・細胞へと運ばれる．大部分の鉄は，骨髄において赤血球造血に利用されるが，一部の鉄は，フェリチン（鉄貯蔵タンパク質）に取り込まれ，ROSを産生しない安全な形で貯蔵される．一般に，食物から1日に吸収される鉄量は約1 mgであり，血清における鉄量は約3〜4 mgである．造血に利用される鉄は1日20〜25 mgと推定されており，足りない分は，寿命を終えた赤血球から脾臓マクロファージによって回収され，再利用されることでまかなわれる．鉄やヘムを効率よく安全に利用するために，その動態にかかわる遺伝子群は厳密な制御を受ける．本稿では，細胞内におけるヘム・鉄濃度変化に伴う，遺伝子発現制御に関する最近の知見を概説したい．

1 生体内における鉄と疾患

鉄は生命活動において必須なミネラルの1つであり，成人の体内には約4〜5 g存在するといわれている[1]．そのうち約66％の鉄は，赤血球の「ヘモグロビン」のヘム鉄として存在し，肺から酸素を受けとり，各組織に運搬する役割を担っている[2]．ヘムは，電子伝達系におけるエネルギー生産（シトクロムcなど）や，肝臓での解毒酵素（シトクロムP450）にも関与する．さらに鉄は，ヘム鉄として利用される他に，鉄−硫黄（Fe-S）クラスターとしても利用される．ヘムと鉄−硫黄クラスターはいずれも，最終的にはミトコンドリアで生成される．この合成系の障害は，さまざまな病気を引き起こすことがわかっている[3]．例えばグルタレドキシン5の変異により鉄−硫黄クラスター合成が障害されると，ミトコンドリアに鉄が沈着し，貧血や肝脾腫，鉄過剰が生じる．

鉄欠乏の代表的な病態は鉄欠乏性貧血であるが，極端に欠乏する小児では発育遅延が認められる．逆に鉄分の過剰摂取や，鉄が肝臓に過剰に蓄積されるような病態，例えばC型慢性肝炎[4]では，鉄により産生されるROSがさまざまな分子を傷つけるばかりでなく，DNA損傷も引き起こすことで，肝臓がん発生の一因にもなることが報告されている[5]．

2 生体内における鉄代謝システム：鉄代謝IRP

細胞の鉄量は，鉄取り込みタンパク質であるトランスフェリン受容体（transferrin receptor 1）と，鉄貯蔵タンパク質であるフェリチン（ferritin）により調節されている．トランスフェリン受容体やフェリチンのmRNA上には，IRE（iron responsive element）とよばれるシスエレメントが存在する．細胞内の鉄濃度の変化に応じてIREにIRP（iron regulatory protein）とよばれるRNA結合タンパク質が結合し，各mRNAの翻訳や半減期が調節される．

細胞内の鉄濃度が低いとき，フェリチンmRNAの5´非翻訳領域に存在するIREにIRPが結合すると，リボソームの結合が阻害され，その結果フェリチンタンパク質の翻訳が抑制される．このとき，トランスフェリン受容体mRNAの3´非翻訳領域に存在するIREにIRPが結合すると，エンドヌクレアーゼによるmRNA分解が阻害され，その結果，mRNAが安定化しトランスフェリン受容体の翻訳量が増加する．このような制御機構によって，細胞内の鉄濃度が低い条件下では，フェリチンの発現低下とトランスフェリン受容体の発現上昇が生じることで，細胞内で利用可能な鉄濃度が増える[6]．IRPには相同性の高いIRP1とIRP2が存在するが，IRP2ノックアウト（KO）マウスの解析などから，IRP2が鉄制御タンパク質として中心的に機能していることが示されている．2009年に，鉄過剰条件下では，IRP2がSCF（Skp1/Cullin-1/F-box）複合体型ユビキチンリガーゼSCF[FBXL5]により分解されることが見出された[7,8]．この複合体ではFBXL5（F-box and leucine-rich repeat）がSCF複合体の基質認識サブユニットとして機能する．その後，FBXL5 KOマウスの解析により，FBXL5がIRP2の量を調節することで，生体内における鉄の過剰な蓄積を防ぐことがわかり，生体内における鉄の恒常性維持に必須な制御機構としてIRP2-FBXL5経路が示された[9]．

3 ヘム−鉄代謝制御を担う転写抑制因子Bach1

高等生物で最初にヘム結合転写因子として同定され

た Bach（BTB and CNC homology）1は，さまざまな細胞・組織で発現し，そのDNA結合活性や細胞内分布はヘムによって直接制御されている．Bach1は，ヘム分解酵素ヘムオキシゲナーゼ-1（HO-1）遺伝子やグロビン遺伝子といった，ヘムと密接に関連する遺伝子の発現を抑制する．細胞内に蓄積したヘムは，Bach1を不活性化することでHO-1遺伝子の発現を誘導し，その結果ヘムが分解され，細胞内ヘム濃度の恒常性が維持されると考えられている[10)～12)]．この「ヘム-Bach1経路」の発見により，「ヘムがBach1を不活性化することにより抗酸化作用を有するHO-1を誘導し，酸化ストレス防御を促す」というモデルが提唱された．実際に，Bach1 KOマウスではHO-1が容易に高発現する状態となり，動脈硬化のような酸化ストレスが関与する病態も著しく軽減する[13)]．また赤血球系では，ヘムがBach1を不活性化することでグロビン遺伝子発現が誘導されて，ヘムとグロビンの産生が共役すると考えられている．

4 赤脾髄マクロファージにおける鉄代謝制御機構

脾臓の赤脾髄に存在するマクロファージ（赤脾髄マクロファージ：red-pulp macrophage）は，老化した赤血球を貪食してヘムを分解し，鉄を再利用に回すという，鉄代謝に特化した組織マクロファージであることが知られている．2009年，転写因子SpiCが赤脾髄マクロファージに高く発現し，同マクロファージの分化に必須であることが報告された．さらに，SpiC KOマウスの脾臓組織では，鉄沈着が生じることも示され，SpiCが赤脾髄マクロファージにおいて，鉄代謝-再利用の中心的な役割を担うことが明らかとなった[14)]．SpiCが赤脾髄マクロファージ分化に必須であることが示されていたものの，SpiC自体の発現調節については不明な点が多く残っていた．その後の研究により，ここにもBach1がかかわることが示された．Bach1は赤脾髄マクロファージ前駆細胞のなかで*SpiC*遺伝子を抑制する．そして，溶血などにより生じたヘムによりBach1が不活性化されることで，SpiCの発現誘導が生じ，赤脾髄マクロファージ分化が促進する（図1）[15)]．処理されるべきヘムが処理を担う細胞の分化を促進す

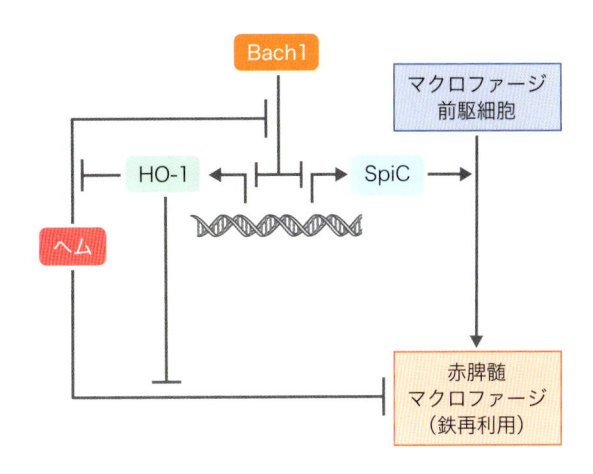

図1 赤脾髄マクロファージにおける鉄代謝制御機構
転写因子Bach1が，赤脾髄マクロファージ前駆細胞の中でSpiC遺伝子を抑制する．ヘムによりBach1が不活性化されることで，SpiCの発現誘導を引き起こし，赤脾髄マクロファージ分化が誘導する．文献15をもとに作成．

ることで，ヘムと鉄の恒常性が維持されていると考えられる．

5 ヘム-Bach2経路による免疫応答制御

Bach1の類似因子であるBach2は，B細胞やT細胞に多く発現する．B細胞は抗原により活性化されると，抗体遺伝子の定常領域でDNA組換えを生じ，IgMからIgGなど別のアイソタイプ抗体に変換するクラススイッチを起こす．Bach2 KOマウスは抗体クラススイッチがほとんど生じないが，それはこの反応に必須のDNA組換えを引き起こすDNA脱アミノ化酵素*Aicda*遺伝子の発現が失われるためである．Bach2は*Aicda*遺伝子の発現を直接活性化するわけではなく，*Aicda*を抑制し，形質細胞分化を駆動する転写因子Blimp-1の発現を抑える．Blimp-1は*Aicda*の発現を抑制するとともに形質細胞分化を促進するが，Bach2はBlimp-1発現を抑制することで形質細胞への分化をいったん停止させ，Blimp-1による*Aicda*の発現抑制を回避させることでその発現を維持し，クラススイッチが生じる[16)]．

Bach2のDNA結合活性やタンパク質安定性は，Bach1と同様にヘムにより調節される．ヘムはBach2

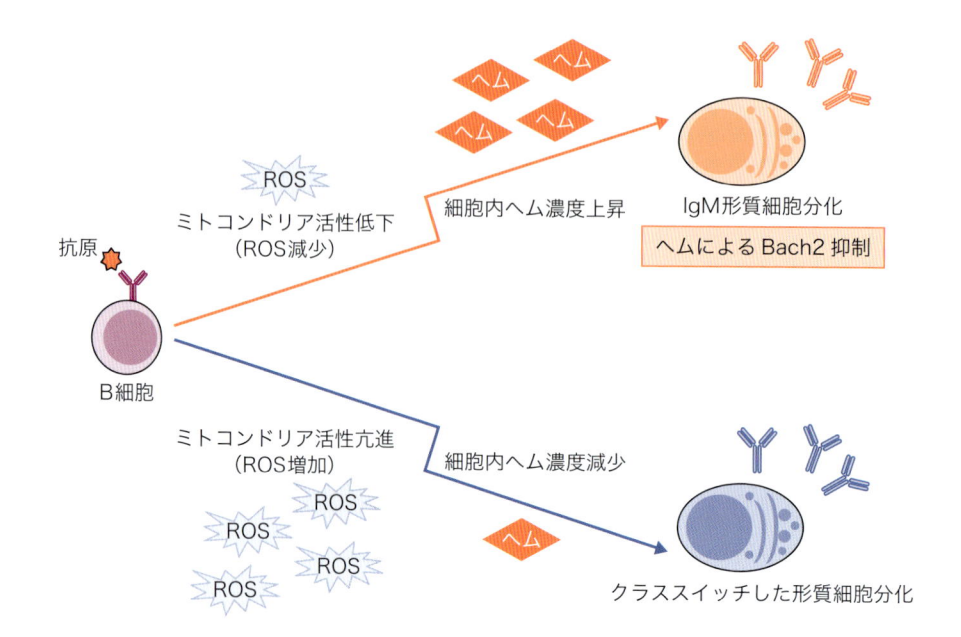

図2　ミトコンドリアの活性の違いによる形質細胞分化機構
ミトコンドリア活性の低い細胞では，ROS（reactive oxygen species）量が少なくなることで，ヘム合成が促進される．その結果，Bach2の活性が抑制され，形質細胞への分化が促進する．一方，ミトコンドリア活性が亢進した細胞では，ROS量が増加し，ヘム合成が阻害されている．その結果，Bach2の転写活性が維持されることで，クラススイッチ組換えが誘導される．

にも直接結合し，DNA結合を阻害し，そのタンパク質分解を誘導することで，Blimp-1の発現を誘導し，B細胞から形質細胞への分化を促進する．この発見に基づいて，「ヘムによる免疫応答制御」という新しい概念が提唱された[17]．

HO-1遺伝子KOマウスでは，野生型マウスと比較して，血清中のIgM濃度が高いことが報告されていたが[18]，同マウスB細胞では細胞内ヘム濃度が上昇し，Bach2が不活性化されることで形質細胞への分化が促進されると考えられる．実際，B細胞ミトコンドリアにおけるヘム合成量の変化が，Bach2を介して細胞の運命決定に関与することが最近明らかとなった．抗原で活性化されたB細胞は，ミトコンドリア量の違いにより大きく2つの集団にわかれ，この集団はヘム合成量が異なる．ミトコンドリア量が多い細胞では，ROSがより多くつくられ，その結果，ヘム合成の最終段階を担うフェロキラターゼの活性が阻害されヘム量が低下する．ヘム量の少ない集団ではBach2の活性が維持されることで抗体クラススイッチがおきる．逆に，ミトコンドリア量が少ない集団では，ROSが少なくなることで，より多くのヘムが合成される．その結果，ミトコンドリアでのヘム合成量がより多い集団では細胞内のヘム濃度が上昇し，ヘムがBach2の機能を抑制することで抗体クラススイッチを経ることなく，IgM産生形質細胞への分化が促進する．これらの知見により，ヘムが形質細胞分化を促進するという生理的な機序が証明された（**図2**）[19]．

6　ヘムによる新たなタンパク質制御機構

近年，ヘムによるBach2の制御機構が明らかとなりつつある．Bach2は，二量体形成に関与するBTBドメインと，二量体形成およびDNA結合に関与する塩基性ロイシンジッパー（bZip）ドメインをもつ．Bach2のアミノ酸配列から二次構造予測を行うと，この2つのドメイン以外のほとんどの領域が「高次構造をとらない」，いわゆる「天然変性領域[※2]（intrinsically disordered region：IDR）」であると予測される．注目すべきは，ヘム結合にかかわる5つのCys-Pro（CP）モチーフのうち，4つのCPモチーフが天然変性領域に存

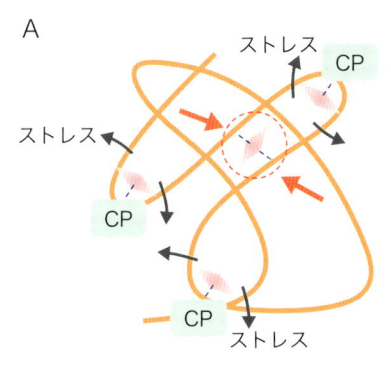

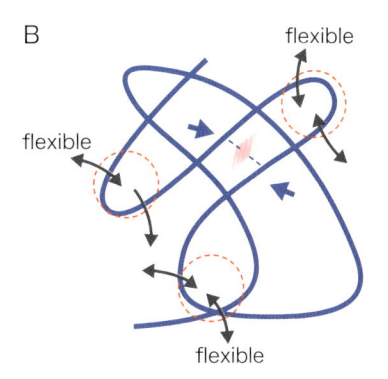

図3 5配位および6配位ヘム結合をもつBach2の天然変性領域の構造変化模式図
Bach2の天然変性領域に存在するCPモチーフ（5配位ヘム結合）にヘムが結合すると，Bach2タンパク質の自由度がなくなることで，熱力学的に構造状態が不安定になると思われる．

在することである．このことから，「ヘムがリガンドとして天然変性領域の形を変化させ，その機能を制御する」という，天然変性タンパク質の新しい制御機構が考えられた．この仮説を検証するために，われわれはBach2の天然変性領域である331-520アミノ酸領域（Bach2[331-520 a.a.]）に対して，円偏光二色性（circular dichroism：CD）スペクトル，X線小角散乱（small angle X-ray scattering：SAXS），動的光散乱測定（dynamic light scattering：DLS）などさまざまな物理化学的解析を行った．その結果，Bach2[331-520 a.a]は二次構造をもたない天然変性状態として存在し，ヘムが天然変性領域に結合することでBach2の構造が局所的にコンパクトになることがわかった．さらにヘムがBach2[331-520 a.a]に結合すると熱力学的に不安定になることも示された[20]．これまで知られている天然変性領域の例では，リン酸化などのシグナルにより特定の二次構造が誘発され，タンパク質相互作用などが変化する[21]．これに対して，Bach2天然変性領域の場合にはヘムが結合しても二次構造が形成されることはない．ヘムの結合状態で，天然変性領域の構造状態が大きく変化するのではなく，ヘムの結合数に伴い，いくつかの立体配置をとりながら変化することが考えられる．

Bach2の天然変性領域は5配位と6配位の2つのヘム結合様式を有する（**図3A**）．CPモチーフは5配位ヘム結合にかかわるが，その天然変性領域制御における役割は不明であった．われわれは，Bach2[331-520 a.a]に存在する3つのCPモチーフに変異（Cys-Pro→Ala-Pro）を導入したmCP-Bach2[331-520 a.a]を用いて分光法や質量分析法の解析を行うことで，5配位ヘム結合がBach2の構造変化に重要であることを明らかにした（**図3B**）[22]．一方，6配位結合にかかわるアミノ酸残基はまだ特定されておらず，その天然変性領域制御における役割は不明である．しかし，6配位結合には2つのアミノ酸残基がかかわることを踏まえれば，これも天然変性領域の構造変化にかかわることが予想される．

おわりに

細胞内における鉄の多くは，鉄－硫黄クラスターやヘムの形で利用される．そのうちヘムは，鉄の利用形態として重要であるにもかかわらず，いまだ細胞内における動態について不明な点が多い．そのなかで，Bachの研究を通して，「ヘムによる天然変性タンパク質の制御」という新しい制御機構を発見することができた．天然変性タンパク質は，ターゲット因子と結合すると，その構造に応じて立体構造を誘起させて分子認識を行

※2 天然変性タンパク質

αヘリックスやβシートといった高次構造をとらないタンパク質．近年では，転写因子など遺伝子発現制御にかかわるタンパク質の機能部位の多くが，「天然変性状態」として存在して，他のタンパク質と相互作用し，多角的な機能を生み出していることが明らかとなり注目されている．

うことから，従来のタンパク質の分子認識とは全く異なるしくみをもつことが予測されてきた．真核生物には非常に多くの天然変性タンパク質が存在することから，今後創薬開発においても，天然変性タンパク質の分子認識機構が解明されなければ，疾患関連タンパク質に対するターゲット分子（薬剤候補化合物）の設計は困難である．したがって，今後，ヘムとBach2の相互作用に関する分子機構を解明すること，そしてヘムによるBach2の制御が生体内でどのような意義をもつのかを解明することで，免疫応答に必須なBach2をターゲットとした創薬開発も可能になるのではないかと期待している．

文献

1) Cassat JE & Skaar EP：Cell Host Microbe, 13：509-519, 2013
2) Ramakrishna G, et al：Vasc Med, 8：203-210, 2003
3) Pain D & Dancis A：Curr Opin Genet Dev, 38：45-51, 2016
4) Foka P, et al：Virulence,：1-12, 2016
5) Torti SV & Torti FM：Nat Rev Cancer, 13：342-355, 2013
6) Iwai K：J Biochem, 134：175-182, 2003
7) Vashisht AA, et al：Science, 326：718-721, 2009
8) Salahudeen AA, et al：Science, 326：722-726, 2009
9) Moroishi T, et al：Cell Metab, 14：339-351, 2011
10) Zenke-Kawasaki Y, et al：Mol Cell Biol, 27：6962-6971, 2007
11) Suzuki H, et al：EMBO J, 23：2544-2553, 2004
12) Igarashi K & Watanabe-Matsui M：Tohoku J Exp Med, 232：229-253, 2014
13) Watari Y, et al：Hypertens Res, 31：783-792, 2008
14) Kohyama M, et al：Nature, 457：318-321, 2009
15) Haldar M, et al：Cell, 156：1223-1234, 2014
16) Muto A, et al：Nature, 429：566-571, 2004
17) Watanabe-Matsui M, et al：Blood, 117：5438-5448, 2011
18) Kapturczak MH, et al：Am J Pathol, 165：1045-1053, 2004
19) Jang KJ, et al：Nat Commun, 6：6750, 2015
20) Watanabe-Matsui M, et al：Arch Biochem Biophys, 565：25-31, 2015
21) Bah A, et al：Nature, 519：106-109, 2015
22) Suenaga T, et al：J Biochem, in press, 2016

＜筆頭著者プロフィール＞

松井（渡部）美紀：東北大学大学院修士課程在学時（清水透教授），分光学解析を中心に大腸菌由来ヘムタンパク質の研究に従事．2006年，東京大学大学院新領域創成科学研究科メディカルゲノム専攻博士後期課程にて，超好熱古細菌由来制限修飾酵素の研究に従事（小林一三教授）．学位取得後，高等生物のヘムタンパク質研究に携わるべく，東北大学医学系研究科生物化学分野・五十嵐和彦教授と共同で，転写因子Bach2研究に従事．現在，日本学術振興会RPD特別研究員として，ヘム-Bach2経路の生理学的意義を，細胞から分子レベルまで明らかにするため，さまざまな手法を組合わせて研究を進めている．

初期費用、維持費不要！必要な時に必要な分だけ

メタボローム受託解析サービス

お客様のご研究目的に合わせて解析プランをご用意しています。
ご希望の実験デザインに応じて最適なプランをご提案いたしますので、お気軽にお問い合わせください。

スクリーニング
疾患バイオマーカー探索やコンパニオン診断など

代謝プロファイリング
食事の影響や薬効評価などのメカニズム解析。がんや代謝を含む様々な疾患群の解析など

ターゲット解析
エネルギー中心代謝物質（116物質）におけ定量解析、データベースの構築

そのまま論文に使える図表もお付けします！

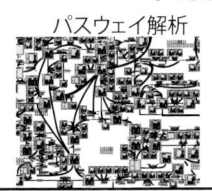

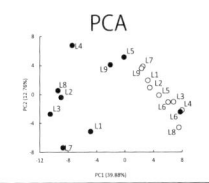

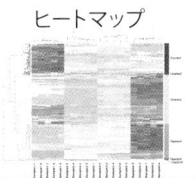

パスウェイ解析　　PCA　　ヒートマップ

「メタボロミクスの論文を読もう」無料セミナー開催
http://humanmetabolome.com/07/17495
検索

ヒューマン・メタボローム・テクノロジーズ株式会社
〒104-0033 東京都中央区新川2-9-6シュテルン中央ビル5階
☎ 03-3551-2180
contacthmt@humanmetabolome.com

羊土社のオススメ書籍

音声DL版 国際学会のための科学英語絶対リスニング
ライブ英語と基本フレーズで英語耳をつくる！

山本　雅／監，田中顕生／著，
Robert F.Whittier／著・英文監修

国際学会の前にリスニング力が鍛えられる実践本！基本単語・フレーズ集・発表例・ライブ講演の4Step構成で効果的に耳慣らしができます！ノーベル賞受賞者の生の講演も収録．大好評書籍の音声ダウンロード版．

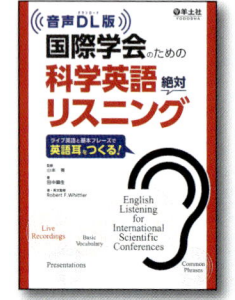

- 定価（本体4,300円＋税）　■ B5判
- 182頁　■ ISBN 978-4-7581-0848-5

科研費申請書の赤ペン添削ハンドブック

児島将康／著

実例をもとにした78caseを通して，審査委員の受取り方と改良の仕方を丁寧に解説．悩み・あるあるに対し，経験豊富な児島先生がアドバイスを贈ります．"申請書の書き方"に特化・充実した，ベストセラーの姉妹書

- 定価（本体3,600円＋税）　■ A5判
- 327頁　■ ISBN 978-4-7581-2069-2

栄養科学イラストレイテッドシリーズ

◆ 豊富な図表で栄養学の基本を学べる教科書 ◆

臨床医学 疾病の成り立ち 改訂第2版
田中　明，宮坂京子，藤岡由夫／編
- 定価（本体2,800円＋税）　■ B5判
- 288頁　■ ISBN 978-4-7581-0881-2

生化学 改訂第2版
薗田　勝／編
- 定価（本体2,800円＋税）　■ 232頁
- 2色刷り　■ ISBN 978-4-7581-0873-7

食品学Ⅰ 食べ物と健康
—食品の成分と機能を学ぶ
水品善之，菊﨑泰枝，小西洋太郎／編
- 定価（本体2,600円＋税）　■ B5判
- 208頁　■ ISBN 978-4-7581-0879-9

分子栄養学 遺伝子の基礎からわかる
加藤久典，藤原葉子／編
- 定価（本体2,700円＋税）　■ 231頁
- 2色刷り　■ ISBN 978-4-7581-0875-1

臨床栄養学 基礎編 改訂第2版
本田佳子，土江節子，曽根博仁／編
- 定価（本体2,700円＋税）　■ B5判
- 184頁　■ ISBN 978-4-7581-0882-9

基礎栄養学 改訂第2版
田地陽一／編
- 定価（本体2,800円＋税）　■ 190頁
- 2色刷り　■ ISBN 978-4-7581-0878-2

食品学Ⅱ 食べ物と健康
—食品の分類と特性、加工を学ぶ
栢野新市，水品善之，小西洋太郎／編
- 定価（本体2,700円＋税）　■ B5判
- 216頁　■ ISBN 978-4-7581-0880-5

臨床栄養学 疾患別編 改訂第2版
本田佳子，土江節子，曽根博仁／編
- 定価（本体2,800円＋税）　■ B5判
- 312頁　■ ISBN 978-4-7581-0883-6

応用栄養学
栢下　淳，上西一弘／編
- 定価（本体2,800円＋税）　■ B5判
- 223頁　■ ISBN 978-4-7581-0877-5

解剖生理学 人体の構造と機能 改訂第2版
志村二三夫，岡　純，山田和彦／編
- 定価（本体2,900円＋税）　■ B5判
- 239頁　■ ISBN 978-4-7581-0876-8

発行　羊土社 YODOSHA
〒101-0052　東京都千代田区神田小川町2-5-1　TEL 03(5282)1211　FAX 03(5282)1212
E-mail：eigyo@yodosha.co.jp
URL：www.yodosha.co.jp

ご注文は最寄りの書店，または小社営業部まで

第2章
栄養環境応答において，ゲノムはどのように読まれるか？
～ニュートリゲノミクス～

第2章　栄養環境応答において，ゲノムはどのように読まれるか？〜ニュートリゲノミクス〜

概論

ニュートリゲノミクスとは

矢作直也

　食事から摂取した栄養は，適切に代謝されるにあたり，各細胞内でゲノム情報を参照した高度な調節を受けながら処理される．すなわち，栄養・代謝物は遺伝子発現を制御し，逆に，その遺伝子発現調節を受けて，代謝の流れが変化する（図1）．ニュートリゲノミクスとは，このような栄養・代謝物と遺伝子発現制御との間の相互作用を明らかにしていく学問領域である．

　例えば肝臓は，他の消化器官（胃・腸管・膵臓）などからのホルモンシグナルに加えて，腸管や脂肪組織などからの栄養・代謝物シグナルを幅広く受けとっている．食事の前と後を考えただけでも，食前と食後では全く異なる栄養・代謝物が門脈や肝動脈を通じて肝臓へ流れこんでくるなかで，血液・体液組成の恒常性維持が図られているわけである．また，体外から摂取される栄養のなかには，体内で合成されることのない，外界由来の，いわば異物も含まれている．このように，さまざまな複雑なシグナルを受けながら栄養環境応答を行うにあたり，ゲノム情報を参照した遺伝子発現制御は大きな役割を担っている．こうした複雑で高度な情報処理を行うことにより，摂食行動という不確定要素も多い活動に伴う種々の代謝物の多彩な変化への対応が可能となっているのである．

　このようなニュートリゲノミクス研究に正面から切り込んでいくには，「個体まるごと」での解析というのが重要でありながら，実際にはさまざまな制約により実現が難しいことも従来は多かった．しかし，遺伝子改変

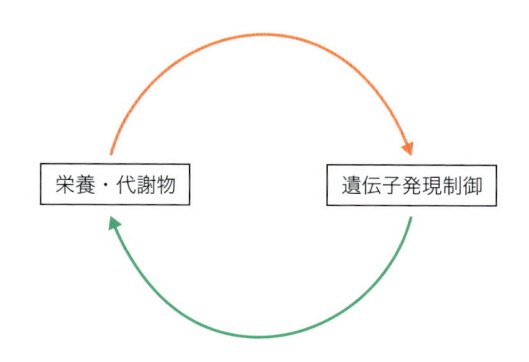

図1　栄養・代謝物と遺伝子発現制御の相互作用
ニュートリゲノミクスとは，栄養・代謝物と遺伝子発現制御との間の相互作用を明らかにしていく学問領域である．

マウス作成技術はもとより，*in vivo* イメージング技術（図2）の進歩などにより，「個体まるごと」での解析へのハードルが，近年，低くなってきていることも，ニュートリゲノミクス研究への追い風になっている．

　本章では，本書の中心テーマである，栄養・代謝物と遺伝子発現制御との相互作用について，個別の栄養・代謝物シグナル（「情報物質」）に着目した第1章の内容から一歩進んで，このような一連の栄養環境応答の流れ（「情報処理系」）に関し，いくつかの重要な事例を各専門家の先生方に詳述していただいた．特に，栄養環境とエピゲノム変化（第2章-1，第2章-2，第2章-3）やメディエーター複合体とのかかわり（第2章-4）は多くの遺伝子の発現状態に影響を与えうる．

New era of nutrigenomics
Naoya Yahagi：Nutrigenomics Research Group, Faculty of Medicine, University of Tsukuba（筑波大学医学医療系ニュートリゲノミクスリサーチグループ）

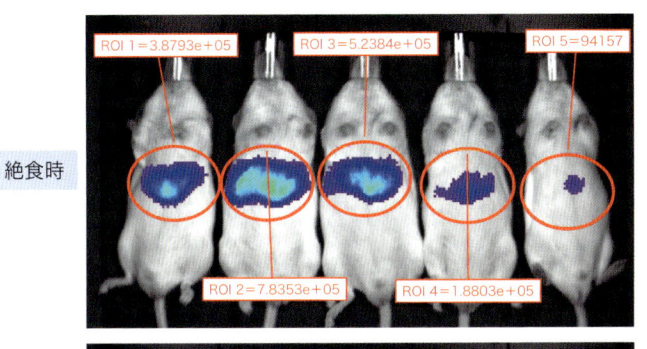

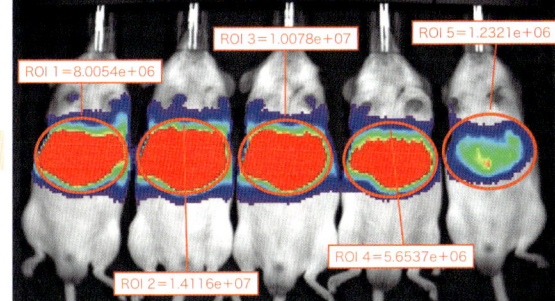

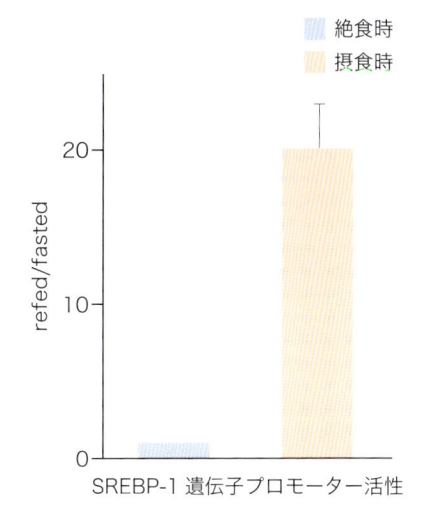

図2　個体レベルでの転写調節の解析例
SREBP-1遺伝子プロモーターの解析例．*in vivo* イメージング装置を用い，生きたマウスの臓器（肝臓）内でのレポーター遺伝子発現を可視化している．SREBP-1遺伝子のプロモーター活性は摂食により顕著に誘導される．文献1より転載．詳細は第2章-6参照．

また，各論として，酸化ストレス応答（第2章-5）や絶食応答（第2章-3，第2章-6）における「ゲノムの読まれ方」をとり上げた．「ゲノムを読む」ことではじめて叶う，複雑で繊細な調節系の妙に思いを馳せながら読み進んでいただけたら幸いである．

文献
1) Takeuchi Y, et al : Cell Rep, 16, in press, 2016

＜著者プロフィール＞
矢作直也：18ページ参照．

第2章 栄養環境応答において，ゲノムはどのように読まれるか？〜ニュートリゲノミクス〜

1. FAD依存性ヒストン脱メチル化酵素による遺伝子制御

日野信次朗，阿南浩太郎，高瀬隆太，興梠健作，中尾光善

栄養環境に応じたエピゲノム形成が体質や代謝恒常性の維持に重要な役割を果たすと考えられている．その分子機序の1つとして，FAD依存性ヒストン脱メチル化酵素であるLSD1およびLSD2が代謝関連遺伝子のエピゲノム制御に重要な役割を果たしていること，その機能が細胞種の違いや環境因子の影響を強く受けることがわかってきた．本稿では，両分子の分子機能，生物学的役割や代謝調節への関与について紹介しつつ，環境応答性エピゲノム形成が生物の表現型可塑性に及ぼす影響について考えたい．

はじめに

環境に応じて表現型を変化させることは，生物個体の環境適応だけでなく，集団の維持や生物種の存続にも重要である．特に，発生および成育過程の環境ストレスは長期的な体質や表現型の決定に大きな影響を及ぼす．このような表現型可塑性[※1]は，メタボリックシンドローム，がん，精神疾患などの後天性疾患リスク形成を考えるうえでも重要である．環境ストレスが表現型形成に結びつく過程に，エピゲノム変化による細胞記憶形成が介在していると考えられるが，その具体的な機序はほとんどわかっていない．

近年，栄養素やその代謝物がエピゲノムの書き換えに直接的に作用することがわかるにつれ，栄養環境が細胞記憶を生み出し，エネルギー恒常性やその他の生物応答に結びつくことがわかってきた（図1）[1]．例え

[キーワード＆略語]

ヒストン脱メチル化酵素，リボフラビン，エネルギー代謝，解糖系シフト

ES細胞：embryonic stem cells
FAD：flavin adenine dinucleotide
FADS：FAD synthetase（FADシンセターゼ）
FMN：flavin mononucleotide（フラビンモノヌクレオチド）
GLUT1：glucose transporter 1
H3K4, H3K9, H3K27：histone H3 lysine 4, 9, 27
HIF-1α：hypoxia-inducible factor-1α

LSD1, LSD2：lysine-specific demethylase 1, 2
NFκB：nuclear factor κB
NSC：neural stem cells（神経幹細胞）
OGT：O-GlcNAc transferase（O-GlcNAc転移酵素）
RFK：riboflavin kinase（リボフラビンキナーゼ）
STAT3：signal transducers and activator of transcription 3
TCA：tricarboxylic acid

Gene regulation by FAD-dependent histone demethylases
Shinjiro Hino/Kotaro Anan/Ryuta Takase/Kensaku Kohrogi/Mitsuyoshi Nakao：Department of Medical Cell Biology, Institute of Molecular Embryology and Genetics, Kumamoto University（熊本大学発生医学研究所細胞医学分野）

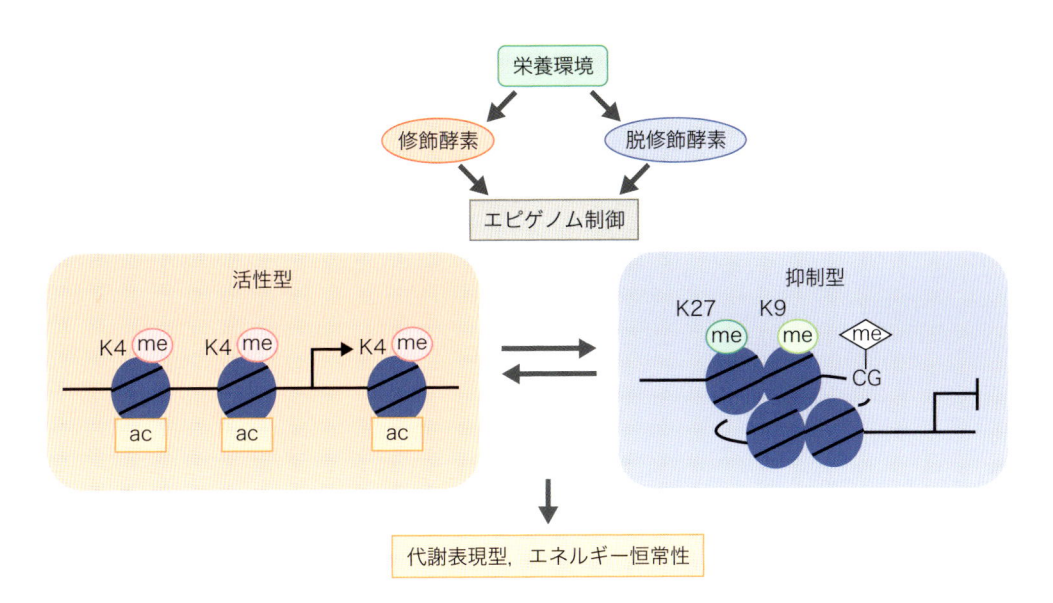

図1 栄養環境に応じたエピゲノム形成
栄養環境がエピゲノムの書き込みや消去を誘導し，選択的クロマチン構造変換に結びつく．

ば，ヒストンのアセチル化修飾では，グルコースや脂肪酸代謝によって産生されるアセチルCoAがアセチル基供与体として働く結果，細胞増殖や分化にかかわる遺伝子の転写活性化を引き起こす[2]．また，DNAやヒストンメチル化反応においてメチル基供与体となるS-アデノシルメチオニンは，メチオニンや葉酸などさまざまな栄養素代謝を介して合成される．実際に，これら栄養素の摂取状況がDNAメチル化の変化を誘導し，動物の形質に影響を及ぼすことが知られている[3]．

われわれは，環境刺激と表現型可塑性をつなぐエピジェネティクス因子として，ヒストン脱メチル化酵素であるLSD1およびLSD2に注目してその機能解析を行っている．LSD1およびLSD2は，食餌由来のリボフラビン（ビタミンB$_2$）から合成されるフラビンアデニンジヌクレオチド（FAD）を補酵素とするアミノ酸化反応により，タンパク質のメチル化されたリジン残基からメチル基を除去する（図2）．近年の研究から，LSD1およびLSD2がエネルギー代謝遺伝子発現をエピ

ジェネティックに制御していること，その機能が環境ストレスや細胞種に依存していることが明らかになってきた．本稿では，LSD1およびLSD2の分子機能や代謝制御における役割について紹介し，表現型可塑性におけるエピゲノム制御の意義について考えたい．

1 FAD依存性ヒストン脱メチル化酵素

DNAメチル化やヒストン修飾を介したクロマチン構造変換がエピゲノム制御の中核である．一般に，プロモーターおよびエンハンサーなどの遺伝子発現制御領域において，DNAメチル化は抑制型クロマチン構造に，ヒストンアセチル化は活性型クロマチン構造に寄与し，それぞれ転写の抑制および活性化と関係している（図1）．ヒストンメチル化は，修飾を受けるヒストンのアイソフォームやアミノ酸の部位によって，クロマチン構造に異なる影響を及ぼす．ヒストンH3の4番目のリジン（H3K4）のメチル化は活性型，9および27番目のリジン（H3K9およびH3K27）のメチル化はともに抑制型クロマチン形成に寄与する．それぞれの部位が選択的メチル化酵素および脱メチル化酵素によって制御されている．HUGOデータベース[4]によると，ヒトゲノムには，21個のタンパク質リジン脱メチ

※1 **表現型可塑性**
遺伝子型の違いによらず表現型の多様性が生み出される現象．一卵性双生児の研究などから，同一の遺伝子型であっても疾患発症リスクやエピゲノム形成に差異が生じる可能性が示されている．

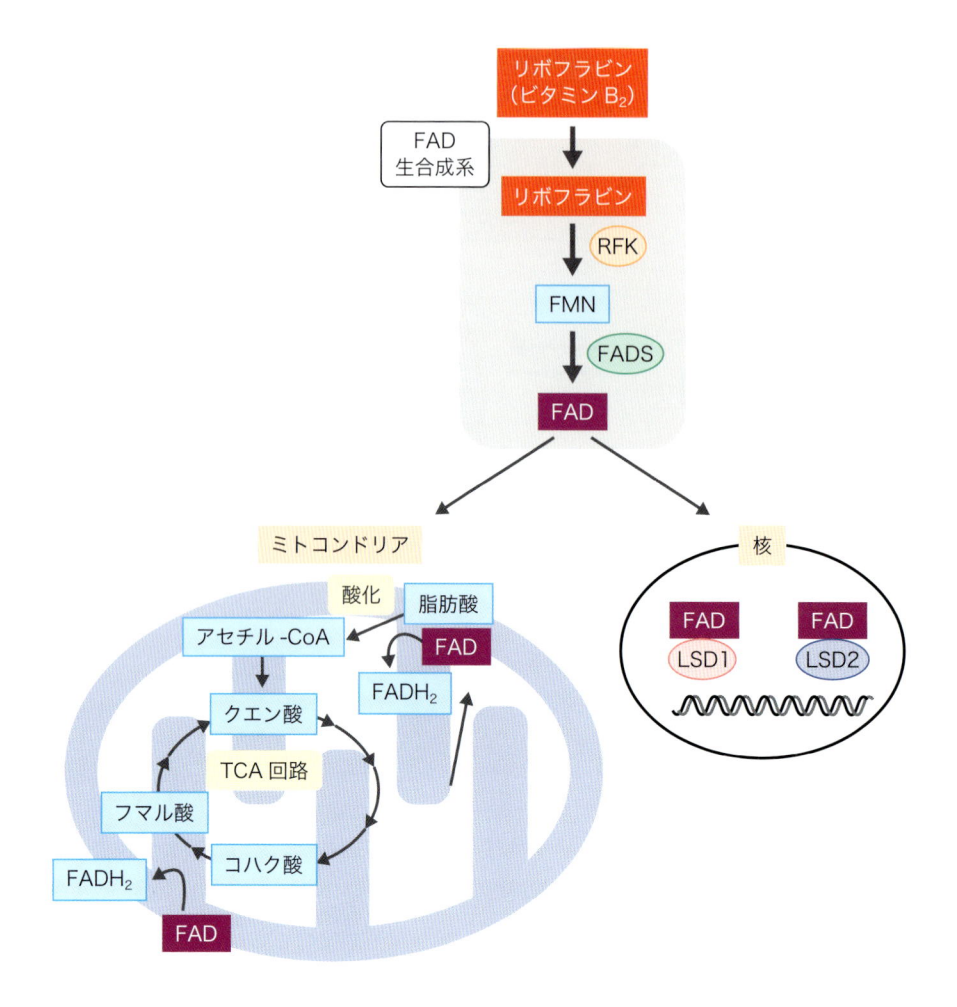

図2 FAD代謝経路と核内FAD依存性酵素LSD1およびLSD2
食事由来リボフラビンは，リボフラビンキナーゼ（RFK）によりフラビンモノヌクレオチド（FMN）に変換され，さらにFADシンセターゼ（FADS）によってFADに変換される．FADの大部分はミトコンドリアの脂肪酸酸化酵素，トリカルボン酸（TCA）回路中のコハク酸脱水素酵素，アミノ酸酸化酵素などの補酵素として利用される．一方で，核内にもFAD結合タンパク質が存在する．

ル化酵素がコードされている．そのうち19個がjumonjiドメインタンパク質[※2]であり，残りの2個，LSD1およびLSD2がフラビン依存性アミノオキシダーゼファミリーに属する[5]．

アミン酸化反応はアミノ基の窒素原子に孤立電子対を必要とすることから，トリメチル化リジンは基質とせず，ジメチルおよびモノメチルリジンを脱メチル化する．LSD1は，H3K4脱メチル化を介して遺伝子発現抑制に寄与していることがよく知られているが，アンドロジェン受容体などの特定の転写因子と共役する際にはH3K9脱メチル化を介して遺伝子発現を促進する（**図3**）[6]．また，LSD1の神経系特異的スプライスバリアント[※3]がH3K9脱メチル化に関与することが報告されたが，その作用は間接的なものと考えられる[7]．さらに，p53やSTAT3などの転写因子の脱メチル化を介して，転写調節にかかわることも報告されている[8]．

> **※2 jumonjiドメインタンパク質**
> jumonjiドメインタンパク質のうち，jumonji C-terminal（JmjC）ドメインをもつものの多くは，ヒストンリジン脱メチル化活性を示す．JmjC型脱メチル化酵素は，α-ケトグルタル酸およびFe（Ⅲ）依存性のジオキシゲナーゼであり，モノ-，ジ-，トリメチル化リジンを基質とする．

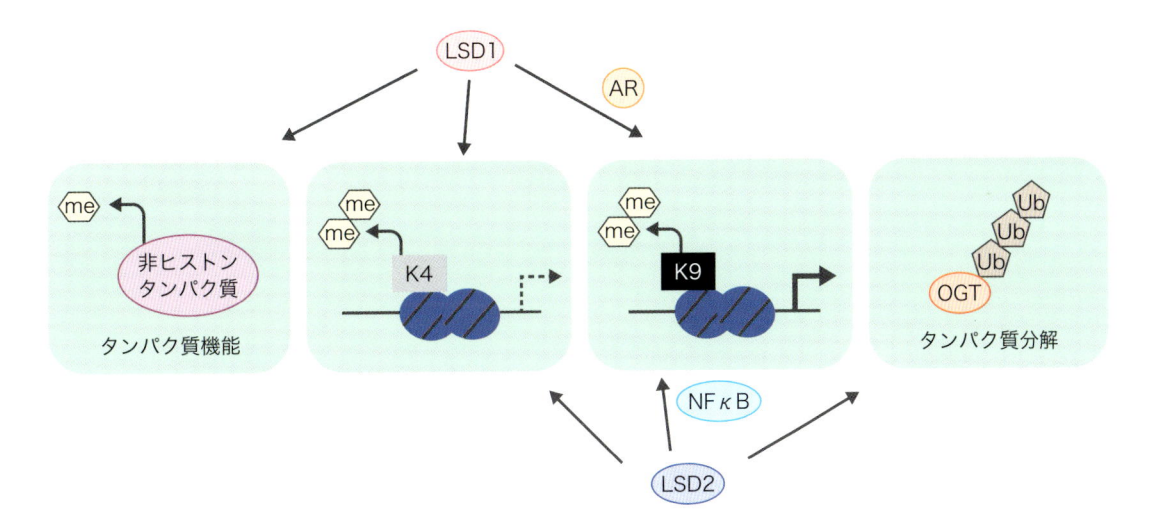

図3 LSD1とLSD2の基質
LSD1とLSD2はともにH3K4脱メチル化酵素として見出された．その後，共役する転写因子（AR，NFκB）に応じてH3K9脱メチル化にかかわることも報告された．LSD1は非ヒストンタンパク質の脱メチル化，LSD2はE3リガーゼ活性によりO-GlcNAc転移酵素（OGT）のユビキチン化にかかわることが示された．

LSD2に関しても，H3K4およびH3K9脱メチル化の報告があるが，E3ユビキチンリガーゼ活性をもつことも報告されている[9]．LSD2に関しては文献が少ないこともあり，その分子機能は未知の点が多いが，共役因子に応じて多様な活性を発揮すると考えられる．LSD1とLSD2は，保存された触媒ドメインをもつが，タンパク質間相互作用などにかかわる領域にはほとんど配列の相同性はない．実際にそれぞれのタンパク質複合体の主要な構成因子は明確に異なっている[10]．

2 LSD1およびLSD2の生物学的役割

LSD1欠損マウスは，発生初期に異常をきたし，胎生致死となる[11]．また，脳下垂体，血液細胞や脂肪組織における選択的な遺伝子欠損マウスも重篤な組織形成不全をきたすことから，LSD1は幹細胞機能や分化制御に必須の役割を果たすと考えられる．実際には，LSD1欠損マウス胚性幹細胞（ES細胞）ではアポトーシスが増加し胚様体形成能が低下するとの報告と，細胞増殖や分化能には影響を及ぼさないとの報告があり，見解がわかれている[11) 12)]．また，マウスES細胞において，大多数の遺伝子のプロモーターおよびエンハンサー領域にLSD1が結合していることが示されている．興味深いことに，LSD1は未分化状態では遺伝子制御にあまり関与せず，分化の過程で使われなくなるエンハンサーのH3K4脱メチル化を行うことが示され，LSD1によるエンハンサー廃止（enhancer decommissioning）仮説が提唱された[13]．

LSD1は，組織幹細胞においても重要な役割を果たす．マウス神経幹細胞（NSC）では幹細胞維持にあずかる転写因子TLXと協働して増殖能の維持にかかわること[14]，ヒト胎児由来NSCでは幹細胞維持にかかわるNotchシグナル下流の遺伝子発現を抑制することによりニューロン分化を促進することが報告されている[15]．また，造血系特異的なLSD1欠損マウスでは，骨髄系前駆細胞数の低下とともに顆粒球および赤血球数の低下が認められた[16]．LSD1阻害剤をマウスに投与すると重度の貧血を発症することから，LSD1は血液細胞のなかでも赤血球分化に必須であると考えられる．

LSD1は，多くの固形腫瘍や白血病において高発現を示すことが報告されている．LSD1はさまざまながん細

> **※3 スプライスバリアント**
> 単一の遺伝子にコードされるmRNAのなかで，異なるエキソンの組合わせをもつもの．LSD1の場合，エキソン2および8のバリアントが存在し，アミノ酸配列の異なるタンパク質を生み出す．

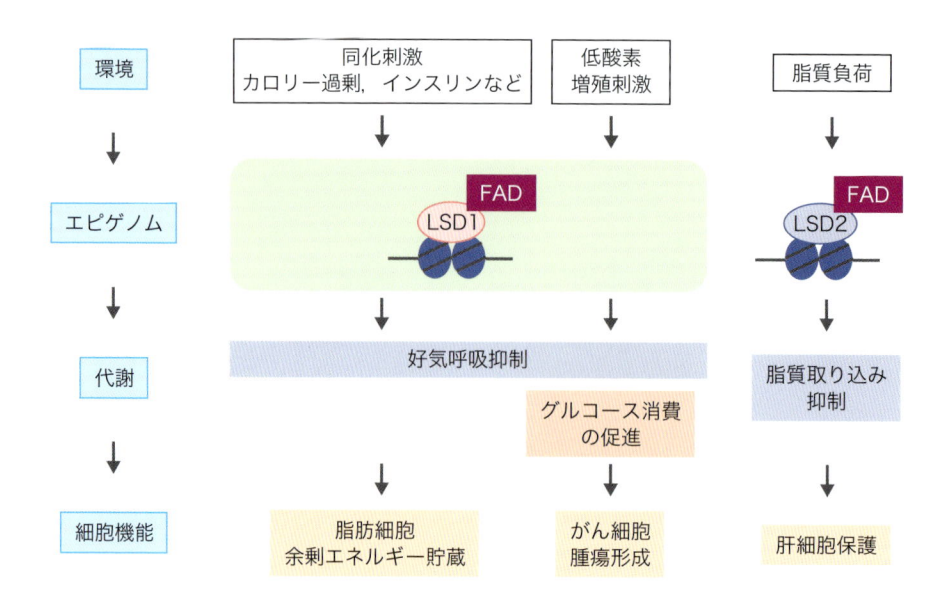

図4 LSD1およびLSD2による代謝制御
さまざまな環境ストレスがLSD1およびLSD2を介して代謝制御に帰結する．

胞の幹細胞性維持や分化抑制，上皮間葉転換など腫瘍形成に多面的に寄与していることが示されており，がんにおけるエピゲノム制御異常に根深くかかわっている[5]．マウスを用いた実験で，LSD1阻害剤により白血病，乳がん，大腸がん，前立腺がんなど多数の悪性腫瘍形成が抑制されることが示されている．現在，選択的かつ強力な阻害剤の開発が活発にされており，すでに急性骨髄性白血病などで医療応用が進められている．

LSD2欠損マウスは正常な発生過程をたどるが，雌性ゲノムインプリンティングの確立ができず，雌のみ不妊となる[17]．他に，樹状細胞において転写因子NFκBと共役して，H3K9脱メチル化により炎症関連遺伝子の発現を促進することが報告されているが[18]，LSD2の生物学的役割については未知の点が多い．

3 LSD1によるエネルギー代謝制御

1）脂肪細胞における代謝調節

動物は，食事からの余剰エネルギー源を脂肪組織に効率よく貯蔵することで，きたるべき飢餓に備える．脂肪細胞は，栄養状況を直接または神経・内分泌シグナルを介して感知し，脂肪合成・貯蔵プログラムを作動させる．われわれは，脂肪細胞分化誘導，インスリンやカロリー過剰などの同化刺激下において，LSD1がエネルギー消費を抑制して脂肪蓄積を促進することを明らかにした（図4）[19]．LSD1はミトコンドリアの酸化的代謝や脂肪分解にかかわる遺伝子群の発現を，H3K4脱メチル化を介して抑制していた．このことと一致して，LSD1機能阻害により脂肪細胞の好気呼吸が活性化することを見出した．また，興味深いことに，LSD1による遺伝子発現制御には細胞内の*de novo* FAD合成が必要なこと，FAD合成阻害によりLSD1の抑制標的であるエネルギー消費遺伝子群の発現が誘導されることがわかった．細胞内FADの多くはミトコンドリアの酸化的代謝経路に利用されることから，細胞内の代謝状況がFAD代謝動態を介してエピゲノム形成に投影される可能性が推察された．具体的には，ミトコンドリア呼吸活性化時には，FADはミトコンドリアに集積して核タンパク質であるLSD1との結合が低下することにより，酸化的代謝遺伝子群の発現が誘導され，好気呼吸活性化状態が維持される（図2）．この仮説を検証するには，FADの細胞内代謝動態を理解することが不可欠であるが，現時点ではほとんどわかっていない．

交感神経系刺激下では，LSD1が脂肪細胞の好気呼吸や熱産生を促進するとの報告もなされている[20]．

さらに，LSD1は肝臓における糖新生遺伝子や脂質合成系遺伝子の発現調節にも関与することが示されている[21]．LSD1は，多様な環境刺激をエピゲノム変換に結びつける役割を担っていると考えられる．

2) がん細胞における解糖系シフト誘導

がん細胞は固有の代謝戦略を獲得することで，生体内のさまざまな環境で生存・増殖できることが知られている．がん細胞の多くは，ミトコンドリア呼吸よりも解糖系（嫌気代謝）に傾斜したエネルギー代謝を行う（解糖系シフト）．解糖系から分岐する種々の代謝経路からATPだけでなく，核酸や脂質などを効率よく合成し，細胞増殖のための材料をつくり出すことができる．また，解糖系シフトは，がん幹細胞が組織中の低酸素環境に適応するために獲得した戦略とも考えられる．われわれは，LSD1が肝がん細胞において解糖系シフトの重要な制御因子であることを明らかにした（**図4**）[22]．LSD1は好気呼吸遺伝子をH3K4脱メチル化により抑制するだけでなく，転写因子HIF-1αと共役してほとんどの解糖系遺伝子群の発現を促進していた．注目すべき点として，LSD1がHIF-1αタンパク質の安定化に必要であること，低酸素環境に応じた代謝遺伝子発現変化の大部分がLSD1に依存していることがわかった．遺伝子発現制御と呼応して，LSD1機能阻害により好気呼吸の活性化や，グルコース取り込みおよび解糖の低下が認められた．腫瘍形成におけるLSD1依存的代謝制御の意義を検討する目的で，LSD1ノックダウン肝がん細胞をマウス皮下に移植したところ，腫瘍形成能の低下とともに解糖系遺伝子の発現低下が認められた．また，ヒト肝がん組織においてLSD1とグルコース輸送担体GLUT1の発現レベルが有意な正の相関を示した．さらに，食道がんや膵臓がんにおいてもLSD1がグルコース取り込みや解糖系シフトと強く結びついていることが示されたことから[23)24)]，LSD1によるがん代謝制御の普遍性が示唆される．前述のように，LSD1は幹細胞性維持にもかかわっていることから，がん幹細胞の環境適応においてLSD1を介した代謝リプログラミングは重要な意味をもつかもしれない．

4 LSD2による脂質代謝制御

肝臓における過剰な脂質負荷は脂肪性肝炎や肝硬変を惹起する重大な環境ストレスである．肝細胞は，代謝キャパシティに応じて脂質の取り込みや代謝を最適化しながら，全身性の代謝バランスを生み出している．われわれは，LSD2が脂質代謝遺伝子をエピジェネティックに制御することで，肝細胞の脂質恒常性に貢献することを明らかにした（**図4**）[25]．トランスクリプトームおよびエピゲノム解析から，LSD2が多数の脂質代謝および脂質輸送にかかわる遺伝子をエンハンサー領域のH3K4脱メチル化を介して抑制することを発見した．LSD2機能抑制により肝細胞への脂肪酸取り込みが亢進し，トリグリセリド，コレステロールやホスファチジン酸など，多種類の脂質が細胞内に蓄積していた．また，LSD2抑制下では，脂質負荷による細胞障害に対する感受性が亢進していた．これらの結果から，LSD2は，脂質代謝遺伝子群を包括的に制御することで，肝細胞を過剰な脂質負荷から保護する役割をもつと考えられた．また，LSD2の標的遺伝子への結合の一部は，脂質ストレス応答性転写因子であるc-Junに依存していたことから，LSD2機能はストレス応答により活性化される可能性が考えらる．興味深いことに，食餌性脂肪肝炎誘発マウスでは，肝臓におけるLSD2発現量が有意に低下していたことから，LSD2と脂質代謝性疾患との関係が推察される．

また，LSD2はがん細胞において，解糖系遺伝子の発現を抑制することが報告されている．グリオーマ幹細胞で高発現を示すマイクロRNA，miR-215は，LSD2の発現を抑制することで，解糖系遺伝子発現を促進することが示された[26]．実際のヒトグリオーマにおいて，miR-215とLSD2の発現は負の相関を示した．

これらの知見から，LSD2はLSD1とは明確に異なる機序により細胞内代謝やエネルギー恒常性に寄与すると考えられる．

おわりに

前述のように，LSD1およびLSD2がさまざまな生命現象にかかわること，また細胞の状況に応じた選択的な代謝調節にかかわることが明らかになってきた．これらの点から，両分子が栄養環境に応じた代謝表現型の可塑性を担保する役割を担っている可能性が考えられる．栄養環境に応じてLSD1およびLSD2による選

択的遺伝子制御が行われるしくみはあまりわかっていない．環境ストレスに応じた両分子のRNA・タンパク質発現量，細胞内局在，配列依存的DNA結合などについて理解が深まれば，栄養環境とエピゲノム記憶の関係がより明確になると期待される．また，栄養環境に応じたエピゲノム変化について多数の報告がなされているが，実際のエピゲノム記憶の代謝表現型への直接的な貢献度は不明である．目覚ましい進歩を遂げているゲノム編集あるいはエピゲノム編集技術を利用することで，この問題を解決できる可能性がある．

文献

1) Hino S, et al：J Hum Genet, 58：410-415, 2013
2) Wellen KE, et al：Science, 324：1076-1080, 2009
3) Bernal AJ & Jirtle RL：Birth Defects Res A Clin Mol Teratol, 88：938-944, 2010
4) htpp://www.genenames.org
5) Højfeldt JW, et al：Nat Rev Drug Discov, 12：917-930, 2013
6) Metzger E, et al：Nature, 437：436-439, 2005
7) Laurent B, et al：Mol Cell, 57：957-970, 2015
8) Hamamoto R, et al：Nat Rev Cancer, 15：110-124, 2015
9) Yang Y, et al：Mol Cell, 58：47-59, 2015
10) Burg JM, et al：Biopolymers, 104：213-246, 2015
11) Wang J, et al：Nat Genet, 41：125-129, 2009
12) Foster CT, et al：Mol Cell Biol, 30：4851-4863, 2010
13) Whyte WA, et al：Nature, 482：221-225, 2012
14) Sun G, et al：Mol Cell Biol, 30：1997-2005, 2010
15) Hirano K & Namihira M：Stem Cells, 34：1872-1882, 2016
16) Kerenyi MA, et al：Elife, 2：e00633, 2013
17) Ciccone DN, et al：Nature, 461：415-418, 2009
18) van Essen D, et al：Mol Cell, 39：750-760, 2010
19) Hino S, et al：Nat Commun, 3：758, 2012
20) Duteil D, et al：Nat Commun, 5：4093, 2014
21) Abdulla A, et al：J Biol Chem, 289：29937-29947, 2014
22) Sakamoto A, et al：Cancer Res, 75：1445-1456, 2015
23) Kosumi K, et al：Int J Cancer, 138：428-439, 2016
24) Qin Y, et al：Cancer Lett, 347：225-232, 2014
25) Nagaoka K, et al：Mol Cell Biol, 35：1068-1080, 2015
26) Hu J, et al：Cancer Cell, 29：49-60, 2016

<筆頭著者プロフィール>
日野信次朗：1998年京都大学農学部卒業．2004年京都大学大学院医学研究科博士課程修了．ノースカロライナ大学，熊本大学発生医学研究所研究員を経て，'09年より同助教（現職）．環境応答とエピゲノム記憶形成の分子機序を明らかにし，産業・医療応用に結びつけたい．

第2章 栄養環境応答において，ゲノムはどのように読まれるか？～ニュートリゲノミクス～

2. エネルギー代謝とDNAメチル化制御

辻本和峰，橋本貢士，袁　勲梅，川堀健一，榛澤　望，小川佳宏

> 遺伝子のエピゲノム制御は，栄養代謝環境の変化に応じた遺伝子発現応答に重要な働きを担っていると考えられる．エピゲノム制御のなかでも，特にDNAメチル化による遺伝子発現制御は，細胞分裂後も保存される性質をもち，個体の代謝疾患の成因という観点からも重要な機構である．栄養環境変化がDNAメチル化を含めたエピゲノム制御に影響する分子機序に関して，昨今S-アデノシルメチオニン（SAM）を主体としたOne Carbon Metabolismの変化が注目されている．

はじめに

　生体組織や個々の細胞は，その恒常性を維持するために，環境変化に対して迅速かつ安定的な遺伝子発現制御を行う必要がある．環境に対する遺伝子の発現応答性の鍵となるのが，クロマチン構造である．クロマチンはDNAメチル化やヒストン修飾といったエピゲノム制御によって，環境に適応するような構造変化をきたし，個々の遺伝子発現を調整する．細胞内外の代謝において，エピゲノム制御機構が果たす役割は徐々に明らかになってきているが，その全容や形成機序に関しては未解明な部分が大きい．エピゲノム制御機構

[キーワード&略語]
栄養環境，肥満，DNAメチル化，One Carbon Metabolism，S-アデノシルメチオニン（SAM）

2-HG：2-hydroxyglutarate（2-ヒドロキシグルタル酸）
DOHaD：developmental origins of health and disease
GPAT1：glycerol-3-phosphate acyltransferase 1
HIF3α：hypoxia inducible factor 3α
Hnf4α：hepatocyte nuclear factor 4α
LXRα：liver X receptor α
MTHF：methylenetetrahydrofolate（メチレンテトラヒドロ葉酸）
PDX1：pancreatic and duodenal homeobox 1
PGC-1α：PPARγ coactivator 1α
PPARα：peroxisome proliferator activated receptor α
SERBP1c：sterol regulatory element binding protein 1c
SRE：SREBP responsive element
TET：ten-eleven translocation
THF：tetrahydrofolic acid（テトラヒドロ葉酸）

Energy metabolism and regulation of gene expression through DNA methylation
Kazutaka Tsujimoto[1] /Koshi Hashimoto[2] /Xunmei Yuan[1] /Kenichi Kawahori[1] /Nozomi Hanzawa[1] /Yoshihiro Ogawa[1]：Department of Molecular Endocrinology and Metabolism, Graduate School of Medical and Dental Sciences, Tokyo Medical and Dental University[1] /Department of Preemptive Medicine and Metabolism, Graduate School of Medical and Dental Sciences, Tokyo Medical and Dental University[2]（東京医科歯科大学大学院医歯学総合研究科分子内分泌代謝学分野[1] /東京医科歯科大学大学院医歯学総合研究科メタボ先制医療講座[2]）

のなかで，とりわけDNAメチル化修飾は細胞分裂後も保存される性質を有し，細胞表現型の記憶機構を担っていると考えられている．

本稿では，エネルギー代謝とDNAメチル化制御機構との関連について，最近の国内外の知見や当研究室での研究成果を交えて概説する．

1 DNAメチル化による遺伝子発現制御機構

DNAのシトシン塩基炭素5位におけるメチル化修飾は，一般的に遺伝子の転写抑制に働く．そのしくみは2つあり，1つは，転写因子の認識配列がメチル化されることで直接，転写因子の結合を阻害する機構である．もう1つは，メチル化DNA結合タンパク質を介した転写抑制機構であり，メチル化DNA結合タンパク質がヒストン脱アセチル化酵素，クロマチンリモデリングタンパク質，ヒストンメチル化酵素などをリクルートし，複合体を形成することによりクロマチン構造を密にして転写抑制に働く．

またDNAメチル化，脱メチル化反応が生じる際に特定の酵素が働くことが知られている．DNAメチル化はDNAメチル基転移酵素（DNA methyltransferase：Dnmt）[※1]によって触媒され，CpGジヌクレオチド内のシトシンにメチル基を付加することによって生じる．一方，DNA脱メチル化は，DNA複製に依存して生じる（DNA複製過程で維持メチル化活性が抑制されることで，メチル化が徐々に消去される）受動的脱メチル化と，DNA複製に依存しない能動的脱メチル化に大別される．能動的脱メチル化は，TET（ten-eleven translocation）[※2]による水酸化反応が大きな役割を担っていると考えられている．TETはシトシンの5位のメチル基（5mc：5-メチルシトシン）を水酸化し，5hmc（5-ヒドロキシメチルシトシン）に変換する．そして変換された5hmcは，細胞分裂やDNA塩基除去修復機構により非メチル化シトシンへと置換され，脱メチル化される．

DNAメチル化修飾は細胞分裂後も継承される性質をもち，ヒストンのメチル化やアセチル化と比較して安定的な修飾である．これは長期的に保存されることで，細胞表現型の記憶機構を担っていると考えられる．この機構によりDNAメチル化模様は厳密に制御されているが，これが乱れるとがんや生活習慣病，精神疾患などさまざまな疾患の原因になることが報告されている．

2 環境因子によるDNAメチル化制御機構の調節

胎児期～乳児期における栄養環境変化が代謝関連遺伝子のDNAメチル化を介して，個体の代謝表現型に影響するという現象は現在までに数多く報告されてきた．例えば，子宮動脈結紮により作製された子宮内発育遅延（IUGR）ラットは，膵β細胞機能に重要な転写因子であるPdx1（pancreatic and duodenal homeobox 1）遺伝子プロモーターのDNAメチル化が亢進，遺伝子発現が低下し2型糖尿病の病態を呈する[1]．また低タンパク質食を与えた母ラットの産仔は，膵臓におけるHnf4α（hepatocyte nuclear factor 4α）遺伝子プロモーターのDNAメチル化が亢進し，遺伝子発現が低下する[2]．これらの報告は，栄養環境の変化に応じて代謝関連遺伝子プロモーターのDNAメチル化変化が生じる根拠となっているが，果たして栄養環境の変化がどのようにしてDNAメチル化変化を起こすのか，その詳細な分子機序は解明されていない．

1) One Carbon MetabolismとDNAメチル化

この現象を紐解く1つの鍵として，昨今One Carbon Metabolism[※3]とそれを構成する栄養素（図1）が注目されている．One Carbon Metabolismを担う栄養素（メチオニン，葉酸）はDNAメチル化変化をもたらすことが知られており，例えばメチオニンの摂取量

※1　DNA methyltransferase（Dnmt）
DNAメチル化は，DNAメチル基転移酵素（Dnmt）によって触媒されている．哺乳類では，de novo型メチル化活性を担う酵素としてDnmt3aおよびDnmt3bが，維持型メチル化活性を担う酵素としてDnmt1が同定されている．

※2　ten-eleven translocation（TET）
能動的DNA脱メチル化機構（DNA複製に依存しない脱メチル化機構）において，脱メチル化酵素として働くタンパク質で，TETファミリーとして現在までにTET1，TET2，TET3が同定されている．TETはシトシンの5位のメチル基（5mc：5-メチルシトシン）を水酸化し，5hmc（5-ヒドロキシメチルシトシン）に変換するが，この反応の際にTCA回路の代謝物であるα-ケトグルタル酸（α-KG）を補酵素として利用する．

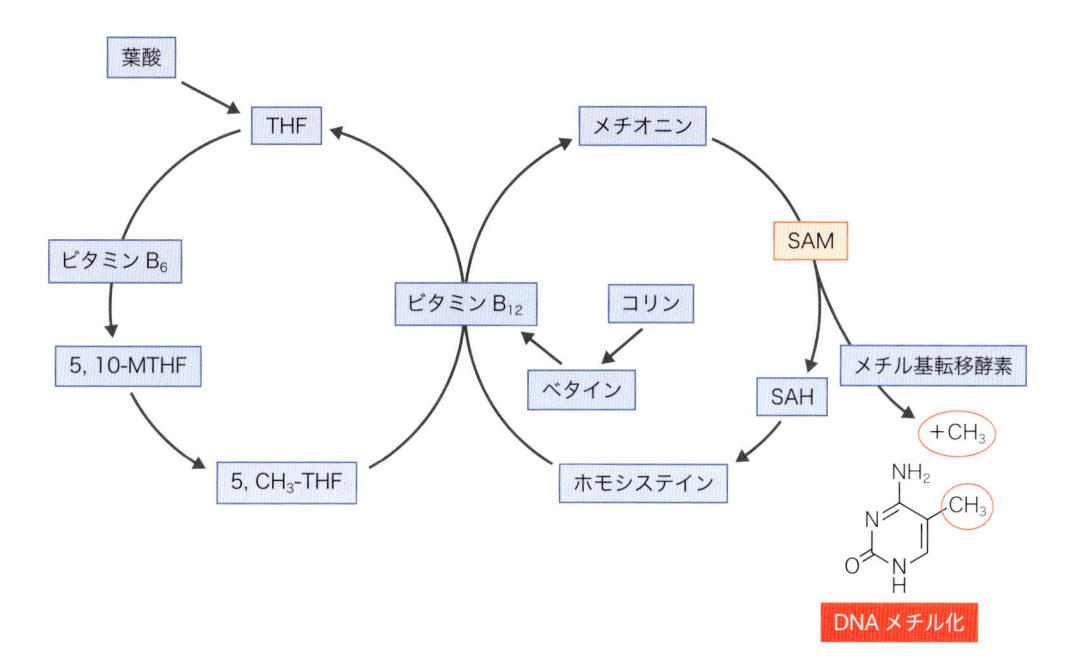

図1 One Carbon Metabolism と DNA メチル化

栄養素とDNAメチル化を結びつける機構としてOne Carbon Metabolismが注目されている．One Carbon Metabolismを構成する栄養素はDNAメチル化変化をもたらす．特にメチオニン代謝経路のSAMはDNAメチル化とヒストンメチル化においてメチル基供与体として働く重要な代謝産物である．THF：tetrahydrofolate, 5,10-MTHF：5,10-methylene THF, 5,CH$_3$-THF：5, methyl-THF, SAM：S-adenosylmethionine, SAH：S-adenosylhomocysteine.

は，マウスのagouti遺伝子のDNAメチル化制御を介して体毛色に影響を与える[3]．またメチオニンや葉酸，ビタミンB$_{12}$の摂取を制限された母ヒツジの産仔は，肝臓におけるDNAメチル化がゲノムワイドに変化し，インスリン抵抗性や高血圧といった生活習慣病病態を呈することが報告されている[4]．これらの結果は，One Carbon Metabolismを担う栄養素の量が，遺伝子のエピゲノム制御を介して，代謝表現型に影響することを示している．

One Carbon Metabolismのなかで，DNAメチル化に最も寄与するとされている代謝物がS-アデノシルメチオニン（SAM）である．SAMはメチオニンとATPを基質として，メチオニンアデノシルトランスフェラーゼ（MAT）により合成され，DNAメチル化やヒストンメチル化においてメチル基供与体として働く．そしてメチル基を供与したSAMは，S-アデノシルホモシステイン（SAH）へと変換される．細胞内のSAM/SAH濃度変化が直接，ヒストンメチル化に作用することが示されており[5]，生体内でのSAMの量や濃度の変化がメチルトランスフェラーゼ活性を介してエピゲノム制御機構に影響する可能性が想定される．残念ながら，細胞内のSAMの量や濃度の変化が直接DNAメチル化に作用するかどうかは，現在まで明確に証明されていない．しかし近年，破骨細胞内において好気的代謝変化により増加したSAMの産生に応じてDnmt3aによるDNAメチル化が促進するという報告があり[6]，SAMを中心としたOne Carbon Metabolismの状態変化が，代謝関連遺伝子のヒストンメチル化のみならずDNAメチル化制御に対しても作用する可能性が示唆される．

※3　One Carbon Metabolism

葉酸代謝とメチオニン代謝を含む代謝経路．DNAやヒストンがメチル化修飾される際に，メチル基供与体として機能するS-アデノシルメチオニン（SAM）は，この経路における代謝物である．One Carbon Metabolismを構成する栄養素（メチオニン，葉酸，ビタミンB$_{12}$）は，エピゲノム制御機構へ作用するものとして重要視されている．

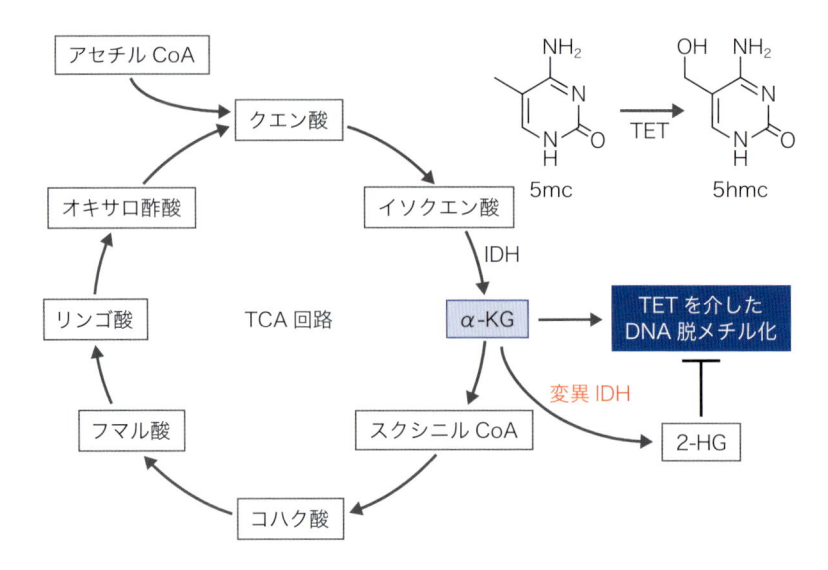

図2　TCA回路とDNA脱メチル化
TCA回路の代謝産物の変化がTETを介したDNA脱メチル化反応を調節してがん代謝表現型に影響する．α-KGの酸化還元酵素として働くIDHに変異が生じると，α-KGの減少や2-HGの産生によりTETを介したDNA脱メチル化反応が抑制され，造血細胞の正常な分化を障害することが知られている．α-KG：α-ketoglutarate, IDH：isocitrate dehydrogenase, 2-HG：2-hydroxylglutarate, 5-mc：5-methyl cytosine, 5-hmc：5-hydroxyl methyl cytosine.

2) TCA（tricarboxylic acid）回路とDNA脱メチル化

　栄養素とDNAメチル化を結びつける機構として，TCA回路の代謝物とTETの関連が，主にがん代謝において指摘されている（図2）．TETを介したDNA脱メチル化反応にはα-ケトグルタル酸（α-KG，別名2-OG：2-オキソグルタル酸）と還元鉄が必須であるが[7]，TCA回路内でこのα-KGの酸化還元酵素として働くイソクエン酸脱水素酵素（IDH）の変異がDNAメチル化に影響する．変異IDHによるα-KGの減少にともないTET2の活性が低下し，DNAのメチル化を亢進することで造血細胞の正常な分化を障害する[8]ことが示されている．さらに変異IDHによりα-KGから変換された2-ヒドロキシグルタル酸（2-hydroxyglutarate：2-HG）がTETを抑制してDNA脱メチル化を抑制することも報告されている[9]．これらから，少なくともがん細胞においては，TCA回路の代謝物の変化がTETを介したDNA脱メチル化反応を調節して，代謝表現型に影響することが示されている．しかし正常細胞において，こうした代謝物の変化がTETを介したDNA脱メチル化反応に影響するかどうかは不明である．

3 代謝疾患とDNAメチル化制御

　肥満を中心とするメタボリックシンドロームは，エネルギー貯蔵組織としての恒常性の破綻という側面をもち，代謝関連遺伝子のエピゲノム制御がその成因にかかわっていることが推測される．動物実験では，肥満マウスの脂肪組織において，Dnmt3aの発現亢進が認められることや[10]，Dnmt1がアディポネクチン遺伝子プロモーター領域のDNAメチル化を介して，その発現を抑制することなどが示されている[11]．

　肥満とDNAメチル化制御に関する報告はヒトに関しても多く，例えば健常者の骨格筋と比較して，糖尿病患者ではPGC-1α（PPARγ coactivator 1α）遺伝子プロモーターのDNAメチル化が増加し，その遺伝子発現が低下し，ミトコンドリア含有量およびミトコンドリア関連遺伝子群の発現が低下する[12]．また非アルコール性脂肪性肝疾患（NAFLD）患者の肝組織において，ミトコンドリア含有量の低下がPGC-1α遺伝子プロモーター領域のDNAメチル化率と正の相関を示すことが報告されている[13]．またヨーロッパ系成人479名を対象としてBMI（body mass index）とCpG

部位のDNAメチル化の関連を検討した研究では，BMI高値と血液細胞と脂肪細胞中におけるHIF3α（hypoxia inducible factor 3α）遺伝子のDNAメチル化率が正の相関を示すことが報告された[14]．このことから，ヒトを含めた哺乳類全体に共通するメカニズムとして，DNAメチル化を介した代謝関連遺伝子制御機構が存在し，またその変化が代謝障害ないし代謝疾患につながっている可能性が示唆される．

4 世代を超えて伝わるDNAメチル化制御

昨今，代謝とDNAメチル化制御のつながりは，世代を超えて継承されうるという観点からも注目を浴びている．例えば，耐糖能異常の雄マウスは2世代に渡って糖尿病発症リスクをもたらすが，各世代の精子および膵臓においてPI3キナーゼ（Aktのリン酸化を介してグルコース取り込みに関与する酵素）のサブユニットであるPik3r1/Pik3ca遺伝子にDNAメチル化変化が生じていた[15]．また胎仔期に低栄養環境（妊娠後期に50％摂餌制限）に曝された雄マウスの仔は，肝臓における脂肪酸・コレステロール代謝が変化したという報告がなされた[16]．この報告では胎仔期に低栄養で育った父親（F1マウス）の精子および仔（F2マウス）の肝臓において，LXRα（liver X receptor α）遺伝子プロモーター領域のDNAメチル化変化が生じていた．

これらの報告は，父親の栄養環境変化が生殖細胞（精子）における代謝関連遺伝子のDNAメチル化変化を起こし，かつその機構が世代を超えて継承されることで子孫の代謝表現型まで影響することを示している．

5 肝臓の脂質代謝関連遺伝子のDNAメチル化制御

栄養環境変化がDNAメチル化を介して代謝関連遺伝子の転写制御を行う例として，われわれの研究成果を紹介したい．

1）脂肪合成遺伝子のDNAメチル化制御

哺乳動物において，肝臓の糖脂質代謝の調節機能は胎仔期〜新生仔期の栄養環境の影響を受けダイナミックに変化することが知られているが，個別の遺伝子がどのような機序で発現制御されるのかは不明な点が多い．われわれは，脂質代謝にかかわる遺伝子のうち，グリセロール3リン酸にアシル基を導入する脂肪合成の律速酵素GPAT（glycerol-3-phosphate acyltransferase）1がDNAメチル化制御を受け，栄養環境によってDNAメチル化状態が変化しうることを見出した（図3）[17]．GPAT1の遺伝子プロモーターはマウス胎仔期においてDnmt3bによりDNAメチル化修飾を受けており，転写因子SREBP（sterol regulatory element binding protein）1cの，プロモーター上の応答配列（SRE：SREBP responsive element）へのリクルートが阻害されているが，生後DNA脱メチル化が生じ，遺伝子発現が増加する．

また妊娠期および授乳期に高ショ糖・高脂肪食を負荷した母マウスの産仔は，GPAT1遺伝子（Gpam）のDNA脱メチル化が通常食の母マウスの産仔と比較してさらに促進され，遺伝子発現も増加していた．このことから，可塑性の高い胎仔期から乳仔期において，栄養環境に応じて変化する脂質代謝機能にDNAメチル化を介した発現制御機構が大きく寄与していることが明らかとなった．

2）脂肪酸β酸化関連遺伝子のDNAメチル化制御

最近われわれは，脂肪酸β酸化関連遺伝子が胎仔期から乳仔期において，DNAメチル化制御を介した発現制御を受けることを見出した（図4）[18]．マウス胎仔期から成獣期において肝臓の遺伝子のDNAメチル化を網羅的に解析した結果，乳仔期において最もDNA脱メチル化変化が生じていることが判明した．またその時期においてDNA脱メチル化が起き，かつ遺伝子発現が増加した遺伝子群はβ酸化関連遺伝子を含めた代謝関連遺伝子群であった．

さらに脂肪酸β酸化関連遺伝子のDNAメチル化制御は，核内受容体PPARα（peroxisome proliferator activated receptor α）を介してリガンド依存性に生じる現象であることが，PPARαノックアウトマウスおよび母体にPPARα人工リガンドを投与した実験系で示された．授乳期において，母乳由来の脂肪酸が栄養シグナルとしてPPARαを活性化し，DNA脱メチル化により脂肪酸自体の代謝を亢進させ効率よくエネルギーを得ている可能性が示唆された．

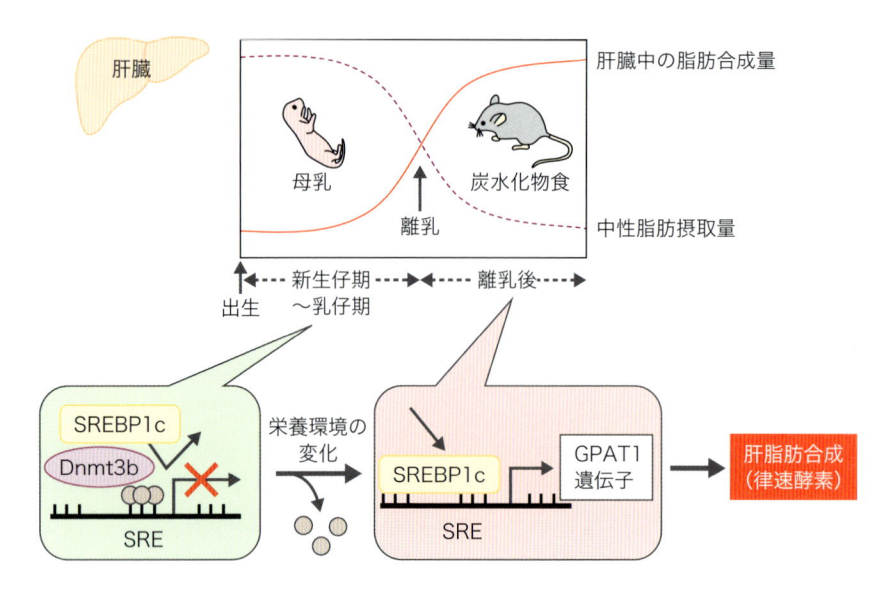

図3　新生仔期における脂肪合成律速酵素（GPAT1）遺伝子のDNAメチル化制御
新生仔期の肝臓において，脂肪合成の律速酵素GPAT1の遺伝子はプロモーター領域のDNAメチル化により発現抑制されている．栄養環境の変化によりDNA脱メチル化が生じると，DNAメチル化により阻害されていた転写因子SREBP1cの結合が可能となり，その遺伝子発現が増加する．Dnmt3b：DNA methyltransferase 3b, SREBP1c：sterol regulatory element binding protein 1c, SRE：SREBP responsive element, GPAT1：glycerol-3-phosphate acyltransferase 1．

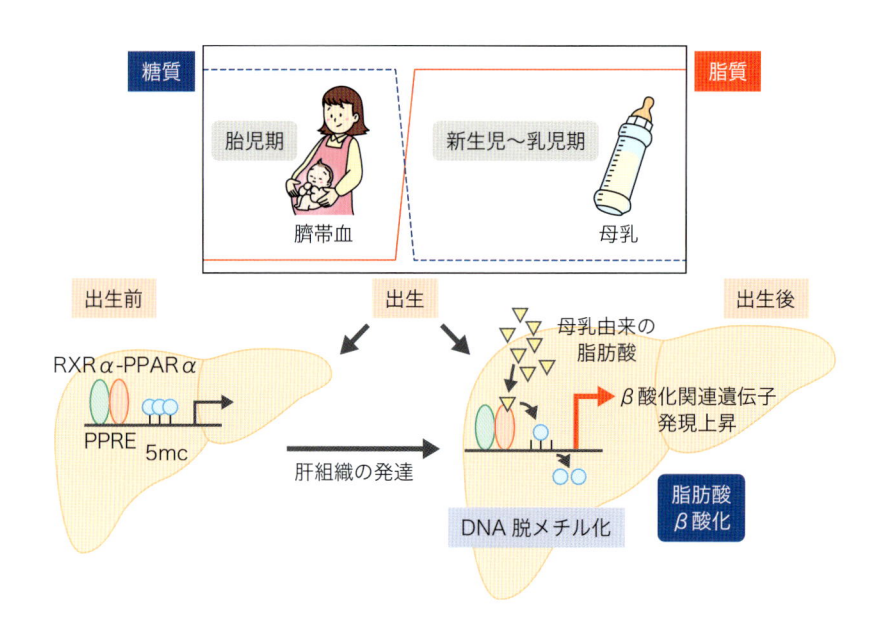

図4　核内受容体PPARαを介した脂肪酸β酸化関連遺伝子のDNA脱メチル化制御
出生前（胎児期）はPPARαの標的遺伝子はメチル化されているためにその発現が抑制されているが，出生後（乳児期）は母乳由来の栄養シグナル（脂肪酸）が核内受容体PPARαを活性化し，それがDNA脱メチル化を引き起こすことによって脂肪酸β酸化関連遺伝子の発現を亢進させる．栄養環境変化に適応するため，代謝関連遺伝子のDNAメチル化を介した転写制御が巧妙に行われていると考えられる．RXRα：retinoid X receptor α, PPARα：peroxisome proliferator activated receptor α, PPRE：PPAR responsive element, 5mc：5-methyl cytosine．

おわりに

　栄養環境変化がDNAメチル化を介して代謝関連遺伝子の転写制御を行うことが，生体の代謝恒常性維持に重要な働きを果たす．このことは，胎児期や乳児期における栄養環境が将来の生活習慣病の易罹患性を規定する「DOHaD（developmental origins of health and disease）仮説」をかんがみると，胎児期や乳児期などの可塑性の高い時期に栄養環境変化を感知してDNAメチル化変化が生じ，その状態が維持されることにより，長期的な遺伝子発現変化が生じ，代謝疾患の原因となっていると推察される．

　しかしながら，栄養環境変化が代謝関連遺伝子のDNAメチル化を起こす詳細な分子機序は何なのか，そのDNAメチル化状態が生体内においてどのようなしくみで記憶されるのか，またDNAメチル化変化が生じやすい時期，いわゆる「エピジェネティックウインドウ」が生じる原因は何なのか，など未解明な点は多く残されている．今後の研究成果が期待される．

文献

1) Park JH, et al：J Clin Invest, 118：2316-2324, 2008
2) Sandovici I, et al：Proc Natl Acad Sci USA, 108：5449-5454, 2011
3) Waterland RA & Jirtle RL：Mol Cell Biol, 23：5293-5300, 2003
4) Sinclair KD, et al：Proc Natl Acad Sci USA, 104：19351-19356, 2007
5) Mentch SJ, et al：Cell Metab, 22：861-873, 2015
6) Nishikawa K, et al：Nat Med, 21：281-287, 2015
7) Tahiliani M, et al：Science, 324：930-935, 2009
8) Figueroa ME, et al：Cancer Cell, 18：553-567, 2010
9) Xu W, et al：Cancer Cell, 19：17-30, 2011
10) Kamei Y, et al：Obesity (Silver Spring), 18：314-321, 2010
11) Kim AY, et al：Nat Commun, 6：7585, 2015
12) Barrès R, et al：Cell Metab, 10：189-198, 2009
13) Sookoian S, et al：Hepatology, 52：1992-2000, 2010
14) Dick KJ, et al：Lancet, 383：1990-1998, 2014
15) Wei Y, et al：Proc Natl Acad Sci USA, 111：1873-1878, 2014
16) Martinez D, et al：Cell Metab, 191：941-951, 2014
17) Ehara T, et al：Diabetes, 61：2442-2450, 2012
18) Ehara T, et al：Diabetes, 64：775-784, 2015

<筆頭著者プロフィール>
辻本和峰：2007年，日本医科大学卒業．'09年，東京医科歯科大学糖尿病・内分泌・代謝内科に入局し，臨床活動に従事．'13年より東京医科歯科大学大学院医歯学総合研究科分子内分泌代謝学分野に入学し，小川佳宏教授のもとで生活習慣病とエピジェネティクスに関する研究に参加，大学院生として現在にいたる．

第2章 栄養環境応答において，ゲノムはどのように読まれるか？〜ニュートリゲノミクス〜

3. 絶食時のエネルギー代謝とヒストンアセチル化制御

松本道宏，酒井真志人

> ヒトは絶食状態にあっても，体内からATP合成の原料となる栄養素を調達し，各組織の需要に合わせてこれを分配してエネルギー需要を満たすことができる．長期間の生存を可能にする本プロセスが「絶食応答」であり，肝臓における糖新生やケトン体合成，多くの臓器における脂肪酸酸化の活性化が中心的な役割を果たしている．多くの酵素の遺伝子転写がホルモンによって誘導され，これらの代謝経路が活性化される．近年，本転写誘導を担う転写複合体やアセチル化をはじめとするヒストン修飾制御に関する知見の集積とともに，両者を統合する精緻な分子機構も解明されようとしている．

はじめに

栄養の供給が断たれることは生体にとって最も大きな栄養環境の変化である．これに際し，エネルギー不足によって起こる臓器障害により生命が危険にさらされるのを回避するため，グルカゴンやカテコールアミンなどのホルモンが分泌され，絶食応答システムが起動される．これにより，主に肝臓・脂肪組織からエネルギー源となるグルコース，ケトン体，遊離脂肪酸（free fatty acid：FFA）が動員される．脳などのグルコース要求性の高い臓器はこれを優先的に利用し，他の臓器ではエネルギー源をグルコースからFFAやケトン体へシフトさせ，全身の臓器におけるエネルギー需要が満たされる．

本応答では肝臓におけるグルコースの新規合成（糖新生：gluconeogenesis）経路やケトン体合成（ketogenesis）経路，また多くの臓器における脂肪酸酸化（β酸化：β-oxidation）経路の活性化が中心的な役割を果たしている．これらの経路の酵素の多くは絶食応答遺伝子として知られ，酵素活性は主に遺伝子転写レベルでの発現量によって調節されている．本稿では絶食応答について概説し，ついでホルモン応答性の絶食応答遺伝子の転写制御機構として，肝臓における糖新生系酵素を例に紹介する．われわれは近年，本酵素の遺伝子転写に必須のcAMP依存性キナーゼ（protein kinase A：PKA）を含む新規モジュールを同定した．糖新生系酵素遺伝子の転写活性化には，遺伝子プロモーターにおけるグルカゴン応答性の転写装置のリクルートとヒストンアセチル化とが必須であるが，両者の統合に本モジュールが不可欠であることを見出しており，併せて紹介する．

Energy metabolism in fasting and control of histone acetylation
Michihiro Matsumoto/Mashito Sakai：Department of Molecular Metabolic Regulation, Diabetes Research Center, Research Institute, National Center for Global Health and Medicine（国立国際医療研究センター研究所糖尿病研究センター分子代謝制御研究部）

1 絶食応答とは

生命活動を維持するためには，大量のエネルギー担体アデノシン三リン酸（ATP）が必要である．ATPはグルコース・脂肪酸・アミノ酸の異化により生成するアセチルCoAを主な原料として，ミトコンドリア内において，TCA回路での酸化反応と共役する呼吸鎖での酸化的リン酸化によって合成される．絶食応答とは，絶食に際しATP合成の原料となる栄養素を体内から調達し，各組織の需要に合わせて供給し，全身の組織のエネルギー需要を満たすためのプロセスといえる．

1）絶食時のエネルギー源の調達

摂食時には，経口摂取した炭水化物由来のグルコースが主にATPの供給源となる．また余剰なグルコースやFFAは，グリコーゲンや中性脂肪（triglyceride：TG）に変換されエネルギー源として，前者は骨格筋や肝臓に後者は主に脂肪組織に貯蔵される[1]．

絶食時には脂肪組織ではTGの加水分解（脂肪分解：lipolysis）によってFFAとグリセロールが，肝臓からはグリコーゲン分解（glycogenolysis）によりグルコースが産生される．また肝臓と腎臓は糖新生によってもグルコースを産生する．絶食時の血糖の由来は〜20％が腎皮質，残りが肝臓と考えられている．絶食の遷延により脂肪酸酸化が高速で起こるようになるとアセト酢酸，β-ヒドロキシ酪酸などのケトン体がつくられる．グルコース，FFA，ケトン体はいずれもATP合成の原料となる．図1[2]に示すように，ヒトでは血中グルコースの主要な供給源は，絶食の時間経過に伴い肝臓のグリコーゲン分解から糖新生へと変化し（第Ⅱ・Ⅲ相），グリコーゲンの枯渇後は100％肝糖新生由来となる（第Ⅳ・Ⅴ相）．また血中のケトン体（β-ヒドロキシ酪酸）レベルはFFA濃度の上昇後1日程度で上昇がはじまり，絶食期間に応じて増加する．血中ケトン体レベルの上昇に伴い糖新生はやや低下し一定となる．

2）絶食時の組織需要に応じたエネルギー源の分配（図1）[2]

絶食時のエネルギー源の需要は臓器・組織により異なる．赤血球はミトコンドリアをもたないため解糖系からATPを得ており，エネルギー源としてグルコースしか利用できない．また腎髄質は低酸素状態にあり，ATPを主に嫌気性解糖から得ているため，グルコースが主要なエネルギー源である．脳はエネルギー源としてFFAを使わず，摂食時はグルコースを，絶食時には

[キーワード&略語]
絶食応答，グルカゴン，糖新生系酵素，遺伝子転写，GCN5-CITED2-PKAモジュール，PGC-1α，ヒストンアセチル化

ATP：adenosine triphosphate
　（アデノシン三リン酸）
cAMP：cyclic adenosine 3′,5′-monophosphate（環状AMP, 3′-5′-アデノシン一リン酸）
CBP：CREB binding protein
　（CREB結合タンパク質）
ChIP-qPCR：chromatin immunoprecipitation-quantitative polymerase chain reaction（クロマチン免疫沈降-定量ポリメラーゼ連鎖反応）
CITED2：CBP- and p300-interacting transactivator with glutamic acid- and aspartic acid-rich COOH-terminal domain 2
CREB：cAMP responsive element binding protein（cAMP反応性領域結合タンパク質）
CRTC2：CREB regulated transcription coactivator 2
FFA：free fatty acid（遊離脂肪酸）
FoxO1：forkhead box O1

G6Pase：glucose-6-phosphatase
　（グルコース6リン酸脱リン酸化酵素）
GCN5：general control non-repressed protein5
HAT：histone acetyltransferase
　（ヒストンアセチル基転移酵素）
HDAC：histone deacetylase
　（ヒストン脱アセチル化酵素）
HNF-4α：hepatocyte nuclear factor-4α
KAT2B：K (lysine) acetyltransferase 2B
PEPCK：phosphoenolpyruvate carboxykinase
　（ホスホエノールピルビン酸カルボキシキナーゼ）
PGC-1α：peroxisome proliferator activator γ coactivator 1α
PKA：protein kinase A
　（Aキナーゼ，cAMP依存性キナーゼ）
SIRT1：sirtuin 1
TG：triglyceride（中性脂肪）

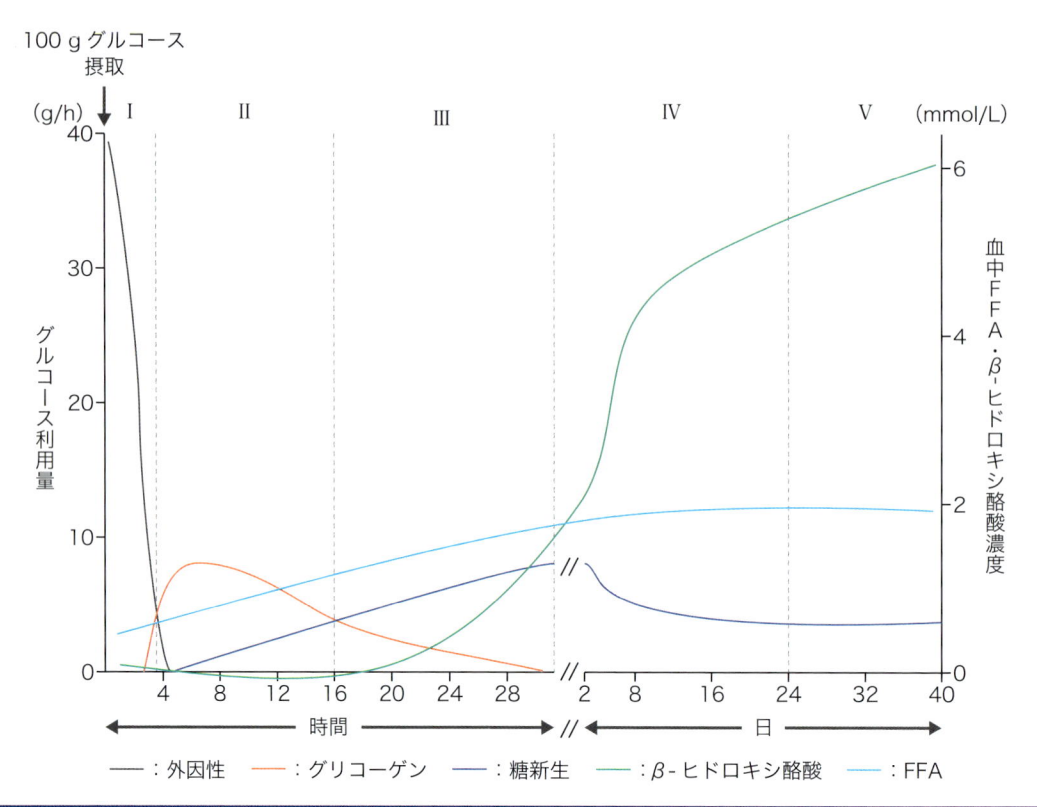

	I	II	III	IV	V
血中グルコースの由来	内因性	グリコーゲン＞肝糖新生	肝糖新生＞グリコーゲン	肝臓と腎臓での糖新生	肝臓と腎臓での糖新生
グルコースを利用する組織	すべての組織	肝臓以外のすべての組織 筋肉と脂肪組織で少量	肝臓以外のすべての組織 筋肉と脂肪組織で第II相と第IV相の中間量	脳, 赤血球, 腎髄質 筋肉で極少量	脳で少量 赤血球 腎髄質
脳の主要なエネルギー源	グルコース	グルコース	グルコース	グルコース, ケトン体	ケトン体, グルコース

図1　絶食の時間経過にともなう血中グルコースの供給源の変化と血中FFA・ケトン体レベルの推移
体重70 kgの男性が100 gのグルコースを摂取後，40日間の絶食した場合の経時的な組織のグルコース利用，血中のグルコースの供給源ならびに脳の主要エネルギー源の変化，ならびに血中FFA，ケトン体のひとつであるβ-ヒドロキシ酪酸濃度の推移を示している．文献2をもとに作成．

グルコースとケトン体を用いている．絶食時にはグルコースをこれらの組織へ優先的に供給し，他の臓器は自身のエネルギー源をグルコースからFFA・ケトン体へとシフトさせる．前述のプロセスによって組織の需要に見合ったエネルギー源が供給され，全身のエネルギー需要が満たされる．

2 遺伝子転写を介した絶食応答制御

1）絶食応答とホルモン

絶食時に膵ラ氏島α細胞から分泌されたグルカゴンは，肝臓においてグリコーゲン分解，糖新生，脂肪酸のβ酸化，ケトン体の産生を促す．カテコールアミンは肝臓ではグルカゴンと同様に作用するとともに，脂肪組織においては脂肪分解を，筋肉ではグリコーゲン

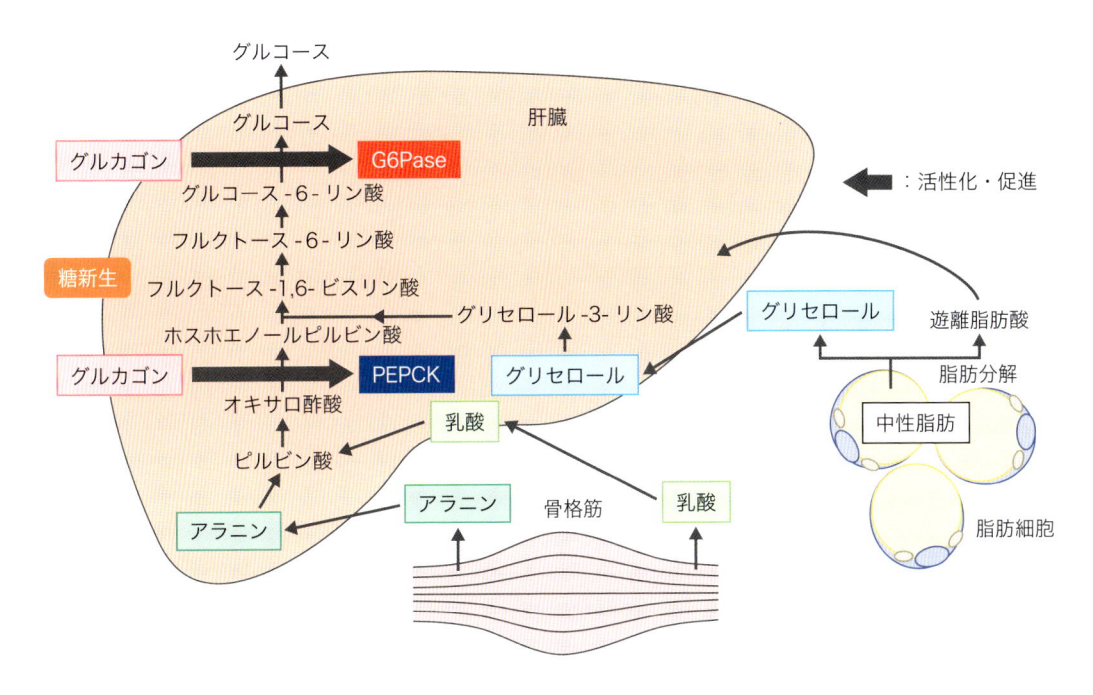

図2 肝糖新生経路とグルカゴン

分解を起こす．また両者は多くの組織に作用し，β酸化を促進する．近年同定されたアスプロシン（asprosin）も絶食応答を担うホルモンとして作用する．絶食時に脂肪細胞から分泌された本タンパク質は肝臓に作用し，グルカゴンと同様に血糖上昇反応を誘導するという[3]．絶食応答のうち，糖新生・ケトン体合成・β酸化の活性化へは，各経路の反応を担う酵素群の遺伝子転写を介した発現誘導が寄与する．次に遺伝子転写を介した絶食応答の例として，最も分子機構の解明が進んでいる肝糖新生系酵素の遺伝子転写機構について紹介する．

2）グルカゴンによる肝糖新生系酵素遺伝子の発現誘導機構

糖新生はグリセロール，乳酸，アラニンなどの基質の存在下に，G6Pase（glucose-6-phosphatase），PEPCK（phosphoenolpyruvate carboxykinase）などの糖新生系酵素による一連の触媒反応により進行する（図2）．糖新生経路の活性化には，これらの酵素遺伝子のグルカゴンによる転写誘導が大きく寄与している（図3）[4]．

グルカゴンが肝細胞膜表面の受容体に結合するとセカンドメッセンジャーcAMPの産生が起こる．cAMPにより活性化されたPKAがリン酸化する基質が起点となり，糖新生系酵素の転写が活性化する．一般にリガンド依存性の遺伝子転写には，転写因子・転写コアクチベーターなどからなる転写複合体の遺伝子プロモーターへのリクルートとヒストン修飾酵素によるエピゲノム修飾が必須と考えられている．本酵素の転写制御においては，前者に関する調節分子の知見が集積しつつある．

PKAによるリン酸化を受けた転写因子CREB（cAMP responsive element binding protein）は，転写コアクチベーターCRTC2（CREB regulated transcription coactivator 2）[5]，ヒストンアセチル基転移酵素（histone acetyltransferase：HAT）活性をもつ転写コアクチベーターCBP（CREB binding protein）/p300とともに転写複合体を形成する[4]．本複合体はこれらの遺伝子プロモーターにおいて転写を直接活性化するとともに，PGC-1α（peroxisome proliferator activator γ coactivator 1α）の発現を誘導する（図3）[6]．本分子は糖新生や脂肪酸酸化などの絶食応答に中心的な役割を果たす転写コアクチベーターであり，転写因子FoxO1（forkhead box O1）[7]，HNF-4α（hepatocyte nuclear factor-4α）[8]を活性化し，糖新

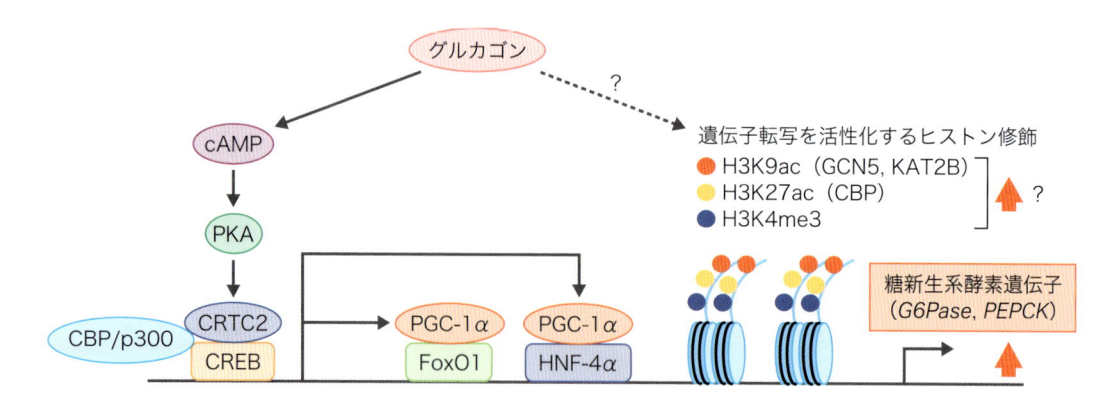

図3 グルカゴン応答性の糖新生系酵素遺伝子転写機構

生系酵素の発現誘導へ寄与する．PGC-1αの活性は発現量のみならず，アセチル化修飾によっても制御されている[9]．SIRT1（sirtuin 1）は飢餓時に肝臓において発現が増加する脱アセチル化酵素であり，その活性化によりさまざまな生物種で寿命が延長することが報告されている．PGC-1αはSIRT1による脱アセチル化を受けると活性化する[10]．逆にアセチル化酵素GCN5（general control non-repressed protein5）によるアセチル化を受けるとPGC-1αが不活性化されることが報告されているが[11]，GCN5の活性調節機構に関しては，ホルモンや栄養環境応答性も含めて不明であった．

3）転写調節因子CITED2によるPGC-1αの活性化機構（図4）

転写調節因子CITED2（CBP-and p300-interacting transactivator with glutamic acid-and aspartic acid-rich COOH-terminal domain 2）は，CBP/p300[12]やHNF-4α[13]との相互作用を介して，遺伝子転写を調節することが報告されていた．われわれは以前，本分子の発現が肝臓においてグルカゴンによって誘導されること，本分子がPGC-1αを活性化することにより絶食時の糖新生系酵素の発現を増強させることを報告した[14]．その活性化機構として，CITED2がGCN5と複合体を形成することにより，GCN5によるPGC-1αのアセチル化抑制による活性化が起こることを見出した[14]．またインスリンがCITED2とGCN5の相互作用を阻害し，GCN5によるPGC-1αのアセチル化を促進して糖新生を抑制することも明らかにした[14]．このようにGCN5はPGC-1αのアセチル化酵素として糖新生系酵素の転写を負に制御するが，一方，HAT活性を有する転写コアクチベーターとして遺伝子転写を活性化することが知られていた[15]．

4）GCN5-CITED2-PKAモジュールを介した糖新生調節機構（図5）

ヒストンがアセチル化修飾を受けると，ヒストンとDNAの結合が緩んだオープンクロマチンとなる．その結果，転写調節分子のリクルートが起こりやすくなり，遺伝子転写が活性化する[16]．ヒストンのアセチル化は栄養環境の影響を強く受けることが示唆されている．ヒストンアセチル化のアセチル基供与体であるアセチルCoAはATPクエン酸リアーゼによりクエン酸から合成されるため，細胞内グルコースレベルの変化により解糖系-TCA回路を介した核内クエン酸レベルが変化するとヒストンアセチル化レベルが変動する[17]．βヒドロキシ酪酸はクラスⅠヒストンアセチル化酵素（histone deacetylase：HDAC）を特異的に阻害し，ヒストンのアセチル化レベルの上昇を介して，酸化ストレス耐性を示す[18]．またクラスⅢ HDACであるsirtuinはニコチンアミドジヌクレオチド（NAD）依存性の酵素であり，細胞内NAD^+レベルやNAD^+/NADH比の変化により活性が強く影響を受ける[19]．

糖新生系酵素の転写活性化に必要な転写複合体に関する知見の集積と比べて，アセチル化などのエピゲノム修飾に関しては，わずかにHATとしてCBP[20]やKAT2B[21]の関与が報告されているのみであった．われわれは，絶食時にCITED2と複合体を形成するGCN5がHATとして糖新生系酵素の転写に関与するこ

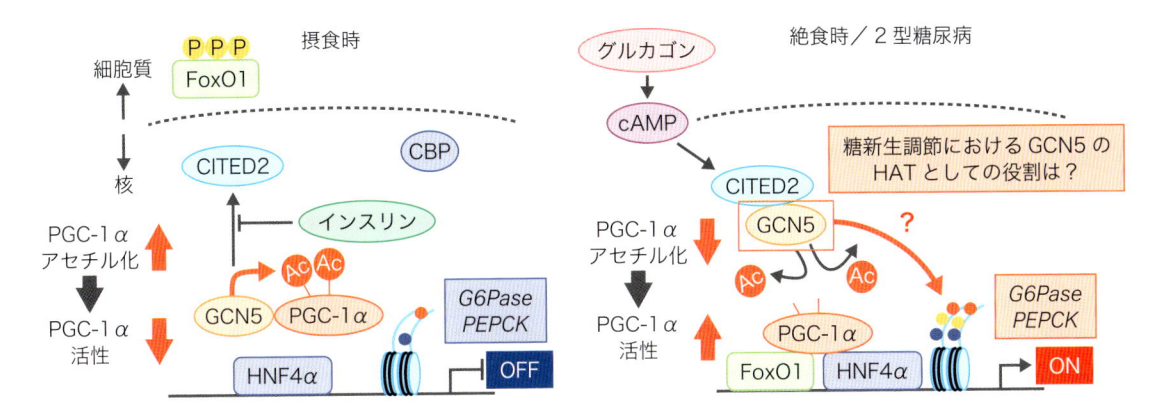

図4 CITED2によるホルモン応答性の肝糖新生制御機構
摂食時には血中グルカゴンレベルの低下によりCITED2の発現が減少すると共に，インスリンによってCITED2によるGCN5の抑制が解除される．その結果，GCN5によるアセチル化を介したPGC-1αの不活化が起こり糖新生は抑制される．一方，絶食時あるいは2型糖尿病の病態では，グルカゴン作用の増強によりCITED2の発現が増加する．CITED2はGCN5によるPGC-1αのアセチル化を抑制しPGC-1αを活性化させ，糖新生系酵素の発現を増加させる．しかし，肝糖新生調節におけるGCN5のヒストンアセチル基転移酵素（HAT）としての作用は不明であった．

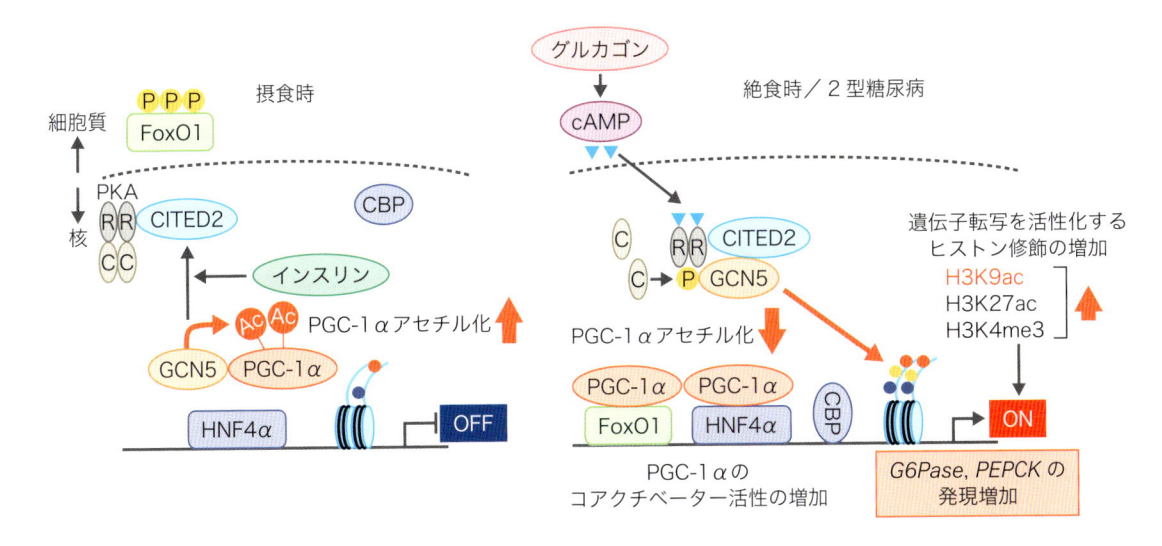

図5 GCN5-CITED2-PKAモジュールを介した糖新生調節機構
摂食時にはCITED2の発現は少なく，またCITED2とGCN5の相互作用はインスリンによって抑制されている．GCN5はPGC-1αに結合してアセチル化し，PGC-1αのコアクチベーター活性を抑制する．絶食時にはグルカゴン/cAMPによって，GCN5-CITED2-PKAモジュール内のPKAが活性化してGCN5 Ser275をリン酸化し，リン酸化GCN5のPGC-1αアセチル化活性は抑制され，HAT活性が増強する．PGC-1αのコアクチベーター活性の増加と，遺伝子転写の活性化に必要なヒストン修飾の増加が協調的に糖新生系酵素遺伝子の発現を誘導する．2型糖尿病ではGCN5 Ser275のリン酸化の増加が，肝糖新生の亢進の一因となっている．R：PKA調節サブユニット，C：触媒サブユニット．

とを想定し，解析を行った（**図4**）．

GCN5の発現は，初代培養肝細胞における検討からグルカゴン-cAMP-PKA経路により誘導され，グルカゴン作用の亢進を呈する肥満・糖尿病モデルマウスの肝臓において著明に増加していた．GCN5のノックダウンにより初代培養肝細胞ではcAMPによる糖新生系酵素の発現誘導は低下し，糖産生が抑制された．マウスの肝臓におけるノックダウンでも，絶食時の糖新生

系酵素の発現低下による血糖値の低下を認めた．これらの結果から，GCN5は糖新生系酵素の発現誘導における負の制御因子というよりは，むしろ必須の分子であると考えられた．またGCN5は肝細胞においてCITED2とともに強発現させると，cAMPによる糖新生系酵素の発現誘導を増強し，本作用にはアセチル基転移酵素活性が必要であった．糖新生系酵素遺伝子プロモーターにおいてGCN5がHATとして機能しているかを，初代培養肝細胞におけるクロマチン免疫沈降-定量的PCR（chromatin immunoprecipitation-quantitative PCR：ChIP-qPCR）法※1によって検証した．GCN5はcAMP刺激により糖新生系酵素遺伝子G6Pase，PEPCKのプロモーター上に誘導され，同部位において主にGCN5によりアセチル化されることが知られているヒストンH3の9番目のリジンのアセチル化（H3K9ac）[22]が増加した．本増加はGCN5のノックダウンによって大きく減弱したことから，GCN5によるアセチル化であることが示唆された．一方，CITED2のノックダウンによりGCN5のプロモーター上へのリクルートとヒストンH3K9のアセチル化の増加が抑制された．以上の結果より，GCN5は糖新生系酵素遺伝子の発現誘導に必須のHATであり，本機能のためにはcAMPとCITED2が必要であることが明らかとなった．これまでの知見と合わせ，GCN5には摂食時にPGC-1αをアセチル化し糖新生を抑制する機能と，絶食時にcAMP/CITED2依存的にヒストンをアセチル化し糖新生を誘導する機能とがあることが示唆された．

そこでこの相反する2つの機能が，cAMP/CITED2の存在下でGCN5が基質をPGC-1αからヒストンH3にスイッチすることを想定し，CITED2-GCN5複合体に着目した解析を行った．その結果，GCN5は絶食時にCITED2，PKAとともに3者複合体（モジュール）を形成すること，本モジュール内でcAMPにより活性化されたPKAによりGCN5の275番目のセリン残基（Ser275）がリン酸化を受けること，本リン酸化によりGCN5がその基質をPGC-1αからヒストンH3にスイッチすることを見出した．この結果，PGC-1αの脱アセチル化による活性化が起こりHNF-4αやFoxO1が活性化されるとともに，ヒストンH3K9のアセチル化が起こる．GCN5によるヒストンH3K9のアセチル化は，CBPによるヒストンH3K27のアセチル化[22]や ヒストンH3K4のトリメチル化と並んで転写活性化と相関し活性化ヒストンマーク（active histone mark）※2とよばれている．われわれのChIP-qPCR法による検討より，糖新生系酵素のプロモーターにおいてcAMP刺激により，GCN5・CBPのリクルートとヒストンH3K9・H3K27のアセチル化ならびにH3K4のトリメチル化が起こることが示された．GCN5のリクルートを阻害するとこれらの変化がすべて阻害されることから，GCN5は糖新生系酵素遺伝子プロモーターにおいて転写活性化に必要な一連のエピゲノム修飾を起こすために必須のHATであると考えられる．

絶食時に形成されるGCN5-CITED2-PKAモジュールにおけるcAMP依存的なGCN5の基質のスイッチ機構により，GCN5が肝糖新生系酵素の発現を絶食時に促進し，摂食時に抑制することが可能になる．加えて本機構により，グルカゴン-cAMPシグナル応答性のエピジェネティックな変化とコアクチベーターの活性化による転写複合体形成との統合が可能となる．

おわりに

絶食応答の生物学的意義とその遺伝子転写を介した分子機構について，肝糖新生系酵素の発現調節を例に概説した．糖新生のみならず広範な絶食応答遺伝子の発現調節にCITED2とGCN5が寄与する可能性が高

※1 ChIP-qPCR法

タンパク質に対する抗体を用いて転写調節分子-DNA間相互作用やヒストン修飾（エピジェネティクス）を検出するための手法の1つ．ホルムアルデヒドでタンパク質-DNAの結合をクロスリンクした後に目的のタンパク質ないし各種ヒストン修飾に特異的な抗体を用いて免疫沈降を行い，共沈してきたDNAを定量的PCR法により解析し，特定のDNA領域におけるヒストン修飾や転写調節分子の結合を明らかにできる．

※2 活性化ヒストンマーク（active histone mark）

転写が活性化している遺伝子領域のヒストンタンパク質のアミノ末端（ヒストンテール）に認められる翻訳後修飾であり，転写活性化のマーカーとされる．遺伝子の転写開始点付近に濃縮してみられるヒストンH3の4番目のリジンのトリメチル化（H3K4me3）とH3の9番目や27番目などのリジンのアセチル化（H3K9ac, H3K27ac），遺伝子の転写領域内（"Gene Body"）にみられるH3K36me3が代表的である．H3K9ac, H3K27acは，単なるマーカーではなく転写活性化に重要であることが明らかになっている．

く，今後GCN5-CITED2-PKAモジュールの関与の詳細が明らかになることを期待したい．糖尿病の高血糖へは肝糖新生系酵素の発現亢進が大きく寄与しており，その抑制は病態に即した治療となる．肥満・糖尿病モデル動物の肝臓ではGCN5タンパク質の発現のみならず，Ser275のリン酸化も亢進していた．本モデルの肝臓でCITED2をノックダウンしGCN5-CITED2-PKAモジュールの形成を阻害すると，GCN5のノックダウンと同様の糖新生系酵素の発現抑制より高血糖が著明に改善した．これらの知見は，GCN5-CITED2-PKAモジュールが絶食時の生理的な糖新生系酵素の誘導に重要であることに加えて，糖尿病創薬の治療標的としての可能性を示しており，今後の開発研究の進展が期待される．

文献

1) Cahill GF Jr：Clin Endocrinol Metab, 5：397-415, 1976
2) Ruderman NB, et al：its Regulation in mammalian species.「Gluconeogenesis」(Hanson RW, et al, eds), pp515-532, John Wiley and Sons, 1976
3) Romere C, et al：Cell, 165：566-579, 2016
4) Altarejos JY & Montminy M：Nat Rev Mol Cell Biol, 12：141-151, 2011
5) Koo SH, et al：Nature, 437：1109-1111, 2005
6) Herzig S, et al：Nature, 413：179-183, 2001
7) Puigserver P, et al：Nature, 423：550-555, 2003
8) Rhee J, et al：Proc Natl Acad Sci USA, 100：4012-4017, 2003
9) Dominy JE Jr, et al：Biochim Biophys Acta, 1804：1676-1683, 2010
10) Rodgers JT, et al：Nature, 434：113-118, 2005
11) Lerin C, et al：Cell Metab, 3：429-438, 2006
12) Bhattacharya S, et al：Genes Dev, 13：64-75, 1999
13) Qu X, et al：EMBO J, 26：4445-4456, 2007
14) Sakai M, et al：Nat Med, 18：612-617, 2012
15) Kuo MH, et al：Genes Dev, 12：627-639, 1998
16) Roth SY, et al：Annu Rev Biochem, 70：81-120, 2001
17) Wellen KE, et al：Science, 324：1076-1080, 2009
18) Shimazu T, et al：Science, 339：211-214, 2013
19) Imai S, et al：Nature, 403：795-800, 2000
20) Zhou XY, et al：Nat Med, 10：633-637, 2004
21) Ravnskjaer K, et al：J Clin Invest, 123：4318-4328, 2013
22) Jin Q, et al：EMBO J, 30：249-262, 2011

＜筆頭著者プロフィール＞
松本道宏：1993年神戸大学医学部医学科卒業．2001年神戸大学大学院医学系研究科博士課程修了，医学博士．'03～'07年米国コロンビア大学医学部糖尿病内分泌センター研究員．'08年国立国際医療センター研究所臨床薬理研究部部長．'10年国立国際医療研究センター研究所糖尿病研究センター分子代謝制御研究部部長．現在にいたる．代謝調節とその破綻の分子機構を解明し，代謝性疾患の治療につなげることを目標に日々奮闘中．

第2章 栄養環境応答において，ゲノムはどのように読まれるか？〜ニュートリゲノミクス〜

4. エネルギー代謝とメディエーター複合体

大熊芳明

> エネルギー代謝は，生体内ホメオスタシスの維持に重要である．ゲノム解明に伴い，転写を中心とする遺伝子発現機構が明らかになってきたが，エネルギー代謝も遺伝子発現により制御されている．真核生物のメディエーター複合体は，およそ30個のサブユニットからなる巨大複合体で，細胞外からのさまざまなシグナルを細胞核内で受容し，自身も構造を多様に変化させてクロマチンと転写を協調的に制御する．エネルギー代謝にもメディエーターは大きくかかわることから，最近の動向とわれわれの知見を交え，エネルギー代謝の制御機構解明への道筋を探る．

はじめに

生物，とりわけ高等真核多細胞生物にとって，生体内ホメオスタシスの維持は，生命活動において重要な課題である．なかでもエネルギー代謝は，生命活動を駆動する動力源を確保するうえで必須過程となっている．そのためヒト個体において，エネルギーの摂取と消費のバランスの乱れは，肥満や糖尿病などの代謝関連疾患の原因となりうるため，厳密に調整されなければならない．生体内環境では，インスリンやグルカゴンなどのホルモン産生，それらを受容する細胞の応答，さらに脂肪細胞などの代謝関連細胞や組織分化など多くの現象が遺伝子発現レベルで制御されている．遺伝子発現制御において中心的役割を果たすのが，メディエーター複合体（以下，メディエーター）である[1]．

メディエーターは，真核生物間で保存された約30サブユニットからなるタンパク質複合体である[2]．そして，細胞外から細胞核内に到達した転写指令シグナルに応答して転写開始点上流の特異的DNA配列に結合した転写活性化因子と，転写開始点近傍にRNAポリメラーゼⅡ（Pol Ⅱ）と基本転写因子で形成された転写開始複合体の双方に結合することで，転写シグナルをPol Ⅱに仲介し，転写開始から伸長の各段階を制御して転写を調節する．近年，ゲノム解析からメディエーターサブユニットの変異が多数みつかり，これらはがんをはじめ，さまざまな疾患の原因となることが明らかになった．そしてそのなかには，エネルギー代謝，ホメオスタシスにかかわる疾患も多く含まれていた[3]．そのため，治療ターゲットとしても注目されつつある．この流れを受け，本稿ではメディエーターによるエネルギー代謝制御について概説する．

1 メディエーター複合体の構造と機能の変換

メディエーターは巨大複合体で，真核生物において

Energy metabolism and mediator complex
Yoshiaki Ohkuma：Department of Biochemistry, Graduate School of Biomedical Sciences, Nagasaki University（長崎大学大学院医歯薬総合研究科生化学教室）

転写のみならず細胞核内，核-細胞質間のシグナル伝達，成熟mRNAの核から細胞質の翻訳装置への移行，クロマチン構造変換，DNA損傷修復，細胞周期の制御などにかかわることが明らかになってきている[1]．このメディエーターは，3つのコア・モジュール（Head, Middle, Tail）※1が形成するコア・メディエーターと，状況に応じてこれに着脱可能なキナーゼモジュールが加わったホロ・メディエーターの2つの複合体型をとることが明らかにされている．図1にはホロ・メディエーターのモデル図を示す．これら複合体は，複数サブユニットを受け皿として外部シグナルを受容することにより，あるときは転写活性化因子が結合して複合体構造を変えることで機能変換を起こし，また別のときにはCDK/Cyclinモジュールを着脱することで機能変換することが報告されている[1,2]．それらの詳しい分子機構はまだ明らかにはなっていないが，メディエーターはこのような機能変換によってヒトの場合，およそ2万3千個の遺伝子を時間や場所，あるいはスプライシングにより1つの遺伝子から異なるmRNAを形成することで，生体内，細胞内のさまざまな状況に対応し，細胞の分化・増殖，あるいはホメオスタシスの維持に機能していると考えられる．

1）転写因子の結合による構造変換

メディエーターは，多くのサブユニットにさまざまな転写因子が相互作用する（図1）．そのいくつかはメディエーターとの結合構造が解析され，脂質合成転写因子SREBP-1a（sterol regulatory element-binding protein 1a），甲状腺ホルモン受容体（TR），ビタミンD受容体（VDR）などの転写活性化因子が結合するとメディエーターの構造が変換することが報告されている[2,4]．さまざまな転写因子がさまざまなサブユニットに結合するため，メディエーターは異なる構造をとることが予想されるが，さらに転写の主役のPol IIや基本転写因子，転写伸長因子などと結合することで転写過程を制御しているので，これら因子との結合活性が変化した結果として活性を制御するという機能モデルが考えられる．

近年，メディエーターサブユニットには天然変性領域（IDRs）※2が多く存在し，これらの領域内に転写因

> ### ※1 モジュール
> 装置・システム（ここではメディエーター複合体）を構成する，機能的にまとまった部分．メディエーターでは，Head, Middle, Tail, CDK/Cyclinの4つのモジュールがある．
>
> ### ※2 天然変性領域
> intrinsically disordered regions：IDRs．タンパク質内で特定構造をとらず，ランダムコイル状の不規則構造をとる領域．転写や翻訳などの細胞過程では，重要な役割を果たすことが知られてきている．

[キーワード&略語]

メディエーター複合体，CDK/Cyclinモジュール，天然変性領域（IDRs），ベージュ脂肪細胞，褐色/ベージュ脂肪細胞分化決定転写因子PRDM16

- **DR**：vitamin D receptor（ビタミンD受容体）
- **IDRs**：intrinsically disordered regions（天然変性領域）
- **MEF**：mouse embryonic fibroblast（マウス胎仔線維芽細胞）
- **ncRNA-a**：non-coding RNA-activating（エンハンサー様長鎖ノンコーディングRNA）
- **PGC-1α**：PPARγ coactivator-1α（PPARγコアクチベーター1α）
- **PIC**：preinitiation complex（転写開始前複合体）
- **Pol II**：RNA polymerase II
- **PPARγ**：peroxisome proliferator-activated receptor γ（ペルオキシソーム増殖因子活性化受容体γ）
- **PRD-BF1**：positive regulatory domain 1-binding factor 1
- **PRDM16**：PRD1-BF1-RIZ1 homologous domain-containing 16（PR類似領域含有タンパク質16）
- **RIZ1**：retinoblastoma protein-interacting zinc finger protein 1
- **SRB**：suppressor of RNA polymerase B〔RNAポリメラーゼB（II）抑制遺伝子産物〕
- **SREBP-1a**：sterol regulatory element-binding protein-1a（ステロール制御エレメント結合タンパク質1a）
- **TR**：thyroid hormone receptor（甲状腺ホルモン受容体）
- **Ucp1**：uncoupling protein 1（脱共役タンパク質1）

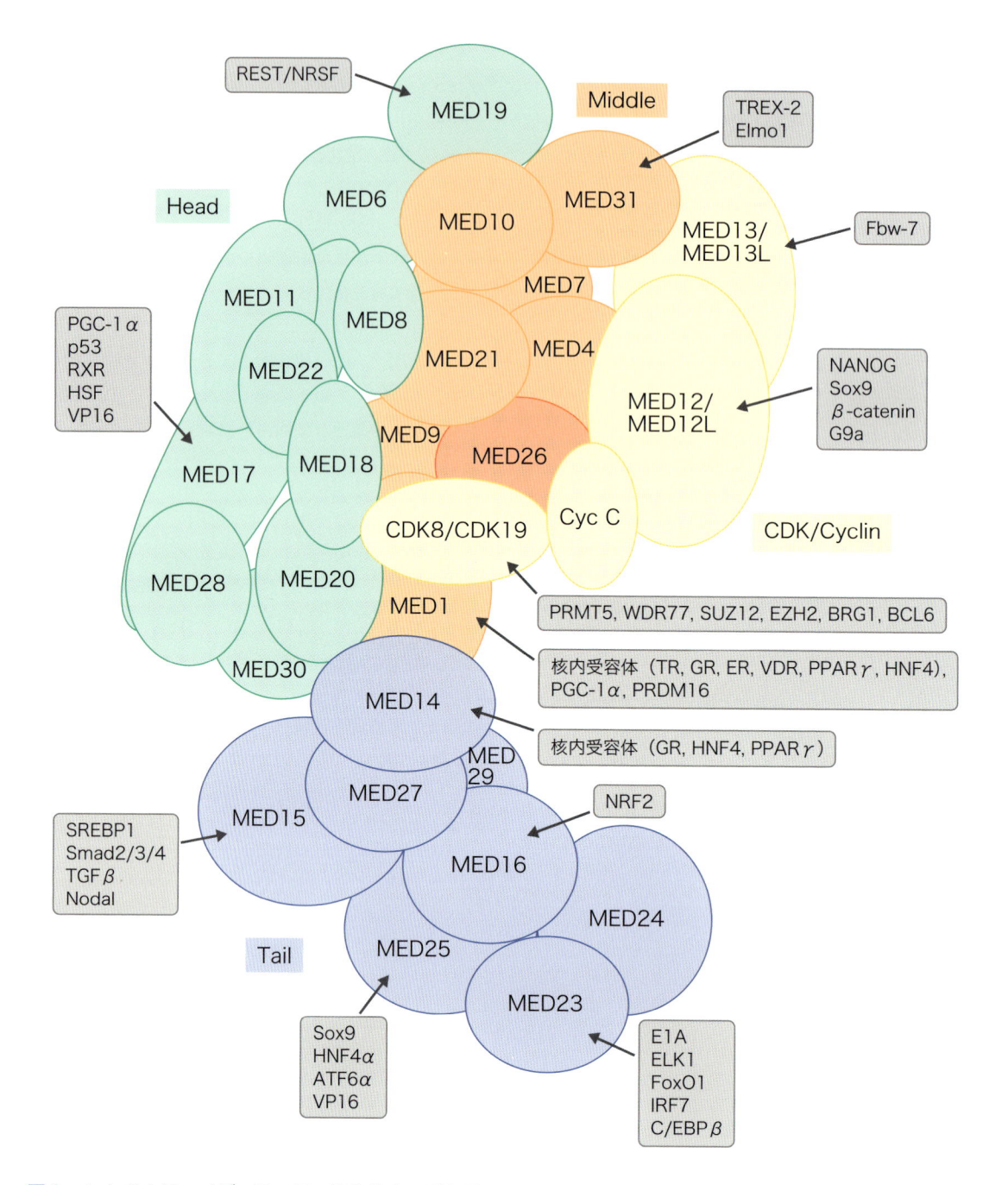

図1　ヒトのホロ・メディエーター複合体のモデル図

ヒトのメディエーターは約30個のサブユニットからなり，Head，Middle，Tail，CDK/Cyclinの4モジュールから構成される．そのうちCDK/Cyclinモジュールは着脱可能である．各サブユニットの矢印は，結合することが報告されている転写因子．MED26は転写伸長の際にメディエーター複合体に加わり，その他の状況では加わっていないので他のMiddleモジュールサブユニットと区別して●で表示している．

子との結合部位が多く含まれることが報告された[5]．IDRsは，タンパク質が結合すると一定の構造をとる性質をもつため，**図1**のようにMED15などのTailモジュールにさまざまな転写制御因子が結合したり，

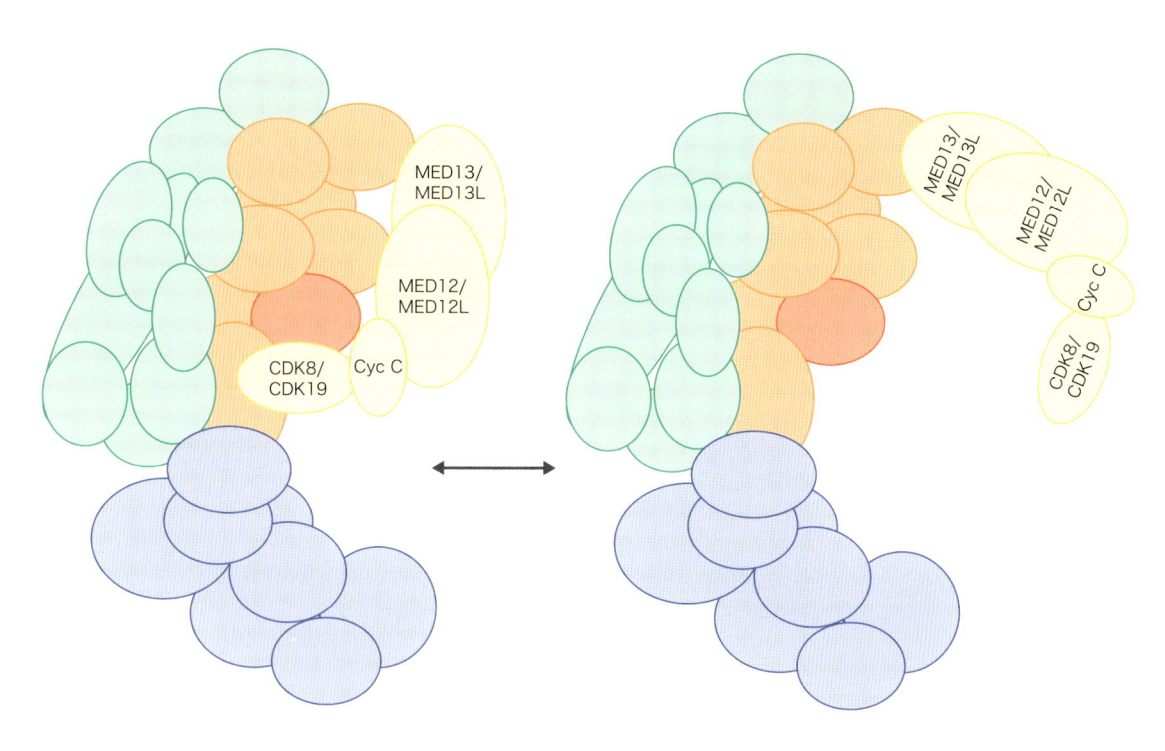

図2　CDK/Cyclinモジュールのコア・メディエーターへの異なる結合様式
出芽酵母のメディエーターを電子顕微鏡で観察すると，CDK/Cyclinモジュールはコア・メディエーターに対しても，複数の結合様式をとっていることが明らかになった．文献10をもとに作成．

MiddleモジュールのMED1にさまざまな核内受容体，MED26に転写伸長因子が結合し，またHeadモジュールのMED17にPol Ⅱや基本転写因子が結合することで，メディエーターの構造変換が起こると考えられる[1)3)6)～8)]．一方，着脱可能なCDK/Cyclinモジュールは，図1に示すさまざまな転写因子やクロマチン制御因子がCDK8/19やMED12サブユニットに結合すると，これらが引金でメディエーター複合体から脱離すると考えられるが，この機構と意味づけに関しては次に考察する．

2）CDK/Cyclinモジュールの着脱を伴う構造変換

CDK/Cyclinモジュールは，CDK8あるいはCDK19，Cyclin C，MED12，そしてMED13の4サブユニットから構成される（図1）．CDK8は全真核生物に保存され，一方CDK19は脊椎動物特異的に存在するCDK8パラログである．われわれはこれまで，ヒトにおいて2つのCDKは相互排他的にメディエーターを形成し，転写の活性化と抑制の両方に機能することを明らかにしている[9)]．他の3モジュールと異なり，このモジュールはメディエーター複合体上でメディエーターとPol Ⅱの結合に影響されて，HeadおよびMiddleモジュール上でその場所を大きく移動させる（図2）[3)10)]．また，さまざまな刺激によりコア・メディエーターから容易に脱離したり，逆に加わったりと着脱を可逆的に行うと考えられている．このモジュールの特徴として，構造領域に比べIDRsにリン酸化やアセチル化などの修飾を受けるアミノ酸残基が高密度に存在することが明らかになり，これらアミノ酸の翻訳後修飾もCDK/Cyclinモジュールの構造変換，着脱に大きく影響すると考えられる[5)]．

最近，われわれはヒトメディエーターHeadモジュールのMED18が，siRNAによる発現ノックダウンによってCDK/Cyclinモジュールをメディエーターから脱離させ，さらにコア・メディエーター部分はMED18標的遺伝子上のプロモーター領域から解離するが，CDK/Cyclinモジュールはそこに留まることで転写が活性化されることを見出した[11)]．これまで出芽酵母の研究からCDK/Cyclinモジュールは，①転写活性化と不活性化の双方のDNA領域に分布すること，②MED18の制

表　エネルギー代謝にかかわるメディエーターサブユニット

サブユニット	モジュール	変異による影響	分子機構
MED1	Middle	脂質生成の誘導による肥満 グルコース耐性の欠落による糖代謝の変化 高脂肪食による肝脂肪変性の減少	核内ホルモン受容体との相互作用 インスリン感受性 褐色脂肪細胞分化転写因子PRDM16との相互作用
CDK8	CDK/Cyclin	脂質代謝の異常調節 脂肪酸とトリグリセリド蓄積による脂肪肝	脂質合成転写因子SREBP-1cの転写活性調節 脂肪細胞分化転写因子PPARγ遺伝子の転写調節
MED12	CDK/Cyclin	心臓奇形 無秩序な心臓血管形成	Wnt/β-カテニンシグナル経路への関与 eRNA様ncRNA（ncRNA-a）による制御
MED13	CDK/Cyclin	低酸素状態によるチアノーゼ性先天性疾患 代謝ホメオスタシス異常による肥満と代謝症候群	核内受容体の心臓での機能 マイクロRNA miR-208aの機能抑制
MED13L	CDK/Cyclin	心臓大血管転位症 知的障害における円錐動脈幹心疾患 大動脈縮窄症	初期心臓発達 初期脳発達
MED14	Tail	脂質ホメオスタシスの変調による脂質生成異常	PPARγとの相互作用
MED15	Tail	先天性心臓奇形によるDiGeorge症候群 コレステロールと脂肪酸生合成の欠失による脂質合成減少	22q11.2欠失 脂質合成転写因子SREBP-1aとの相互作用とSREBP-1a標的遺伝子の転写調節
MED23	Tail	脂質ホメオスタシスの変調による脂質生成異常 血清ホモアルギニン減少による心血管症の致死性上昇	インスリンシグナル伝達経路制御 6番染色体のSNPs
MED25	Tail	脂質ホメオスタシスの変調による代謝異常 膵臓β細胞からのインスリン分泌の減少による若年発症成人型糖尿病	HNF4α依存性転写の調節 MED25/HNF4α相互作用
MED30	Head	ミトコンドリアの機能低下による心筋症	MED30のミスセンス変異

御の上流であることが報告されていることから，このモジュール着脱の転写制御における重要性が，実証されたと考えている[12]．

2 エネルギー代謝へのメディエーターの関与

バイオインフォマティクスや構造生物学の進展によって，生命活動や疾患にかかわるタンパク質の解明が進んでいる．最近では，RNAもさまざまな種類が遺伝子発現制御にかかわり，関連タンパク質と深く連携していることも明らかになってきた．メディエーターはなかでも重要なタンパク質複合体で，栄養摂取に伴うエネルギー代謝において重要な位置を占めている．表にエネルギー代謝にかかわるメディエーターサブユニットと機能をまとめる．

表のように，メディエーターの10サブユニットがエネルギー代謝での機能を報告されている[13]．エネルギー代謝では脂質と糖代謝が主にかかわり，心臓，肝臓，骨格筋での役割が明らかにされた．以下に，われわれの研究しているMED1およびCDK/Cyclinモジュールのエネルギー代謝への関与を中心に概説する．

1）MED1によるエネルギー代謝調節

メディエーターは，ヒトで最初に発見された際，核内受容体である甲状腺ホルモン受容体（TR）とリガンド依存的に結合するタンパク質複合体として精製され，実際in vitroでTR依存的な転写に必要なことが示された[1]．MiddleモジュールにあるMED1サブユニットは，その際TRと直接結合した．図1に示すように，MED1はTR以外にも多くの核内受容体との結合が報告され，核内受容体による転写制御の中心となっていると考えられている．核内受容体のなかでも脂肪細胞分化転写因子であるPPARγは，エネルギー代謝に直接かかわる．

MED1ノックアウトマウスは胎生致死の表現型を示し，ノックアウトマウスから樹立されたMEF細胞では

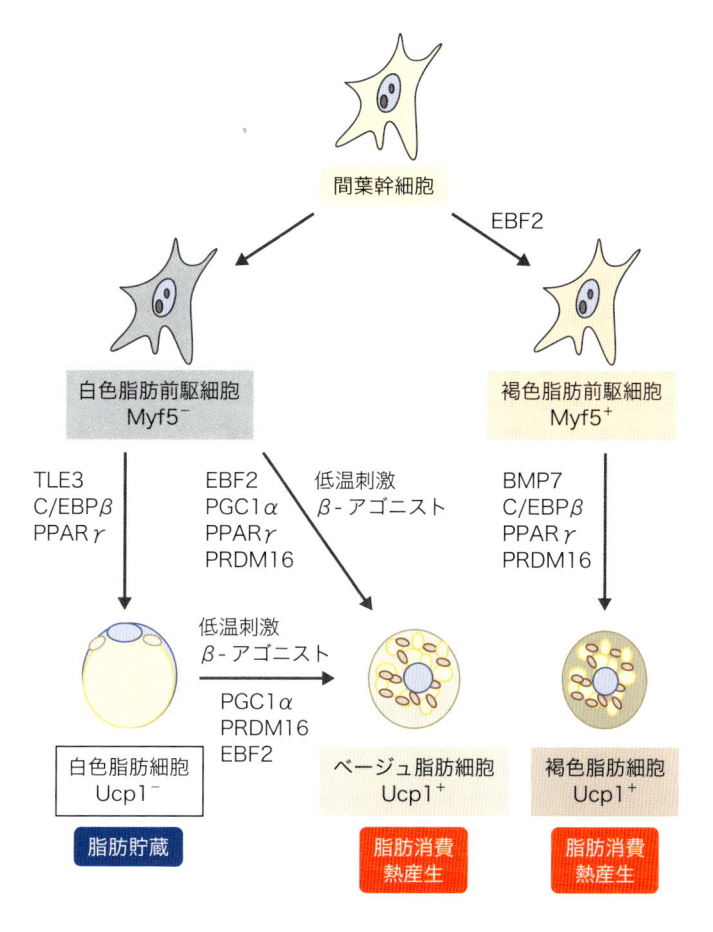

図3 間葉幹細胞から3種の脂肪細胞への分化

脂肪細胞は，間葉幹細胞から2種の脂肪前駆細胞に分化し，褐色脂肪前駆細胞からは褐色脂肪細胞，白色脂肪前駆細胞からは異なる転写因子により，白色脂肪細胞とベージュ脂肪細胞へと分化する．また分化した白色脂肪細胞から低温刺激やβ-アゴニスト処理により，ベージュ脂肪細胞へと分化しうることが明らかにされている．白色脂肪細胞は脂肪の貯蔵に用いられ，一方褐色およびベージュ脂肪細胞は熱産生などにより脂肪を消費する．TLE3（transducin-like enhancer-of-split 3）：Wnt-β-catenin経路による白色脂肪細胞分化の抑制作用を抑制する．EBF2（early B-cell factor 2）：白色脂肪（前駆）細胞からベージュ脂肪細胞への変換（分化）を決定する．BMP7（bone morphogenetic protein 7）：褐色脂肪細胞分化を促進する．

核内受容体による転写が特異的に低下している．その障害の1つに脂肪細胞分化がある．PPARγをMEFに発現させることにより，脂肪細胞への分化を誘導する．しかし，MED1ノックアウトMEFでは，PPARγによる転写活性化がなされず，脂肪細胞分化が起きない[14]．脂肪細胞は，異なる性状をもつ3種の細胞に分類される（図3）．つまり脂肪を貯めてエネルギー貯蔵庫として働く"白色"脂肪細胞と，逆に脂質エネルギーを消費して熱を産生する"褐色"脂肪細胞，および"ベージュ"脂肪細胞[※3]である．ベージュ脂肪細胞は白色脂肪細胞から由来したもので，白色脂肪細胞と細胞系譜の異なる褐色脂肪細胞とは別物である．エネルギーを積極的に消費する機能をもつ褐色および，ベージュ脂肪細胞は肥満や糖尿病などの治療への応用が期待され，注目を集めている．

褐色脂肪細胞で強く発現する転写コファクターPGC-1α（PPARγ cofactor-1α）は，アミノ酸配列

> **※3 ベージュ脂肪細胞**
> 白色脂肪細胞から分化する褐色脂肪様細胞．ヒト褐色脂肪細胞は成人に存在しないが，この細胞は存在する．低温やノルアドレナリン刺激でUCP-1を発現し，褐色脂肪細胞と同様に熱産生を行う．

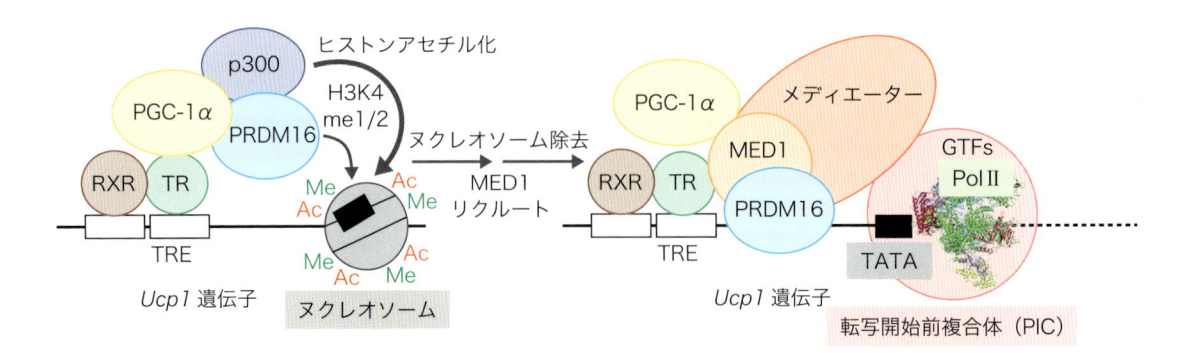

図4 PRDM16による標的遺伝子Ucp1の転写活性化モデル
PGC-1αは，リガンドが結合した核内受容体（TR-RXRα）と結合して標的Ucp1遺伝子のエンハンサー上にリクルートされる．このときPGC-1αは褐色脂肪細胞分化転写因子PRDM16とヒストンアセチル化酵素p300と結合し，これらをリクルートする．p300は周辺のヌクレオソームのヒストンアセチル化を，またPRDM16はヒストンH3K4のモノ/ジメチル化を促す．これらの修飾によりヌクレオソームがプロモーター上から除去されると，核内受容体にメディエーターがアクセスできるようになり，プロモーター上にPIC形成を誘導する．PGC-1αはMED1と核内受容体との結合により，核内受容体からは解離するが，タンパク質内の別の領域でMED1と結合し，PIC形成にも関与すると考えられる．その際にMED1はクロマチン構造変換とPIC形成の2つのステップを橋渡しする重要な役割を果たしている．文献16をもとに作成．Pol IIはPDBID：2B8Kより作成．

中にタンパク質-タンパク質相互作用に利用されるLXXLLモチーフを有し，リガンドが結合して活性化したPPARγなどの核内受容体と直接結合して褐色脂肪細胞特異的遺伝子の転写を促進する．その際PGC-1αは，DNAに結合したPPARγをMED1に結合させてメディエーターやヒストンアセチル化酵素p300をリクルートし，ヌクレオソームのヒストンをアセチル化してクロマチンを弛緩することが知られている[15]．

最近，われわれは褐色/ベージュ脂肪細胞分化決定転写因子PRDM16が2つもつZnフィンガーモチーフのN末側モチーフ（ZF1）がMED1のC末側と結合することにより，褐色脂肪細胞特異的なPRDM16標的遺伝子（uncoupling protein 1：Ucp1）のエンハンサー領域にリクルートされ，転写を促進することを明らかにした[16]．さらに，PRDM16はPGC-1αに結合することによってもUcp1遺伝子上にリクルートされることを見出し，この因子がクロマチン構造変換と転写開始前複合体（PIC）形成の双方のステップで転写制御に関与することを提唱している（**図4**）．PRDM16は，自身もヒストンH3K4モノ/ジメチル化（H3K4me1/2）を行うリジンメチル化酵素活性を有することが報告された[17]．これまで，H3K4me1/2修飾は細胞分化の際のエンハンサーの活性化にかかわるといわれており，細かいメカニズム解明はこれからだが，Ucp1遺伝子や他のPparαやPpargc1a遺伝子などの褐色/ベージュ脂肪細胞誘導特異的遺伝子の転写活性化に機能していると考えられる．

2）CDK/Cyclinモジュールによるエネルギー代謝調節

CDK/CyclinモジュールはCDK8のもつキナーゼ活性や着脱可能なモジュールの特性に加え，MED12やMED13，MED13Lにもそれぞれ機能があり，これらが複数のエネルギー代謝にかかわることが明らかになってきた（**表**）．

ⅰ）CDK8

CDK8は，Pol II最大サブユニットC末7アミノ酸（YSPTSPS）くり返し領域（CTD）の5番目セリンのリン酸化を行うことで，Pol IIによる転写開始と開始から伸長への移行段階に機能する．また脊椎動物以降にはそのパラログであるCDK19が存在し，各CDKは転写においてある条件では反対の機能を担っている[9]．**表**のように，CDK8の変異により脂質代謝の異常や，脂肪酸とトリグリセリド蓄積による脂肪肝が報告されているが，われわれはCDK8とCDK19が反対の転写機能を示す標的遺伝子としてPPARγ遺伝子（Pparg1c）を同定しており，他グループの報告したCDK8変異によるSREBP-1cリン酸化による脂質合成転写調節の変調と合わせて，これらの代謝異常が現れると考えられる[18)19)]．前述のMED1がかかわるPPARγの転写制御にもCDK8がかかわっていることから，PPARγを独立

に機能させるMED1とMED14を，CDK8が制御するモデルを考えている．電顕による構造解析により，CDK8はCyclin Cと結合し，またHeadモジュールのMED18周辺に結合すると考えられる（**図1**）．

ⅱ）MED12

MED12は，出芽酵母においてPol II最大サブユニットのCTD欠失変異を復帰させる変異遺伝子産物SRB（suppressor of RNA polymerase B）の1つSRB8として最初に同定された．ヒトMED12は，N末100アミノ酸がCyclin Cと結合することでCDK8/19のキナーゼ活性を制御する[20]．このCyclin C結合領域に含まれるN末側第2エキソンに遺伝的に点変異（L36R，Q43P，G44S）が入ると子宮平滑筋腫（uterine leiomyoma）が発症し，一方C末側にヒストンH3K9トリメチル化酵素G9aと神経特異的サイレンサーNRSF/RESTが結合すると，この領域の欠失で遺伝性X染色体関連精神遅滞疾患であるFG症候群，Lujan症候群を発症する（**表**）．CDK/Cyclinモジュールのキナーゼ活性とヒストン修飾制御により，Wnt/β-カテニンシグナル伝達を制御し，心臓血管系に作用していると考えられる[21]．さらにMED12は同じC末側領域にエンハンサー様長鎖ノンコーディングRNA（ncRNA-a）※4を結合させ，生じるDNAループ形成を用いて転写を活性化することも近年報告されている[22]．

ⅲ）MED13とMED13L

MED13は真核生物に広く保存され，出芽酵母においてPol II CTD欠失変異の復帰変異遺伝子産物SRB9として最初に同定された．そしてヒトやマウスにおいてエネルギー代謝，特に心臓と肝臓や脂肪組織での役割が明らかになっている[13]．この遺伝子の変異としては，心臓での核内受容体の機能低下による糖と脂質代謝能低下の結果，心臓と心血管系の形成と機能の異常がある（**表**）．核内受容体の制御の面では，MED1との連携が考えられる．そしてコア・メディエーターMiddleモジュールのMED31と結合するらしい（**図1**）．チアノーゼ性先天性心疾患にみられる*MED13*遺伝子変異では，アデニンからイノシンへのRNA編集（A-to-I RNA editing）によるアミノ酸置換が報告されている．また，マウスの研究からMED13の心臓での機能は，α-MHC遺伝子由来の心臓特異的マイクロRNA（miR-208a）による負の制御が明らかにされている．肝臓へは骨格筋を介して作用を及ぼすが，最近この肝臓の制御機能がMED13の心臓での機能と反対であることが示された[23]．

一方，MED13L（MED13-like）は脊椎動物に存在するMED13パラログで，その変異はヒトやマウスにおいて発生初期の心臓と脳の発達に異常をきたし，心臓大血管転位症や動脈の疾患を引き起こす．また知的障害を引き起こす事例も報告されている[13]．最近，MED13とMED13LはともにユビキチンリガーゼFbw7によりユビキチン化を受けて分解され，これがCDK/Cyclinモジュールの制御にかかわることが報告された[24]．

3）その他のメディエーターサブユニットによるエネルギー代謝調節

前述のサブユニット以外に，Tailモジュールの4サブユニット，MED14，MED15，MED23，MED25，そしてHeadモジュールのMED30にエネルギー代謝との関連性が見つかった（**表**）．

Tailモジュールは，さまざまな転写因子が結合する場となっている（**図1**）．まずMED14は，MiddleモジュールのMED1同様，複数の核内受容体が結合することが明らかになり，特にPPARγとの相互作用が脂質ホメオスタシスに重要である[13]．MED15は，ヒトにおいてbHLH型転写活性化因子SREBP1aとN末のKIXドメインで結合するサブユニットとして同定された．この結合により細胞内の脂質ホメオスタシスに重要な役割を果たす．また*MED15*遺伝子の染色体領域22q11.2の欠失により先天性心臓奇形を伴うDiGeorge症候群を発症する[13]．ヒトMED23は，ウイルス発がんタンパク質E1Aの標的として最初に同定され，エネルギー代謝では，インスリンシグナル経路における遺伝子発現制御での役割が明らかにされた．その機構は，MED23がこのシグナル経路の下流のElk1と結合し，その標的遺伝子上の転写開始複合体形成を促進すると考えられている．また肝臓では，インスリンシグナル経路の別の下流因子であるフォークヘッド転写因子FoxO1の標的遺伝子発現を制御する[13]．

※4 エンハンサー様長鎖ノンコーディングRNA
non-coding RNA-activating：ncRNA-a．新規の長鎖ノンコーディングRNAで，エンハンサー由来RNA（eRNA）に似た機能をもつ．

もう1つのサブユニットMED25には肝臓と膵臓β細胞で糖代謝に重要な転写因子HNF4αが結合して作用することが明らかになり，肝臓では脂質ホメオスタシス，膵臓β細胞ではインスリン分泌に機能しており，その変異で若年性成人型糖尿病を発症する[13]．

Headモジュールでは，MED30が唯一，エネルギー代謝への関与を報告されている（**表**）．**図1**に示すようにMED30はHeadモジュールの可変領域にあると考えられ，近傍のMED18やMED20がCDK/Cyclinモジュールとの結合領域で，このモジュールの着脱にかかわると予想される．マウスの研究からMED30は遺伝子ミスセンス変異により，ミトコンドリア機能低下が起こり，心筋症を発症する心臓のエネルギー代謝にかかわることが明らかになった[25]．

おわりに

たいへん重要な事柄を「肝心」というが，その語源となった肝臓と心臓は，高等真核多細胞生物のエネルギー代謝を伴う生命活動において重要な器官である．近年の急速な遺伝子発現制御の研究の進展により，生物が栄養を摂取して，脂質や糖として消化する過程でエネルギーを産生する，「エネルギー代謝」には遺伝子発現が大きくかかわり，そのなかでメディエーター複合体がさまざまなタンパク質因子，RNAなどと結合しながら時空間的に必要な遺伝子の転写を微調整して，生体内のホメオスタシスを管理していることが明らかになってきた．本総説では，メディエーターの構造変化による活性調節が転写やクロマチン制御因子の結合とCDK/Cyclinモジュールの着脱で説明されはじめている最近の機能研究と，その際にエネルギー代謝にかかわるサブユニットの役割と生命現象に対する影響について概説した．ここでは詳しく触れることはできなかったが，最近転写伸長の際にメディエーターに加わり機能することが明らかになった，これも着脱が報告されたMED26サブユニットや[6]，CDK/Cyclinモジュールの4つのサブユニットのうち，3つ（CDK8, MED12, MED13）は脊椎動物においてパラログが存在し（順にCDK19, MED12L, MED13L），各パラログ同士は相互排他的にメディエーター複合体を構成し，各複合体が別の機能を果たすらしいことも明らかになってきている．今後これらの機能研究も加え，エネルギー代謝における役割の分子機構も詳細が明らかになることで，高齢化社会を迎えてメタボリックシンドローム治療や組織再生などの健康を維持する医療技術も大きく進展すると期待している．

謝辞
本総説で記したわれわれの研究結果は，筆者が主宰していた富山大学大学院医学薬学研究部遺伝情報制御学研究室に所属した飯田智特任助教によるロックフェラー大学Roeder研究室からの成果と，大学院生があげた成果である．改めて彼らに感謝する．

文献

1) Malik S & Roeder RG：Nat Rev Genet, 11：761-772, 2010
2) Poss ZC, et al：Crit Rev Biochem Mol Biol, 48：575-608, 2013
3) Spaeth JM, et al：Semin Cell Dev Biol, 22：776-787, 2011
4) Taatjes DJ, et al：Nat Struct Mol Biol, 11：664-671, 2004
5) Nagulapalli, M, et al：Nucleic Acids Res, 44：1591-1612, 2016
6) Takahashi, H, et al：Cell, 146：92-104, 2011
7) Kikuchi Y, et al：Genes Cells, 20：191-202, 2015
8) Soutourina J, et al：Science, 331：1451-1454, 2011
9) Tsutsui T, et al：Genes Cells, 13：817-826, 2008
10) Tsai KL, et al：Nat Struct Mol Biol, 20：611-619, 2013
11) Kumafuji M, et al：Genes Cells, 19：582-593, 2014
12) vvan de Peppel J, et al：Mol Cell, 19：511-522, 2005
13) Schiano C, et al：Biochim Biophys Acta, 1839：444-451, 2014
14) Ge K, et al：Nature, 417：563-567, 2002
15) Wallberg AE, et al：Mol Cell, 12：1137-1149, 2003
16) Iida S, et al：Genes Dev, 29：308-321, 2015
17) Zhou B, et al：Mol Cell, 62, 222-236, 2016
18) Tsutsui T, et al：Genes Cells, 16：1208-1218, 2011
19) Zhao X, et al：J Clin Invest, 122：2417-2427, 2012
20) Turunen M, et al：Cell Rep, 7：654-660, 2014
21) Ding N, et al：Mol Cell, 31：347-359, 2008
22) Lai F, et al：Nature, 494：497-501, 2013
23) Amoasii L, et al：Genes Dev, 30：434-446, 2016
24) Davis MA, et al：Genes Dev, 27：151-156, 2013
25) Krebs P, et al：Proc Natl Acad Sci USA, 108：19678-19682, 2011

<著者プロフィール>
大熊芳明：1981年東大薬学部卒業．'87年薬学博士取得後，'88年ロックフェラー大（Robert Roeder教授）にて転写の世界に入り，基本転写因子TFIIEを精製，クローニングに成功した．'95年阪大助教授，2005年富山医科薬科大教授，同年大学合併で富山大教授．現在は，長崎大にて真核生物遺伝子発現に至るシグナル伝達，転写，クロマチン，RNAプロセシング，核外輸送の協調的制御機構解明に努めている．

第2章 栄養環境応答において，ゲノムはどのように読まれるか？〜ニュートリゲノミクス〜

5. 酸化ストレス応答転写因子NRF2の転写制御機構

関根弘樹，本橋ほづみ

> 細胞は，さまざまなストレスに対する防御機構を備えている．なかでもKEAP1-NRF2システムは，親電子性物質に対する生体防御機構として重要な役割を果たしている．一方，一部のがん細胞では，NRF2の異常な安定化による機能亢進が起こり，ストレス応答機構の増強に加えて細胞内代謝の変換がもたらされ，がんは悪性化する．そのためNRF2が活性化しているがん細胞において，NRF2は有効な治療標的となりうるが，それにはNRF2による転写活性化の分子機構を詳細に解析することが重要である．本稿では，ストレス応答・代謝制御へのNRF2の貢献を概説し，NRF2による転写活性化機構をめぐる最近の知見を紹介する．

はじめに

近年，がん細胞において，代謝の変換が起こり悪性度を増すことが，網羅的なメタボローム解析などを通して明らかとされつつある．本稿で紹介するKEAP1 (kelch-like ECH-associated protein 1) -NRF2 (nuclear factor E2-related factor-2) システムは，当初，細胞の親電子性物質[※1]に対する応答機構，すなわち生体防御機構として発見された．その後，がん細胞でNRF2が異常に活性化することで，その悪性化がもたらされることが示された．われわれは，NRF2が生体防御系遺伝子群に加えて，がん細胞の増殖に重要な核酸の新規合成経路の一部であるペントースリン酸経路を活性化する酵素群を直接制御することで，がんの悪性化に寄与することを見出した．現在，NRF2の活性化・抑制化による病態制御の試みがなされているが，その標的の探索において，NRF2の転写活性化機構の詳細な解析は欠くことができない．そこで本稿では，KEAP1-NRF2システムの概要と，NRF2によるがん細胞における代謝変換，またこれまでに報告されている転写活性化機構を概説し，ならびに最近われわれが明らかにしたKEAP1-NRF2-MED16経路を紹介する．

1 酸化ストレスに対する防御系としての KEAP1-NRF2システム

細胞は，外因性・内因性のさまざまな親電子性物質に曝されながら生存している．親電子性物質は，その反応性の高さから，細胞に対してさまざまな障害を引

※1 親電子性物質
物質内で電子の分布に偏りがあり，電子密度が低い部分を有する物質のこと．しばしば，電子に富む部分を有する核酸やタンパク質に対して共有結合を形成し，毒性を発揮する．

Molecular mechanism of NRF2-mediated transcriptional regulation
Hiroki Sekine/Hozumi Motohashi：Department of Gene Expression Regulation, Institute of Development, Aging and Cancer, Tohoku University（東北大学加齢医学研究所遺伝子発現制御分野）

き起こす．そこで細胞はこれらの親電子性物質をすみやかに除去するシステムを備えている．その主要な分子機構がKEAP1-NRF2システムであることが，この20年ほどで明らかになってきた．転写因子NRF2は通常時，DLGモチーフ（KEAP1との低親和性結合を示す）とETGEモチーフ（KEAP1との高親和性結合を示す）の2カ所を介してKEAP1と結合することで，KEAP1-CUL3複合体によるユビキチン化を受け，その結果プロテアソーム系で分解される．細胞が親電子性物質に曝されると，KEAP1の特定のシステイン残基がこれらの親電子性物質により修飾を受け，KEAP1-CUL3複合体によるNRF2のユビキチン化が抑制されてNRF2が安定化する．安定化したNRF2は，第Ⅱ相解毒酵素遺伝子，抗酸化酵素遺伝子，グルタチオン合成酵素遺伝子群といった標的遺伝子群を誘導し，すみやかに細胞保護機能を発揮することが明らかにされている[1]．

2 NRF2によるがん細胞の代謝変換

前項1で記述したように，当初KEAP1-NRF2システムは，生体防御系において重要な機能を果たしていることが示されてきた．しかしながらその後，主に肺がんにおいて，*KEAP1*遺伝子や*NRF2*遺伝子において体性変異が発見され，KEAP1-NRF2システムが破綻していることが明らかになった．これらの体性変異は，特にKEAP1とNRF2の結合領域に多く認められており，NRF2の恒常的な安定化をもたらすことが明らかとなった．これらがん細胞においては，NRF2のタンパク質蓄積が認められ，標的遺伝子群の恒常的な活性化が観察された．そのためこれらがん細胞は，外部からのストレスに対して抵抗性を強めることで増殖能を獲得していると考えられた．実際，抗がん剤や放射線に対する抵抗性が獲得される．

しかし最近，われわれの研究からこれらストレス抵抗性に加えて，がん細胞においてNRF2がグルコースとグルタミンの代謝経路において機能し，細胞の構成成分を合成する同化反応を進めることが明らかとなった（**図1**）[2]．ペントースリン酸経路は，同化反応に必要な還元力の供給源であるNADPHの産生と，核酸合成に必要なリボース5リン酸（R5P）の産生をもたらす．このうち酸化的経路の酵素群，グルコース6リン

[キーワード&略語]
NRF2, KEAP1, 転写制御分子機構, 酸化ストレス, がん, 代謝, Mediator複合体, KEAP-1-NRF2経路, KEAP-1-NRF2-MED16経路

ARE：antioxidant response element （抗酸化応答配列）
ATF4：activating transcription factor 4
BRG1：brahma-related gene 1
CBP：CREB binding protein
CHD6：chromodomain helicase DNA binding protein 6
CNC：cap'n'collar
DEM：diethyl maleate （マレイン酸ジエチル）
G6PD：glucose-6-phosphate dehydrogenase （グルコース6リン酸脱水素酵素）
γGCL：γ glutamate cysteine ligase （γグルタミルシステイン合成酵素）
GCLM：glutamate-cysteine ligase, modifier subunit
GSK3β：glycogen synthase kinase 3β
KEAP1：kelch-like ECH-associated protein 1
LC-MS/MS：liquid chromatography-mass spectrometry/mass spectrometry （液体クロマトグラフィー質量分析法）
ME1：malic enzyme 1 （リンゴ酸酵素）
MED16：mediator complex subunit 16
MTHFD2：methylenetetrahydrofolate dehydrogenase (NADP$^+$ dependent) 2
NADPH：nicotinamide adenine dinucleotide phosphate
Neh：nrf2-ECH homology
NRF2：nuclear factor E2-related factor-2
PGD：phosphogluconate dehydrogenase （ホスホグルコン酸デヒドロゲナーゼ）
PPAT：phosphoribosyl pyrophosphate amidotransferase
R5P：ribose 5-phosphate （リボース5リン酸）
RXR：retinoid X receptor
sMAF：small MAF
TALDO1：transketolase （トランスアルドラーゼ）
TKT：transketolase （トランスケトラーゼ）
xCT：cystine/glutamate transporter

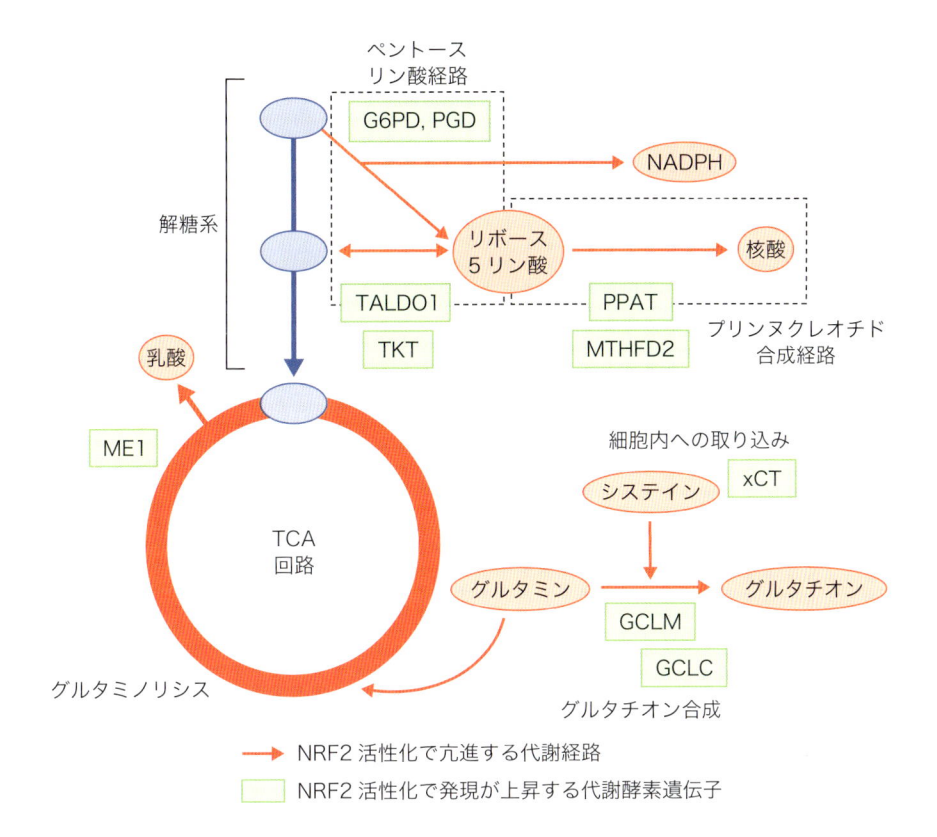

図1 がん細胞の代謝におけるNRF2の役割

NRF2はがん細胞でグルコースやグルタミンの代謝を変化させて，プリンヌクレオチドやグルタチオンの合成を促進する．その結果，がん細胞は増殖に有利な代謝環境を実現する．

酸脱水素酵素（G6PD），ホスホグルコン酸デヒドロゲナーゼ（PGD）や，非酸化的経路のトランスケトラーゼ（TKT），トランスアルドラーゼ（TALDO1）を制御する酵素群がNRF2の直接の標的遺伝子であることがわかった．またR5Pからの核酸合成経路を制御する酵素群の発現にも促進的な影響を及ぼし，プリンヌクレオチドの合成を促進する．さらにリンゴ酸酵素（ME1），γグルタミルシステイン合成酵素（γGCL）の活性化を介して，グルタミン代謝を促進することもわかった（図1）[2]．

3 NRF2による標的遺伝子の転写制御機構

1）NRF2のドメイン構造

NRF2は，CNC（cap'n'collar）転写因子ファミリーの1つであり，塩基性領域-ロイシンジッパー（bZIP）構造と，そのN末端側にCNCドメインとよばれる特徴的な構造を有している．また同じくbZIP構造を有するsMAF（small MAF）因子とヘテロ二量体を形成し，抗酸化応答配列（antioxidant response element：ARE）とよばれるDNA配列（GCnnn $^G/_C$ TCA $^T/_C$）に結合して転写を活性化する[3]．

NRF2には，アミノ酸配列の保存性から6つのドメインが定義されている（図2）[1]．CNCドメインとbZIP構造部分はNeh（nrf2-ECH homology）1ドメインとされ，DNA結合と二量体形成に必要である．Neh4ドメイン，Neh5ドメインとC末端領域のNeh3ドメインは，いずれも転写活性化ドメインとして機能する．N末端領域のNeh2ドメインとNeh6ドメインは，NRF2タンパク質の分解制御に関与しており，前者はKEAP1-CUL3ユビキチンE3リガーゼと，後者はβTrCP-CUL1ユビキチンE3リガーゼとの相互作用に重要である．Neh2ドメインは，KEAP1との相互作用に必要な

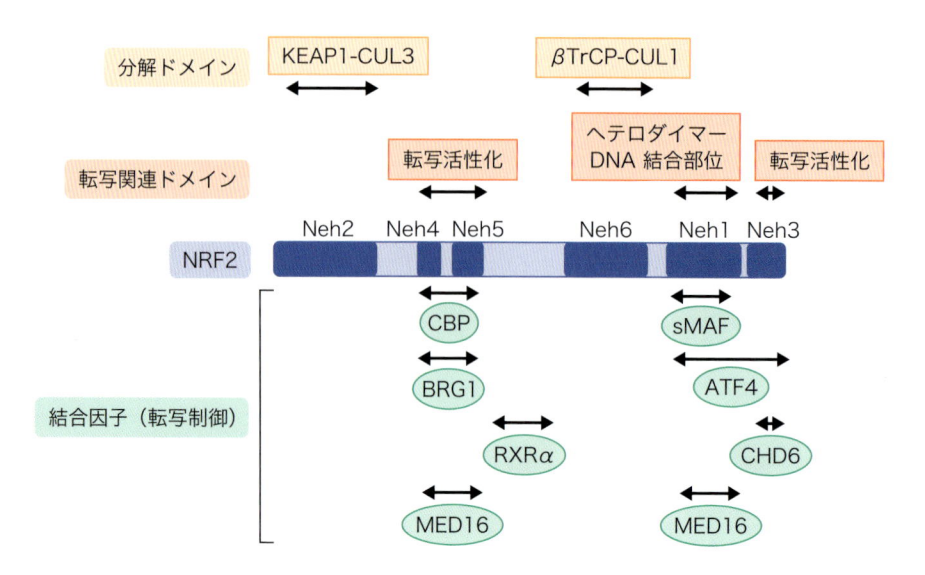

図2 NRF2のドメイン構造とそれぞれの機能
NRF2には分解と転写活性化にかかわるドメインが同定されている．N末端側から，Neh2はKEAP1による分解，Neh4，Neh5ドメインは転写活性化，Neh6はβTrCPによる分解，Neh1はsMAFとのヘテロダイマー化とARE配列への結合，Neh3は転写活性化に関与する．下部に，それぞれNRF2に結合する因子の結合領域を示した．

DLGモチーフ，ETGEモチーフが存在している．Neh6ドメインには，セリン残基が集簇しており，これがGSK3βによりリン酸化をうけるとβTrCPとの結合が促進されて，NRF2のユビキチン化がもたらされる．

2）これまでに知られていたNRF2と結合し，転写活性化にかかわる因子

遺伝子の転写制御機構の理解には，転写因子のDNA配列特異的な結合とともに，ヒストン修飾やDNAメチル化，高次クロマチン構造がつくりだすエピゲノム制御※2を考慮する必要がある．NRF2と協調的に作用する制御因子としては，これまでにCBPとCHD6が報告されている（図2）．

CBPは代表的なヒストンアセチル化酵素であり，NRF2のNeh4，Neh5ドメインに結合し，NRF2依存的なレポーター遺伝子を活性化する[4]．CHD6はヘリカーゼドメインとATPaseドメインを有しており，クロマチン構造を改変する活性があると考えられている．

> **※2 エピゲノム制御**
> DNAやヒストンの修飾，ヒストンバリアントによる置き換えなどの，DNAの塩基配列（ゲノム）の変化を伴わないクロマチン構造変換による制御．

CHD6のノックダウンにより，NRF2依存的な転写活性化が抑えられることが示されている（図2）[5]．また標的遺伝子*HO-1*誘導におけるNRF2の機能メカニズムについては，伊東らによる解析が代表的である．*HO-1*遺伝子は炎症や低酸素などさまざまな刺激をうけて誘導的に活性化されることが知られており，NRF2は*HO-1*遺伝子の有力な制御因子の1つである．NRF2はNeh4，Neh5ドメインを介してBRG1と結合し（図2）[6]，*HO-1*遺伝子を活性化する[5]．BRG1はヒストンリモデリング複合体のなかのATPase活性を有するサブユニットである．興味深いことに，BRG1をノックダウンすると，NRF2は*HO-1*遺伝子を活性化できなくなるが，他の標的遺伝子について問題なく活性化できた．これは，NRF2の活性化に伴い，*HO-1*遺伝子プロモーター領域に，Z-DNA構造とよばれる左巻きのDNAらせんが形成され，ここにBRG1が関与するものと考えられている[7]．

3）メディエーター複合体を介した転写活性化機構

ⅰ）NRF2の結合因子としてのメディエーター複合体

前項3 2）で紹介したように，いくつかのNRF2結合因子がこれまでに同定され，転写活性化に関与することが明らかとされているが，これまでNRF2による

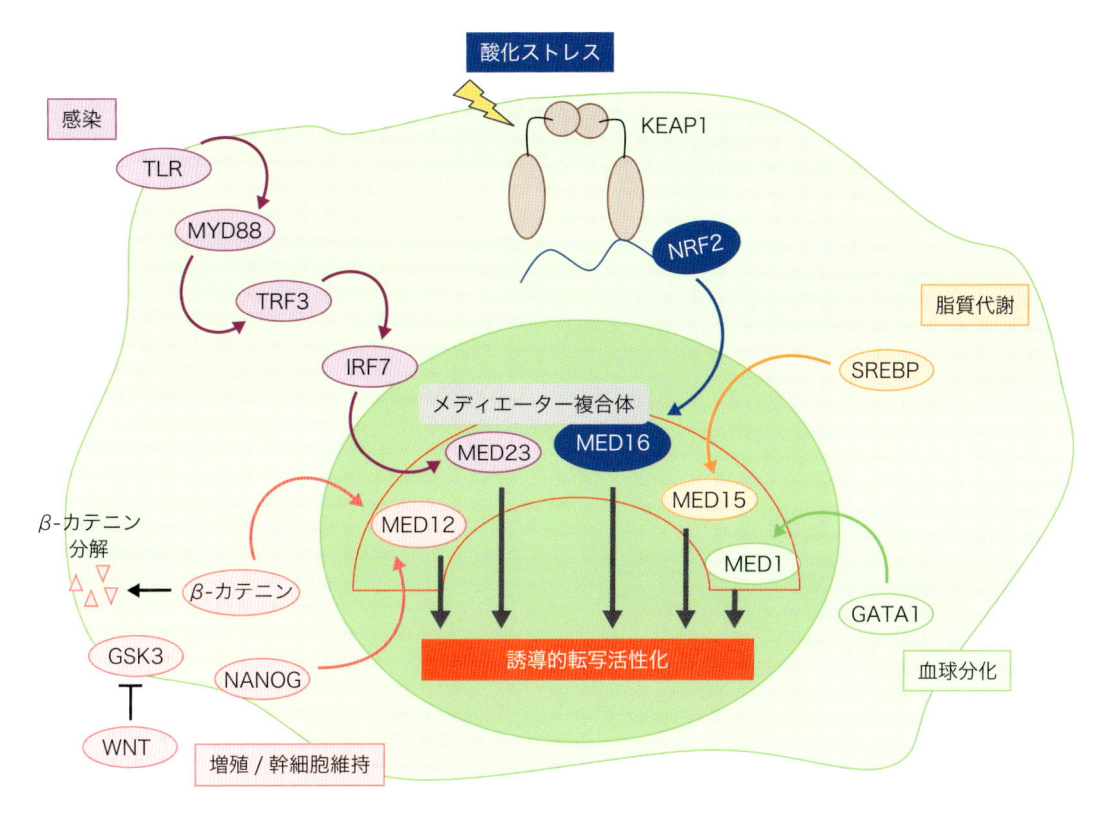

図3 メディエーター複合体の特異的サブユニットを介したシグナル依存的な転写活性化
メディエーター複合体は，30ほどのサブユニットからなる巨大複合体である．さまざまなシグナルに応答して活性化される転写因子は，それぞれに対応する特異的なサブユニットと結合することでメディエーター複合体をリクルートする．メディエーター複合体は，さまざまなシグナルを，シグナル特異的な遺伝子発現に帰結させる中継地点（ハブ）として機能するといえる．

転写活性化全般にかかわる分子基盤については，未解明であった．

われわれは，NRF2核内複合体を293F細胞の核抽出液から取得することで，この疑問に挑戦した．この複合体構成成分を液体クロマトグラフィー質量分析法（LC-MS/MS）によって，同定した．このうち，これまでに転写活性化に働くことが報告されている因子として，メディエーター複合体がNRF2結合因子であることを見出した[8]．メディエーター複合体は，核内においてRNAポリメラーゼⅡ系転写に必須の複合体である．メディエーター複合体は，およそ30のサブユニットからなる巨大複合体である．そのため多くのタンパク質と結合することが可能であり，近年，さまざまな細胞外シグナルを受けて活性化した転写因子が，シグナル応答特異的な転写反応をもたらす際の「中継地点（ハブ）」として機能することが指摘されている（**図3**）[9]．すなわち，活性化した転写因子がメディエーター複合体のなかの特定のサブユニットと相互作用することで，メディエーター複合体をよび込み，さらにRNAポリメラーゼⅡを活性化して転写を開始させるというものである．

そこで，われわれはメディエーター複合体とNRF2転写活性化機構との関係性を調べた．はじめに，NRF2のどのドメインとメディエーター複合体が結合するかを調べたところ，転写活性化に寄与するNeh4，Neh5ドメインと，Neh1ドメインに結合することが明らかとなった（**図2**）．メディエーター複合体は，Head，Middle，Tail，Kinaseなどのサブモジュール構造をとっていることが知られている．NRF2は，このなかでもTailモジュールに結合することが予想されたため，こ

のTailモジュールに含まれる因子との結合を調べた．その結果，MED16とNRF2が直接結合することが明らかとなった．さらに，このMED16とNRF2の結合はMED16のN末側ドメインを介していることがわかった．この領域には，WDリピートドメイン様の構造が存在しており，この構造がNRF2との結合に重要であるものと予想される[8]．

ii）MED16ノックアウト細胞の樹立と解析

MED16の遺伝子欠損マウスはこれまでに報告がなく，MED16がNRF2による転写活性化にどの程度貢献しているのかを評価するためのMED16欠損細胞の入手が困難であった．そこでわれわれはCRISPR-Cas9法[※3]によりHepa1c1c7細胞を用いてMED16ノックアウト（KO）細胞を樹立した．この細胞を用いて，NRF2による転写活性化におけるMED16の重要性を検証した．

まず，Hepa1c1c7細胞に，NRF2の活性化剤であるDEM（diethyl maleate）を作用させると発現誘導がみられる遺伝子のうち，*Nrf2*ノックダウンにより誘導幅が減少するものを，Hepa1c1c7細胞におけるNRF2の標的遺伝子とした．Hepa1c1c7細胞とMED16 KO Hepa1c1c7細胞とで，DEMによるこれらのNRF2標的遺伝子の発現誘導がどのように異なるかを調べた．その結果，NRF2の標的遺伝子の75％で，MED16 KO細胞における誘導幅の低下が認められた．解毒代謝酵素，抗酸化タンパク質，ペントースリン酸経路酵素など，主なNRF2の標的遺伝子はすべてMED16欠損により発現誘導が抑制された．したがって，MED16はDEMによる誘導的NRF2転写活性化において必須の因子であると結論された．さらにこのMED16 KO細胞の酸化ストレスへの感受性を評価したところ，NRF2ノックダウン細胞と同様に，酸化ストレス剤（メナジオン）への感受性が顕著に高まっていた．このことからもMED16はNRF2の重要なコファクターとして機能し，酸化ストレス応答において，必須の因子であることが示された．

※3　CRISPR-Cas9法
DNA二本鎖を切断（double strand breaks＝DSBs）して，gRNAによる指定によりゲノム配列の任意の場所を削除，置換，挿入することができる新しい遺伝子改変技術．

これまでに，MED16はMED23とMED24と強固に結合してTailモジュール内でのサブモジュールを形成していることが，MED23やMED24のノックアウトマウスや胎仔線維芽細胞などの解析から明らかとされている．すなわち，MED23もしくはMED24のいずれかが欠失しただけで，MED16，MED23，MED24の3因子がすべてメディエーター複合体から乖離することが報告されている．そこでMED16 KO細胞のメディエーター複合体について調べたところ，MED23やMED24は，MED16が欠失しているにもかかわらずメディエーター複合体内に存在していることがわかった．これは，MED23やMED24の欠損状態とは異なる結果であり，MED16がメディエーター複合体内では，MED23やMED24よりも外側に位置する可能性を示唆する．この結果をふまえて，MED16 KO細胞におけるNRF2とメディエーター複合体サブユニットの結合を調べたところ，MED16 KO細胞では，MED23やMED24とNRF2との結合が著しく減弱していた．これは，MED16が欠損した状態では，NRF2がメディエーター複合体をリクルートできなくなっていることを示している．したがって，メディエーター複合体はMED16を介して，NRF2にリクルートされるものと考えられる[8]．

iii）メディエーター複合体によるNRF2依存性転写の促進機構

MED16がNRF2とともにARE配列に結合しているかを調べるために，NRF2が恒常的に活性化している肺がん細胞由来A549細胞を用いてChIPアッセイを行った．その結果，NRF2依存的にMED16がARE配列に結合することが示され，両者がクロマチン上で協調して機能することが確認された．

MED16 KO細胞では，DEM誘導的なNRF2標的遺伝子の発現が障害されているが，その際NRF2タンパク質の核蓄積には変化がなく，また，標的遺伝子のARE配列へのNRF2の結合にも変化がなかった．したがって，MED16を介したメディエーター複合体は，NRF2の核蓄積やDNA結合には影響をしないといえる．

メディエーター複合体は，一部のサブユニットCDK8やMED26などを介して，RNAポリメラーゼⅡの活性化（リン酸化）を制御することが知られている．そこでMED16 KO細胞において，NRF2標的遺伝子上での，DEM誘導的なRNAポリメラーゼⅡのリン酸化状

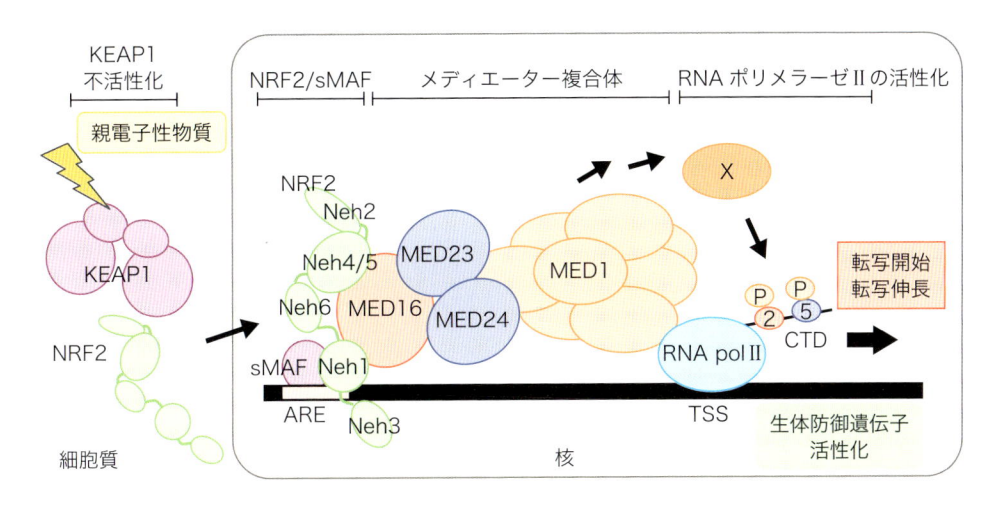

図4 KEAP1-NRF2-MED16 経路による転写活性化

KEAP1が細胞質で酸化ストレスを感知すると，NRF2が安定化して核移行する．核移行したNRF2は，ARE配列に結合し，MED16との結合を介してメディエーター複合体をリクルートし，RNAポリメラーゼⅡ（RNA pol Ⅱ）のCTDリン酸化を制御して標的遺伝子の転写を促進する．

態をChIPアッセイで調べた．その結果，MED16 KO細胞では，DEM誘導的なRNAポリメラーゼⅡのリン酸化の上昇が観察されなかった．すなわちMED16を介したメディエーター複合体とNRF2の結合は，標的遺伝子上でのRNAポリメラーゼⅡのリン酸化を調節していることが明らかとなった（図4）[8]．今回の解析から，一部のNRF2標的遺伝子では，NRF2の活性化以前にRNAポリメラーゼⅡがプロモーターに結合しており，転写開始状態にはいっていることがわかった．これは，NRF2がメディエーター複合体をよび込むことで転写伸長を促進する可能性を示唆している．転写伸長段階での制御は，熱ショックや低酸素など他の外部刺激に対する応答における遺伝子活性化機構でも観察されており，ストレス応答を担う転写活性化機構に共通する特徴とも考えられ，たいへん興味深い（図3）[10]．

おわりに

KEAP1-NRF2システムはこれまで，細胞の酸化ストレスに対する防御機構や，がんの代謝調節を通して生体における重要な役割を果たしていることが明らかにされてきた．ところが，その標的遺伝子を調節する核内での分子機構には不明な点が多く残されていた．

今回，KEAP1-NRF2-MED16経路が酸化ストレスに対する防御を司る誘導的な転写活性化に必須であることがわかったが，NRF2依存的な増殖，悪性化を示すがん細胞における貢献がどの程度であるかはまだ評価できていない．今後は，この点を明らかとし，本経路ががん細胞でも主要な貢献を果たしている場合，NRF2-MED16の結合を標的とした創薬の可能性にもつながるものと考えられる．また，NRF2依存的増殖を示すがん細胞で，異なる経路を使用している場合は，特異的分子機構を明らかとし，特異的に抑制する方法の確立が，NRF2依存的な悪性化を示すがん細胞に対しての，よい治療戦略となると考えられる．

文献

1) Itoh K, et al：Genes Dev, 13：76-86, 1999
2) Mitsuishi Y, et al：Cancer Cell, 22：66-79, 2012
3) Otsuki A, et al：Free Radic Biol Med, 91：45-57, 2016
4) Katoh Y, et al：Genes Cells, 6：857-868, 2001
5) Nioi P, et al：Mol Cell Biol, 25：10895-10906, 2005
6) Zhang J, et al：Mol Cell Biol, 26：7942-7952, 2006
7) Maruyama A, et al：Nucleic Acids Res, 41：5223-5234, 2013
8) Sekine H, et al：Mol Cell Biol, 36：407-420, 2016
9) Allen BL & Taatjes DJ：Nat Rev Mol Cell Biol, 16：155-166, 2015
10) Galbraith MD, et al：Cell, 153：1327-1339, 2013

<著者プロフィール>
関根弘樹:東北大学加齢医学研究所遺伝子発現制御分野助教.2001年,東北大学理学部化学科卒業.'07年,筑波大学大学院人間総合科学研究科修了,博士(医学).筑波大学(JST)・博士研究員,東京大学・博士研究員,東北大学大学院医学研究科・助教を経て'15年より現職.環境応答転写因子の転写活性化分子メカニズムの解明に,生化学的手法などを用いて取り組んでいる.

本橋ほづみ:東北大学加齢医学研究所遺伝子発現制御分野教授.1990年,東北大学医学部卒業.'96年,東北大学大学院医学研究科修了.博士(医学).筑波大学TARAセンター,米国ノースウエスタン大学を経て,2006年より東北大学大学院医学系研究科,助教授.'13年より現職.Nrf2依存性の難治性がんの治療開発をめざして,がん細胞特異的なNrf2機能の探索を行っている.

第2章 栄養環境応答において，ゲノムはどのように読まれるか？〜ニュートリゲノミクス〜

6. 摂食・絶食サイクルの転写調節機構

矢作直也

> 肝臓は他の消化器官（胃・腸管・膵臓）などからのホルモンシグナルに加えて，腸管や脂肪組織などからの栄養・代謝物シグナルを幅広く受けとっている．さまざまなシグナルを受けながら複雑な栄養環境応答を行うにあたり，ゲノム情報を参照した高度な情報処理である遺伝子発現制御は大きな役割を担っている．

はじめに

ヒトは摂食状態と絶食状態との間を常に行き来しており，食餌摂取で栄養素・エネルギーを取り込んで貯蔵し，空腹時にはそれを吐き出して消費する（図1）．このような食サイクルは，脊椎動物が両生類として陸上に上がって間欠的な食行動が中心となって以来，必然的に要求され，今日のわれわれのあり方を規定している．

食餌の摂取状況は全身の臓器・細胞の遺伝子発現状態にさまざまな影響を及ぼしているが，特に肝臓・脂肪組織などのエネルギー貯蔵臓器に対しては大きな影響を与える．本稿では特に肝臓における栄養環境応答に関して，「栄養・代謝物シグナル」に着目しながら，「ゲノムの読まれ方」の調節機構について述べることとする．

[キーワード＆略語]
栄養・代謝物シグナル，摂食・絶食応答，肝臓，アセチルCoA，転写複合体

AceCS1：acetyl-CoA synthetase 1
ACL：ATP-citrate lyase
CREB：cAMP response element binding protein
CRTC2：CREB-regulated transcriptional coactivator 2
FAS：fatty acid synthase
GCN5：general control of amino-acid synthesis 5
GR：glucocorticoid receptor
　（グルココルチコイドレセプター）
HNF-4α：hepatocyte nuclear factor-4α
KLF15：krüppel-like factor 15
LXRE：LXR response element
MCD：malonyl-CoA decarboxylase
PDC：pyruvate dehydrogenase complex
　（PDH複合体）
PGC-1α：PPARγ coactivator 1α
PPARα：peroxisome proliferator-activated receptor α
SRC1：steroid receptor coactivator 1
SREBP-1：sterol regulatory element-binding protein-1
TFEL：transcription factor expression library
　（転写因子発現ライブラリー）

Transcriptional regulation of feeding/fasting cycles
Naoya Yahagi：Nutrigenomics Research Group, Faculty of Medicine, University of Tsukuba（筑波大学医学医療系ニュートリゲノミクスリサーチグループ）

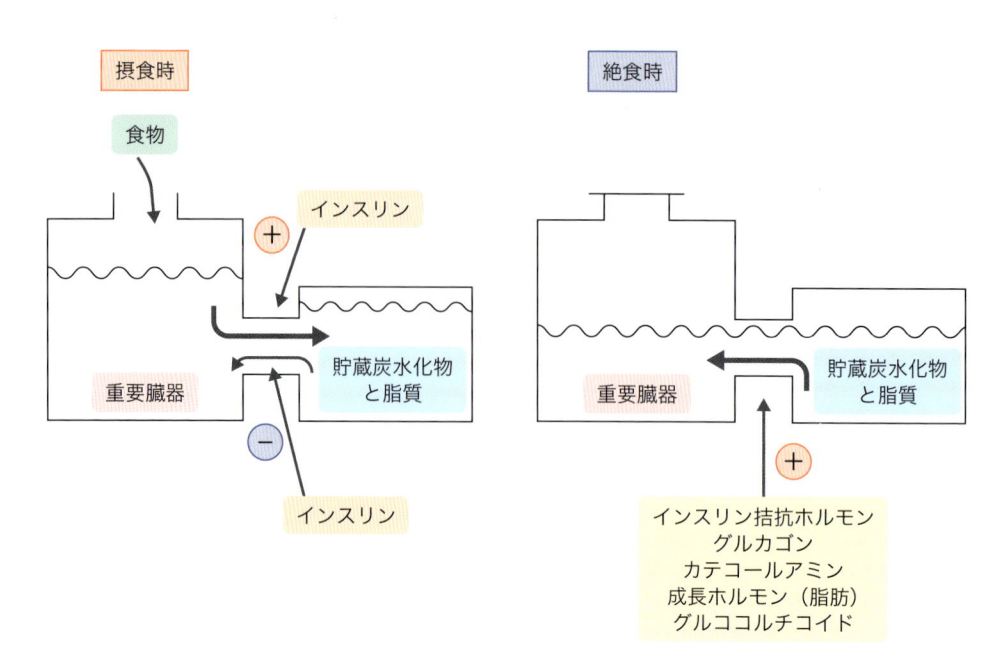

図1 ヒトは摂食状態と絶食状態との間を行き来している
ヒトは摂食状態と絶食状態との間を常に行き来しており，食餌摂取で栄養素・エネルギーを取り込んで貯蔵し，空腹時にはそれを吐き出して消費する．文献1をもとに作成．

1 細胞外シグナルと細胞内シグナル

まずはじめに，摂食状態と絶食状態との間を行き来する際に，それぞれの状態で肝臓へインプットされることが知られているシグナルについて，主なものを表に整理した．肝臓は他の消化器官（胃・腸管・膵臓）からのホルモンシグナルに加えて，腸管や脂肪組織などからの栄養・代謝物シグナルを幅広く受けとっている．さらにそれらのシグナルは細胞内で代謝を受け，一部は細胞内シグナルとしても作用する．このように，「栄養・代謝物シグナル」はホルモンシグナルと比べても複雑度が高く，また，表に記載されていないもの（例えば各種アミノ酸など）もおそらく多数，存在していることにもご留意いただきたい．

2 細胞内シグナル分子としてのアセチルCoA

ここで，栄養・代謝物シグナルの一例として，アセチルCoAについて少し詳しくとり上げたい．特に核内のアセチルCoA代謝は，ヒストンのアセチル化状態，

表　絶食・摂食による主な栄養シグナルの動き

			絶食状態	摂食状態
細胞外シグナル	ホルモン	インスリン	↓	↑
		グルカゴン	↑	↓
		GLP-1/GIP	↓	↑
		グレリン	↑	↓
		グルココルチコイド	↑	↓
	栄養・代謝物	グルコース	↓	↑
		脂肪酸	↑	↓
細胞内シグナル	栄養・代謝物	NAD^+	↑	↓
		AMP	↑	↓
		アセチルCoA	↓	↑
		グリコーゲン	↓	↑

肝臓は他の消化器官（胃・腸管・膵臓）からのホルモンシグナルに加えて，腸管や脂肪組織などからの栄養・代謝物シグナルを幅広く受けとっている．

すなわちクロマチンの全般的な活性化状態にも影響を与えうるため，近年，注目されている（図2）．

アセチルCoAそのものは細胞質から直接，核へ移行することはないが，クエン酸，酢酸またはピルビン酸

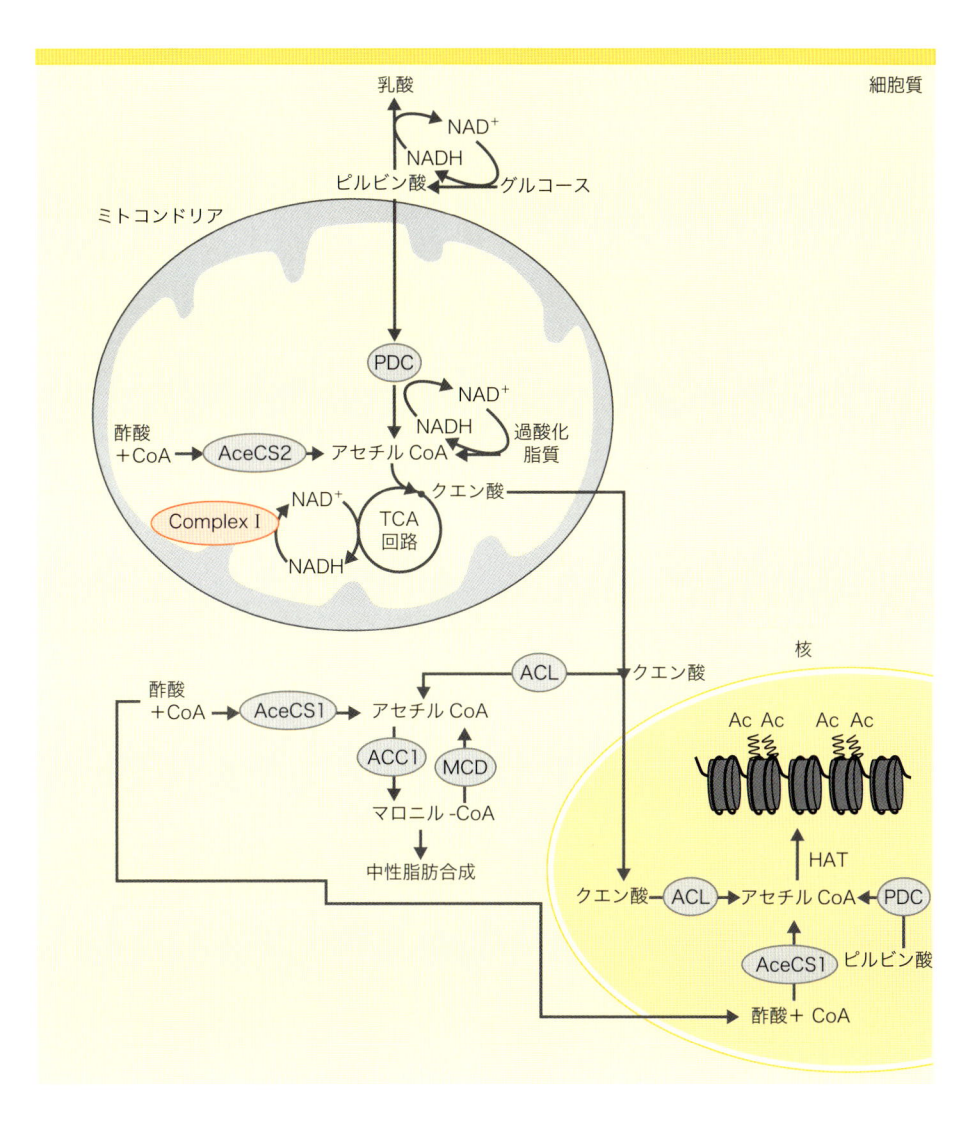

図2 核内のアセチルCoA合成経路
核内のアセチルCoA合成経路には，①ACLでクエン酸から，②AceCS1で酢酸から，③PDCでピルビン酸から，の3つの経路が知られている．ACL：ATP-citrate lyase, PDC：pyruvate dehydrogenase complex, AceCS1：acetyl-CoA synthetase 1, MCD：malonyl-CoA decarboxylase．文献2をもとに作成．

の形では核内へ拡散により移行可能である．そして，クエン酸からはACL（ATP-citrate lyase）により[3]，酢酸からはAceCS1（acetyl-CoA synthetase 1）[3)4)]，ピルビン酸からはPDH複合体（pyruvate dehydrogenase complex：PDC）によって[5]，それぞれアセチルCoAが合成される．これらの経路により合成された核内アセチルCoAはGCN5（general control of amino-acid synthesis 5），PCAF（p300/CBP-associated factor）やp300/CBPなどのヒストンアセチル基転移酵素の基質として使われ，細胞増殖時や分化時のヒストンアセチル化状態変化に影響を及ぼすことが報告されている[3)5)]．

さらに詳しい内容については，松本らの項（第2章-3）を参照されたい．

3 絶食・摂食応答と遺伝子発現調節

前述のようなさまざまなホルモンならびに栄養・代

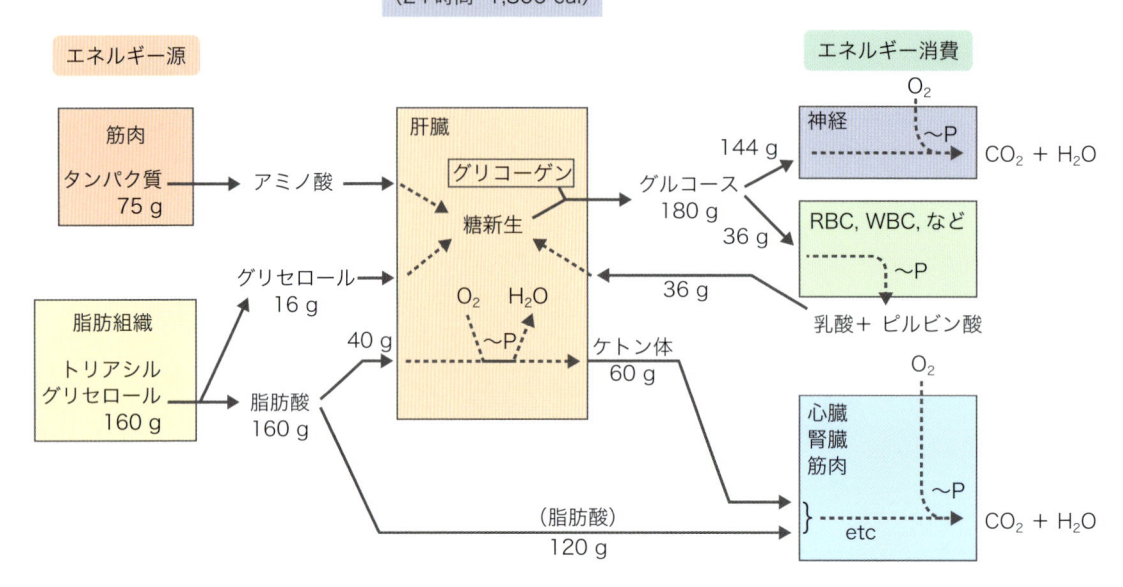

図3 絶食時のエネルギー代謝収支
絶食時のヒトでは，肝臓・脂肪組織などのエネルギー貯蔵臓器と脳・心臓などのエネルギー消費臓器との間でグルコース・脂肪酸・ケトン体などのエネルギー運搬代謝物をやりとりしながら全身のエネルギー代謝を支えている．文献6をもとに作成．

謝物シグナルを受けながら肝臓は栄養環境応答を行っているが，その際に，ゲノム情報を参照した遺伝子発現制御は大きな役割を担っている．

図3に示すように，絶食時のヒトでは，肝臓・脂肪組織などのエネルギー貯蔵臓器と脳・心臓などのエネルギー消費臓器との間でグルコース・脂肪酸・ケトン体などのエネルギー運搬代謝物をやりとりしながら全身のエネルギー代謝を支えている．

絶食中における肝臓の機能としては，血中へグルコースとケトン体を供給することが特に重要であるが，そのために，肝臓では，**1）糖新生，2）脂肪酸代謝系の促進**と，**3）中性脂肪合成系の抑制**が行われている．そして，そのような絶食応答を実現するために，ゲノム情報を参照した遺伝子発現調節が重要な役割を担っていて，逆に摂食時にはこれらの経路は逆向きの転写制御を受ける．後述にそれぞれの調節系の概要を述べる．

1）糖新生系

図4に示すように，糖新生系の調節メカニズムには，ホルモン（グルカゴン・インスリン・グルココルチコイド）のシグナルを受けて行われる経路と，代謝物シグナルを受けて行われる経路の両方が存在している．

i）ホルモンシグナルによる制御機構

ホルモンシグナルによる制御機構として，グルカゴンはCRTC2（CREB-regulated transcriptional coactivator 2）の脱リン酸化と核内への移行を促進する．CRTC2はCREBによるPGC-1α（PPARγ coactivator-1α）の転写を活性化し，PGC-1αはFoxO1（forkhead box O1），グルココルチコイドレセプター（GR），HNF-4α（hepatocyte nuclear factor-4α）と複合体を形成して糖新生酵素遺伝子の発現を誘導する．また，絶食時に増加するグルココルチコイドもGRを介して糖新生酵素遺伝子の転写を促進する．逆に，摂食後に増加するインスリンによるAktの活性化はCRTC2とPGC-1αをリン酸化し，分解へと導くとともに，FoxO1をリン酸化して核外移行を促進するため，グルカゴン作用に拮抗的となる[8]．

ii）代謝物シグナルによる制御機構

一方，代謝物シグナルによる制御機構の主なものとして，NAD^+とアセチルCoAによる糖新生系酵素遺伝

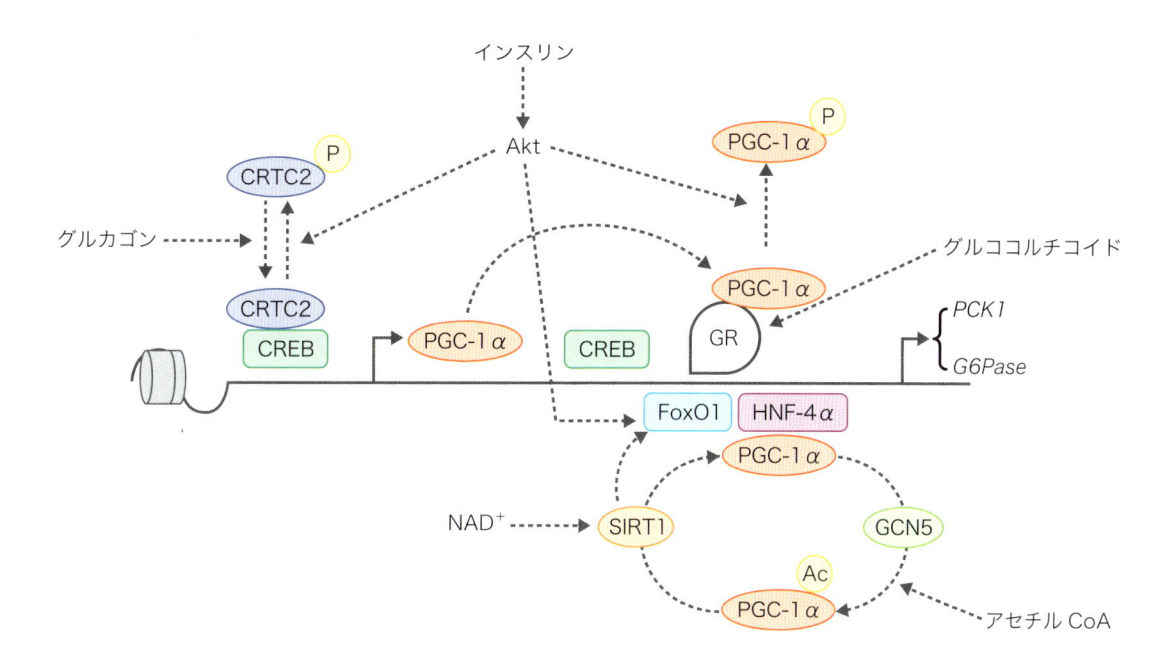

図4　糖新生系酵素遺伝子の発現調節機構：ホルモンシグナルと代謝物シグナル

ホルモンシグナルによる制御機構として，グルカゴンはCRTC2の脱リン酸化と核内への移行を促進する．CRTC2はCREBの転写を活性化し，PGC-1αはFoxO1，GR，HNF-4αと複合体を形成して糖新生系酵素遺伝子の発現を誘導する．逆に，インスリンによるAktの活性化はCRTC2とPGC-1αをリン酸化し，分解へと導くとともに，FoxO1をリン酸化して核外移行を促進する．また，絶食時に増加するグルココルチコイドもGRを介して糖新生遺伝子の転写を促進する．一方，代謝物シグナルによる制御機構として，PGC-1αはNAD$^+$の存在下にSIRT1により脱アセチル化されて活性化される．この経路は，アセチルCoA存在下に生じるGCN5によるPGC-1αのアセチル化により阻害される．Ac：acetyl group, CREB：cAMP response element-binding protein, FoxO1：forkhead box O1, GR：glucocorticoid receptor, HNF-4α：hepatocyte nuclear factor-4α, P：phosphate group, PGC-1α：peroxisome proliferator-activated receptor γ coactivator 1α, SIRT1：sirtuin 2 ortholog 1, CRTC2：CREB-regulated transcriptional coactivator 2．文献7をもとに作成．

子の転写調節機構が知られている．肝細胞内のアセチルCoAは，絶食時に減少し，摂食後に増加する．核内のアセチルCoA量の変化についてはまだ詳細な報告はないが，摂食後にはおそらく核内のアセチルCoAも前述のような複数の経路を経て合成されるため，このアセチル化基質の供給を受けてGCN5によるPGC-1αのアセチル化が進み，PGC-1αの機能は抑制され，糖新生系酵素の転写が抑制される[9]．同じ機序により，絶食時には逆にPGC-1αの働きが増強される．

これと並行して，NAD$^+$の増減もPGC-1αのアセチル化の制御にかかわっているとされる．絶食時に増加するNAD$^+$は脱アセチル化酵素SIRT1を活性化し，SIRT1による脱アセチル化によってPGC-1αは絶食時に活性化されて糖新生系酵素の転写を増加させる[10]．

ⅲ）絶食応答を引き起こす，その他の代謝物シグナル

肝臓での糖新生系の絶食応答を引き起こす，その他の代謝物シグナルの存在も近年，明らかになってきた．

1つは清水らの項（第3章-8）に詳しいが，絶食時に骨格筋から供給されるアラニンなどのアミノ酸である．アラニンは糖原性アミノ酸の1つであり，肝臓での糖新生の基質として重要であるが，骨格筋から肝臓へのアラニン供給が不足するとヘパトカインであるFGF21の遺伝子発現が誘導され，このFGF21の作用を受けて脂肪組織での中性脂肪分解が亢進し，もう1つの重要な糖新生基質であるグリセロールの供給が増加してアラニンの不足を補うという[11]．

また，最近われわれは，グルコースの貯蔵用ポリマーであり，肝臓での糖産生の原料の1つであるグリコー

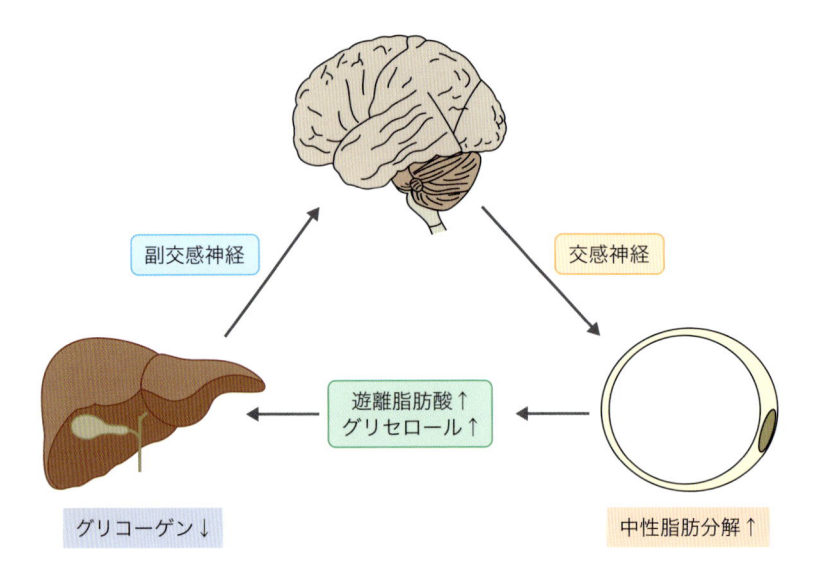

図5 グリコーゲン枯渇による脂肪分解促進のメカニズム
肝臓内グリコーゲン量は絶食時の代謝物シグナルの1つである．グリコーゲン不足がトリガーとなって，自律神経系が活性化され，脂肪組織での中性脂肪分解が亢進し，グリセロールの供給と脂肪酸代謝が促進される．文献12をもとに作成．

ゲンが直接に（グリコーゲンの分解代謝物ではなく）代謝物シグナルとなっていることを報告した（図5）[12]．この経路では肝臓内グリコーゲン量の不足がトリガーとなって，自律神経系が活性化され，脂肪組織での中性脂肪分解が亢進し，グリセロールの供給と脂肪酸代謝が促進される．

このように，糖新生系の調節メカニズムには，ホルモンシグナルを受けて行われる経路と代謝物シグナルを受けて行われる経路の両方が存在しているが，その生理的意義はどこにあるのだろうか．この点については，詳細なデータや文献がまだ不十分であり，推測の域を出ないが，絶食・摂食進行のそれぞれの時相に応じた複数のメカニズムの併用によって，種々の代謝物のその時々の存在量を反映した臨機応変な調節が可能となっているのではないかと想像している．

2）脂肪酸代謝系

図3に示すように，絶食時の肝臓には脂肪組織から多量の遊離脂肪酸が流入し，β酸化とケトン体の合成・放出が行われるが，この経路は主に，核内受容体型転写因子であるPPARα（peroxisome proliferator-activated receptorα）によって調節されている（図6）．ここでは遊離脂肪酸が核内でPPARαにリガンドとして結合し作用することで，共役因子であるPGC-1α，SRC，CBP/p300との複合体が形成され，β酸化やケトン体産生に必要な諸酵素遺伝子の転写が活性化される．

3）中性脂肪合成系

ⅰ）中性脂肪合成系遺伝子群の発現変動

糖新生系やβ酸化系とは逆に，肝臓の中性脂肪合成系遺伝子群は絶食時に発現が抑制され，摂食時には逆に遺伝子発現が激的に増加する（図7）．以前，われわれはこの肝臓の中性脂肪合成系遺伝子群の絶食・摂食応答は転写因子SREBP-1（sterol regulatory element-binding protein-1）の働きを介するものであることをSREBP-1ノックアウト（KO）マウスの解析から報告した[14]．図7に示すとおり，SREBP-1 KOマウスの肝臓においては，ACCやFASなどの中性脂肪合成系酵素遺伝子の食餌性の誘導が著明に減弱している．また，これらの中性脂肪合成系遺伝子群は，摂食応答で増加する遺伝子群のなかでも増加率の上位を占めており，最も強く食餌の影響を受けて発現変動する遺伝子群である[15]．

ⅱ）転写因子SREBP-1の作用

転写因子SREBP-1は，bHLH-Zip（basic-helix-loop-helix-leucine zipper）ファミリーに属する転写

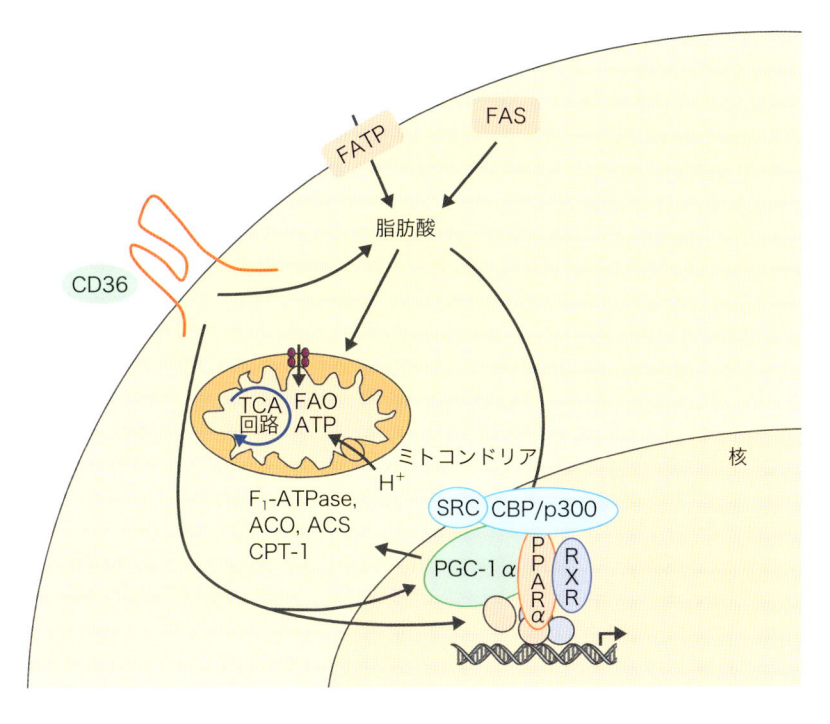

図6　脂肪酸による核内受容体PPARαの活性化
遊離脂肪酸はPPARαのリガンドとして作用し，β酸化やケトン体産生に必要な酵素遺伝子の転写を促進する．FAO：fatty acid oxidation，FAS：fatty acid synthase，ACO：acyl CoA oxidase，ACS：acyl CoA synthase．文献13をもとに作成．

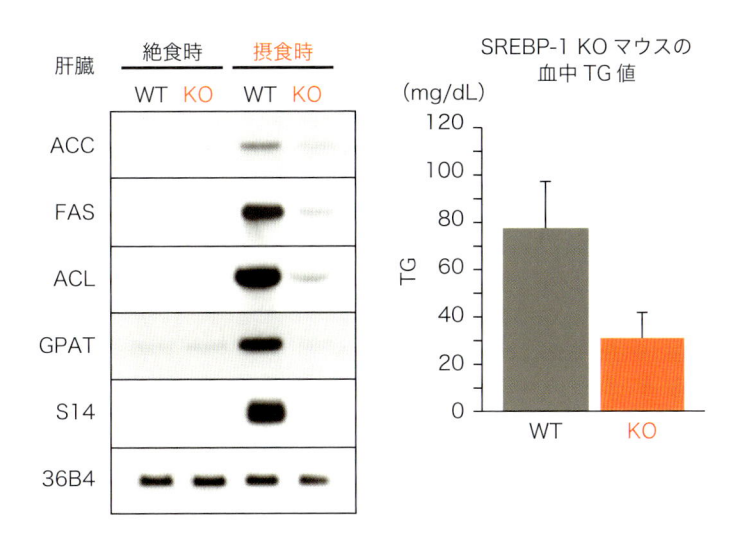

図7　中性脂肪合成系遺伝子群の絶食・摂食応答とSREBP-1
肝臓の中性脂肪合成系遺伝子群は絶食時に発現が抑制され，摂食時には逆に遺伝子発現が激的に増加する．SREBP-1 KOマウスの肝臓においては，中性脂肪合成系酵素遺伝子の食事性の誘導が著明に減弱している．ACC：acetyl-CoA carboxylase，FAS：fatty acid synthase，ACL：ATP-citrate lyase，GPAT：glycerol-3-phosphate acyltransferase，S14：spot 14．文献14より転載．

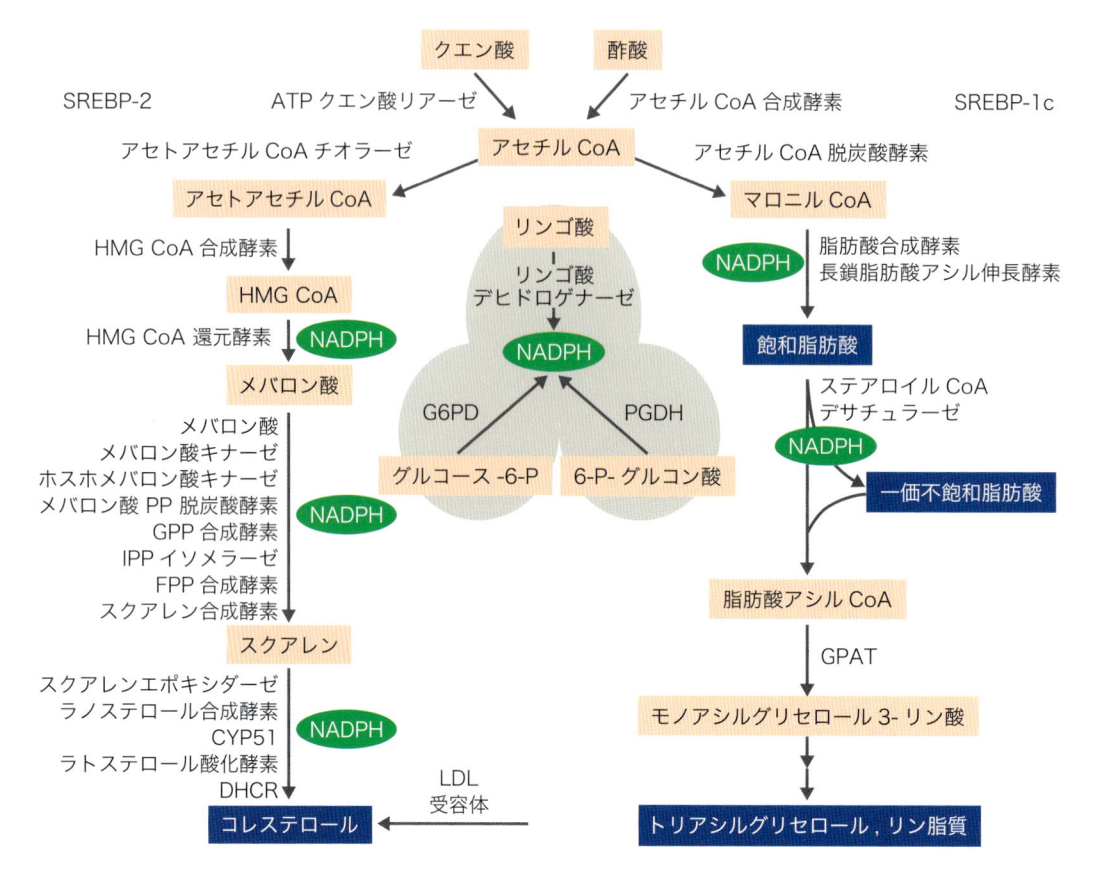

図8 SREBP-1とSREBP-2の標的遺伝子群
　SREBP-1と同じファミリーに属するSREBP-2がコレステロール合成系の諸酵素遺伝子の転写を司るのに対し，SREBP-1は主に脂肪酸・中性脂肪合成系の諸酵素遺伝子の転写を促進する働きをもつ．文献17をもとに作成．

因子であり[16]，同じファミリーに属するSREBP-2がコレステロール合成系の諸酵素遺伝子の転写を司るのに対し，SREBP-1は主に脂肪酸・中性脂肪合成系の諸酵素遺伝子の転写を促進する働きをもつ（**図8**）[17]．

　絶食・摂食応答に際し，SREBP-1はその標的となる中性脂肪合成系遺伝子群の発現制御を行うが，それに先立って，SREBP-1自身の発現が絶食で著明に低下し，逆に，摂食で顕著に誘導される[18]．

ⅲ）絶食・摂食によるSREBP-1の発現制御メカニズム

　では，そのSREBP-1の発現制御機構はどのようになっているのか．SREBP-1遺伝子の発現制御機構については，まず，LXR（liver X receptor）αおよびβのダブルKOマウスの肝臓においてSREBP-1発現が著明に低下していたことから，LXRがSREBP-1cプロモーターに結合し，転写調節に関与していることが2000年に報告された[19]．またほぼ同時期にわれわれもSREBP-1プロモーターを活性化する因子の発現クローニングを行ったところ，LXRαとβが単離され[20]，LXRの関与が裏づけられた．

　LXRは酸化ステロールをリガンドとする核内受容体型転写因子であり，RXR（retinoid X receptor）とヘテロダイマーを形成してLXRE（LXR response element）に結合し，ステロールの代謝調節などを司っている．

　ここで，SREBP-1の絶食・摂食応答が，酸化ステロールなどのLXRリガンドとなる食事由来の代謝物量の変化によってもたらされるのでは？という仮説が浮上する．じつはこの仮説は，LXRのSREBP-1以外の標的遺伝子が絶食・摂食で発現変動を示さないことなどからも否定されるが，われわれはさらに詳細なSREBP-1

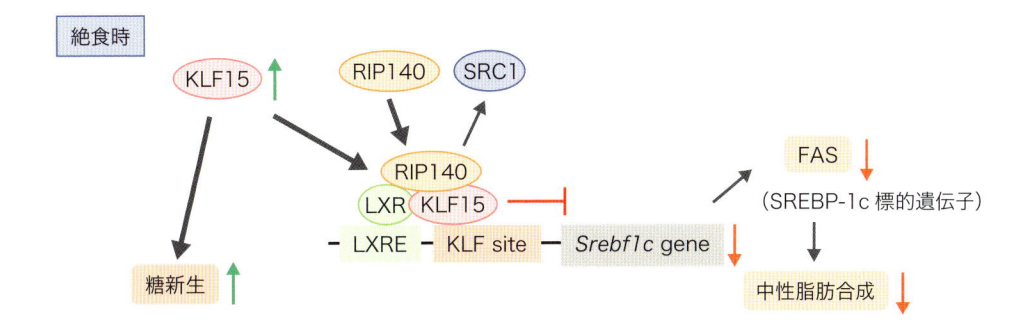

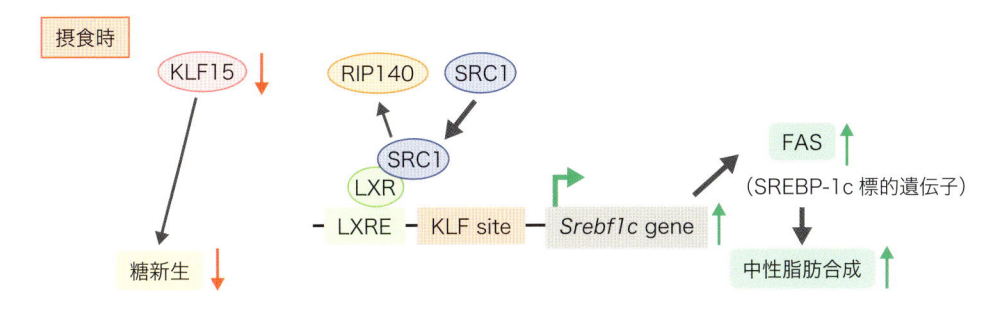

図9 KLF15-LXR/RXR-RIP140複合体によるSREBP-1の発現制御
KLF15が絶食時に誘導されると，KLF15-LXR/RXR-RIP140（転写共役因子で転写抑制に働く）複合体がSREBP-1プロモーター上に形成され，SREBP-1遺伝子の転写を抑制する．逆に摂食後にはKLF15が減少することにより，RIP140が複合体から離れ，転写促進因子のSRC1と入れ替わることでSREBP-1遺伝子の転写が促進される．

プロモーターに対する in vivo でのレポーター遺伝子解析（in vivo Ad-luc解析）を行った結果，SREBP-1の絶食・摂食応答にはLXREだけでは不十分であり，その近傍の別のシスエレメントが必須の働きをしていることをつきとめた[21]．さらに，このシスエレメントに結合して作用する転写因子を，われわれが独自に構築した転写因子発現ライブラリー（transcription factor expression library：TFEL）から探索したところ，KLF15（krüppel-like factor 15）が同定された．

KLF15が絶食時に誘導されると，KLF15-LXR/RXR-RIP140（転写共役因子で転写抑制に働く）複合体がSREBP-1プロモーター上に形成され，SREBP-1遺伝子の転写を抑制する．逆に摂食後にはKLF15が減少することにより，RIP140が複合体から離れ，転写促進因子のSRC1と入れ替わることでSREBP-1遺伝子の転写が促進されるという新たなメカニズムが明らかになった（図9）[21]．

じつはこのKLF15は，糖新生系遺伝子の転写調節にも関与していることが知られており[22,23]，今回の研究から，絶食・摂食応答のなかで糖新生系と中性脂肪合成系とが逆向きの調節を受ける機序の1つが解明された．

なお，SREBP-1遺伝子がコレステロール代謝物などのLXRリガンドによっても発現調節を受けることの生理的意義については，次のように考えている．コレステロール代謝物は，LXR活性化を通じてステロール過剰時にSREBP-1のmRNA発現を高める方向に作用するが，一方で，SREBP-1タンパク質切断による活性化の段階ではステロール過剰により活性化が抑制される．このため，トータルとして，コレステロール代謝物量は活性化SREBP-1タンパク質量に大きな影響を与えない．つまり，転写調節機構と切断活性化調節機構が互いに逆方向に作用し，打ち消し合うことにより，本来，中性脂肪合成系の調節を司るSREBP-1をステロール調節系から独立させ，ステロール需給バランスの影響を受けにくくしていると考えられる．

おわりに

以上にみてきたように，肝臓は他の消化器官（胃・腸管・膵臓）などからのホルモンシグナルに加えて，腸管や脂肪組織などからの栄養・代謝物シグナルを幅広く受けとっている．このようなさまざまなシグナルを受けながら複雑な栄養環境応答を行うにあたり，遺伝子発現制御は大きな役割を担っている．動物にとって食行動というものは，本来，不確定要素も多い複雑な行動であり，このようなゲノム情報を参照した高度な情報処理を行うことによってはじめて，複雑な摂食活動から生じる種々の代謝物の多彩な変化に対する臨機応変な対応が可能となっているのかもしれない．

文献

1) 「Joslin's Diabetes Mellitus, 14th Edition」(Kahn CR, et al, eds), Lippincott Williams & Wilkins, 2005
2) Menzies KJ, et al：Nat Rev Endocrinol, 12：43-60, 2016
3) Wellen KE, et al：Science, 324：1076-1080, 2009
4) Takahashi H, et al：Mol Cell, 23：207-217, 2006
5) Sutendra G, et al：Cell, 158：84-97, 2014
6) Cahill GF Jr：N Engl J Med, 282：668-675, 1970
7) Sugden MC, et al：J Endocrinol, 204：93-104, 2010
8) Puigserver P & Spiegelman BM：Endocr Rev, 24：78-90, 2003
9) Lerin C, et al：Cell Metab, 3：429-438, 2006
10) Rodgers JT, et al：Nature, 434：113-118, 2005
11) Shimizu N, et al：Nat Commun, 6：6693, 2015
12) Izumida Y, et al：Nat Commun, 4：2316, 2013
13) Demers A, et al：PPAR Res, 2008：364784, 2008
14) Shimano H, et al：J Biol Chem, 274：35832-35839, 1999
15) Yahagi N & Shimano H：Microarray analyses of SREBP-1 target genes.「Understanding Lipid Metabolism with Microarrays and Other Omic Approaches」(Berger A, et al, eds), pp237-248, CRC Press, 2005
16) Yokoyama C, et al：Cell, 75：187-197, 1993
17) Horton JD, et al：J Clin Invest, 109：1125-1131, 2002
18) Horton JD, et al：Proc Natl Acad Sci USA, 95：5987-5992, 1998
19) Repa JJ, et al：Genes Dev, 14：2819-2830, 2000
20) Yoshikawa T, et al：Mol Cell Biol, 21：2991-3000, 2001
21) Takeuchi Y, et al：Cell Rep, 16, in press, 2016
22) Teshigawara K, et al：Biochem Biophys Res Commun, 327：920-926, 2005
23) Gray S, et al：Cell Metab, 5：305-312, 2007

＜著者プロフィール＞
矢作直也：18ページ参照．

第3章
栄養による遺伝子制御と生命現象・臓器機能
〜その破綻と疾患の観点から〜

第3章 栄養による遺伝子制御と生命現象・臓器機能～その破綻と疾患の観点から～

概論

医学・疾患研究とニュートリゲノミクス

矢作直也

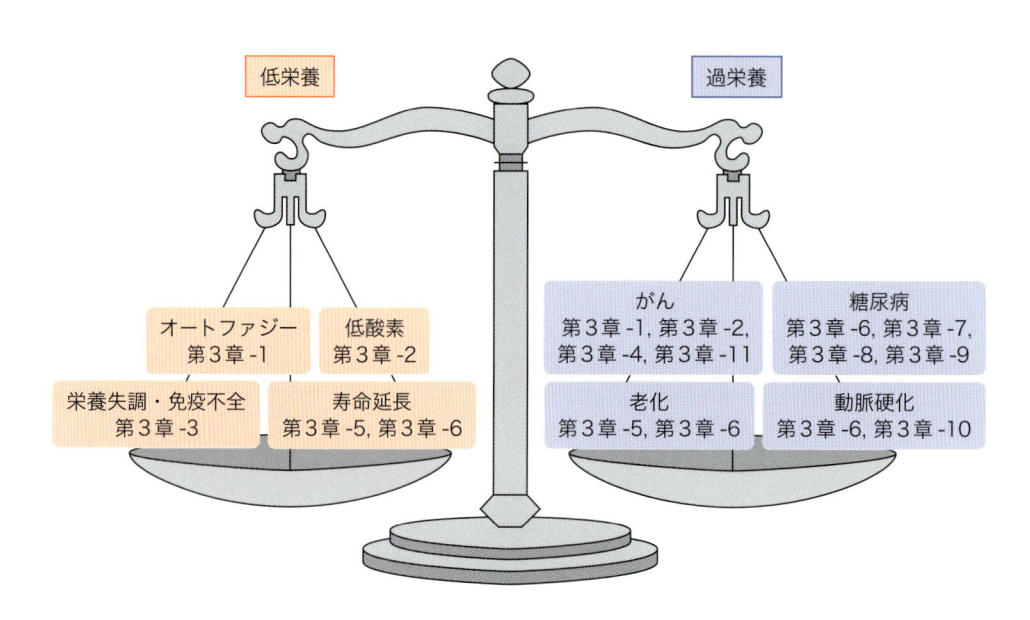

図　諸刃の剣である栄養

　ヒトの身体にとって，栄養の摂取は生命の維持に必要不可欠でありながら，過剰に摂取すれば肥満や動脈硬化につながり，健康を害する元となる．また，適度なカロリー制限は寿命を延長する方向に働く．このように，栄養とは健康にも不健康にも働きうる諸刃の剣であり，疾患研究にとっても栄養とのかかわりは非常に重要である（図）[1]．

　「諸刃の剣」とは，すなわち多面性をもつということであり，ここでもやはり，第2章で触れられたような，ゲノムとの相互作用を通じた「高度な情報処理系」がことの本質に深く関与していることは容易に想像される．生命にとって，ゲノムを含むクロマチンというものは，複雑な情報処理や難しい状況判断を行うのに欠かせない場なのである．

Nutrigenomics shedding light on the understanding of health and illness
Naoya Yahagi：Nutrigenomics Research Group, Faculty of Medicine, University of Tsukuba（筑波大学医学医療系ニュートリゲノミクスリサーチグループ）

本章では，さまざまな生命現象とニュートリゲノミクスのかかわりを広く俯瞰しつつ，さらに，ニュートリゲノミクス研究の，疾患研究への波及性についても，各分野の専門家の先生方にご執筆いただいた．特に，低栄養状態（オートファジー・低酸素・免疫不全・寿命延長等）と過栄養状態（糖尿病・動脈硬化・がん・老化等）とを対比してみた場合，それぞれの極端な状況がもたらす生理的ならびに病理的現象の多様性に驚かされるとともに，低栄養でも過栄養でもない，適正なバランスとは，一体どこにあるのか？という，ニュートリゲノミクス研究における究極の命題が浮き彫りになってくる．なお，これらは，すべて，われわれ自身の身体のなかで，まさに今この瞬間にも起きている現象，あるいは今は微々たる変化であっても，数年～数10年後には顕在化していく現象である，ということをここに改めて強調しておきたい．なぜなら，われわれ自身，nutrigenomicな存在なのである．

文献

1) Müller M & Kersten S：Nat Rev Genet, 4：315-322, 2003

＜著者プロフィール＞
矢作直也：18ページ参照．

第3章 栄養による遺伝子制御と生命現象・臓器機能〜その破綻と疾患の観点から〜

1. オートファジーと栄養遺伝子制御

久万亜紀子,水島　昇

絶食や飢餓状態において,細胞は栄養代謝を同化から異化に大きく変化させて適応を図る.この飢餓適応を支えるしくみの1つがオートファジーである.短時間の飢餓においては,栄養センサーであるmTORC1キナーゼが中心的な役割を果たし,リン酸化などの翻訳後修飾によってオートファジー活性が制御される.しかし,長時間の飢餓においては,転写を介した制御が重要となる.栄養応答性の転写因子とそのネットワークによって,栄養代謝とオートファジーが協調的に制御されることが,最近の研究から明らかになってきた.

はじめに

この10年余りで,オートファジーの生理的役割が次々と明らかとなってきた.特にオートファジー遺伝子欠損マウスを用いた解析により,オートファジーが細胞内浄化,神経変性抑制,抗腫瘍作用,初期発生,細胞内侵入細菌の除去,抗原提示など,さまざまな生理現象に関与することがわかっている.しかし,酵母から哺乳動物まで共通したオートファジーの最も基本的な役割は"飢餓応答"である.オートファジーは細胞内成分を分解することで生じたアミノ酸などの分解産物(栄養素)をエネルギー産生や生体分子の生合成に利用して,飢餓への適応を図る.オートファジーの活性は栄養状況によって大きく変動し,絶食や栄養飢餓によって一過性に著しく活性化する.本稿では,オートファジーの制御機構について,特に栄養応答性の転写因子を介した機序を中心に概説する.

1 オートファジーは飢餓応答である

オートファジーの生理的かつ強力な誘導条件は,栄養飢餓である.出芽酵母,ショウジョウバエ,線虫,マウスなどのモデル生物において,栄養飢餓や絶食によりオートファジーが活性化することが観察されている.オートファジーは,細胞質成分をオートファゴソームとよばれる小胞で包み込んでリソソームへと運び込

[キーワード&略語]
オートファジー,転写因子,飢餓応答,mTORC1

CREB:cAMP response element binding protein
FoxO:forkhead box class O
FXR:farnesoid X receptor
mTORC1:mechanistic target of rapamycin complex 1
TFEB:transcription factor EB

Transcriptional regulation of autophagy in response to nutrient
Akiko Kuma/Noboru Mizushima:Department of Biochemistry and Molecular Biology, Graduate School and Faculty of Medicine, The University of Tokyo(東京大学大学院医学系研究科分子生物学分野)

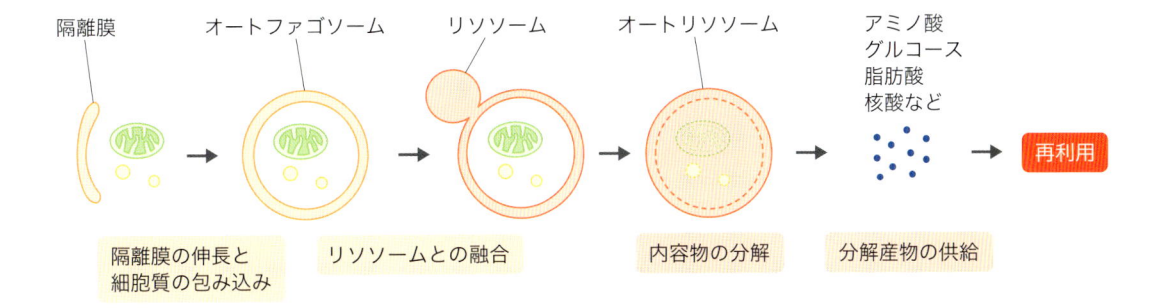

図1 オートファジーの模式図

オートファジーが誘導されると，隔離膜が細胞質成分を取り囲みながら伸長し，オートファゴソームを形成する．続いて，オートファゴソームはリソソームと融合し，オートファゴソームで包んだ細胞質成分が分解される．オートファジーによる分解で生じたアミノ酸などの分解産物は再利用される．このように，オートファジーは「既存物や不要物の除去」と「分解産物（栄養素）の供給」という2つの仕事を果たす．

む分解経路である（図1）．リソソームはさまざまな分解酵素を含むオルガネラであり，オートファゴソームとリソソームの融合によってオートファゴソームでとり囲んだ細胞質成分が分解される．オートファジーによる分解で生じた分解産物（アミノ酸，グルコース，脂肪酸，核酸など）は，細胞に再利用される．よって，オートファジーは分解産物である栄養素を供給することで，飢餓時の栄養代謝を支えると考えられている．

2 栄養によるオートファジーの制御

1）転写を介さない制御

マウス線維芽細胞やHeLa細胞などの培養細胞では，培地から栄養（アミノ酸，血清，グルコースなど）を除くとオートファジーが誘導される．一般にアミノ酸飢餓や血清飢餓条件がよく用いられるが，30分以内にはオートファジーが誘導され，数時間のあいだオートファジーが激しく活性化する．この制御には栄養センサーであるmTORC1（mechanistic target of rapamycin complex 1）が中心的な役割を果たす（第1章-2参照）．mTOR阻害剤であるラパマイシンやTorin1を培地に添加すると，栄養が豊富な状態においてもオートファジーが強く活性化される．転写阻害剤や翻訳阻害剤存在下においてもTorin1がオートファジーを誘導することから，短時間の飢餓によるオートファジー誘導には，転写や翻訳レベルでの制御機構の関与は小さいと予想される[1]．mTORC1以外にも，MAPキナーゼやAMP依存性キナーゼなどの関与が知られている．マウス個体においては，オートファジーは主にインスリンとアミノ酸の制御を受けるが，やはりmTORC1が主要な役割を果たす[2]．なお，mTORC1はオートファジー関連因子のリン酸化修飾にかかわるだけでなく，後述2）のように各種転写因子の制御にも働くので，転写を介さない制御（翻訳後修飾）および転写を介した制御のいずれの経路においても，オートファジーの重要な負の制御因子である．

2）転写を介した制御

これまでの解析では，リン酸化などの翻訳後修飾によるオートファジー制御機構の解析が主流であり，転写レベルでの調節機構はそれほど注目されていなかった．しかし，長時間の飢餓になると，細胞は遺伝子発現を変えることでオートファジー活性を調節していることが明らかになりつつある．特に，リソソーム上に局在する転写因子EB（transcription factor EB：TFEB）の発見，およびmTORC1によるTFEBの制御機構が明らかになったことで，オートファジー，リソソームおよび転写因子ネットワークの関連が注目されるようになった．

これまでに，クロマチン免疫沈降シークエンス（ChIP-Seq）解析や転写因子の個別解析により，複数の転写因子がオートファジー関連遺伝子群の発現を制御することがわかっている（表）．栄養飢餓，酸化ストレス，低酸素などのストレスに応答して，転写レベルでオートファジーの活性が調節される．栄養飢餓以外の応答（p53など），（表下段）については，他の総説

表 転写によるオートファジーの制御

転写因子	標的遺伝子	オートファジーへの作用	文献
栄養応答			
FXR	*LC3, ATG4, ATG7, ATG10, WIPI1, DFCP1, ULK1, PI3K3C3*	抑制	3, 4, 5
FoxO1	*LC3, ATG5, ATG12, ATG14, BECN1, PIK3C3*	亢進	6, 7, 8
FoxO3	*LC3, ATG4, ATG12, ATG14, BECN1, ULK1, ULK2, PI3K3C3*	亢進	8, 9, 10, 11, 12
PPARα	*LC3, ATG2, ATG4, ATG12, ATG16, WIPI1, PI3K3C3*	亢進	3, 4
SREBP2	*LC3, ATG4*	亢進	13
TFEB	*LC3, ATG4, ATG9, WIPI1, UVRAG*	亢進	14
ZKSCAN3	*LC3, ULK1, WIPI*	抑制	15
その他のストレス応答			
ATF4	*ATG5, LC3, ULK1*	亢進	16, 17, 18, 19
ATF5	*MTOR*	抑制	20
CEBPB	*LC3, ULK1*	亢進	21
CHOP	*LC3, ATG5*	亢進	16
E2F1	*LC3, ATG5, ULK1*	亢進	22
GATA1	*LC3*	亢進	23
JUN	*LC3, BECN1*	亢進	24, 25, 26
NF-κB	*BECN1*	亢進 or 抑制	27
p53	*ATG2, ATG4, ATG7, ATG10, ULK1*	細胞質：抑制　核：亢進	28, 29
SOX2	*ATG10*	亢進	30
STAT1	*ATG12, BECN1*	抑制	31
STAT3	*ATG3*	抑制	32, 33

を参照されたい．本稿では，栄養状態に応答してオートファジーを制御する転写因子（TFEB, FXR, PPARα, FoxOs, SREBP-2）について述べる（**図2**）．

i) TFEB

TFEBは，リソソームの生合成や機能にかかわる遺伝子群の発現を調節するマスターレギュレーターである[34]．栄養のある状態ではリソソームに局在するが，飢餓条件では核に移行し，転写を活性化する．リソソームは，その内部が酸性（pH4.5～5.0）に保たれたオルガネラであり，50種を超えるさまざまな加水分解酵素が存在する細胞内の主要な分解の場である．分解基質はエンドサイトーシス，ピノサイトーシス，ファゴサイトーシスそしてオートファジーによって運び込まれる．TFEBの発見により，細胞が栄養条件や環境因子に応じてリソソーム機能を転写レベルで調節していることが明らかになった．TFEBによって制御される一群の遺伝子にオートファジー関連遺伝子も数多く含まれる（**表**）[34)35)]．実際，TFEBを細胞およびマウス肝臓に過剰発現させると，リソソームの数やオートファジー活性が上昇することが示されている[35]．絶食や飢餓時に，分解基質の輸送手段であるオートファジーとその最終目的地であるリソソームの活性が同時に制御されることは，理にかなっているといえるだろう．飢餓条件におけるTFEBの活性化は，mTORC1によって制御される．すなわち，TFEBは栄養がある状態ではmTORC1によるリン酸化依存的にリソソームに局在し，飢餓条件ではmTORC1の不活性化に伴い脱リン酸化され核内へ移行し，リソソーム生合成遺伝子やオートファジー遺伝子群の転写を活性化する[36]．また，TFEBは脂質代謝に重要な転写コアクチベーターPGC-1αや核内受容体PPARαを活性化するので[14)]，TFEBは直接的および間接的にオートファジー関連遺伝子の発現を促すことになる．さらに，Znフィンガー型DNA結合タンパク質ZKSCAN3が，おそらくTFEB

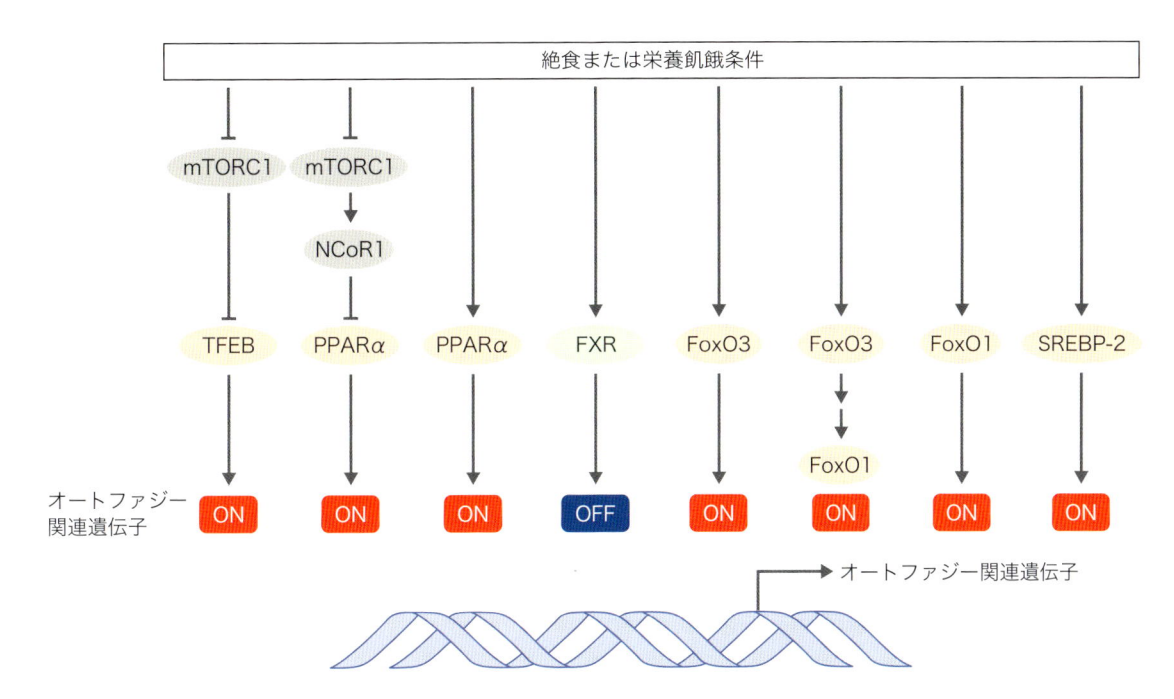

図2 栄養応答性転写因子によるオートファジーの制御
絶食や飢餓時にオートファジー関連遺伝子の発現亢進に働く転写因子を　　で，抑制に働く転写因子を　　で示した．

と結合してオートファジー遺伝子発現を負に制御することが示唆されている[37]．

TFEBによるオートファジー・リソソーム分解系の活性化は，神経変性疾患，リソソーム病，膵がんなどの疾患との関連からも注目されている．アルツハイマー病，パーキンソン病，ハンチントン病などの神経変性疾患では，α-シヌクレイン，タウ，ハンチンチンなどのタンパク質凝集体が蓄積する．TFEBによるオートファジーやリソソームの活性化が，これら凝集体の蓄積を減少させることが示されている[38]．またリソソーム病は，リソソームの分解能力が低下し分解されるべき物質が細胞内に溜まって引き起こされる病気であるが，リソソーム病モデルマウス由来の細胞では，TFEBが核内移行しており代償性にTFEBが活性化していること[34]，リソソーム病の1つであるポンペ病モデルマウスにTFEBを過剰発現させると症状が緩和することなどが報告されている[39]．さらに，膵管腺がんではオートファジー活性が高く，TFEBが恒常的に活性化していることが報告されており，TFEBによるオートファジー/リソソーム経路の活性化ががん細胞のタンパク質異化を亢進させ，その栄養要求性を支えていると考えられる[40]．このように，リソソームが鍵となるこれらの疾患において，TFEBの活性制御が新たな治療ターゲットとして期待されている．

ii）核内受容体：FXRとPPARα

核内受容体は特異的リガンドとの結合により活性化し，標的遺伝子の調節領域に結合して遺伝子発現を促進あるいは抑制する転写因子である．ヒトで同定された核内受容体スーパーファミリーは48種にのぼる．最近，核内受容体スーパーファミリーの一員であるFXR（farnesoid X factor）とPPARα（ペルオキシソーム増殖因子活性化受容体α）が，栄養状態に応答してオートファジー関連遺伝子の発現を調節することが明らかになった．

FXRは胆汁酸をリガンドとする核内受容体であり，摂食により放出される胆汁酸に応答して活性化し，胆汁酸およびコレステロール恒常性の維持・糖代謝・脂質代謝を調節する転写因子である．マウスの肝臓において，FXRがオートファジー抑制的に働くことが2つのグループにより報告された[3,5]．まず薬理学的実験では，合成アゴニストを投与してFXRを活性化しておくと，飢餓条件下でオートファジー活性とオートファ

ジー関連遺伝子の発現が強く抑制されることが培養細胞およびマウス肝臓で示された．この抑制作用はFXRノックアウトマウスではみられず，mTORC1のシグナル伝達経路への影響もないので，FXRによる転写活性を介した効果であると考えられる．また，絶食によりオートファジーを誘導したマウスに食餌を与えるとオートファジーはすみやかに抑制されるが，FXRノックアウトマウスではこの抑制が弱い．FXRによるオートファジー関連遺伝子抑制の作用機序として，この2つのグループは異なる機序を報告している．

Seokらは，飢餓条件下で転写活性化因子CREB（cAMP response element binding protein）がオートファジー関連因子発現を活性化することを見出し，FXRはCREBとそのコアクチベーターCRTC2（CREB regulated transcription coactivator 2）の複合体形成を阻害することでCREBの転写活性を抑制してオートファジー関連遺伝子の発現を負に制御することを明らかにした[5]．一方Leeらは，絶食により活性化する核内受容体PPARαがオートファジー関連遺伝子の発現を誘導することを見出した[3]．PPARは低分子量の脂溶性生理活性物質をリガンドとする核内受容体であり，糖および脂質代謝，エネルギー恒常性，脂肪細胞の分化，マクロファージの分化などにかかわる転写因子である．PPARにはα，β，γの3つのサブタイプが存在し，それぞれ異なるリガンドと結合して活性を発揮する．3つのサブタイプのうち，PPARαは肝臓で発現が高く，脂肪酸をリガンドとして糖および脂質代謝にかかわる．PPARαは，FXRとは逆に絶食状態で活性化され，オートファジー関連遺伝子群の発現を亢進する．合成リガンドを投与してPPARαを活性化すると，摂食条件下でもオートファジーが誘導され，この作用はPPARαノックアウトマウスでは消失する．Leeらは，FXRとPPARαがオートファジー関連遺伝子プロモーター上の同じ配列に結合し，栄養状況に応じて結合部位で競合することで相反するオートファジーの制御を行うことを明らかにした．これらの報告により，FXR-CREB経路またはFXR-PPARα経路が，摂食/絶食の状況に応じてオートファジーを遺伝子発現レベルで制御するという新しい機序が明らかにされた．

ⅲ）FoxOs

FoxO（forkhead box O）ファミリータンパク質（FoxOs）は，細胞の増殖や分化にかかわる遺伝子発現を調節する転写因子である．哺乳類のFoxOファミリーはFoxO1，3，4，6の4つからなり，いずれもその活性はAKTによるリン酸化で制御される．摂食や栄養がある条件ではAKTが活性化し，FoxOsをリン酸化する．リン酸化されたFoxOsは核外へ移送され，ユビキチン・プロテアソーム経路により分解される．飢餓時には核内に留まり，その転写活性を発揮する．FoxOsによるオートファジーの制御は，飢餓および脱神経への防御応答として骨格筋で最初に発見された[9,10]．筋培養細胞やマウス骨格筋において，FoxO3を過剰発現するとオートファジー関連遺伝子の発現とオートファジー活性が亢進し，FoxO3をノックダウンするとオートファジーが抑制される．ChIP解析により，複数のオートファジー関連遺伝子がFoxO3のダイレクトな標的遺伝子であることが示されている（表）．心筋では，飢餓時にFoxO3のみならずFoxO1もオートファジー関連遺伝子群の発現を正に制御することが示されている[41]．肝臓特異的Foxo1, Foxo3, Foxo4トリプルノックアウトマウスでは，オートファジー関連遺伝子の発現が低く，絶食によるオートファジー活性が低い[8]．よって，さまざまな臓器においてFoxOsはオートファジーの正の制御因子として働く．

FoxOsによる栄養飢餓時のオートファジー活性化には，複数の機序が示されている．FoxO1は核内では転写因子としてオートファジー遺伝子の発現を誘導し，細胞質においてはアセチル化されたFoxO1がATG7と結合することで転写活性非依存的にオートファジーを亢進させる[42]．また，FoxO3はダイレクトにオートファジー関連遺伝子発現を誘導するほかに，FoxO1を介して作用する[13]．FoxO3の活性化は，クラスⅠ PI3Kのサブユニットである PIK3CAの発現を強力に誘導する．これによりAKT1が活性化され，AKT1によるFoxO1のリン酸化がFoxO1の核外移行を亢進し，おそらく前述したATG7との結合を介した機序によってオートファジーを亢進させるとの報告もある．このように，細胞や栄養飢餓の種類によってさまざまな機序が存在するようだが，いずれにせよFoxOsは転写活性に依存あるいは非依存的にオートファジーを制御する重要な制御因子である．

iv）SREBP-2

SREBPs（sterol regulatory element binding proteins）は、脂肪酸およびコレステロール代謝にかかわる転写因子である．小胞体に局在し、脂質の供給が制限された状況下にゴルジ体へと移行して、ゴルジ体膜上のプロテアーゼにより切断を受ける．切断されたSREBPsは核内へ移行して転写活性を発揮する．3つのアイソフォーム（SREBP-1a, SREBP-1c, SREBP-2）が存在し、SREBP-1aおよびSREBP-1cは脂肪酸代謝にかかわる遺伝子群を、SREBP-2はコレステロール代謝にかかわる遺伝子群の転写を促進する．マウス肝臓におけるゲノムワイドなChIP解析により、複数のオートファジー遺伝子がSREBP-2の標的遺伝子であることが明らかとされている（**表**）．培養細胞においてSREBP-2をノックダウンすると、飢餓時のオートファジー活性およびオートファジー関連遺伝子群の発現が減弱する[43]．またこのとき、オートファゴソーム局在タンパク質LC3の脂肪滴との共局在が減少し、かつ細胞内トリグリセリド含量が低下することから、SREBP-2は脂質の供給が制限されたときにリポファジー※を亢進することで、飢餓時の脂質供給を図ると考えられる．

3 mTORC1と転写制御

mTORC1は翻訳後修飾によるオートファジー制御の中心的因子であるが、転写因子（TFEB, SREBPs, PPARαなど）の制御にもかかわる．先に述べたように、mTORC1によるリン酸化がTFEBのリソソーム局在および核内移行を制御することで、TFEBの転写活性を制御する．SREBPsに対しては、mTORC1は促進的に働く．ラパマイシンによりmTORを阻害するとSREBPsの切断が抑制され、SREBPsの標的遺伝子の発現が低下することが複数の実験で示されている[44]．また、Lipin-1は脂質代謝関連遺伝子の発現調節にかかわる転写共役因子であるが、mTORC1によるLipin-1のリン酸化が抑制されるとLipin-1は核内移行し、SREBPsの転写活性を抑制する[45]．PPARαに対しては、mTORC1は抑制的に働く．摂食時、mTORC1はリン酸化により核内受容体のコリプレッサーであるNCoR1の核内移行を促進し、PPARαの転写活性を抑制する[46]．NCoR1の核-細胞質シャトルの制御には、S6K2がかかわることが報告されている[47]．mTORC1は転写コファクターPGC-1α（PPARγ coactivator 1-α）の発現と活性を亢進させることも報告されている[14]．よって、mTORC1は栄養に応答した転写・翻訳・分解・代謝の主要制御因子として位置づけられる．

おわりに

ながらく、リソソームは細胞内のゴミ処理工場として位置づけられてきたが、mTORC1やTFEBがリソソームに局在することが次々と明らかになり、栄養代謝における重要な情報発信オルガネラとして見直されている．また、オートファジーは細胞質成分やオルガネラを取り込んで分解し、その分解産物であるタンパク質、糖質、脂質、核酸などさまざまな栄養素をリサイクルすることから、広く栄養代謝に関与すると考えらえる．TFEBと栄養代謝遺伝子発現を司る転写因子群のクロストークも明らかになりつつあり、これらのネットワークによって栄養代謝経路とオートファジー・リソソーム経路が協調的に制御されていると考えられる．オートファジーやリソソームを創薬ターゲットとして考えるうえでも、これらのネットワークの理解が重要になるだろう．さらなる研究の展開が期待される．

文献

1） Watanabe-Asano T, et al：Biochem Biophys Res Commun, 445：334-339, 2014
2） Naito T, et al：J Biol Chem, 288：21074-21081, 2013
3） Lee JM, et al：Nature, 516：112-115, 2014
4） Settembre C & Ballabio A：Nature, 516：40-41, 2014
5） Seok S, et al：Nature, 516：108-111, 2014
6） Xu P, et al：Genes Dev, 25：310-322, 2011
7） Liu HY, et al：J Biol Chem, 284：31484-31492, 2009
8） Xiong X, et al：J Biol Chem, 287：39107-39114, 2012
9） Mammucari C, et al：Cell Metab, 6：458-471, 2007
10） Zhao J, et al：Cell Metab, 6：472-483, 2007
11） Schips TG, et al：Cardiovasc Res, 91：587-597, 2011
12） Sanchez AM, et al：J Cell Biochem, 113：695-710, 2012
13） Seo YK, et al：Cell Metab, 13：367-375, 2011
14） Settembre C, et al：Nat Cell Biol, 15：647-658, 2013

※ **リポファジー**
脂肪滴を選択的に分解するタイプのオートファジー（脂肪滴選択的オートファジー）．

15) Chauhan S, et al：Mol Cell, 50：16-28, 2013
16) Rouschop KM, et al：J Clin Invest, 120：127-141, 2010
17) Milani M, et al：Cancer Res, 69：4415-4423, 2009
18) Pike LR, et al：Biochem J, 449：389-400, 2013
19) Pike LR, et al：Mol Biol Rep, 39：10811-10822, 2012
20) Sheng Z, et al：Blood, 118：10811-10822, 2012
21) Ma D, et al：EMBO J, 30：4642-4651, 2011
22) Polager S, et al：Oncogene, 27：4860-4864, 2008
23) Kang YA, et al：Mol Cell Biol, 32：226-239, 2012
24) Sun TJ, et al：J Transl Med, 9：161, 2011
25) Jia G, et al：Immunol Cell Biol, 84：448-454, 2012
26) Li DD, et al：Oncogene, 28：886-98, 2009
27) Copetti T, et al：Mol Cell Biol, 29：2594-2608, 2009
28) Yee KS, et al：Cell Death Differ, 16：1135-1145, 2009
29) Kenezelmann Broz D, et al：Genes Dev, 27：1016-1031, 2013
30) Cho YY, et al：PLoS One, 8：e57172, 2013
31) McCormick J, et al：J Cell Mol Med, 16：386-393, 2012
32) Dauer DJ, et al：Oncogene, 24：3397-3408, 2005
33) Lipinski MM, et al：Dev Cell, 18：1041-1052, 2010
34) Sardiello M, et al：Science, 325：473-477, 2009
35) Settembre C, et al：Science, 332：1429-1433, 2011
36) Settembre C, et al：EMBO J, 31：1095-1108, 2012
37) Chaygan S, et al：Mol Cell, 50：16-28, 2013
38) Fraldi A, et al：Annu Rev Neurosci, 39：277-295, 2016
39) Spampanato C, et al：EMBO Mol Med, 5：691-706, 2013
40) Perera RM, et al：Nature, 524：361-365, 2015
41) Sengupta A, et al：J Biol Chem, 284：28319-28331, 2009
42) Zhao Y, et al：Nat Cell Biol, 12：665-675, 2010
43) Porstmann T, et al：Cell Metab, 8：224-236, 2008
44) Laplante & Sabatini DM：J Cell Sci, 126：1713-1719, 2013
45) Peterson TR, et al：Cell, 146：408-420, 2011
46) Sengupta S, et al：Nature, 468：1100-1104, 2010
47) Kim K, et al：Hepatology, 55：1727-1737, 2012

＜筆頭著者プロフィール＞
久万亜紀子：2003年，総合研究大学院大学にて博士（理学）取得．千葉大学，東京医科歯科大学，シンシナティ大学（学振海外特別研究員），さきがけ研究員（兼任）などを経て東京大学医学系研究科助教（現職）．研究テーマ：オートファジーの生理機能解析，栄養シグナル伝達．

第3章 栄養による遺伝子制御と生命現象・臓器機能～その破綻と疾患の観点から～

2. 低酸素と栄養遺伝子制御

山口純奈，田中哲洋，南学正臣

生命はエネルギーを恒常的に使う．エネルギーの大元は太陽光線の熱エネルギーで，動物は食物中の有機分子の化学結合に蓄えられたエネルギーを利用して生息している．この際，植物が行う光合成の副産物である酸素を最大限活用している．ほとんどの生物は酸素なしでは生きることができず，高地や深海などにおいても酸素や栄養の供給環境に適応した進化を遂げてきた．生命維持に必須である代謝と低酸素応答は二大概念であり，それぞれが壮大な世界を構築しており相互関係についてはまだ不明な点も多い．また，各臓器，細胞が生理的条件下と病的条件下において機能を発揮するために獲得してきた低酸素応答は一様ではない．本稿では，まず生体の低酸素応答と低酸素による一般的な代謝制御についてHIF-1（hypoxia-inducible factor 1）を軸として概説した後，いくつかの臓器，病態について具体例をあげる．また，病態における低酸素応答の修飾についても概説する．

はじめに：酸素と栄養と生物の進化

生命が誕生したのは今からおよそ38億年前で，地球はじめての生命は絶対嫌気的な深海の熱水鉱床の噴出口で，硫黄化合物酸化によりエネルギーを獲得して自己の構築を触媒できる単純な高度好熱菌であったと考えられている（図1）[1) 2)]．27億年前頃，水を電子供与体として利用するシアノバクテリアなどの微生物が出現し，水と二酸化炭素の還元反応（光合成反応）により有機物と酸素が発生するようになった．徐々に海水と大気の酸素濃度が上昇し，25億年前頃に真核生物が出現し，酸素濃度が現在の1/10ほどに達した6億年前頃に多細胞生物が出現して生物の爆発的な進化と多様化が生み出された．

生命はエネルギーを主に3つの目的のために必要とする．筋肉収縮などの細胞運動，分子やイオンの能動輸送，そして高分子化合物などの前駆体からの合成のためである．大気中に酸素がなかった時代から存在する解糖系による嫌気呼吸ではグルコース1分子からATP 2分子しか産生されないが，バクテリアを除く真核生物はミトコンドリアを獲得し，より効率のよいエネルギー変換法を獲得した．ミトコンドリアを用いた細胞呼吸ではグルコース1分子からATP 36分子が産生され，細胞活動のほとんどのエネルギー源として使われている．

1 ミトコンドリアにおけるエネルギー産生

食物に含まれる糖質，脂質，タンパク質はグルコース，脂肪酸，アミノ酸の基本単位に消化される．グルコースは解糖系によりピルビン酸に分解後，ミトコン

Hypoxia and metabolism
Junna Yamaguchi/Tetsuhiro Tanaka/Masaomi Nangaku：Division of Nephrology and Endocrinology, the University of Tokyo Graduate School of Medicine（東京大学大学院医学系研究科腎臓・内分泌内科）

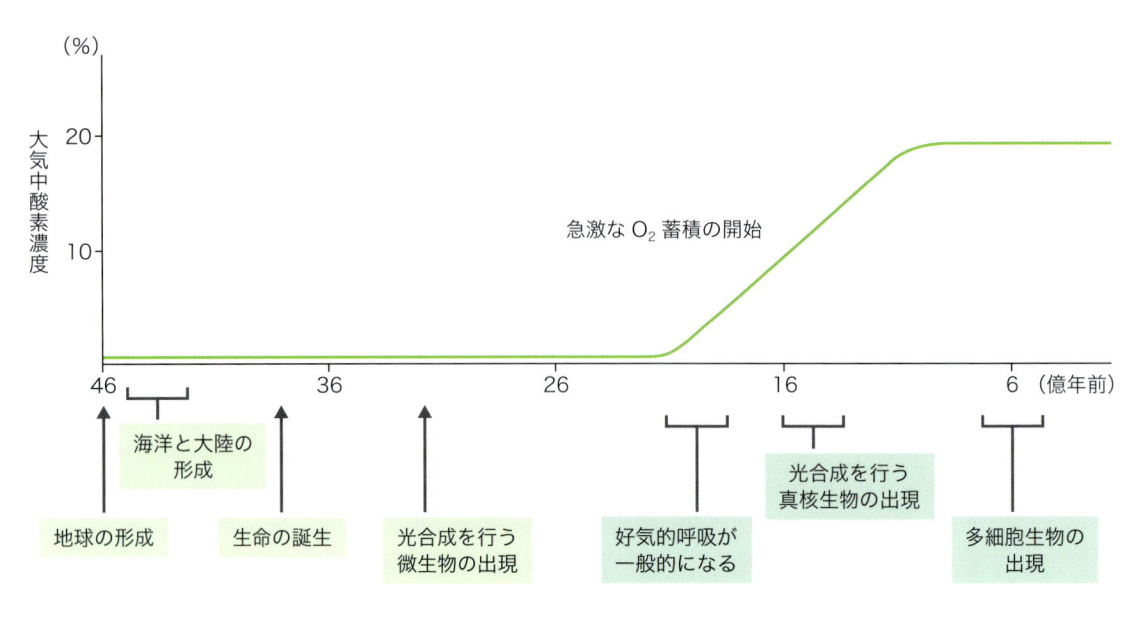

図1 大気酸素濃度変化と生物の進化
文献1をもとに作成．

ドリアでピルビン酸脱水素酵素複合体（pyruvate dehydrogenase：PDH）によりアセチルCoAに分解される．アセチルCoAのアセチル基はTCA回路で酸化されCO₂になるが，その際に活性伝搬体であるNADHやFADH₂が生成する．ミトコンドリア内膜でNADHやFADH₂は高エネルギー電子を電子伝達系（複合体Ⅰ〜Ⅳ）に供与し，これと共役したADPの酸化的リン酸化によりATPが産生される．酸素はこの最終反応における電子の受与体として必要である（図2）．脂肪酸もアセチルCoAに変換され，アミノ酸もピルビン酸の他にアセチルCoAかTCA回路の中間体に変化することでTCA回路に入る．

2 生体の低酸素応答

低酸素下ではエネルギー供給の減少と消費抑制を促

[キーワード＆略語]
低酸素，低酸素誘導因子（HIF），ミトコンドリア，TCA回路，ATP，パスツール効果

BNIP3：BCL2/adenovirus E1B 19-kDa interacting protein 3
CITED2：CBP/p300-interacting transactivator, with Glu/Asp-rich carboxy-terminal domain, 2
CKD：chronic kidney disease（慢性腎臓病）
COX：cytochrome c oxidase
　（シトクロムCオキシダーゼ）
FIH：factor inhibiting HIF
GLUT：glucose transporter
HIF：hypoxia-inducible factor
　（低酸素誘導因子）
HRE：hypoxia response element
LDHA：lactate dehydrogenase
　（乳酸デヒドロゲナーゼA）

mTOR：mammalian target of rapamycin
PDH：pyruvate dehydrogenase
　（ピルビン酸脱水素酵素複合体）
PDK1：pyruvate dehydrogenase kinase-1
　（ピルビン酸デヒドロゲナーゼキナーゼ-1）
PFKFB3：6-phosphofructo-2-kinase/fructose-2,6-bisphosphatase 3
PHD：prolyl hydroxylase
　（プロリン水酸化酵素）
REDD1：regulated in development and DNA damage responses 1
S6K：ribosomal protein S6 kinase
VEGF：vascular endothelial growth factor
VHL：von Hippel-Lindau

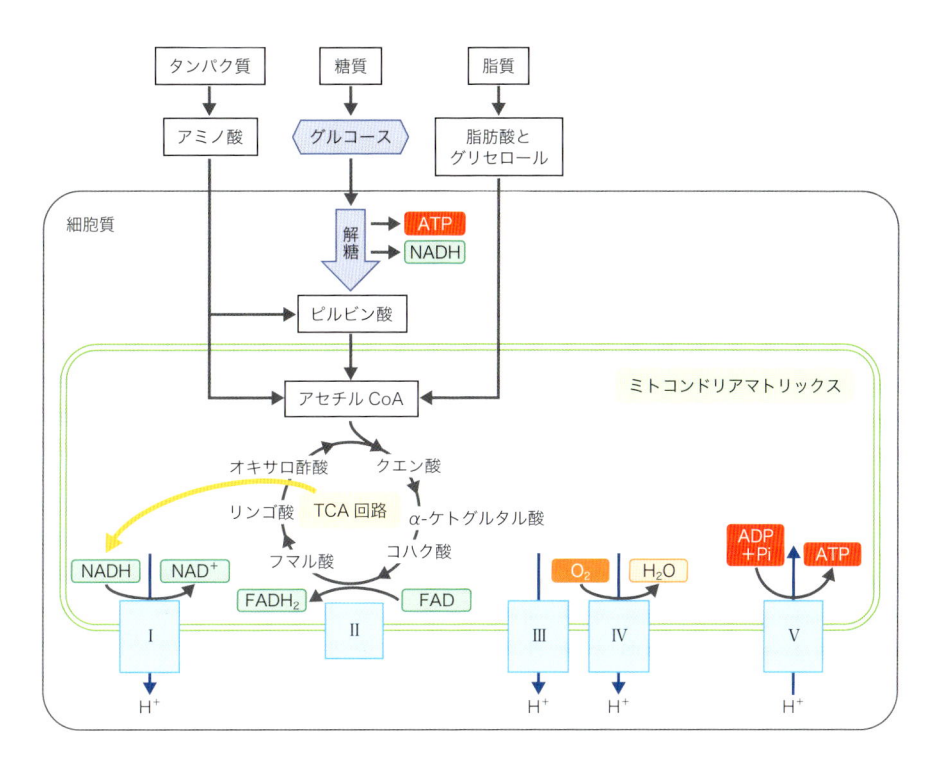

図2　好気的エネルギー代謝

すためにさまざまな生体応答が誘導される．このなかで後生生物が進化させた低酸素応答システムのマスターレギュレーターがHIF（hypoxia inducible factor）である[3]．転写因子HIFは，bHLH-PASスーパーファミリーの1つでαおよびβサブユニットのヘテロ二量体である．HIF-βは恒常的に核に発現するのに対し，HIF-αは通常PHD（prolyl hydroxylase）に水酸化された後，E3リガーゼであるVHL（von Hippel-Lindau）によりユビキチン化されプロテアソームで分解される（**図3**）．PHDによる水酸化反応は酸素分子，α-ケトグルタル酸（TCA回路の中間代謝物），鉄イオン，アスコルビン酸を基質として要求するため，これらのいずれかが不足するとPHDの活性が低下しHIF-αが安定化される．HIF-αは安定化すると核内に移行してHIF-βと二量体を形成し，標的遺伝子のプロモーターあるいはエンハンサー上にあるHRE（hypoxia response element）に結合して転写を正に制御する．一方，HIF-αの転写活性化にはコアクチベーターであるCBP/p300のC末端転写活性ドメインへの結合が必要であるが，この結合はFIH（factor inhibiting HIF）による同領域中のアスパラギン残基水酸化により質的に損なわれる．PHDやFIHは基質として酸素を要求するため，実質的な細胞の酸素センサーと考えられる．

HIFは代謝・血管新生・細胞増殖・炎症などに関与する150以上の遺伝子発現を制御する．HIF-αにはHIF-1α，2α，3αの3つのアイソフォームが存在し，発現細胞や標的遺伝子は共通するものとアイソフォーム固有のものがあるが，エネルギー代謝は主にHIF-1αにより制御されている．なお，HIF-1の下流遺伝子や役割は細胞や臓器ごとに異なるうえ，病態生理学的背景に依存するところが大きいため，個々の報告を必ずしも一般化できない点に留意されたい．また本来，低酸素応答と対にある活性酸素応答とのレドックスバランスが細胞の運命を決定しているが，本稿では割愛する．

3 低酸素による栄養遺伝子制御

生体は通常3通りの方法で低酸素に応答する．①細胞ごとの酸素消費量を減らすために細胞代謝を酸化的

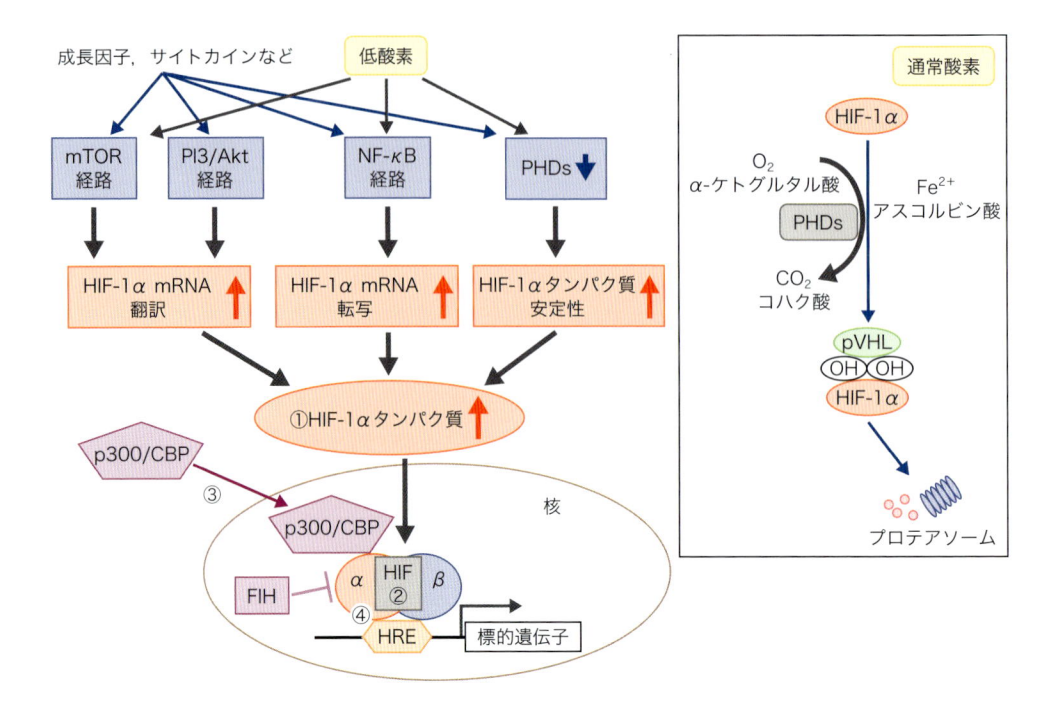

図3　HIF-1タンパク質発現と転写活性の調節
HIF-1αタンパク質量は転写，翻訳，安定性によっていずれによっても調節される．低酸素下，あるいは成長因子などによる特殊な刺激下では，①HIF-1αは安定化され，②HIF-1βと二量体形成し，③コアクチベーターの介助の下，④標的遺伝子のHREに結合し，転写を正に制御する．

リン酸化から解糖系へシフトする代謝リプログラミング（パスツール効果），②酸素供給を増加させるために血管新生因子などを産生する血管新生応答，③酸素を消費する細胞数の増加を防ぐために細胞増殖を抑制するなどの応答である．

1）細胞代謝変化

低酸素が慢性化（時間単位）すると，TCA回路の抑制や，ミトコンドリア電子伝達系と酸化的リン酸化反応から解糖系へ細胞内代謝反応がシフトすることでATP産生を補償する代謝リプログラミングがおきる（図4）[4]．解糖系酵素やトランスポーターの実に多くがHIF-1下流遺伝子であり，低酸素下で発現誘導される．例えばマウス胎仔線維芽細胞では，HIF-1の下流遺伝子であるピルビン酸デヒドロゲナーゼキナーゼ1（pyruvate dehydrogenase kinase-1：PDK1）や乳酸デヒドロゲナーゼA（LDHA）が誘導される．PDK1はPDHをリン酸化し不活性化することにより，ピルビン酸のアセチルCoAへの変換を阻害してTCA回路への流入を抑制し，LDHAはピルビン酸を乳酸に変換する[5)6)]．並行してGLUT（glucose transporter）-1やGLUT-3などのグルコースの細胞内への取り込みを促進するトランスポーターの発現も亢進し，解糖系が促進する．

低酸素はミトコンドリアでの酸化的リン酸化を抑制する応答ももたらす．例えば，HIF-1はmiR（microRNA）-210の発現を誘導するが，miR-210は鉄-硫黄クラスター酵素（ISCU）遺伝子1/2に結合しその発現を抑制することで，電子伝達系酵素複合体Iの活性を抑え，細胞呼吸を抑制する[7]．高度な低酸素（<0.3% O_2）下ではシトクロムCオキシダーゼ（COX）自体の抑制により細胞呼吸が抑制される．HIF-1はBNIP3（BCL2/adenovirus E1B 19-kDa interacting protein 3）などを介してミトコンドリアでの選択的オートファジーを促進することによっても細胞呼吸を抑制する[8]．

一方で，特に低酸素早期ではミトコンドリア電子伝達系の効率を上げる応答も起こす．電子伝達系複合体IVのCOX4-1サブユニットからCOX4-2サブユニットへのスイッチを行うことで電子伝達系の効率を上げる

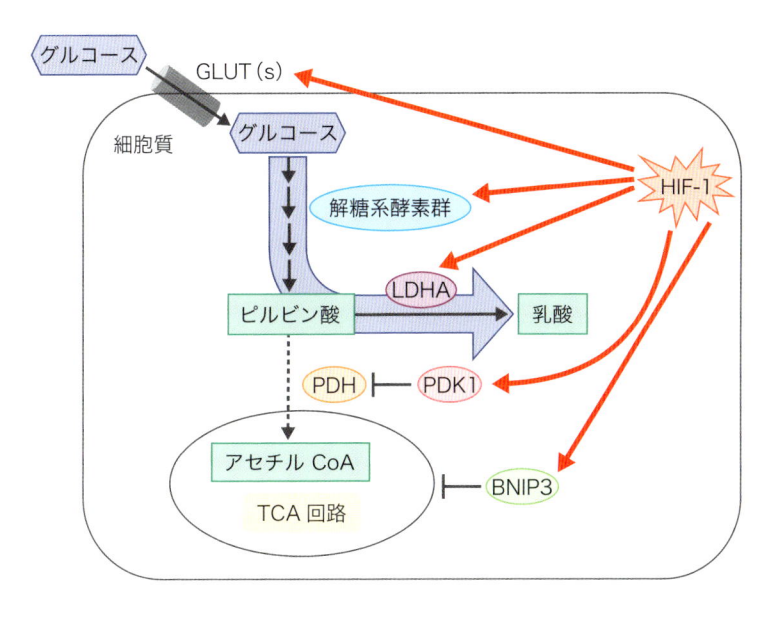

図4 低酸素下での代謝リプログラミング
GLUT（s）：glucose transporters，LDHA：乳酸デヒドロゲナーゼ，PDH：ピルビン酸脱水素酵素，PDK1：ピルビン酸デヒドロゲナーゼキナーゼ1．

ように働くことが肺や肝臓で報告されている他[9]，心筋細胞ではG0/G1 switch gene 2の誘導により電子伝達系複合体VでのATP産生反応が促進されることが，ミトコンドリア内のATPを可視化する画期的な技術により示されている[10]．

栄養遺伝子制御という観点からみると，グルコースからグリコーゲンへの変換も低酸素によって促進され，栄養貯蓄に向かう．グリコーゲンの合成に必要なヘキソキナーゼやホスホグルコムターゼ1，UDP-グルコースピロホスホリラーゼなどはいずれも低酸素下でHIF-1依存的に誘導されることがChIPアレイなどにより示されている[11][12]．

タンパク質生合成は細胞のATP総消費量の20〜30％を占めるほど最もエネルギーを消費する過程の1つであり[13]，mTOR（mammalian target of rapamycin）により制御されている[14]．低酸素下では，HIF-1依存的に発現が上昇するREDD1（regulated in development and DNA damage responses 1）はTSC1/TSC2複合体を介してmTORC1を抑制する[13][15]．mTORC1は翻訳開始因子eIF4Eの結合タンパク質である4E-BPおよびS6K（ribosomal protein S6 kinase）を含む下流の標的タンパク質をリン酸化す

ることによりタンパク質合成を活性化するため，mTORC1の活性抑制は異化作用の亢進や細胞成長の停止をもたらし，エネルギー消費の抑制とエネルギー産生の増大へと細胞の代謝をシフトさせる．また，低酸素下ではミトコンドリアでの酸化的リン酸化が低下することによりエネルギー欠乏が引き起こされるため，エネルギーセンサーであるAMPキナーゼ（AMPK）も細胞内のエネルギーレベルの低下（AMP/ATPの上昇）により活性化される．AMPKはmTORC1の活性抑制や，Na-K ATPaseのエンドサイトーシスなどを通じて代謝を制御する[16]．

2）低酸素と血管新生，造血

健常な成人では血管新生は静止状態にあるが，血管内皮細胞は高い可塑性を備えており血管新生因子に対して迅速に応答する．血管が栄養と酸素を運搬する器官であることを反映して血管内皮細胞はPHDやHIF-αを発現し，腫瘍細胞と同様，エネルギー産生の多くを解糖系に依存している[17]．HIFは血管新生因子であるVEGF（vascular endothelial growth factor）やangiopoietin-1/2，Tie-1/2，Notch，Delta-like ligand 4などの発現を制御して低酸素下での血管新生を促進する．内皮細胞特異的HIF-1αあるいは

HIF-2αノックアウトマウスにおける解析から，HIF-1αは内皮細胞の増殖や生存，代謝に関与し，HIF-2αは内皮細胞の細胞接着や移動に関与することで新生血管の成熟や血管網形成に必要であることが報告されている[18]．VEGFは血管発芽の際に血管の先頭を移動してナビゲートするtip cellでのPFKFB3を誘導することにより，内皮細胞での解糖系代謝を優位にしている[19]．低酸素下では腎臓間質にある線維芽細胞renal erythropoietin producing cellによりエリスロポエチンがHIF-2αに応答にして産生されるため，造血の促進によっても酸素供給が増加する[20]．

4 組織における低酸素応答
―破綻と疾患の概念から

1）各組織における酸素濃度

「低酸素」と一口にいっても，体内での低酸素状態は正常の酸素化を下回る状態として理解されており，はっきりした閾値がない相対的な概念である．大気酸素分圧が150 mmHg（21% O_2）であるのに対し，生体内の酸素濃度は平均40 mmHg（2〜9% O_2）とそもそも外環境に対して低酸素状態である．酸素濃度は酸素の需供バランスによって臓器間，臓器内においても異なる．血液中（13% O_2）は酸素濃度が高いのに対し，皮膚表面（0.5〜1% O_2）や腸管上皮管腔側（0.2% O_2未満），骨髄（1〜6% O_2），リンパ節（5% O_2未満）は相対的に低酸素状態にある．臓器として腎臓を例にとると，腎臓皮質酸素分圧は30〜50 mmHg前後，髄質は10〜25 mmHgであり，同じ尿細管細胞でも（分節，種類などの解剖機能学的差異を除いたとしても）異なる酸素環境に曝されている．細胞の低酸素応答は生体のホメオスタシス維持と病態時応答にどのように寄与しているのだろうか？

骨髄造血幹細胞が生息する骨髄ニッチは1〜1.5% O_2程度の低酸素状態にあるが，この低酸素ニッチによりHIF-1αを介して発現誘導されるPDK2/4が幹細胞のエネルギー代謝を解糖系に指向させることが，幹細胞の細胞周期の静止期性しいては幹細胞特性の維持に肝要である[21,22]．これと補完して，造血幹細胞は分化する際にはミトコンドリア呼吸に代謝スイッチすることが報告されている[23]．この結果，HIF-1αを成体血球系で欠損するコンディショナルノックアウトマウスでは，骨髄移植や加齢などストレス応答が減弱する．HIF-1αがエネルギー代謝を介して細胞周期と分化制御を担う重要な一例である．

2）炎症組織における低酸素応答

炎症組織は，炎症細胞浸潤が関与する代謝活動の亢進による酸素需要に対して，組織への酸素供給が浮腫などにより低下するために高度の低酸素・低栄養状態に陥る．実際，感染組織，リウマチ関節，動脈硬化病変，炎症性腸疾患，がん組織などの炎症性病巣でピモニダゾール染色などの手法により組織低酸素が検出されている[24]．この低酸素組織のなかに飛び込んで行き（遊走）機能する（貪食）マクロファージと好中球は，通常酸素下でもATPの供給源を解糖系に高度に依存することが古くから知られている．HIF-1αを特異的欠損したマクロファージと好中球ではATP産生の減少に伴い凝集・遊走・浸潤・細菌貪食能が低下することが報告されている他[25]，マクロファージは，より多くのATPを必要とするsevere hypoxiaの炎症組織へ遊走し貪食能を発揮できるようmild hypoxiaの状態で能動的にHIF-1α依存的に積極的な代謝リプログラミングを起こすことも最近報告されている[26]．

一方，皮膚ケラチノサイト，腸管上皮細胞などの上皮細胞も，活発な代謝活動に伴う酸素需要も大きいため低酸素下で機能していることに加えて，常に低レベルの炎症環境に曝されている．腸管腔側は生理的に低酸素であるが，炎症性腸疾患では，血管炎や血管収縮，浮腫，酸素需要の増大などにより，さらに低酸素へシフトする．炎症性腸疾患ではHIF-1とHIF-2が活性化し，腸トレフォイル因子活性化などを介した粘膜バリアの補強，アデノシン産生やアデノシン受容体発現増強による抗炎症シグナリング活性化により炎症鎮静方向に働くなど，HIFは炎症応答制御にも関与している[27]．

3）腎臓における低酸素応答

腎臓に目を向けてみると，腎臓は他臓器と比較して組織低酸素に陥りやすい．尿細管細胞のエネルギー需要が多いことに加え，尿細管間質領域を栄養する血管網に動静脈シャントが存在するという解剖学的特殊性があるためである．慢性腎臓病（chronic kidney disease：CKD）進行の主座は尿細管間質病変にあり，メディエーターとしてタンパク質尿や炎症，組織低酸素，

酸化ストレスがあげられるが，このなかでも尿細管間質の慢性低酸素が最重要であるという慢性低酸素仮説が通説である[28]．腎低酸素は，細胞外基質の増生，尿細管細胞のアポトーシス，酸化ストレスの亢進，サイトカイン産生などにより腎線維化に寄与するが，HIF-1αは尿細管上皮細胞に発現誘導され応答する．尿細管細胞に発現するHIF-1αとCKDの転帰については議論があるが，少なくとも急性腎障害時にはさまざまな下流遺伝子応答を介して尿細管保護的に働く[29]．

4）HIF-1の発現および転写活性制御

HIF-1応答は，HIF-1αタンパク質量，HIF-1αとコアクチベーターとの相互作用，HIF-1αと1βの二量体形成，標的遺伝子HREへの結合など，さまざまなレベルで調節されており，細胞の低酸素応答を複雑なものにしている．HIF-1αの発現調節については，前述のPHDによる制御の他，マクロファージをはじめとした炎症細胞では，HIF-1αは通常酸素下でも成長因子や炎症性サイトカイン，liposaccharideなどにより発現が安定化される．腎臓においても，低酸素刺激のみならず，マクロファージから産生されるIL-1βにより尿細管細胞においてCCAAT enhancer-binding protein δ 依存的にHIF-1αが誘導されることにより，細胞が低酸素に陥る以前から炎症に対する防御応答を促進するプライミングが起きると示唆される[30]．また，病態がHIF-1応答に影響を与える．例えば，CKDで酸化ストレスはHIF-1αの発現を抑制し，糖尿病性腎症で高血糖はHIF-1αの糖化修飾異常を介してHIF-1βとの二量体形成を抑制する．また，CKDの進行に伴い蓄積する食物中タンパク質の腸内細菌代謝物質である尿毒素により誘導されるCITED2（CBP/p300-interacting transactivator, with Glu/Asp-rich carboxy-terminal domain, 2）はコアクチベーターp300と競合することによりHIF-1転写活性を抑制する[31]．さらに，抗がん剤であるドキソルビシンはHIF-1のHREへの結合を阻害することも報告されている[32]．

これらの他にも，肥満組織，線維化を起こした肝臓や心臓を含む虚血臓器などでのHIF-1応答など枚挙にいとまがない．なお，がん細胞においては，TCA回路をはじめとしたさまざまな栄養遺伝子や酵素の欠損によるWarburg効果ががん病態と関連したり，グルタミン酸代謝を脂肪合成基質に利用可能にするなどさまざまな独自の低酸素適応応答があるが，他稿（第1章-2，第2章-2，第3章-Topics ⅱなど）を参照されたい．

おわりに

生体内の低酸素環境，低酸素応答は実に緻密に制御されている．これまでに，電気生理学的手法，生化学的手法，網羅的発現解析やゲノム編集動物を用いた解析を含む分子生物学的手法から，幾多の細胞シグナリング経路同定と機能解析が進められてきた．質量分析やメタボローム解析などを用いてピンポイントでの細胞の状態も把握できるようになってきた．しかし現時点では，これらの経路が何十兆個ものヘテロな構成細胞からなる生体内で実際にどのように在り，協調し，状況に応じてリモデリングされていき，個体の恒常性を維持しているのか，という四次元での理解は必ずしも容易ではない．近年，ATPや低酸素を in vivo で可視化するプローブと高度顕微鏡技術の発展により，これまでは観察することのできなかった細胞レベル，オルガネラレベルで分子ダイナミクスを観察することが可能となってきた．同時に，シングルセルレベルでの遺伝子・タンパク質解析技術も日々革新しているとともに，バイオインフォマティクスも進んでいる．さらに，何十億年もの間に生み出された自然界での多様な進化についても比較ゲノミクスなどから次々に明らかにされている．近い将来，生体内の分子挙動をライブで捉えて理解し，未来行動を予測することが可能になると期待したい．

文献

1) 「Molecular Biology of the Cell 6th edition」（Alberts B, et al, eds），Garland Pub, 2014
2) 「未解決のサイエンス」（ジョン・マドックス/著，矢野 創，他/訳），Newton Press, 2000
3) Semenza GL：Cell, 148：399-408, 2012
4) Semenza GL：Cold Spring Harb Symp Quant Biol, 76：347-353, 2011
5) Kim JW, et al：Cell Metab, 3：177-185, 2006
6) Papandreou I, et al：Cell Metab, 3：187-197, 2006
7) Chan SY, et al：Cell Metab, 10：273-284, 2009
8) Li Y, et al：J Biol Chem, 282：35803-35813, 2007
9) Fukuda R, et al：Cell, 129：111-122, 2007
10) Kioka H, et al：Proc Natl Acad Sci USA, 111：273-278, 2014
11) Mole DR, et al：J Biol Chem, 284：16767-16775, 2009

12) Mimura I, et al：Mol Cell Biol, 32：3018-3032, 2012
13) Cam H, et al：Mol Cell, 40：509-520, 2010
14) Laplante M & Sabatini DM：Cell, 149：274-293, 2012
15) Brugarolas J, et al：Genes Dev, 18：2893-2904, 2004
16) Gusarova GA, et al：Mol Cell Biol, 31：3546-3556, 2011
17) Eelen G, et al：Circ Res, 116：1231-1244, 2015
18) Potente M, et al：Cell, 146：873-887, 2011
19) De Bock K, et al：Cell, 154：651-663, 2013
20) Suzuki N & Yamamoto M：Pflugers Arch, 468：3-12, 2016
21) Suda T, et al：Cell Stem Cell, 9：298-310, 2011
22) Takubo K, et al：Cell Stem Cell, 12：49-61, 2013
23) Yu WM, et al：Cell Stem Cell, 12：62-74, 2013
24) Eltzschig HK & Carmeliet P：N Engl J Med, 364：656-665, 2011
25) Cramer T, et al：Cell, 112：645-657, 2003
26) Semba H, et al：Nat Commun, 7：11635, 2016
27) Karhausen J, et al：J Clin Invest, 114：1098-1106, 2004
28) Nangaku M：J Am Soc Nephrol, 17：17-25, 2006
29) Yamaguchi J, et al：F1000Res, 4：1212, 2015
30) Yamaguchi J, et al：Kidney Int, 88：262-275, 2015
31) Tanaka T, et al：FASEB J, 27：4059-4075, 2013
32) Tanaka T, et al：J Biol Chem, 287：34866-34882, 2012

＜筆頭著者プロフィール＞
山口純奈：2006年，名古屋大学医学部医学科卒業．'13年，東京大学大学院医学系研究科博士課程修了（腎臓内科学，南学正臣教授）．同ポスドク．内科医として働きながら，腎臓の尿細管細胞とポドサイトの低酸素・炎症応答制御を研究テーマとしている．腎臓の多種多様な細胞から成る複雑な三次元構造を形成・維持する機構に迫ることが将来の目標です．

第3章 栄養による遺伝子制御と生命現象・臓器機能〜その破綻と疾患の観点から〜

3. 食品－腸内細菌－宿主クロストークによる腸管免疫制御

青木 亮，長谷耕二

> 腸管は摂取した食品の消化吸収を行う器官であると同時に，食物抗原や腸内細菌などの抗原に対する免疫応答を担う免疫器官でもある．近年，ビタミンなどの食事成分そのもの，また食事成分を腸内細菌が代謝・分解して産生される種々の代謝物が，腸管免疫に大きな影響を及ぼすことが明らかとなってきた．ここでは食事成分と腸内細菌による免疫制御に関する最近の知見を紹介したい．

はじめに

　腸管は摂取した食品の消化吸収を行う器官であると同時に，食物抗原や腸内細菌などの抗原に対する免疫応答を担う免疫器官でもある．またヒト腸管には1,000種類，100兆個ともいわれる腸内細菌が存在している．腸内細菌は宿主の食事成分の消化・分解を行いながら消化管内でニッチを獲得し，腸内細菌叢とよばれる生態系を形成している．腸内細菌は宿主の腸管免疫系の発達に深く関与しており，例えばパイエル板などのリンパ節の発達やリンパ球の分化誘導，IgA産生を引き起こす．腸内細菌叢は通常は平衡状態を維持している（symbiosis）．しかし，高脂肪食摂取や低栄養状態などの栄養状態の変化や抗生物質の摂取に伴い，ディスバイオーシス（dysbiosis）とよばれる微生物叢が攪乱された状態に陥ると，生体の恒常性が破綻し，肥満や炎症性腸疾患など種々の疾患を引き起こすと考えられている．近年の研究より，細胞壁や細胞外多糖といった腸内細菌の構成成分のみならず，腸内細菌が食事成分を代謝・分解して産生される種々の代謝物が腸管免疫に大きな影響を及ぼすことが示されている．すなわち，食品－腸内細菌－宿主のクロストークが生体の恒常性維持に大きく関与することが明らかとなりつつある．

1 腸管免疫系の概観

1）腸管免疫による恒常性維持

　腸管免疫は多様な細胞が複雑な免疫ネットワークを形成しながら，恒常性を維持している．腸管上皮細胞は抗原が最初に直面する物理的障壁であるとともに，粘液，抗菌ペプチドおよびIgAなどを産生または輸送する，主要な腸管バリア機能を担っている．また，腸管上皮の一種であるM細胞はGP2（glycoprotein-2）などの受容体を介して管腔に存在する抗原を取り込み，直下にある樹状細胞などの免疫細胞と連携しながら抗原に対する免疫応答を制御している[1]．腸管免疫系は

The diet-microbiota-metabolite axis regulates the host gut immunity
Ryo Aoki[1) 2)] /Koji Hase[3)]：Ezaki Glico Co., ltd.[1)] /Graduate School of Medicine, Keio University[2)] /Graduate School of Pharmaceutical Science, Keio University[3)]（江崎グリコ株式会社[1)] /慶應義塾大学大学院医学研究科消化器内科[2)] /慶應義塾大学大学院薬学系研究科生化学講座[3)]）

誘導組織と実行組織にわかれており，それぞれの細胞組成も異なっている．

　誘導組織であるパイエル板・孤立リンパ小節などの粘膜関連リンパ組織には，樹状細胞や抗原に曝露されていないナイーブT細胞およびB細胞が多く存在し，M細胞依存的に取り込まれた抗原により胚中心反応が惹起され，IgAへのクラススイッチが誘導される．一方，実効組織である腸管粘膜固有層には，マクロファージや樹状細胞などのミエロイド系細胞に加え，各種T細胞サブセット，IgA$^+$形質細胞，および，自然リンパ球（ILC）などが存在している．このうちヘルパーT細胞（Th細胞）は獲得免疫を制御しているリンパ球であり，その産生サイトカインおよび転写因子の発現によりTh1，Th2，Th17，および，制御性T細胞（Treg）などのサブセットに分けられる．腸管においてはTh17とTregが主要なTh細胞である．Th17は炎症性サイトカインであるIL-17を分泌するリンパ球であり，感染防御や炎症性腸疾患に関与している．Tregは転写因子としてFoxp3を発現し，過剰な免疫応答の抑制を行うなど，免疫応答と免疫寛容のバランスを保っている．Tregにはさらに，胸腺由来のtTreg（thymus-derived Treg）と末梢分化型のpTreg（peripherally-induced Treg）が存在し，表面マーカー分子Nrp1（neuropilin-1）や転写因子Heliosの発現によって区別される．すなわち，tTregはHeliosおよびNrp1陽性であるが，pTregは両分子とも陰性である．さらにpTregはRORγtの発現を特徴としている．大腸では腸内細菌によってRORγt$^+$Foxp3$^+$細胞が誘導され[2]，小腸でも食物抗原によって同様の細胞が誘導される[3]．

2）ILCによるヘルパー機能

　ILCは近年同定された抗原受容体をもたないリンパ球サブセットであり，特定のサイトカインを活発に産生してヘルパー機能を発揮する．この機能により，自然免疫系と獲得免疫系をつなぐ重要な役割を担っている．ILCは各種マスター転写因子の発現によって3つのグループ（ILC1～3）に分類される．腸管にはGATA3を発現するILC2や，RORγtを発現するILC3が集積している．ILC2はIL-13などの分泌を介して寄生虫の防御に働く．一方，ILC3（特にNKp46$^+$サブセット）はIL-22を活発に産生して上皮細胞からの抗菌タンパク質の発現を高めることで，*Citrobacter rodentium*などの粘膜感染菌の排除に重要な役割を果たしている．ILC3由来のIL-22には，腸上皮バリアを高めるのみならず，腸上皮幹細胞の増殖を促す作用が

［キーワード＆略語］

腸内細菌，AhR，短鎖脂肪酸，低栄養

ACF：aberrant crypt foci（異常陰窩巣）
AhR：aryl-hydrocarbon receptor
　　　（芳香族炭化水素受容体）
ARNT：AhR nuclear translocator
　　　（AhR核内輸送体）
CCR9：C-C chemokine receptor type 9
CNS3：conserved noncoding sequence 3
DHNA：1,4-dihydroxy-2-naphthoic acid
　　　（1,4-ジヒドロキシ-2-ナフトエ酸）
FICZ：6-formylindolo[3,2-*b*]carbazole
GP2：glycoprotein-2
GPCR：G protein-coupled receptor
　　　（Gタンパク質共役受容体）
GVHD：graft versus host disease
　　　（移植片対宿主病）
HDAC：histone deacetylase
　　　（ヒストン脱アセチル化酵素）
I3C：indole-3-carbinol
IAld：indole-3-aldehyde
ICZ：indolo[3,2-*b*] carbazole
IEL：intraepithelial lymphocyte
　　　（上皮内リンパ球）
IGF：insulin-like growth factor
　　　（インスリン様増殖因子）
ILC：innate lymphoid cells（自然リンパ球）
LTi：lymphoid tissue inducer
Nrp1：neuropilin-1
pTreg：peripherally-induced Treg
　　　（末梢分化Treg）
RA：retinoic acid（レチノイン酸）
Raldh1：retinaldehyde dehydrogenase1
　　　（レチナールデヒドロゲナーゼ1）
RAR：retinoic acid receptor
RORγt：retinoid-related orphan receptor γt
RXR：retinoic X receptor
SPF：specific pathogen mouse
TGF-β：transforming growth factor
　　　（トランスフォーミング増殖因子）
Treg：regulatory T cells（調節性T細胞）
tTreg：thymus-derived Treg（胸腺由来Treg）

ある.そのため,IL-22は移植片対宿主病（GVHD）モデルにおいて傷害を受けた腸上皮の修復を促進する[4].ILC3のサブセットであるLTi（lymphoid tissue inducer）細胞はリンホトキシンを発現するため,二次リンパ組織の形成と成熟に必要不可欠である.RORγtを欠損するマウスではLTiが分化しないため,二次リンパ組織の形成不全を示す.

2 ビタミンと腸管免疫

ビタミンは生体の発達・恒常性維持において不可欠な栄養素であるのみならず,腸管免疫系の調節においても重要な役割を担っている.1986年Sommerらは,ビタミンA補給が栄養不良の子どもたちに生じやすい持続性の下痢を緩和して,死亡率を低下させることを報告した.その後,岩田らはビタミンAの代謝物であるレチノイン酸（retinoic acid：RA）が,腸管へのホーミング分子[※1]であるα4β7インテグリンおよびCCR9（C-C chemokine receptor type 9）の発現を促すことで,ヘルパーT細胞の腸管粘膜への遊走を促すことを明らかにした[5].生体中のビタミンAの大部分はレチノールとして肝星細胞に取り込まれ貯蔵・代謝されているが,腸管粘膜固有層においてはCD103⁺樹状細胞によってRAに代謝され,種々の腸管の免疫細胞の核内へ輸送される.RAは核内受容体であるRAR（retinoic acid receptor）/RXR（retinoic X receptor）ヘテロ二量体に結合し,各種の遺伝子発現制御を行う（図1A）.

RAはリンパ球の腸管への遊走を促すのみならず,IgA⁺形質細胞の分化を誘導する.さらにRAはTGF-β存在下においてナイーブT細胞のTregへの分化を促進する一方,Th17への分化を抑制する[6].RAによって誘導されるTregは,腸内細菌依存的に誘導されるタイプのRORγt⁺pTregであることが示されている[2].さらに,RAがILCの分化・成熟にも影響を及ぼすことが示唆されている.ビタミンA欠乏時には,ILCのうちILC3が減少する一方,ILC2が増加する.そのため,ビタミンA欠乏は,IL-22とともに細菌感染に対する抵抗性を弱める一方で,IL-13産生および寄生虫に対する抵抗性を高める[7].一般的に,栄養不足は免疫を低下させると考えられているが,ビタミンA欠乏下においては寄生虫防御のような特定の免疫機能が増強される点で興味深い.

ビタミンA以外にもいくつかのビタミン化合物が免疫系に与える影響について報告されている.例えば,ナイアシン（ビタミンB₃）は,GPR109A（後述）シグナルによって腸管の炎症を抑制する[8].また,葉酸（ビタミンB₉）はTregの生存にかかわっており,葉酸欠乏食を摂取することで小腸のTregが減少する[9].大腸では腸内細菌由来の葉酸が供給されるため,Tregは減少しない.一方,チアミン（ビタミンB₁）が欠乏すると,パイエル板のナイーブB細胞が減少するが,小腸粘膜固有層のIgA⁺形質細胞には影響がみられない.これは,パイエル板のナイーブB細胞は,IgA⁺形質細胞よりもエネルギー獲得におけるクエン酸サイクルへの依存度が高く,チアミン欠乏状態ではエネルギーが不足するためだと考えられている（チアミン二リン酸はピルビン酸からアセチルCoAを産生するピルビン酸デヒドロゲナーゼ複合体の補酵素である）[10].

3 AhRと腸管免疫

一般的に,野菜や果物を摂取することは腸管の恒常性維持に寄与するとされている.ブロッコリーなどのアブラナ科の植物にはI3C（indole-3-carbinol）が含まれている.I3Cは芳香族炭化水素受容体（aryl-hydrocarbon receptor：AhR）とよばれるリガンド依存的な転写因子を活性化することでさまざまな免疫応答を引き起こす（図1B）.当初,AhRはダイオキシンなど芳香族炭化水素の受容体として発見されたが,近年では,I3Cをはじめとした食餌成分由来のリガンドがいくつか報告されている.AhRは腸管の免疫細胞ではTh17やILC3,IELなどのRORγt⁺リンパ球に高発現しており,リガンドが結合すると核内へ移行し,IL-22のような炎症性のサイトカインの転写を活性化する.

I3Cは胃内にてさらにICZ（indolo-[3,2-b]-carba-

> ※1　ホーミング分子
> リンパ球が臓器特異的にパイエル板・脾臓や腸管粘膜などの組織間を移動する（ホーミングする）際に発現する表面分子.リンパ球上のホーミング分子が内皮細胞上の表面分子に接着することで特定の臓器へと遊走することができる.

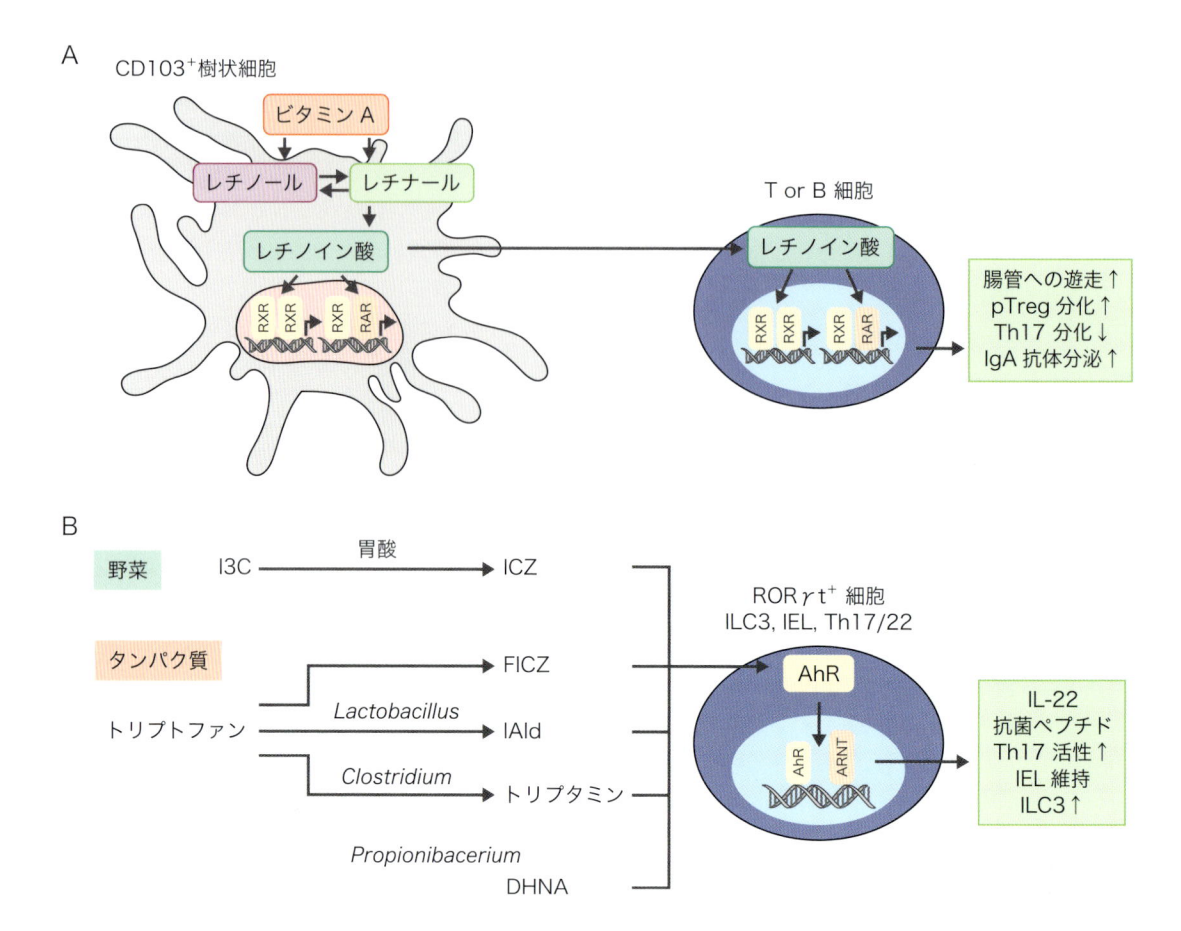

図1 食品中の転写調節因子リガンドによる腸管免疫制御

A) ビタミンAはCD103⁺樹状細胞によってレチノイン酸に代謝される．レチノイン酸はT細胞やB細胞中のRXR，RARといった転写因子に結合し，転写制御を行う．その結果，腸管遊走受容体の発現やTregの誘導，Th17の抑制などを行う．**B)** 野菜に含まれるI3C（indole-3-carbinol）は胃酸によってAhR高親和性のICZ（indolo[3,2-b]carbazole）に変換される．トリプトファンは生体内および腸内細菌によってさまざまなAhRに代謝される．AhRにリガンドが結合すると，ARNT（AhR nuclear translocator）とヘテロダイマーを形成し，核内へ輸送される．その結果，種々の遺伝子遺伝子発現が誘導され，IL-22の産生や抗菌ペプチドの分泌，腸上皮リンパ球（IEL），ILC3，Th17の増加を引き起こす．

---

zole）などの高親和性のAhRリガンドに変換される．I3Cを含む食餌によって上皮内リンパ球であるγδT細胞が増加し，デキストラン硫酸（DSS）腸炎を抑制することが示されている[11]．また，I3C摂取によってILC3が誘導されることも報告されており，感染症の防御に寄与することが期待されている[12]．

食品由来のAhRリガンドとして，トリプトファンの代謝物であるFICZ（6-formylindolo[3,2-b]carbazole）が知られている．FICZはトリプトファンから生体内で生成され，AhRを介して腸管のILC3を増加させる[13]．また，腸内細菌もトリプトファンを代謝し

AhRリガンドを産生する．例えば，乳酸菌であるL. reuteriはトリプトファンをIAld（indole-3-aldehyde）に変換する．IAldは腸管ILC3に発現するAhRを活性化し，IL-22分泌を促進する．無菌マウスにL. reuteriを定着させたノトバイオートマウス※2では，本菌種が胃にも常在するため胃内IAldが産生されて

> **※2 ノトバイオートマウス**
> 特定の微生物（叢）のみが定着した状態のマウスのこと．無菌マウスに単独の微生物株や，特定の細菌叢を定着させることで作出する．ノトバイオートを用いることで，微生物が生体に与える影響を明らかにすることができる．

IL-22の発現が上昇し，胃のカンジダ感染に抵抗性を示すようになる[14]．また，腸内細菌の一種であるClostridium sporogenesは，トリプトファンデカルボキシラーゼによって，トリプトファンからAhRリガンドであるトリプタミンを産生する[15]．ヒト腸内細菌メタゲノムデータベースを検索したところ，少なくとも10人に1人以上の割合でトリプトファンデカルボキシラーゼ遺伝子が検出されたことから，腸内細菌によるAhRリガンドの産生は普遍的な現象であると思われる．

以上のことから，AhRは食事や腸内細菌の変化を感知するセンサーとして働き，腸管免疫の恒常性維持に寄与していると考えられる．食品由来のAhRリガンドは腸内細菌によってさまざまな高親和性のAhRリガンドに代謝されることから，宿主の腸内細菌を人為的に制御することによって，AhRシグナリングを強化し，感染症の予防や治療に役立てることが期待されている．実際に，AhRリガンドを産生するプロバイオティクス※3候補の探索も行われている．例えば，チーズ由来のPropionibacterium freudenreichiiはAhRリガンドであるDHNA（1,4-dihydroxy-2-naphthoic acid）を産生する菌種として同定されている[16]．

4 短鎖脂肪酸と腸管免疫

水溶性食物繊維やレジスタントスターチ，オリゴ糖などの食餌中の難消化性の炭水化物は，大腸において腸内細菌によって最終的に短鎖脂肪酸へと代謝される．ヒト大腸内で産生される主要な短鎖脂肪酸は，酢酸，プロピオン酸および酪酸であり，これらの総濃度はおよそ100 mMに達する．宿主のエネルギー源の5％程度は短鎖脂肪酸由来であるといわれている．近年，短鎖脂肪酸がエネルギー源としてだけでなく，免疫系をはじめとした腸管の恒常性維持に主要な役割を果たしていることが明らかとなっている（図2）．

> ※3 プロバイオティクス
> 宿主の健康に寄与する微生物の意であり，ビフィズス菌（Bifidobacterium）や乳酸菌（Lactobacillus）が食品に汎用される．近年の腸内細菌研究の進展により，クロストリジウム目に属する細菌群（クラスターIV, XIVa）が炎症・アレルギー応答を抑制する制御性T細胞（Treg）の誘導に関与していることが明らかとなっており，医療分野での応用が期待されている．

短鎖脂肪酸のうち，酪酸は結腸においてTreg分化のマスターレギュレーターであるFoxp3の転写を活性化させ，ナイーブT細胞のpTregへの分化を誘導する．酪酸はヒストン脱アセチル化酵素（HDAC）阻害活性を有しており，Foxp3遺伝子座のプロモーター領域やCNS3（conserved noncoding sequence 3）エンハンサー領域のヒストンアセチル化を促進することで転写を活性化する[18]．

短鎖脂肪酸は，このようなリンパ球に対するエピジェネティックな遺伝子発現制御のほかにも，GPR41，GPR43およびGPR109AなどのGタンパク質共役受容体（G protein-coupled receptor：GPCR）のリガンドとして作用し，腸管免疫応答を制御している．これらのGPCRは，腸上皮細胞のほか，粘膜固有層の樹状細胞やマクロファージなどのミエロイド系細胞にも発現している．GPR41はプロピオン酸と酪酸，GPR43は3種の短鎖脂肪酸すべて，GPR109Aは酪酸をリガンドとしてシグナル伝達を行う．酢酸を飲水投与することで，デキストラン硫酸ナトリウム（DSS）誘発性の実験的大腸炎が抑制されるが，これは酢酸がGPR43依存的に好中球のアポトーシスを誘導するためと考えられている[19]．また，酪酸によるGPR109Aシグナリングはマクロファージや樹状細胞からの抗炎症サイトカインIL-10の産生やレチノイン酸合成酵素（Raldh1）の発現を誘導し，Tregの分化を誘導する．さらに酪酸は上皮細胞に作用し，GPR109A依存的にIL-18の産生を促す．その結果，GPR109Aシグナリングは結腸における炎症性発がんを抑制する[8]．

短鎖脂肪酸は上皮細胞の増殖因子であり，腸管バリア機能の維持に寄与している．Bifidobacterium longum subsp. longum JCM1217[T]などある種のプロバイオティクスは腸管での酢酸生成によって腸管バリア機能を向上させ，病原性大腸菌に対する抵抗力を高める[20]．また，GPR43およびGPR109Aシグナリングは大腸上皮のインフラマソームを活性化させ，IL-18分泌を促進することで腸管バリア機能を制御していることが示されている[21]．さらに，GPR41およびGPR43シグナリングは上皮細胞からのCXCL1，CXCL2などのケモカイン産生を誘導し，好中球の遊走をもたらすことで病原菌の排除に寄与しているとされる[22]．

以上のように，腸内細菌由来の短鎖脂肪酸はGPCR

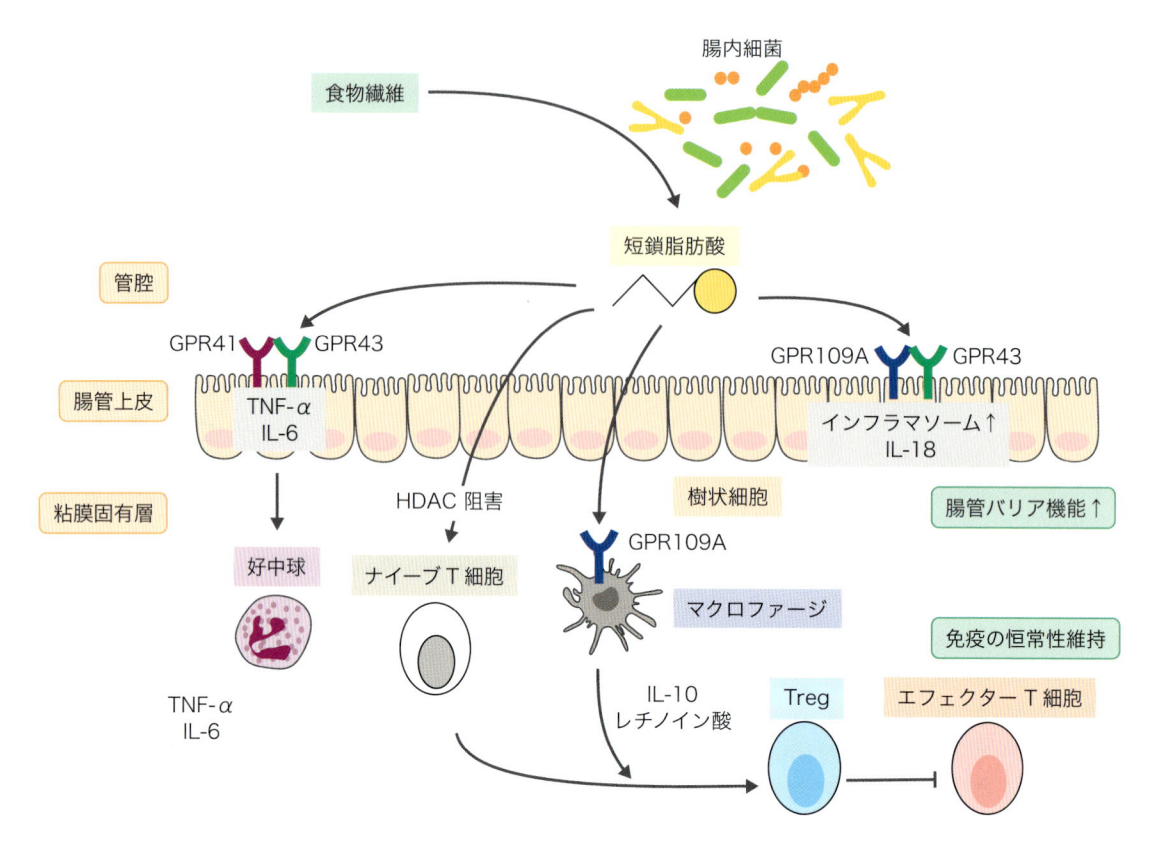

図2 腸内細菌由来の短鎖脂肪酸による腸管免疫制御
腸内細菌は食物繊維を分解し，短鎖脂肪酸を生成する．短鎖脂肪酸のうち，酪酸はHDAC阻害を介してエピジェネティックに*Foxp3*の転写を活性化し，ナイーブT細胞からのTreg細胞への分化を誘導する．酪酸は樹状細胞/マクロファージ上のGPR109Aを介してIL-10の分泌を促進し，Tregの分化を誘導する．また，上皮細胞において，GPR43/GPR109Aを介し，インフラマソームを活性化し，腸管バリア機能を維持する．病原菌感染においては，GPR41/GPR43によって好中球の遊走をもたらし，病原菌の排除に寄与する．文献17をもとに作成．

シグナリングやエピゲノム修飾によって宿主の免疫系の発達や恒常性維持に貢献している．

5 低栄養状態が腸内細菌に及ぼす影響

前述のビタミン欠乏による免疫系発達異常の他にも，低栄養状態において腸内細菌叢が変化し，生体恒常性に影響を与えると示唆されている．例えば，マウスを絶食させると結腸上皮のターンオーバーが停止するが，再給餌することによって，自由摂食群に比べて3倍以上の活発な増殖応答が観察される．この現象は再摂食に伴い，一過性に*L. murinus*が増殖し乳酸産生が増加したためである[23]．この過増殖期に，大腸発がん剤であるアゾキシメタンをマウスに投与すると異常陰窩巣（aberrant crypt foci：ACF）が増大する．

低栄養下では未成熟な腸内細菌叢が形成されるが，これが栄養失調状態によって引き起こされる手足の浮腫・低体重などの症状（クワシオルコル）の発症に関与することも知られている．栄養失調の子どもに栄養治療食を摂取させることで，クワシオルコルの症状だけでなく，腸内細菌叢の成熟度も一時的に改善される[24]．興味深いことに，栄養失調による低体重児の腸内細菌叢を無菌マウスに移植すると，健常児の腸内細菌叢を移植したマウスに比べて発育不良を引き起こすことが判明している（**図3**）．腸内細菌解析の結果，*Faecalibacterium prausnitzii*をはじめとするクロストリジウム目細菌が体重増加に関与していることが示唆された．そこで，発育不良を起こしたノトバイオート

A）低栄養 - 低体重仔菌叢ノトバイオートマウス

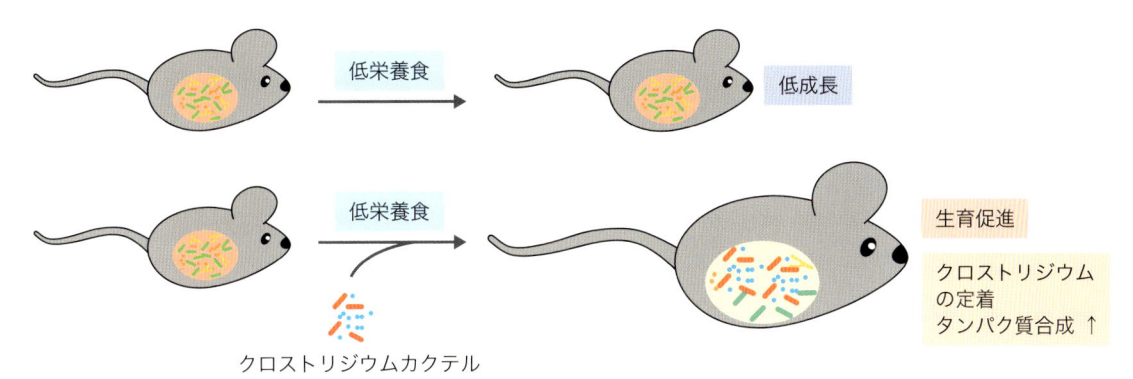

B）無菌マウス

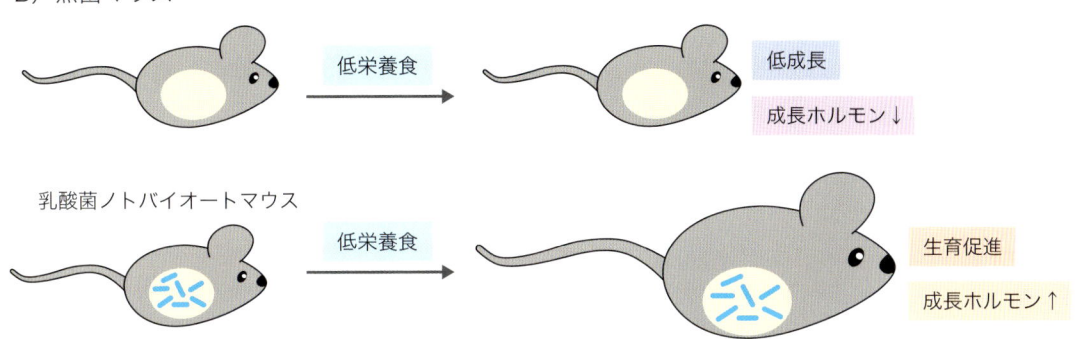

図3 腸内細菌による低栄養下での生育促進効果
A）幼若マウスに発育不良児の腸内細菌を移植すると，健常児の菌を移植した場合に比べて生育不良を引き起こす．一方で，発育不良児の便を移植したマウスに対して，健常児の便からスクリーニングした菌のカクテルを投与することで，生育の回復がみられる．B）無菌マウスでは成長ホルモンの分泌が低下しており，低栄養下では生育不良を引き起こす．*L. plantarum* を定着させることで，インスリン様増殖因子（IGF）の増加を伴い生育が回復する．

マウスに健常児より分離した *Clostridium symbiosum* と *Ruminococcus gnavus* を含む細菌カクテルを投与することで体重が有意に増加する[25]．代謝物解析の結果，*R. gnavus* および *C. symbiosum* が腸管に定着することで，アミノ酸代謝が分解方向からタンパク質の生合成方向に変化し，低栄養下での生育が改善したと推察されている．

また，無菌マウスはSPF（specific pathogen free）マウスに比べてインスリン様増殖因子（IGF）などの成長ホルモンのレベルが低く生育が悪いが，*L. plantarum* を定着させることでIGFが増加し発育が促進される[26]．このような生育促進効果は菌株特異的であることから，IGF誘導因子の同定や作用機序の解明が待たれる．一方，乳酸菌などのプロバイオティックスは，家畜に対しても下痢予防・感染予防・生育促進などの目的で広く利用されている．前述のように，腸内細菌が宿主の栄養状態・生育にどのような影響を及ぼすかについて明らかにすることで，発展途上国の医療はもとより，先進国においても畜産・酪農などの産業に大きなインパクトをもたらすことが期待される．

おわりに

われわれが日々摂取する食物は，栄養素として重要であるのみならず，腸内細菌叢やその代謝物にも多大な影響を与える．腸内細菌叢は，腸管免疫系はもとより全身の健康状態を左右する鍵因子であるといえる．近年のメタゲノミクスやメタボロミクスの長足の進歩

にもかかわらず，腸内細菌叢の構築メカニズムや代謝物の産生経路については未知な領域が多く残されている．さらに，宿主側の受容体の解析においても，AhRのように種々の組織・細胞で発現しており，かつ複数のリガンドをもつことがあるため，単一の受容体であっても生理機能の包括的な理解は困難をきわめる．しかしながら，そのような食品-腸内細菌-宿主のクロストークについて分子レベルでの理解が進むことにより，新たなプロバイオティクス・プレバイオティクスの開発をはじめとした予防医学・栄養学が進展し，人類の健康増進に寄与するものと思われる．

文献

1) Hase K, et al：Nature, 462：226-230, 2009
2) Ohnmacht C, et al：Science, 349：989-993, 2015
3) Kim KS, et al：Science, 351：858-863, 2016
4) Lindemans CA, et al：Nature, 528：560-564, 2015
5) Iwata M, et al：Immunity, 21：527-538, 2004
6) Mucida D, et al：Science, 317：256-260, 2007
7) Spencer SP, et al：Science, 343：432-437, 2014
8) Singh N, et al：Immunity, 40：128-139, 2014
9) Kunisawa J, et al：PLoS One, 7：e32094, 2012
10) Kunisawa J, et al：Cell Rep, 13：122-131, 2015
11) Li Y, et al：Cell, 147：629-640, 2011
12) Kiss EA, et al：Science, 334：1561-1565, 2011
13) Qiu J, et al：Immunity, 36：92-104, 2012
14) Zelante T, et al：Immunity, 39：372-385, 2013
15) Williams BB, et al：Cell Host Microbe, 16：495-503, 2014
16) Fukumoto S, et al：Immunol Cell Biol, 92：460-465, 2014
17) Yamada T, et al：J Biochem, mvw022, 2016
18) Furusawa Y, et al：Nature, 504：446-450, 2013
19) Maslowski KM, et al：Nature, 461：1282-1286, 2009
20) Fukuda S, et al：Nature, 469：543-547, 2011
21) Macia L, et al：Nat Commun, 6：6734, 2015
22) Kim MH, et al：Gastroenterology, 145：396-406, 2013
23) Okada T, et al：Nat Commun, 4：1654, 2013
24) Smith MI, et al：Science, 339：548-554, 2013
25) Blanton LV, et al：Science, 351：, 2016
26) Schwarzer M, et al：Science, 351：854-857, 2016

＜筆頭著者プロフィール＞

青木　亮：2003年北海道大学農学部卒．'05年北海道大学大学院農学研究科修士課程修了．同年，グリコ乳業（株）に入社し，プロバイオティクスや腸内細菌の研究に携わる．'15年，合併により江崎グリコ（株）に転籍．'15年より，慶應義塾大学医学部消化器内科にも籍をおきながら，プロバイオティクスの整理機能および腸内細菌と宿主のクロストークについて研究中．

第3章 栄養による遺伝子制御と生命現象・臓器機能〜その破綻と疾患の観点から〜

4. 栄養摂取による概日遺伝子発現の制御

明石 真

> 約24時間を計る体内時計である概日時計は，生物の活動時間帯においては摂取した栄養を効率よくエネルギーに変換することで身体能力を最大限に発揮することを可能にしており，休息時間帯では余剰のエネルギーを食物の枯渇に備えて効率的に貯蔵することを可能にしている．また，生物の習慣的な栄養摂取時刻が変化した際には，概日時計も適切に位相調節される必要がある．実際，体内に吸収された栄養素などの摂食刺激に応答して血中に放出された内分泌因子などによって，肝臓や脂肪などのエネルギー代謝にかかわる臓器の概日位相がすばやく調節されることがわかってきた．本稿では，哺乳類の概日時計機構を概説するとともに，栄養摂取による位相調節機構とその意義について解説する．

はじめに

現代のような飽食の時代は，人類進化の歴史のなかでもごく最近のことであり，多くの野生生物がそうであるように，われわれヒトも決して豊かとはいえない栄養環境のなかで淘汰されてきた．したがって，体内に取り込んだ栄養を可能な限り効率よくエネルギーとして利用し，さらに，余剰のエネルギーを効果的に貯蔵する必要があったであろう．これには概日時計も重要な役割を担っている．例えばわれわれ昼行性の生物の場合，たとえ外的な時間的情報から隔離された環境下におかれたとしても，概日時計は，われわれが昼間は活動してエネルギーを消費し夜間は休息してエネルギーを蓄えることを知っているように，体内において異化と同化の自律的な概日リズムを生み出している．これにより，活動時間である昼間は効率よくエネルギーを生産することで身体能力を最大限に発揮することが可能となり，休息時間である夜間は余剰のエネルギーを食べ物に恵まれないかもしれない明日のために効率的に貯蔵することが可能となる．

ところで，機械時計がそうであるように，概日時計にも位相（時刻）の調節機能が存在している．主には太陽光のような強照度光によって，位相が前進あるいは後退することで，概日時計は地球の自転と同調を保っている．一方，栄養摂取にも光と同様な作用があることがわかっている．すなわち，習慣的な摂食時刻が変化した場合，その刺激によって概日時計の位相も

[キーワード&略語]
概日時計，位相応答性，2型糖尿病，
社会的時差ぼけ

Cry：*Cryptochrome*（クリプトクローム）
Per：*Period*（ピリオド）
STZ：streptozotocin（ストレプトゾトシン）

Control of circadian gene expression by feeding
Makoto Akashi：The Research Institute for Time Studies, Yamaguchi University（山口大学時間学研究所）

変化するのである．ただし，光刺激の場合とは異なり，この影響は組織特異的であることがわかっている．具体的には，体内に吸収された栄養素やそれに応答して血中に放出された内分泌因子などによって，肝臓や脂肪などのエネルギー代謝にかかわる臓器の概日位相がすばやく調節されることがわかってきた．この位相調節は，前述したように，活動時間の効率よいエネルギー生産と休息時間の効果的なエネルギー貯蔵に必要不可欠であるだけでなく，2型糖尿病のような代謝異常を防ぐ役割もある．

本稿の前半では，これまでにわかっている哺乳類の概日時計に関する知見の全般について概説する．さらに後半では，栄養摂取による概日時計位相調節のメカニズムとその意義について説明する．

1 概日時計システムの全体像

バクテリアからヒトにいたるまで，地球上のほとんどの生物は地球の自転周期に合わせた体内時計（概日時計）をもっており，この時計は行動生理機能において約24時間のリズム（概日リズム）をもたらす．概日時計をもつことは地球上の生存において有利である．例えば，夜が近づけば自律的に体は休息の準備に入り，朝が近づけば目を覚ます前から，起床後の活動に備えて体がウォームアップされる．しかし，地球の自転から脱同調して生活する現代人では，概日時計はその存在意義を失っているばかりか，身体パフォーマンスの低下や疾患リスクの原因にすらなっている．

地球の自転と同調してこそ，概日時計は生物に恩恵をもたらす．したがって，概日時計の位相は調節される必要があるが，これには光刺激が最も主要なシグナルとなる（図1A）．光刺激は網膜に存在する視細胞や網膜神経節細胞で受容され，視神経を介して間脳視床下部の視交叉に密着する神経核に伝達される．この直径1mmにも満たない神経核は視交叉上核とよばれており，全身の概日リズムを統合する中枢として機能する．光刺激は視交叉上核の位相調節を行うことで，地球の自転からの脱同調を防いでいるのである．重要なことに，光の効果はその入力タイミングで異なっており，この性質は「位相応答性」とよばれている．ヒトのような昼行性生物の場合，起床前後の光入力は概日時計を進めるのに対して，就寝前後の光入力は概日時計を遅らせてしまう．

2 概日時計の分子機構

1971年，ショウジョウバエの突然変異体のなかから行動の概日リズムにおいて異常をもつ個体が発見され，特定の遺伝子が概日時計を制御していることが強く示唆された[1]．1984年に同定されたこの遺伝子は"Period"と名付けられ，1997年に哺乳類のホモログPeriod1が同定された．その後，次々と哺乳類の時計遺伝子がクローニングされて，1999年には概日時計分子モデルが提唱されるにいたっている[2]．時計遺伝子Period (Per) とCryptochrome (Cry) はそれぞれ転写抑制因子PERとCRYをコードしており，時計遺伝子Bmal1とClockはそれぞれ転写因子BMAL1とCLOCKをコードしている．BMAL1とCLOCKはヘテロ2量体としてPerおよびCry遺伝子を活性化し，それによって発現量が増加したPERとCRYタンパク質は，BMAL1とCLOCKの活性を抑制する（図2）．その後，PERとCRYは発現停止と分解により減少していき，再びBMAL1とCLOCKは活性をとり戻すこととなる．この転写フィードバックは個々の細胞内において自律的なリズムを刻む．このシステムによって行動生理機能の概日リズムが発生するメカニズムは，次のように説明できる．BMAL1とCLOCKはPerおよびCryの発現のみならず，広範にわたる行動生理にかかわる遺伝子の発現をも制御している（図2）．BMAL1とCLOCKの活性レベルは前述のフィードバックによって自律変動しているため，行動生理にかかわる遺伝子群の発現にも概日リズムが付与され，その結果，多岐にわたる行動生理機能の概日リズムが発生する．ところで，ここで紹介した分子モデルでは分子機構の骨格部分のみを示しており，実際にはフィードバックを補助する多様なメカニズムが存在している．

このシステムは個々の細胞内で自律的に機能する（図1B）．しかし，細胞レベルの時計には，その周期長において細胞間のばらつきが存在する[3]．そのため指揮者として統合するペースメーカーが存在しないと，細胞間のリズムが脱同調してしまい，個体としてのリズムは消失してしまう．このペースメーカーの役割を担うのが視交

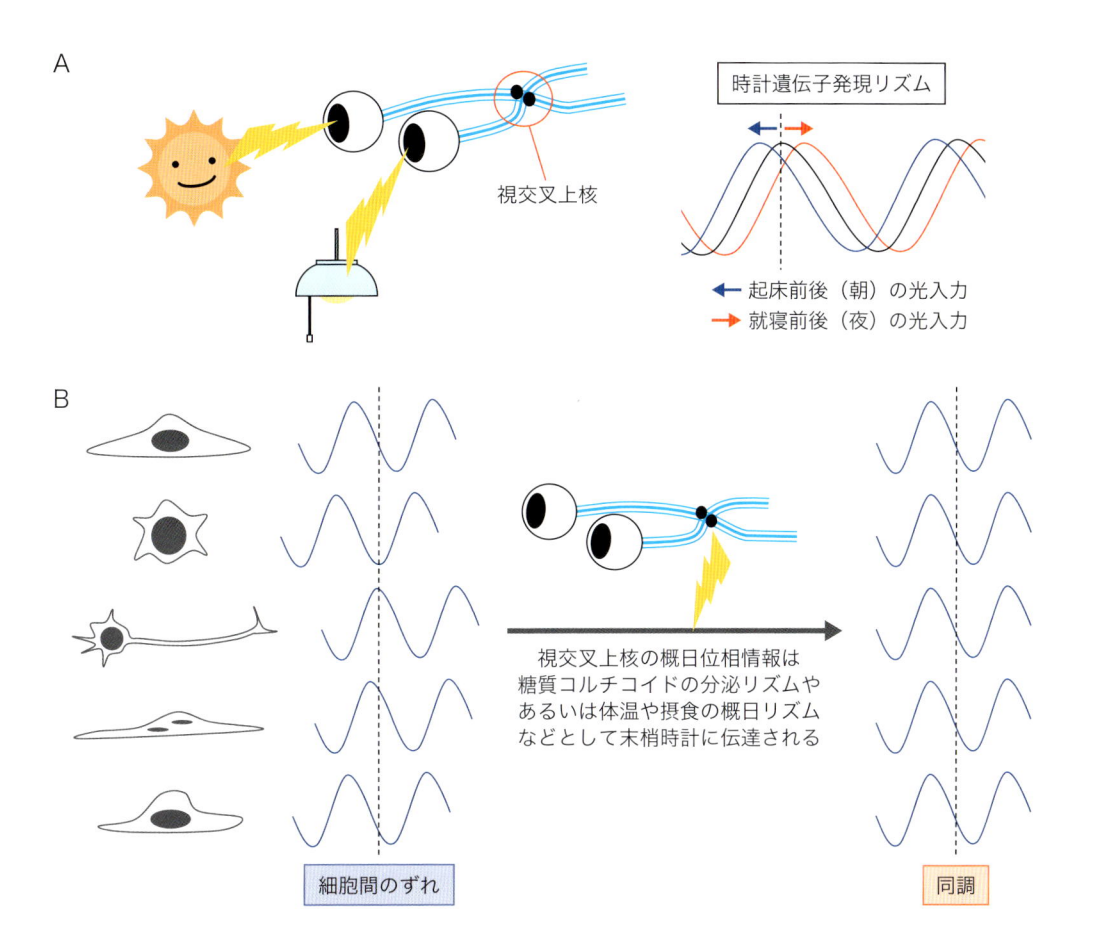

図1 光による概日時計位相調節と視交叉上核の役割

A）網膜で受容された光刺激は視神経を介して視交叉上核に伝わり，視交叉上核における時計遺伝子発現リズムの位相（時刻）が修正される．ただし，光入力のタイミングによって位相修正の方向が異なっており，これは「位相応答性」と呼ばれている．（A）は昼行性生物における位相応答性の例である．B）単一細胞レベルの概日時計には周期長のばらつきがあるため，視交叉上核（中枢時計）は末梢時計間の脱同調が起きないように位相統合を担っている．

叉上核である．視交叉上核は数十兆個にも及ぶ細胞単位の概日時計の位相を同調させる役割をもつ．

3 社会的時差ぼけと疾患

現代人は一日の多くの時間を室内で過ごす．しかし，室内照明の照度は数百ルクス程度にとどまり，これは晴天時の屋外照度数万ルクスに比べてきわめて低い．一方，この室内照度は夜間の屋外光に比べてはるかに高い．したがって，光入力の位相応答性に基づくと，現代人の概日時計は夜型にずれる傾向にあり，日常のなかで軽度の時差ぼけを慢性的に患う傾向にある．この状態は「社会的時差ぼけ」とよばれる[4]．社会的時差ぼけは不規則な生活リズムによっても簡単に生じる．概日時計の位相調節には時間がかかるために，起床時刻などの生活時間が急激に変化してもなかなか同調できないのである．

社会的時差ぼけが慢性化すると，恒常性機能が低下して多様な疾患のリスクになる．睡眠障害や気分障害との関連は深く，さらには心血管病や発がんとも関係がある．特に，世界保健機関（WHO）は交替性勤務による発がんリスクをグループ2Aに認定しており，ヒトでの知見はまだ不十分だが，"おそらく発がん性がある"と認められたことになる．無論，交替性勤務に従事していなくても，生活リズムが顕著に乱れていれば，同様に発がんリスクを背負うことを意味する．さ

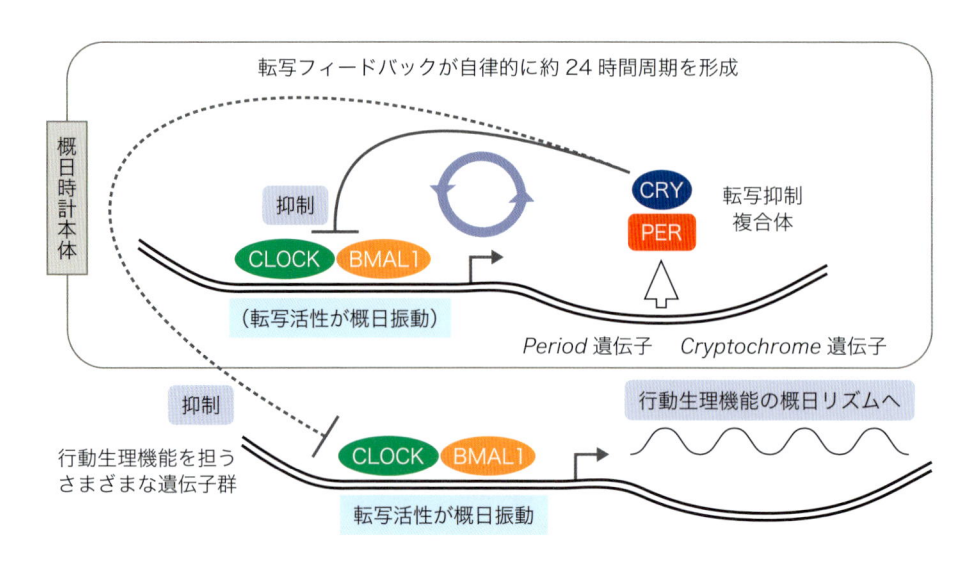

図2　概日時計の分子メカニズム

概日時計は，転写因子複合体「BMAL1：CLOCK」と転写抑制因子複合体「PER：CRY」が構成する転写フィードバックシステムで形成される．BMAL1：CLOCKはPer遺伝子とCry遺伝子を活性化し，これにより発現したPER：CRYはBMAL1：CLOCKを抑制する．この負のフィードバック回路により，BMAL1：CLOCKの転写活性レベルにおいて概日リズムがつくり出され，BMAL1：CLOCKが標的とするさまざまな行動生理機能にかかわる遺伝子群において発現リズムが発生する．その結果，多様な行動生理機能における概日リズムが生じることになる．

らに，以下のように，社会的時差ぼけは2型糖尿病ともかかわりが深い．

4 概日時計と糖尿病

遺伝子改変マウスによって，概日時計と2型糖尿病の関係が示されている．例えば，時計遺伝子ClockまたはBmal1の機能欠損マウスでは膵島が縮小しており，インスリン分泌能が低下している[5]．これは概日時計自体を破壊して生じた表現型であるが，よりヒトの実態を反映したマウスの研究報告もある[6]．活動期のみ高脂肪食を与えたマウスと，自由摂食下で高脂肪食を与えたマウスを比較すると，摂取カロリーは同等にもかかわらず，後者は肥満とともに耐糖能異常や高インスリン血症を発症したのである．この結果は，摂食タイミングと2型糖尿病との関係を明確に示しており，一般的に広く認知されている「寝る前に食べると太る」現象をマウスで実証したものである．やはり，活動期に摂食して効率よくエネルギーとして使用し，余剰のエネルギーを休息中に蓄えるのが本来の代謝リズムなのであろう．このように，概日時計に背いたタイミングの栄養摂取は，単にエネルギー変換効率が悪いだけではなく，2型糖尿病のリスクをもたらしてしまう．

ヒトの研究によっても，概日時計と2型糖尿病の関係が示唆されている．例えば，昼夜交替勤務が2型糖尿病の発症リスクになることが疫学的に報告されている．また，時計遺伝子核酸配列の多型と2型糖尿病の発症リスクには相関が見出されている[7]．さらに，健康なボランティアの睡眠時間を短縮させるとともに，目まぐるしく変化する生活リズムのなかで約3週間過ごしてもらうと，インスリン分泌と耐糖能が低下したという研究もある[8]．

5 栄養摂取による概日位相調節

概日位相が適切に調節されることで，栄養摂取のタイミングと消化吸収や代謝のリズムが噛み合うこととなり，食物を最大限に利用できるだけでなく，2型糖尿病などの疾患予防につながる．しかし，習慣的な栄養摂取の時刻が変化することによって生じる「刺激」が，どのようなメカニズムによって一部の臓器に対して強力な概日位相調節作用を発揮するのかわからない

ことが多い[9]．位相調節の強度は摂取する栄養素の種類によって少々異なっているが，特定の成分に強く依存しているわけではなさそうである[10]．さらに，いくつかの研究グループによって，摂食刺激による位相調節にはインスリンが関与することが示唆されてきた．例えば，培養肝細胞にインスリンを添加すると，時計遺伝子発現リズムの位相が変化する[11]．また，STZ（streptozotocin）によって膵島β細胞を破壊した糖尿病モデルマウスにおいても，やはり時計遺伝子の発現リズムに異常が確認されている[12]．しかしながら，前者は in vitro の実験系であり，後者は重度の疾患モデルマウスであることから，われわれは別のアプローチでインスリンの関与を調べた．

6 概日位相調節へのインスリンの関与

われわれは，インスリン阻害ペプチドS961を用いることで，より生理的な条件でインスリンの関与を検討した[13]．具体的には，マウスの給餌時刻を大幅に変化させることで肝臓などにおいて時計遺伝子発現リズムの位相変化を誘導させることができるが，摂食刺激直前のS961投与がこの位相変化に与える影響を調べた（図3）．この実験では，時計遺伝子の活性を検出するために，従来のように摘出した臓器を用いてRNA定量するのではなく，時計遺伝子 Per2 にホタル Luciferase 遺伝子を融合したノックインマウス（以下，Per2::Lucマウス）を用いて，発現レベルを発光として捉える測定手法「インビボイメージング法」を採用した．この方法では，マウスを生かしたまま各個体における遺伝子発現の経時変化を検出でき，従来法ではわからなかった個体差の検出が可能であるとともに，マウスの犠牲を大幅に減らすことができる．結果は予想通り，給餌時刻を大きく変化させると，肝臓において発光として検出されたPER2タンパク質の発現リズムの位相も大きく変化したが，摂食直前にS961処理を行った実験群では位相変化のスピードが明確に低下していた．ただし，S961処理群も最終的には同等の位相変化を示している．これは，S961の作用機序が競合阻害であるためにインスリンを強く抑制できていないか，あるいは，インスリン以外の経路が関与しているために効果が限定的であると考えられる．実際，ごく最近，後者の可能性を支持する報告として，摂食による肝臓の時計遺伝子発現リズムの位相変化に「オキシントモジュリン（oxyntomodulin）」が関与することが発表されている[14]．

7 インスリンによる組織特異的位相調節

次に，肝臓以外に対するインスリンの効果を調べるために，ex vivo 組織培養系を利用して実験を行った．すなわち，前述の Per2::Luc マウスの組織片を薄くスライスした後に，ルシフェリンの存在下において数日間以上にわたり連続培養を行い，リアルタイムで発光検出することで時計遺伝子発現リズムをモニタリングした（図3）．興味深いことに，肝臓に加えて白色脂肪組織ではインスリンに応答して時計遺伝子発現リズムの明確な位相変化が誘導されたのに対して，顎下腺・肺・大動脈などではインスリンによる効果はほとんど検出されなかった．したがって，インスリンによる時計遺伝子発現リズムの位相調節作用には，明確な組織特異性が存在しているといえる．これに関連して，摂食刺激による時計遺伝子発現リズムの位相変化の速度は，臓器によって大幅に異なることが報告されている[9]．

ところで，インスリンが概日位相を変化させるメカニズムとはどのようなものだろうか．マウスの栄養摂取時刻を大幅に変化させると，肝臓において Per2 遺伝子が一時的に強く活性化され，これはS961の前処理によって強く抑制されることがわかった．一方，NIH3T3線維芽細胞において，ラクトースオペロンを利用して Per2 の一過性発現を誘導したところ，時計遺伝子発現リズムの位相変化が検出された．これらの結果から，インスリン受容体が活性化されると，一時的にPER2がBMAL1：CLOCK複合体を抑制することで，時計遺伝子フィードバックの"位相のずれ"が起こるのだと考えられる．

おわりに

習慣的な栄養摂取のタイミングが変わった際に，組織特異的に概日時計が位相調節されることの生理的意義とは何であろうか．

現代でこそ一部の国においては飽食の時代であるが，

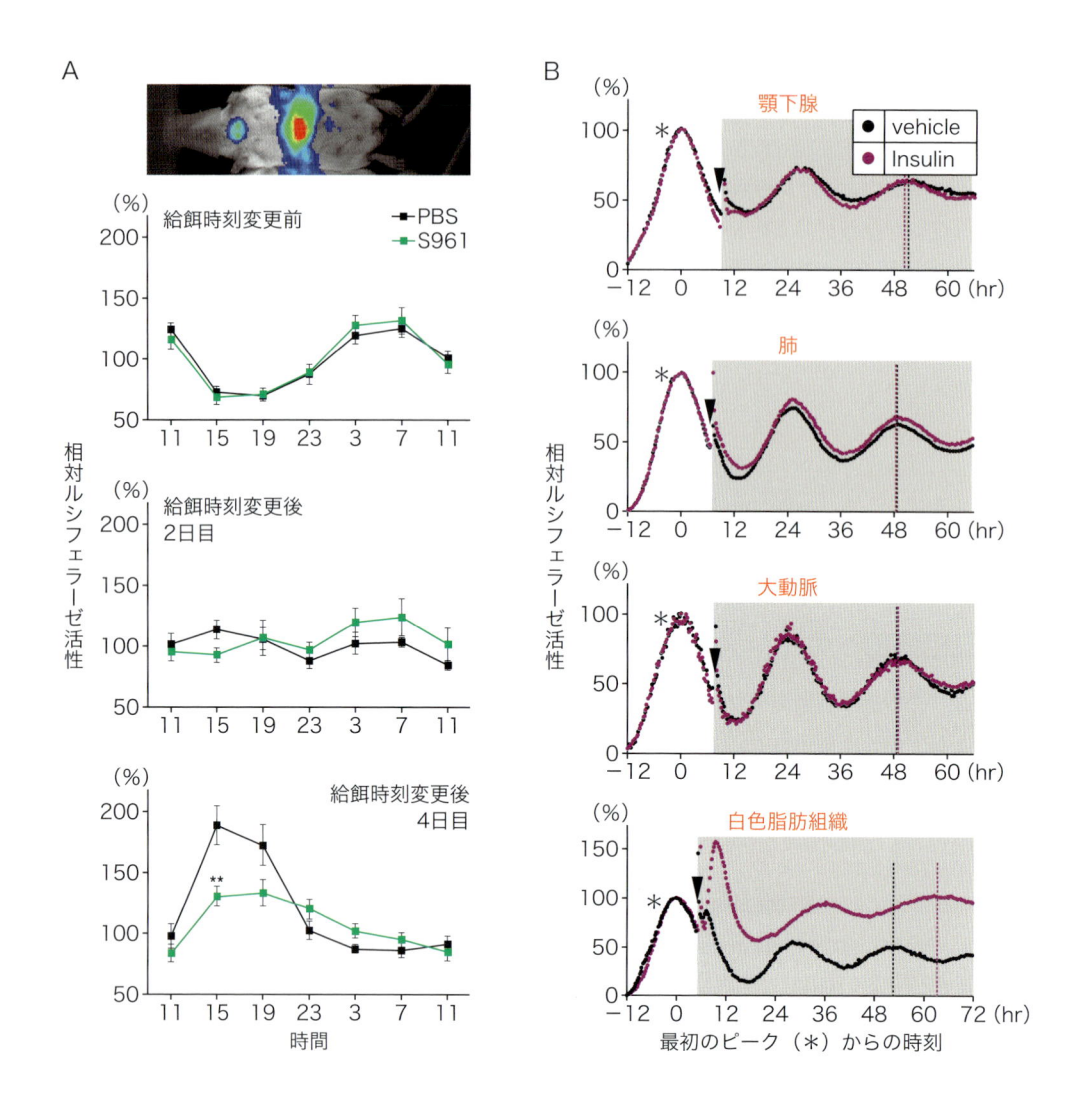

図3 概日位相調節におけるインスリンの関与と組織特異性

A) *Per2::Luc*マウスを用いたインビボイメージング．顎下腺と肝臓が強い発光を示している（上の写真）．マウスの給餌時刻を夜間（21〜9時）から昼間（9〜15時）に変更すると，コントロール群（摂餌前にPBSを投与）の肝臓のPER2発現リズムは素早い位相変化を示すが，S961投与群では位相変化が遅れている．発光レベルを相対値として定量化している．B) 同マウスを用いて，顎下腺，肺，大動脈および白色脂肪の組織培養を行い，インスリンの位相調節作用を調べた．黒矢印からインスリン（または溶媒）を継続投与している．文献13より転載．

過去においては他の生物と同様にヒトも栄養の確保が困難であった．したがって，栄養が得られる時間帯を予測するように，担当臓器の活動レベルをタイミングよく発動させることは，きわめて重要な意味をもつ．実際，肝臓を標的とした網羅的遺伝子発現解析によると，解糖系や糖新生に関与する遺伝子発現産物がマウスの活動開始時刻帯で一気に増加しており，この時刻帯に摂取した栄養が効率良くエネルギーに変換されることを示唆している[15]．一方で，休息時間帯では脂肪分化を亢進する分子が顕著に活性化することが報告されており，効果的な余剰エネルギーの貯蓄が可能である[16]．もしも，これらのタイミングが不適切であるとせっかくの食物は台無しになるばかりか，すでに説明したように2型糖尿病のような代謝疾患を招いてしまう．

そのため，習慣的な栄養摂取時間が変化した際には，他の臓器はともかく，まずは消化吸収や代謝にかかわ

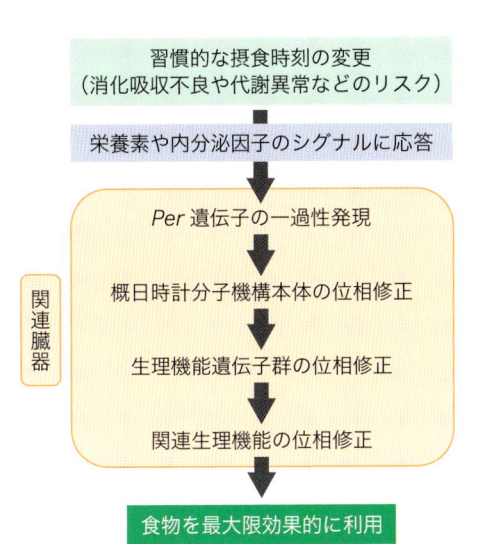

図4 摂食時刻変化に対する生体の緊急応答

概日時計の存在により，習慣的な食事時刻を予測するように，生体は関連する生理機能をタイミングよく発動することができる．これにより，食物を最大限効率的にエネルギー変換あるいは貯蔵することが可能となる．したがって，習慣的な摂食時刻が変化した際には，栄養素や内分泌因子に応答して肝臓や脂肪組織などの概日位相を素早く調節することによって，関連生理機能の自律的発動タイミングを修正する必要がある．

る担当臓器の概日時計をすばやく位相調節する必要がある（図4）．ただし，これにより臓器間の概日リズムにおいて脱同調が発生することになり，臓器間の機能連携上からすると好ましいことではない．しかし，それでもなお，摂食時に合わせて担当臓器の活動レベルを高めることは，生物の生存にとって優先されることなのだろう．

一方，代謝にかかわりの深い肝臓や脂肪組織などに比べて，他の組織や臓器の概日時計は栄養摂取時刻の変化に対して鈍感過ぎるようにも思える．これは，概日時計の存在意義が地球の自転によって生じる一日の環境変化への適応であり，視交叉上核を含む他の臓器の概日リズムが地球の自転から脱同調することは生存の不利に働くからであろう．したがって，地球の自転に同調するという概日時計の本来の役割を維持しつつも，生存にとって最も重要ともいえるエネルギーの利用や貯蔵の効率を高めるために，担当臓器や組織の概日時計のみが栄養摂取時刻の変化にすばやく応答するのかもしれない．とはいえ，マウスの高脂肪食実験や夜勤労働者の調査で2型糖尿病のリスクが示されたように，極端に異常ともいえる時刻帯の栄養摂取が慢性的に続いた場合は，このような応答機構による適応にも限界があることを示唆している．いずれにしても，地球の自転に合わせて規則正しく正常な時間帯に栄養摂取していれば，このような問題が生じないのは確かである．

文献

1) Konopka RJ & Benzer S：Proc Natl Acad Sci USA, 68：2112-2116, 1971
2) Jin X, et al：Cell, 96：57-68, 1999
3) Nagoshi E, et al：Cell, 119：693-705, 2004
4) Roenneberg T, et al：Curr Biol, 22：939-943, 2012
5) Marcheva B, et al：Nature, 466：627-631, 2010
6) Hatori M, et al：Cell Metab, 15：848-860, 2012
7) Woon PY, et al：Proc Natl Acad Sci USA, 104：14412-14417, 2007
8) Buxton OM, et al：Sci Transl Med, 4：129ra43, 2012
9) Damiola F, et al：Genes Dev, 14：2950-2961, 2000
10) Hirao A, et al：PLoS One, 4：e6909, 2009
11) Yamajuku D, et al：Sci Rep, 2：439, 2012
12) Kuriyama K, et al：FEBS Lett, 572：206-210, 2004
13) Sato M, et al：Cell Rep, 8：393-401, 2014
14) Landgraf D, et al：Elife, 4：e06253, 2015
15) Panda S, et al：Cell, 109：307-320, 2002
16) Shimba S, et al：Proc Natl Acad Sci USA, 102：12071-12076, 2005

<著者プロフィール>

明石　真：1997年3月京都大学農学部卒業，2002年3月京都大学大学院理学研究科博士課程修了，'02年4月京都大学大学院生命科学研究科研究員，'03年1月大阪バイオサイエンス研究所研究員，'04年10月佐賀大学医学部寄附講座教員，'07年10月佐賀大学医学部循環器内科助教，'09年10月山口大学時間学研究所教授．

第3章 栄養による遺伝子制御と生命現象・臓器機能～その破綻と疾患の観点から～

5. 栄養から見る線虫の寿命制御経路

廣田恵子，深水昭吉

> 線虫は，体長約1mmの多細胞生物である．この小さな生きものから，多くの寿命制御メカニズムが明らかになってきた．そしてそのメカニズムの多くは線虫から哺乳類まで保存されている．本稿では，グルコースやアミノ酸などの栄養素が寿命に与える影響や，カロリー制限による長寿命のメカニズムについて紹介する．「小食は長生きのしるし」ということわざがあるが，線虫の現代サイエンスから長らく不明であったその分子実体に迫っていく．

はじめに

線虫 Caenorhabditis elegans（C. elegans）は，体長約1mmの多細胞動物である．咽頭・腸などの消化関連器官と筋肉・上皮などの構成組織や神経組織といった基本的な器官をもち，体が透明で内部構造が観察しやすいという特徴をもつ．また，遺伝子変異体，トランスジェニックなどの発生工学的手法がよく整備されていることや遺伝子ノックダウンが簡便であることなどから，個体機能の解析に有用なモデル生物である．平均寿命は約2週間，最長寿命は3週間程度であり，マウスの平均寿命が約2～3年であることと比較すると非常に短く，寿命制御研究によく用いられる．C. elegans は，雄と雌雄同体という2つの性をもつが，定常状態ではほとんどが雌雄同体である．雌雄同体は，成虫になってから約1週間に1匹あたり約300個の卵を自家受精で産む．卵から孵化した幼虫は，4回の脱皮を経て，20℃で飼育した場合約2日で成虫になる．成虫に

[キーワード＆略語]
C. elegans, 老化, 寿命, カロリー制限, 栄養

AMPK：AMP-activated protein kinase
　（AMP活性化プロテインキナーゼ）
AQP-1：aquaporin-1
C. elegans：Caenorhabditis elegans
DOG：2-deoxy-D-glucose
　（2-デオキシ-D-グルコース）
FoxO：forkhead box O
Hsf-1：heat shock factor-1
PI3K：phosphatidylinositol 3-kinase
ROS：reactive oxygen species
S6K：ribosomal-protein S6 kinase
sDR：solid dietary restriction
TOR：target of rapamycin
TORC1：TOR complex 1
TORC2：TOR complex 2

Lifespan regulation by nutrients in *C. elegans*
Keiko Hirota[1]/Akiyoshi Fukamizu[2]：Faculty of Life and Environmental Sciences, Ph.D. Program in Human Biology, School of Integrative and Global Majors, University of Tsukuba[1]/Life science Center, Tsukuba Advanced Research Alliance, University of Tsukuba[2]（筑波大学生命環境系グローバル教育院ヒューマンバイオロジー学位プログラム[1]/筑波大学生命領域学際研究センター[2]）

表　線虫とヒトの遺伝子オルソログ表

Homo. sapiens	C. elegans
インスリン/IGF受容体	daf-2
PI3K（phosphatidylinositol 3-kinase）	age-1
AKT	akt-1/2
FoxO	daf-16
mTOR	let-363
S6K（ribosomal-protein S6 kinase）	rsks-1
Rheb	rheb-1
AMPK（α subunit of AMP-activated kinase）	aak-2
FOXA	pha-4

なった時点（time 0）を起点として，生存日数を測定し，寿命解析を行う．近年，逆遺伝学※1を用いた寿命制御研究が活発に行われ，寿命・老化を制御する多くの遺伝子が線虫を用いた研究からみつかってきた．

1990年，Jhonsonらは，age-1遺伝子の変異が寿命を有意に延長することを発表した．この論文によって，寿命が単独の遺伝子の変異で制御されうることがはっきりと実証された．これを皮切りに，世界中で次々に"長寿遺伝子"の探索が行われ，寿命を制御する遺伝子カスケードが徐々に明らかになっている．本稿では，寿命を制御する代表的な経路であるDAF-2-DAF-16経路と栄養による線虫の寿命制御機構について，概説したい．

1 DAF-2-DAF-16経路

冒頭で紹介したage-1遺伝子は，哺乳類PI3K（phosphatidylinositol 3-kinase）の線虫オルソログであり，インスリン/IGF（insulin-like growth factor-1）受容体オルソログDAF-2の下流に位置する（表）．daf-2遺伝子変異体は，平均寿命が約1カ月であり，野生型のおよそ2倍長く生きる．2000年に発表されたdaf-2変異体の長寿をはじめて報告した論文においてKenyonらは，"野生型の線虫が死んでいるもしくは動かなくなっているタイミングで，90％のdaf-2変異体はまだ活発に動いている"と記述している[1]．筆者らもそのdaf-2変異体を用いて寿命解析をしたことがあるが，実体顕微鏡で観察できるその動きや形状は同じ日齢の野生型と比べて明らかに元気であり，とても驚いた．それ程daf-2変異体は，野生型に比べてはっきりと長寿を示す．DAF-2の下流で寿命を制御する実行因子を同定するため，daf-2遺伝子とdaf-16遺伝子の二重変異体が作製された．寿命測定の結果，daf-2遺伝子変異による長寿が二重変異体では完全にキャンセルされた．このことから，daf-2遺伝子変異体の長寿命はdaf-16遺伝子に依存していることが明らかとなった（図1）．このDAF-2-DAF-16経路について，いつどこでどのような制御が寿命延長に必要なのか，数多くの研究がなされてきた．その内容についてご紹介したい．

1）時期・組織

まず，daf-2変異体でみられた顕著な寿命延長について，どの時期のDAF-2の抑制が寿命延長に必要であるかが解析された．時期特異的ノックダウン法によって，卵から成虫になるまでの期間のDAF-2-DAF-16経路は寿命とは関係しておらず，成虫初期から中期までにDAF-2シグナルが減弱することが寿命延長に必要であることが示された．さらに，daf-2・daf-16二重変異体に，組織特異的にDAF-16を過剰発現させることによって，寿命延長に必要なDAF-16発現組織を絞り込むと，DAF-16を腸で発現させたときに，daf-2変異体まではならないものの，daf-2・daf-16二重変異

※1　逆遺伝学
特定の遺伝子の機能を抑制または亢進させて，その表現型から遺伝子の機能を解析する方法．特定の表現型から遺伝子の機能を解析する従来の遺伝学とは"逆"の方法である．

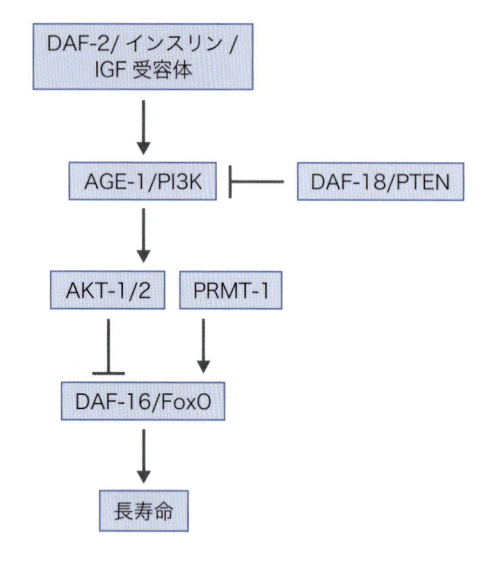

図1 DAF-2-DAF-16寿命制御経路

DAF-2からのシグナルは，AGE-1，AKT1/2を介してDAF-16をリン酸化する．DAF-16はリン酸化されることによって，核から細胞質に移行し，負の制御を受ける．DAF-2の変異は，DAF-16を介して寿命を延長する．

体の寿命に比べて寿命が延長した．また，遺伝的に生殖細胞をもたない変異体を用いて組織特異的DAF-16トランスジェニック線虫を作製したところ，やはり腸特異的発現が寿命を顕著に延長させたことから，腸でのDAF-16が寿命延長に寄与していることが示された．

2）転写因子DAF-16の標的遺伝子

哺乳類FoxO（forkhead box O）は転写因子であり，DNAに結合して標的遺伝子の転写を活性化する．一方，インスリン/IGFシグナル存在下でFoxOはリン酸化修飾を受け，細胞質に局在を移すことによってその転写が抑制される．線虫において，*daf-2*変異体の長寿命が*daf-16*の存在に完全に依存したことから，*daf-16*の標的遺伝子が俄然着目された．しかし，DAF-16の標的遺伝子と考えられた遺伝子群はどれも*daf-2*変異体の長寿命に一部関与するものの，*daf-2*変異体の長寿を完全に担う遺伝子の同定にはいたらなかった．したがって現在のところ，*daf-2*変異体の長寿命に*daf-16*遺伝子の存在は必要であるが，DAF-16によって活性化され，かつ長寿命をもたらす遺伝子は，単独ではなく，DAF-16がマスター制御因子として多様な遺伝子群の発現を誘導することが重要であると考えられる[2]．

3）DAF-16の翻訳後修飾

DAF-16/FoxOは，複数の翻訳後修飾を受け，その転写活性が調節されている．代表的な翻訳後修飾であるAKTによるDAF-16のリン酸化は，DAF-16を核から細胞質に移行させることで，DAF-16の転写活性を負に制御する．また，PRMT-1（タンパク質アルギニンメチル化酵素）はDAF-16のアルギニン残基をメチル化する．このメチル化はAKTによる認識部位（AKTリン酸化コンセンサス配列：RxRxxS/T）に存在するアルギニン残基におきるため，PRMT-1によるメチル化は，DAF-16のAKTによるリン酸化を抑制する．その結果，DAF-16の転写活性は高く保たれる．*prmt-1*変異体が短寿命であることや，DAF-16を過剰発現するトランスジェニック線虫に対して，PRMT-1を過剰発現すると寿命が延長することから，PRMT-1によるDAF-16のメチル化はリン酸化を減弱させ，DAF-16の標的遺伝子の発現誘導を促して，寿命延長に寄与すると考えられる[3]．

2 食餌制限による寿命延長

1）カロリー制限

1935年McCayらは，ラットを用いて栄養失調にならない程度に栄養の摂取を制限すると（カロリー制限[※2]），平均寿命および最長寿命ともに延長することをはじめて報告した．その後，酵母，ハエ，線虫，ハムスターやマウスなど多くの生物種で食餌制限が寿命延長をもたらすことが報告され，種を超えた普遍的な分子メカニズムの存在が示唆されている（図2）．

線虫の食餌制限については，複数の方法が導入され，それぞれ寿命を延長することが報告されている．2007年Brunetらのグループは，食餌制限の新しい手法（solid dietary restriction：sDR）を行い，通常食に対して食餌量を制限すると寿命が有意に延長することを報告した[4) 5)]．AMPK（AMP-activated protein

---

※2 カロリー制限

栄養障害を起こさずに食事量を減らす方法．カロリー制限により，老化が遅延し，寿命が延長することが，酵母・線虫・ハエ・げっ歯類などの幅広い種で報告されている．

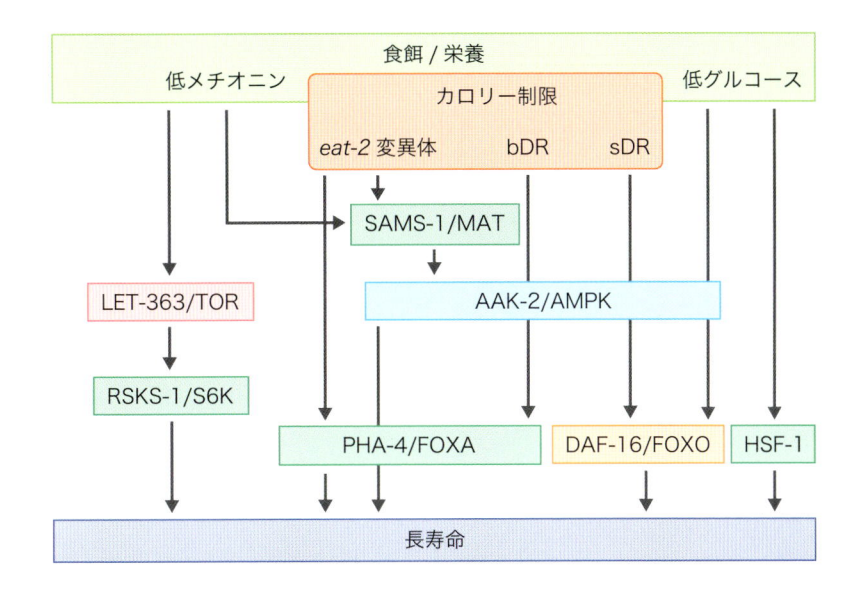

図2 カロリー・栄養素制限と寿命制御経路

カロリー・栄養素制限と寿命制御経路カロリー制限（sDR, bacterialDR, eat-2変異体），およびメチオニン・グルコース制限は長寿命を呈する．これらの長寿命に関与する遺伝子経路を示した．

kinase）[※3]オルソログ（AAK-2）は，AMP/ATPレベルによって活性化され，エネルギーセンサーとして栄養情報を集約する機能をもつ．sDRは，AAK-2を活性化し，活性化されたAAK-2はDAF-16をリン酸化することで長寿命をもたらす．しかしながら，DAF-16の細胞内局在には変化がみられなかったことから，リン酸化されたDAF-16がどのようにして寿命を亢進するのか，その詳細なメカニズムは不明である．一方で，daf-16変異体およびaak-2変異体ではsDRによる長寿は観察されないことから，これら遺伝子はsDRによる長寿命に必須であることが示された．

また，eat-2はアセチルコリン受容体のサブユニットをコードするが，この変異体は野生型に比べて摂食量が減少し，カロリー制限と同じ状態を呈すると考えられている．このeat-2変異体の長寿命にはFOXAオルソログpha-4の存在が必須であり，DAF-16は関与しない．TOR（target of rapamycin）は，細胞をとり巻く栄養環境変化を感受し，細胞応答反応へとつなげ

> **※3 AMPK**
> AMP活性化プロテインキナーゼ．細胞内AMP/ATPの上昇により活性化される．α（触媒サブユニット），βγ（調節サブユニット）の3量体からなる．線虫オルソログはAAK-2（触媒サブユニット）．

るSer/Thrリン酸化酵素であり，酵母，ハエ，線虫やマウスなど，幅広い種で保存されている．細胞応答反応を制御する多くのシグナル伝達経路とクロストークしており，細胞応答のハブとしての機能をもつ．TORは，TORC1（TOR complex 1）とTORC2（TOR complex 2）という2つの独立したタンパク質コンプレックスを形成する．TORはそれらのなかで触媒サブユニットとして機能するが，それぞれのタンパク質コンプレックスのもつ機能は異なっている．TORC1は栄養シグナルを感受して細胞の増殖やサイズを制御する役割をもち，TORC1の構成因子（let-363, daf-15）のノックダウンは長寿命を示す．その長寿においてもpha-4が必須であり，カロリー制限がTOR経路を介してpha-4にシグナルが収束しているようだ[6]．

さらに，eat-2変異体を用いて寿命を指標としたRNAiスクリーニングが行われ，長寿命経路で機能する遺伝子として，4つの遺伝子（sams-1, rab-10, drr-1, drr-2）が同定された[7]．DRR-1およびDRR-2は，タンパク質翻訳制御にかかわるタンパク質，SAMS-1は，必須アミノ酸であるメチオニンからS-アデノシルメチオニン（SAM）を合成する酵素である．これら4つの遺伝子発現は，eat-2変異体で減弱していることなどからこれらがカロリー制限による寿命制

御に含まれていることが示唆された．

　最近，カロリー制限による長寿の分子メカニズムについて，システムバイオロジーを駆使した論文が発表された．この論文では，自由摂食，カロリー制限，断続的飢餓下で継時的にトランスクリプトーム解析を行い，時間経過とともに発現が変動する遺伝子を得た．一連の解析によって，カロリー制限にかかわる経路として，AAK-2，LET-363，DAF-2-DAF-16の経路が抽出された．これらの経路は，これまでにカロリー制限との関与が報告されている．Houらは，各経路の変異体や過剰発現体を掛け合わせ，二重もしくは三重変異体を作製することによって，各経路の相加的な効果を解析した．その結果，1つの遺伝子変異体（もしくは過剰発現体）に比べて，二重もしくは三重と掛け合わせるほど，カロリー制限/断続的飢餓下の遺伝子発現の状態に近づいていた．このことから3つの経路の相乗的な機能が示唆された．

　これまで，変異体やノックダウン法を用いて，カロリー制限による長寿命に関与する遺伝子が数多く同定されてきた．今後，システムバイオロジーの技術的進歩によって，個々に解析されていた遺伝子経路間の関係性が解明され，複雑な寿命制御システムの全貌に迫っていくことが期待される．

2）栄養素と寿命

　特定の栄養素が寿命に与える影響についての研究も進められている．グルコースを培地に添加すると線虫の寿命が短縮するが，これは*daf-16, hsf-1*（*heat shock factor-1*）を介したAQP-1（aquaporin-1）の発現減少によって引き起こされる[8]．一方，グルコース枯渇による影響も報告されている．2-デオキシ-D-グルコース（DOG）は，ヘキソキナーゼによる最初のリン酸化以降は代謝されない．したがって，DOGに曝露すると線虫はグルコース枯渇（制限）状態と同様になることが予想される．DOG添加によってグルコース代謝は低下，ミトコンドリア呼吸が亢進し，寿命が延長した．またその際ROS（reactive oxygen species）産生が増加したことから，ROS増加によってストレス抵抗性が惹起され，寿命延長効果をもたらしたと考えられる[9]．

　さらにアミノ酸についても報告されている[10]．メトホルミンはビグアナイド系薬剤であり，糖尿病やメタボリックシンドロームの薬として世界中で使用されている．線虫や齧歯類において，メトホルミンが抗老化作用をもつことが報告されていたが，その分子メカニズムは不明であった．メトホルミンを含む培地で線虫を飼育すると，線虫の餌である大腸菌の葉酸やメチオニン代謝に作用して大腸菌内の代謝物の量を変化させる．その大腸菌を食べた線虫の体内では，葉酸代謝には変化はみられないが，メチオニンから産生されるSAM量が減少し，寿命が延長することが示された．体内のメチオニンには，食餌から摂取されるものとメチオニン合成酵素によってホモシステインから合成されたものの2つが存在する．そこで，メチオニン合成酵素をノックダウンにより減弱させて，生合成されるメチオニンを減少させると，メトホルミンによる線虫の寿命延長効果は，より増強した．したがって，メトホルミンによる線虫の寿命延長は，メチオニン制限の効果であることが示唆された．また，メチオニンはSAMS-1によってSAMに代謝されるが，*sams-1*遺伝子変異体に対してメトホルミンを作用させても寿命延長はみられないことや，この寿命延長はAAK-2を介していることも明らかとなっている．齧歯類において，必須アミノ酸であるメチオニンやトリプトファンの摂取を制限すると寿命が延長することが，古くから知られていたが，その分子メカニズムは長らく不明であった．この結果は，メチオニン制限による長寿命のメカニズム解明に大きな進展を与えた．

おわりに

　寿命を制御する栄養素は何か？また，栄養素によって活性化されるシグナル伝達経路と最下流で働く転写因子の同定，さらには転写因子によって発現が誘導される遺伝子とその遺伝子によって実際に惹起される生体反応など，さまざまな視点から多くの寿命・老化研究が精力的に行われている．その解析には，遺伝子変異体とノックダウンを併用してエピスタシス解析を行う方法が多く用いられ，寿命に関与する遺伝子経路が次々と決定されてきた．一方で，それら経路構成因子のクロストークや分子制御機構はいまだ不明な点が多く残されている．「食・栄養」と「寿命」の関係が線虫の研究から解き明かされ，健康と恒常性維持のしくみの理解が進展することが期待される．

文献

1) Kenyon C, et al：Nature, 366：461-464, 1993
2) Lapierre LR & Hansen M：Trends Endocrinol Metab, 23：637-644, 2012
3) Takahashi Y, et al：Cell Metab, 13：505-516, 2011
4) Greer EL, et al：Curr Biol, 17：1646-1656, 2007
5) Greer EL & Brunet A：Aging Cell, 8：113-127, 2009
6) Panowski SH, et al：Nature, 447：550-555, 2007
7) Hansen M, et al：PLoS Genet, 1：119-128, 2005
8) Lee SJ, et al：Cell Metab, 10：379-391, 2009
9) Schulz TJ, et al：Cell Metab, 6：280-293, 2007
10) Lee D, et al：Aging Cell, 14：8-16, 2015
11) Cabreiro F, et al：Cell, 153：228-239, 2013

＜筆頭著者プロフィール＞

廣田恵子：1995年 東京女子大学 文理学部哲学科 卒業．'96年 筑波大学第二学群生物資源学類3年次編入学．2003年 博士（農学）取得．'03年～'05年 筑波大学生命領域学際研究センター（TARAセンター）研究機関研究員．'06年～'10年 筑波大学生命環境科学研究科研究員．'10年～現在 筑波大学生命環境系助教．深水昭吉研究室で線虫を用いた寿命制御機構の解析に従事．

第3章 栄養による遺伝子制御と生命現象・臓器機能〜その破綻と疾患の観点から〜

6. 哺乳類の老化・寿命と栄養遺伝子制御

池上龍太郎,清水逸平,吉田陽子,南野 徹

種々の栄養関連シグナルは老化のプロセスと密接な関係があり,老化・寿命の制御にかかわっている.カロリー制限やインスリンシグナルの抑制が寿命を延長することは,さまざまな種で報告されてきた.反対に,過剰なインスリンシグナルの亢進は,老化のプロセスを促進する可能性が示唆されている.また最近,細胞レベルでの老化が内臓脂肪や血管内皮細胞で生じることで,全身のインスリン抵抗性(高インスリン血症)が増悪することもわかってきた.細胞老化を病態基盤として発症,進展する全身の代謝不全は,さまざまな老化関連疾患にとって病的意義をもつことが明らかとなった.

はじめに

老化は,加齢に伴って細胞や組織における生物学的な機能やストレスへの抵抗性が低下し,疾患のリスクが上昇することによって特徴づけられる生命現象である.老化の原因については諸説あるが,最も広く受け入れられているものの1つに細胞老化仮説がある.細胞は分裂増殖やさまざまなストレスにより不可逆的に分裂停止し細胞老化に陥るが,細胞老化が個体老化の一部の形質,特に病的な形質を担うことがわかってきた.加齢に伴って増加する動脈硬化や肥満,糖尿病,心不全は"老化関連疾患"に分類されるが,細胞老化がこれらの疾患の病態基盤を形成することが明らかとなった.p53はゲノムの守護神として広く認識され,ゲノムの恒常性制御に不可欠な分子であるが,その一方で細胞老化反応を促進する中心的役割を担い,老化分子としての側面ももつ.われわれはこれまで細胞老化仮説に基づき研究を行い,p53を介した細胞老化シグナルが老化関連疾患の病態に深くかかわることを報告してきた.

[キーワード&略語]
細胞老化,老化関連疾患,p53,インスリンシグナル

AMPK:5′AMP-activated protein kinase
CAT:chloramphenicol acetyltransferase
HIF-1α:hypoxia inducible factor-1α
IGF-I:insulin-like growth factor-1
MnSOD:manganese superoxide dismutase
mTOR:mammalian target of rapamycin
SASP:senescence-associated secretory phenotype
Sema3E:semaphorin3E(セマフォリン3E)

Genes associated with nutrition regulate aging and lifespan in mammals
Ryutaro Ikegami[1] /Ippei Shimizu[1,2] /Yohko Yoshida[1,2] /Tohru Minamino[1]:Department of Cardiovascular Biology and Medicine Niigata University Graduate School of Medical and Dental Sciences[1] /Department of Cardiovascular Biology and Medicine Division of Molecular Aging and Cell Biology[2] (新潟大学大学院医歯総合研究科循環器内科学[1] /新潟大学大学院医歯学総合研究科先進老化制御学講座[2])

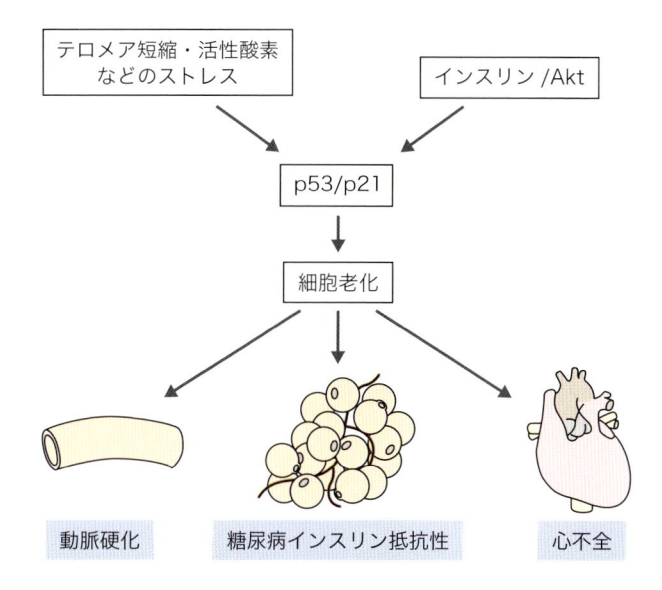

図1　p53シグナルによる細胞老化と老化関連疾患
p53シグナルを介した細胞老化により，血管や内臓脂肪，心臓が機能不全に陥り，糖尿病や心不全の病態が増悪する．

個体老化を抑制し，寿命を延長する効果が最も確立されているのは，食餌制限（カロリー制限）である．カロリー制限の寿命延長効果は，酵母菌から哺乳類にいたるまで種を超えて証明されており，ラットやマウスにおいては，1.5倍の寿命延長効果が報告されている[1]．また，2009年にColmanらはカロリー制限を20年間続けたアカゲザルにおいて，寿命の延長と循環器疾患，がん，糖尿病などの老化関連疾患の減少を認めることを報告し，ヒトにおいてもその有効性が期待されている[2]．

カロリー制限による抗老化のメカニズムは，インスリン/IGF-I（insulin-like growth factor-1），mTOR（mammalian target of rapamycin），AMPK（5′ AMP-activated protein kinase），サーチュインなどの栄養関連シグナルによるエネルギー恒常性制御機構が密接に関連していると考えられている．アミノ酸レベルの上昇により活性化されるmTORは，加齢に伴い視床下部で活性が上昇し，加齢性代謝障害に関与することが知られている．逆に栄養不足時に活性化するAMPKやサーチュインは，抗老化作用があることが報告されている．詳細は他稿に譲るとし，本稿ではさまざまな老化関連疾患における，p53シグナルを介した細胞老化やインスリンシグナルの病的意義について考えてみたいと思う（図1）．

1 老化・寿命のメカニズム　～p53シグナルを中心に～

細胞は一定の分裂増殖の後，形態的・機能的変化を伴いながら，不可逆的な分裂停止状態となるが，この分裂寿命を規定している重要な因子の1つがテロメアである[3)4]．テロメアは染色体の両端に存在するリピート構造で，染色体の保護や複製における基質の役割を担う．テロメアは細胞の分裂に伴い徐々に短縮し，一定の長さまで短縮するとDNA損傷として認識され，p53やp16を介したシグナルにより細胞老化反応が誘導される（replicative senescence）．テロメアの過剰な短縮のみならず，放射線や活性酸素種（reactive oxygen species：ROS），Rasシグナルを介した過剰な増殖刺激によっても細胞老化が誘導される（premature senescence）．細胞がさまざまなストレスに応じて自らの増殖を停止させ，DNA修復や細胞死に向かわせることでがん抑制機能を果たすことが細胞老化の本来の役割と考えられる．では，これらのシグナルを介した細胞老化は，個体の老化・寿命とどのように関係するのであろうか．

これまでの老化研究により，老化細胞の蓄積が臓器老化を促進し，加齢疾患の病態を促進することがわかってきた．p53を持続的に活性化したマウスでは，早老症の形質を示し，寿命が短縮することが報告されている[5]．テロメアの伸長反応酵素であるテロメレースを欠失したマウスではp53の活性化が生じ，加齢性変化と寿命の短縮を認めた[6]．ヒトにおいても，テロメアが加齢に伴って短縮することや，テロメアが短縮しているヒトの集団では寿命が短いことも報告されている[7]．また，遺伝性の早老症疾患のモデルマウスから得られた細胞の寿命は著しく短縮していることや，p53シグナルが亢進することもわかっている[8]．これらのマウスにおいて，p53を欠失させると寿命の延長がもたらされることも報告されている．さらに，早老症モデルマウスから老化細胞を特異的に除去すると，老化と老化関連疾患の発症が抑制されることもわかっている[9]．老化細胞では，種々の炎症関連分子の発現が増加し，SASP※（senescence-associated secretory phenotype）とよばれる病態に陥る．SASPを示す細胞では，IL-6（interleukin-6），MCP-1（単球走化活性因子-1），TNF-α（腫瘍壊死因子-α）などの炎症関連分子の発現，分泌が亢進し，マクロファージをはじめとする炎症細胞浸潤を誘導することで，慢性炎症と組織リモデリングが生じる．以上のように，p53により制御される老化シグナルは，細胞老化を介した個体老化と老化関連疾患の発症に重要であると考えられる．

2 老化・寿命と栄養関連シグナル ～インスリンシグナルを中心に～

1）インスリン/IGF-Ⅰシグナルと細胞老化

インスリン/IGF-Ⅰシグナル（IIS）経路と老化が関連することが最初に報告されたのは，線虫において

> ※ SASP
> 老化した細胞は炎症性サイトカインやマトリックスメタロプロテアーゼ，増殖因子などのさまざまな生理活性因子を分泌することが知られており，この現象はSASPと総称される．SASPにより分泌された因子は，周囲細胞や自身の細胞老化，腫瘍化の促進に関与すると考えられ，細胞老化と個体老化および老化関連疾患を結ぶ鍵となる現象と考えられている．

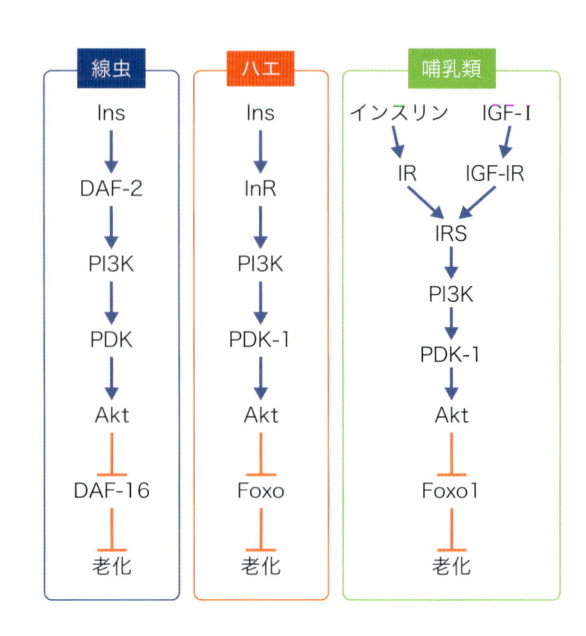

図2 インスリン/IGF-Ⅰシグナルによる老化制御
インスリン/IGF-Ⅰシグナルの抑制により，線虫（worms），ハエ（flies），哺乳類（mammals）で寿命が延長する．IGF-1：insulin-like growth factor-1, Ins：insulin like peptide, InR：insulin like receptor, DAF：dauer formation, PI3K：phosphoinositide 3-kinase, PDK-1：3-phosphoinositide-dependent kinase, Akt：human homolog of viral oncogene v-akt, FoxO：forkhead family of transcriptional factor of classO, 文献1をもとに作成．

インスリン/IGF-Ⅰ受容体に相当するDaf-2の変異により，2倍の寿命延長効果を認めたことであった[10]．その後，ハエやマウスにおいてもインスリンシグナルの抑制に寿命延長効果があることが報告されている（図2）．哺乳類でも，下垂体発育不全によりIGF-Ⅰが正常に分泌されないPROP1欠損マウスや，IGF-Ⅰ受容体ヘテロ欠損マウスなど，IISが低下したさまざまなマウスに寿命延長効果が認められている[11][12]．

IISの亢進は，PI-3/Aktの活性化を介してフォークヘッド転写因子ファミリー（FoxO）を負に制御している．FoxOのターゲット遺伝子は，細胞周期の抑制，アポトーシス，代謝関連遺伝子など多岐にわたるが，MnSOD（manganese superoxide dismutase）やCAT（chloramphenicol acetyltransferase）の発現制御を介した抗ストレス作用が寿命延長効果をもたらす主要な分子基盤の1つと考えられている．哺乳類で

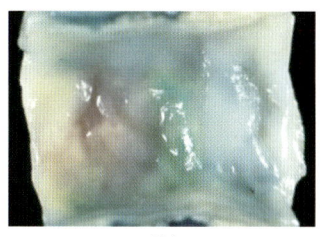

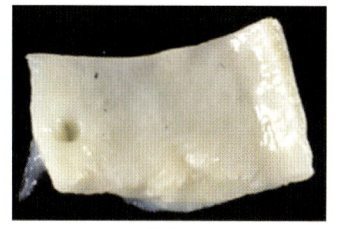

CA　　　　　　　　　　　IMA

図3　動脈硬化血管における老化細胞
冠動脈疾患患者から得られた冠動脈と内胸動脈の血管内腔をSaβgal（老化染色）で染色したところ，冠動脈で老化染色陽性の内皮細胞を認めた．CA：冠動脈，IMA：内胸動脈．文献3より転載．

は，4種類のFoxO（FoxO1,3,4,6）が存在する．これらの遺伝子改変マウスで直接的な寿命延長効果は確認されていないが，カロリー制限による長寿マウスにおいてFoxO3の活性化が必須であったことが報告されている[13]．ヒトにおいてもSNPの解析で，FoxO1a，FoxO3aと長寿との相関が報告されており，FoxOはIISの下流において寿命制御に働く主要な分子の1つと考えられる[14]．また，以前に筆者らは，Aktの活性化がp53/p21シグナルを亢進し，細胞老化を誘導していることを報告した．これには細胞内のROSの発生が関与していたことから，Aktの活性化がFoxO抑制を介してROSを増加させ，DNA損傷応答によりp53依存性の老化シグナルが活性化している機序が推測された[15]．

では，IISがあらゆる生物種にとって必須のシグナルであるのに，そのシグナルの低下が寿命の延長をきたすのはなぜであろうか．これには，過剰なインスリンシグナルがさまざまな老化シグナルの活性化を誘導することに加え，シグナルの役割は組織特異的な一面をもつことが関係していると考えられる．例えば，脂肪組織特異的インスリン受容体欠損マウス（FIR KOマウス）では寿命延長効果と糖代謝の改善を認める一方で，肝臓特異的なインスリン受容体欠損は糖尿病を発症させる[16)17]．これは，IISによる細胞老化のメカニズムは細胞非自律的な機序であり，特定の臓器におけるIISの低下が個体レベルの老化を制御しうることを示唆する．

2）インスリンと老化関連疾患

全身のインスリン抵抗性に伴う高インスリン血症は，インスリン感受性が保たれる臓器においてインスリン/Aktシグナルを持続的に活性化し，細胞老化や慢性炎症を介して老化関連疾患の病態を促進することがわかってきた．

i）動脈硬化性疾患

動脈硬化は加齢とともに進行し，虚血性心疾患や脳卒中などの心血管疾患の病態基盤となる．以前筆者らは，急性冠症候群症例の冠動脈において老化血管内皮細胞が増加することを報告した（**図3**）[18]．老化血管内皮細胞ではAktの持続的活性化を認めていた．また，Aktを過剰発現した血管内皮細胞では，細胞分裂能が低下し，p53/p21シグナルの活性化と炎症関連分子の発現増加がみられ，一方でAktを失活した細胞で分裂寿命が延長することを報告した[15]．また，糖尿病患者ではp53シグナルを介した細胞老化シグナルの亢進により血管内皮前駆細胞数が減少し，血管再生能の低下が生じるとの報告もある[19]．以上より，IISの亢進は動脈硬化の進展に関与し，p53を介した老化シグナルにより誘導される血管内皮細胞の老化が重要な役割を果たしていると考えられる．

ii）糖尿病とメタボリックシンドローム

全身のインスリン抵抗性（高インスリン血症）は，2型糖尿病や肥満の主要な病態基盤である．近年の研究により，これらの病態において内臓脂肪組織で細胞老化反応が進行し，善玉・悪玉アディポカイン産生バランスの異常や慢性炎症により，さらに全身のインスリン抵抗性が増悪することがわかっている．

筆者らは，脂肪細胞におけるこのような老化形質の獲得にも，p53を介した老化シグナルが重要な役割を担うことを報告してきた．糖尿病患者や肥満モデルマウスの内臓脂肪において，p53の活性化と老化染色陽性細胞の蓄積が生じることがわかった．肥満ストレス

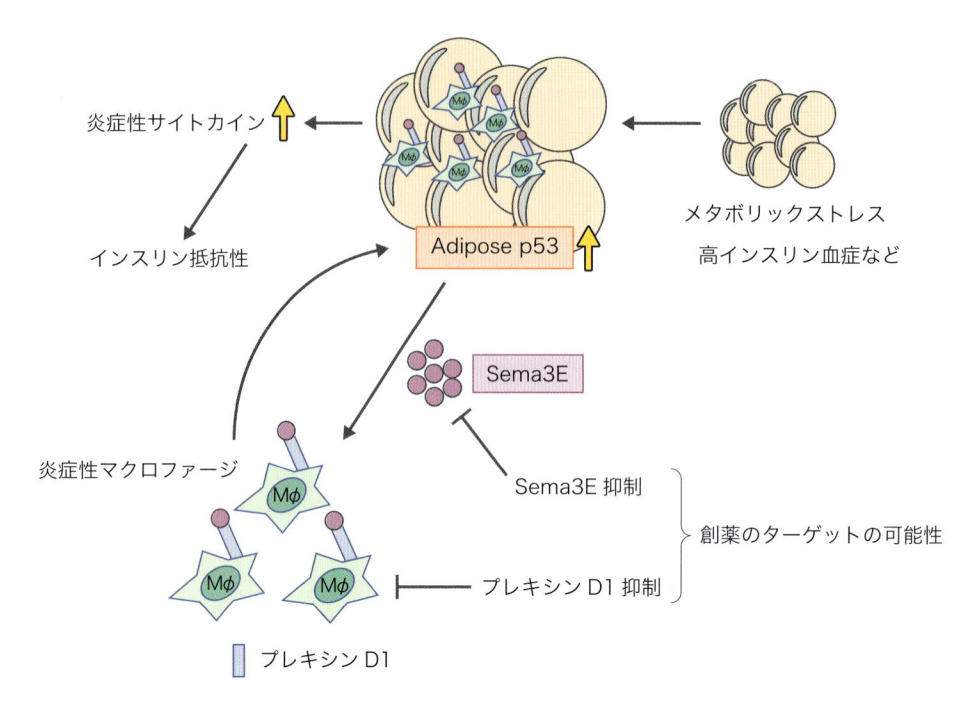

図4 脂肪炎症時のp53シグナル活性化とセマフォリン3E
メタボリックストレスにより活性化したp53シグナルは脂肪炎症を惹起する．p53は細胞遊走作用を有するセマフォリン3Eの発現を誘導する．セマフォリン3Eは，その特異的受容体であるプレキシンD1受容体を発現する炎症性マクロファージの内臓脂肪への遊走を促し，慢性炎症を介して全身のインスリン抵抗性を惹起する．Sema3E：semaphorin3E，Mφ：macrophage．文献21をもとに作成．

下の内臓脂肪組織では，マクロファージを主体とした炎症細胞浸潤とcrown-like structureとよばれる脂肪細胞の貪食像がみられるが，脂肪特異的にp53を欠損させたマウスでは，これらの脂肪炎症は抑制され，耐糖能異常も改善していた[20]．さらなる検討の結果，p53の下流で分泌タンパク質として知られるセマフォリン3Eが存在し，肥満時の脂肪炎症と全身のインスリン抵抗性を増悪させることもわかった．肥満モデルマウスでは脂肪組織におけるセマフォリン3Eとその受容体であるプレキシンD1の発現が著明に亢進しており，脂肪組織においてこの経路を抑制すると，脂肪炎症や全身のインスリン抵抗性が改善した．また，セマフォリン3Eはマクロファージの浸潤を誘導し，脂肪組織におけるp53の抑制がセマフォリン3Eの発現低下を介して脂肪炎症を改善させたことから，セマフォリン3Eは炎症性マクロファージの誘導因子としての生理活性をもち，肥満時にはp53シグナルの亢進によりセマフォリン3Eの発現が亢進することで，脂肪炎症が誘導されることがわかった[21]．

細胞老化やセマフォリン3Eなどの老化関連分子を標的とすることで，糖尿病や肥満に対する新たな治療法を開発できる可能性が高いと考えられる（図4）．

ⅲ）心不全

心不全は老化に伴い増加する代表的な疾患の1つである．横行大動脈縮窄術により左室圧負荷を加えたマウスでは心肥大をきたし，心不全代償期から非代償期に移行する．筆者らは，圧負荷により肥大した心筋細胞ではp53を介した老化シグナルが亢進し，HIF-1α（hypoxia inducible factor-1α）の抑制を介して血管新生反応が負に制御されることを報告した[22]．さらに，血管数とのミスマッチから生じる相対的虚血は心機能を低下させるが，このp53依存性老化シグナルの活性化にインスリンシグナルが関与している可能性も示唆されている．持続的な圧負荷を加え肥大した心筋では，インスリンシグナルの過剰な活性化が起こっており，過剰なインスリンシグナルを抑制すると，心肥大とそ

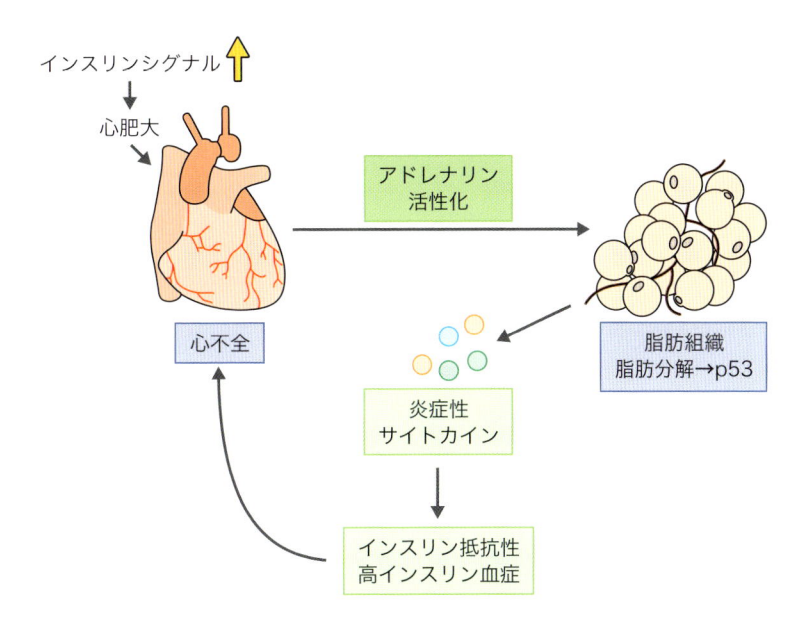

図5　心不全におけるインスリンシグナル
心不全における交感神経賦活化は，過剰な脂肪融解によりp53の発現レベルの上昇と脂肪炎症を惹起し，全身のインスリン抵抗性（高インスリン血症）が形成される．その結果，心筋細胞における過剰なインスリンシグナルにより心肥大が増悪し，心不全の病態が促進する．文献24をもとに作成．

れに続く心機能低下は抑制された．心筋細胞特異的にインスリン受容体を減少させたマウスでも，心機能の改善を認めることもわかった[23]．

慢性心不全患者では，全身のインスリン抵抗性（高インスリン血症）が惹起されることが知られている．筆者らの最近の研究により，左室圧負荷による心不全モデルマウスの内臓脂肪において，マクロファージの浸潤と炎症性サイトカインの増加が生じ，脂肪炎症により全身のインスリン抵抗性が惹起されることが明らかとなった．これには心不全による交感神経活性化が関与していることもわかった．脂肪特異的にp53を遺伝的に欠損させた心不全モデルマウスでは，脂肪炎症と全身のインスリン抵抗性が改善することから，p53を介した老化シグナルが全身の代謝不全に重要な役割を担うことが示唆された．また重要なことに，脂肪のp53を遺伝的に抑制したマウスでは心機能が改善することもわかった[24]．このようにインスリンシグナルとp53依存性老化シグナルは，全身の代謝を制御することで，心不全の病態に深くかかわることが明らかとなった（図5）．

おわりに

p53やIISを中心に，細胞老化のメカニズムと，老化シグナルの老化関連疾患における役割について紹介した．生体の恒常性維持のために機能している細胞内シグナルも，過剰に活性化すると逆に細胞老化を誘導し，老化関連疾患を促進する中心的基盤病態になりうることがわかってきた．細胞老化の制御は臓器横断的な恒常性制御を介して，老化関連疾患の病態を抑制できる可能性が高い．今後，さらなる老化・寿命の制御機構が解明され，新たな治療法の開発につながることが期待される．

文献

1) Russell SJ & Kahn CR：Nat Rev Mol Cell Biol, 8：681-691, 2007
2) Colman RJ, et al：Science, 325：201-204, 2009
3) Minamino T & Komuro I：Circ Res, 100：15-26, 2007
4) Minamino T & Komuro I：Nat Clin Pract Cardiovasc Med, 5：637-648, 2008
5) Tyner SD, et al：Nature, 415：45-53, 2002
6) Rudolph KL, et al：Cell, 96：701-712, 1999
7) Cawthon RM, et al：Lancet, 361：393-395, 2003

8) Liu B, et al：Nat Med, 11：780-785, 2005
9) Baker DJ, et al：Nature, 479：232-236, 2011
10) Kimura KD, et al：Science, 277：942-946, 1997
11) Brown-Borg HM, et al：Nature, 384：33, 1996
12) Holzenberger M, et al：Nature, 421：182-187, 2003
13) Yamaza H, et al：Aging Cell, 9：372-382, 2010
14) Chung WH, et al：Ageing Res Rev, 9：S67-S78, 2010
15) Miyauchi H, et al：EMBO J, 23：212-220, 2004
16) Blüher M, et al：Science, 299：572-574, 2003
17) Michael MD, et al：Mol Cell, 6：87-97, 2000
18) Minamino T, et al：Circulation, 105：1541-1544, 2002
19) Rosso A, et al：J Biol Chem, 281：4339-4347, 2005
20) Minamino T, et al：Nat Med, 15：1082-1087, 2009
21) Shimizu I, et al：Cell Metab, 18：491-504, 2013
22) Sano M, et al：Nature, 446：444-448, 2007
23) Shimizu I, et al：J Clin Invest, 120：1506-1514, 2010
24) Shimizu I, et al：Cell Metab, 15：51-64, 2012

＜筆頭著者プロフィール＞

池上龍太郎：2008年日本医科大学医学部卒業．新潟市民病院循環器内科で後期研修後，新潟大学循環器内科で臨床に携わる．'15年度より新潟大学大学院医歯学総合研究科循環器内科学にて博士課程在学中．

第3章　栄養による遺伝子制御と生命現象・臓器機能～その破綻と疾患の観点から～

7. 栄養と代謝物による遺伝子発現と脂肪細胞の機能制御

酒井寿郎

近年，細胞内の代謝変化が遺伝子発現を制御することが明らかにされてきている．このメカニズムとしてエピゲノム修飾酵素と栄養・代謝物の関連が注目されている．代謝物は，エピゲノム修飾酵素の基質や補酵素として機能し，DNAのメチル化やヒストンのアセチル化やメチル化などのエピゲノムを変化させ，最終的に遺伝子の転写を制御する．代謝が遺伝子発現を制御する「代謝とエピゲノム」のメカニズムはがんや生活習慣病の発症進展にも関与することが明らかにされつつある．

はじめに

これまで代謝経路とシグナル伝達は異なった存在として議論されてきたが，おのおの異なる働きをしつつも細胞の生命活動に必須であると考えられてきた．今日，シグナル伝達が代謝を制御することが明らかにされてきている．実際，ホルモンや成長因子は細胞の代謝を活性化し，細胞の増殖や分化のプログラムを促進する．よく知られた経路としては，インスリンがインスリン受容体に結合するとグルコースの取り込みを促進し，トリグリセリドやグリコーゲンの蓄えを増やす経路がある．シグナル依存的な代謝制御はがん細胞にもみられる．がん化の活性シグナル伝達は栄養の取り込みと代謝を促進し，細胞増殖に必要な分子を供給していく．

一方，シグナル伝達は，細胞内の栄養感知分子を介して，栄養によって制御される．これら栄養感知分子にはAMPキナーゼやmTORCなどがあるが，近年，栄

[キーワード&略語]
アセチルCoA，ヒストンアセチル化，ヒストンメチル化，2型糖尿病，脂肪細胞

2-HG：2-hydroxyglutarate
　（2ヒドロキシグルタル酸）
AceCS1：acetyl-CoA synthetase 1
　（アセチルCoA合成酵素）
ACL：citrate lyase（クエン酸リアーゼ）
αKG：α-ketoglutaric acid
　（αケトグルタル酸）
IDH：isocitrate dehydrogenase
　（イソクエン酸脱水素酵素）
JMJD：jumonji domain-containing
KDM：lysine demethylases
　（ヒストンリジン脱メチル化酵素）
mTORC：mammalian TOR complex
SETDB1：SET domain bifurcated 1
SIRT：sirtuin（サーチュイン）

Metabolic and epigenomic regulation of transcription and adipocyte
Juro Sakai：Division of Metabolic Medicine, RCAST, The University of Tokyo（東京大学先端科学技術研究センター代謝医学分野）

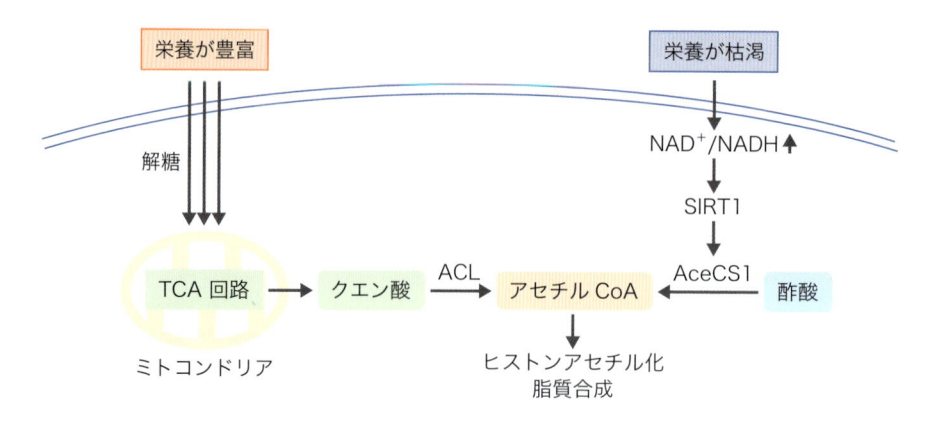

図1　代謝によるアセチルCoA産生調節

ATPクエン酸リアーゼ（ACL）とアセチルCoA合成酵素（AceCS1）はアセチルCoAをミトコンドリアの外で合成する．このアセチルCoAはタンパク質のアセチル化や脂質合成に使われる．この2つの酵素はともに代謝によって制御される．ACLは，栄養が豊富な状態でクエン酸としてミトコンドリアから細胞質に出され，アセチルCoAの合成に寄与する．ACLによってつくられるアセチルCoAの大部分はグルコースかグルタミンの炭素に由来する．このことによって動的なアセチルCoAの供給が，栄養の状態と代謝に応答してなされる．これとは逆に，酢酸からアセチルCoAを合成するAceCS1は，栄養が欠乏した状態でNAD$^+$によって活性化されるSIRT1によって脱アセチル化され，活性化される．このようにして，代謝状態に応じてACLとAceCS1がアセチルCoAを合成する．アセチルCoAはアセチル基のドナーとしてヒストンアセチル化に寄与する．

養の感知はこれら2つのキナーゼだけではなく，細胞の代謝状態が代謝物感受性タンパク質翻訳後修飾を介してシグナル感知タンパク質の活性を制御することが示されてきている．アセチル化，メチル化，糖化，リン酸化などの修飾はすべて代謝物による．通常状態では代謝物の量がそれら修飾の律速段階となることはないが，細胞質や核のアセチルCoAは，細胞の状態に応じてタンパク質修飾に関与することが示されてきている．これらのタンパク質修飾はシグナル伝達や遺伝子発現そして細胞の代謝そのものを制御する．

代謝とシグナル伝達は密接に絡み合いながら，おのおのの細胞の代謝状態に応じて，細胞活動を制御する．本稿では，栄養に依存した翻訳後修飾と転写制御について概説する．

1 アセチル化

アセチルグループから付加されるタンパク質修飾は，アセチルCoAから供給される．アセチル化はアセチル化酵素と脱アセチル化酵素との活性によって調節される．これらの酵素は転写を含めた複雑な調節を受けているが，代謝物そのものがアセチル化と脱アセチル化

調節の鍵となることが示されてきている．代表例として，脱アセチル化酵素のサーチュイン（SIRT）とよばれるファミリータンパク質は，栄養と代謝物によって制御される．SIRTの酵素活性はNAD$^+$を補酵素とする．NAD$^+$/NADHの比が上昇する状態，すなわち，低栄養の状態で活性化され，ヒストンを含めた基質となるタンパク質の脱アセチル化をする．また同様に，タンパク質のアセチル化はアセチルCoAもしくはアセチルCoA/CoAの比によって活性化される．アセチル化と脱アセチル化は細胞内の栄養状態によって制御され，タンパク質アセチル化が細胞の代謝リソースの感受性の高い指標であると考えられる．

2 栄養状態によって産生量が制御されるアセチルCoA

アセチル化は，核，細胞質と各器官でのアセチルCoAの量によって起こる．アセチルCoAはミトコンドリア膜から細胞質にクエン酸という形で移行するものの，ミトコンドリアのアセチルCoAのプールは，核と細胞質とのプールとは異にする．

アセチルCoA合成酵素（ACS2）は酵母でのミトコ

ンドリア外のアセチルCoAの産生に寄与する．一方，哺乳類では2つの酵素，ATPクエン酸リアーゼ（ACL）とアセチルCoA合成酵素（AceCS1）が核と細胞質のアセチルCoAを産生する．このアセチルCoAは脂質合成に使われる（図1）．

　ACLはミトコンドリア由来のクエン酸をアセチルCoAに変換する．クエン酸はTCA回路での中間代謝物である．増殖中の細胞では，グルコースとグルタミンが炭素供給源となりクエン酸が産生される．したがって，ACLによるアセチルCoA合成はTCA回路での過剰なクエン酸産生によって促進され，細胞の代謝状態に重要な役割を果たす．AceCS1は酢酸からアセチルCoAを合成する重要な酵素である．哺乳類では酢酸がグルコースから直接つくられることはないが，AceCS1の活性もまた，細胞内の栄養状態で制御される．AceCS1そのものがアセチル化され，SIRT1によって脱アセチル化されて活性化される．SIRT1も他のサーチュインファミリーメンバー同様，NAD$^+$によって活性化される．ミトコンドリア型のアセチルCoA合成酵素2（AceCS2）はSIRT3によって活性化される．よって栄養が豊富なときは，アセチルCoA合成はACLが主となり，栄養飢餓のときにはSIRT1がAceCS1を活性化することでアセチルCoAを合成する．それゆえ，解糖系が亢進しているがん細胞でもインスリンで処理された脂肪細胞でも，ACLがヒストンアセチル化の主たる源となる．ACLとAceCS1は代謝状態によって相互に補いあいアセチルCoAを供給する．例をあげると，ACLをノックダウンした細胞に高濃度の酢酸を加えると，AceCS1によってヒストンアセチル化レベルが回復する．しかしながら，いくつかの細胞実験から証明されたことは，グルコース利用が亢進した状態ではACLを介したヒストンのアセチル化を規定しており，AceCS1の役割はあくまで2次的なものである[1]．

3 栄養・代謝物による細胞の分化制御

　脂肪細胞の分化は，転写カスケードとともに，ヒストンのアセチル化をはじめとしたエピゲノムによる制御が重要である．ここへ栄養による転写制御はどうかかわるのであろうか？Wellenらは細胞培地中のグルコース濃度によって解糖系の遺伝子発現が制御される

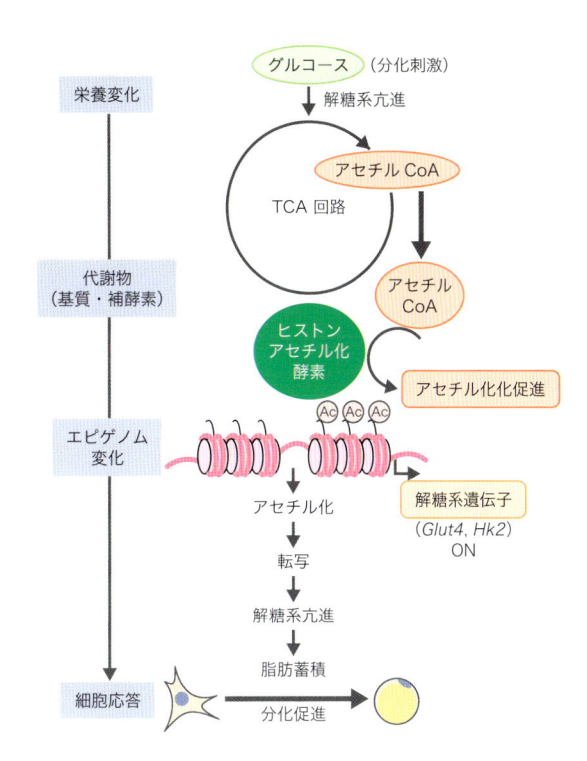

図2　栄養と代謝物による脂肪細胞の分化と脂肪蓄積の制御

グルコースとインスリンによって分化誘導刺激を加えると，細胞内のアセチルCoAの量が上昇する．余剰のアセチルCoAはクエン酸としてミトコンドリアから細胞質へと運搬され，核で再度アセチルCoAにACLで変換される．アセチルCoAはアセチル基のドナーとして，ヒストンアセチル化を促進する．

こと，そしてこれにともないヒストンのアセチル化が上昇することを示した（図2）．低グルコース状態であっても高濃度の酢酸を添加することによって，ヒストンのアセチル化が上昇した．この知見は栄養と代謝物がヒストンのアセチル化そして遺伝子発現を制御し，さらに細胞の形質を決定しうる，ということを示した最初の知見となった．しかしながら，実際にはいきなりヒストンのアセチル化に進む前にヒストンのメチル化なども制御される必要がある．

4 脂肪細胞の分化とメチル化修飾

　肥満・2型糖尿病の発症に脂肪細胞は重要な役割を果たす．過剰な栄養摂取では脂肪細胞は肥大化するか，または脂肪細胞の前駆体（前駆脂肪細胞）から脂肪細

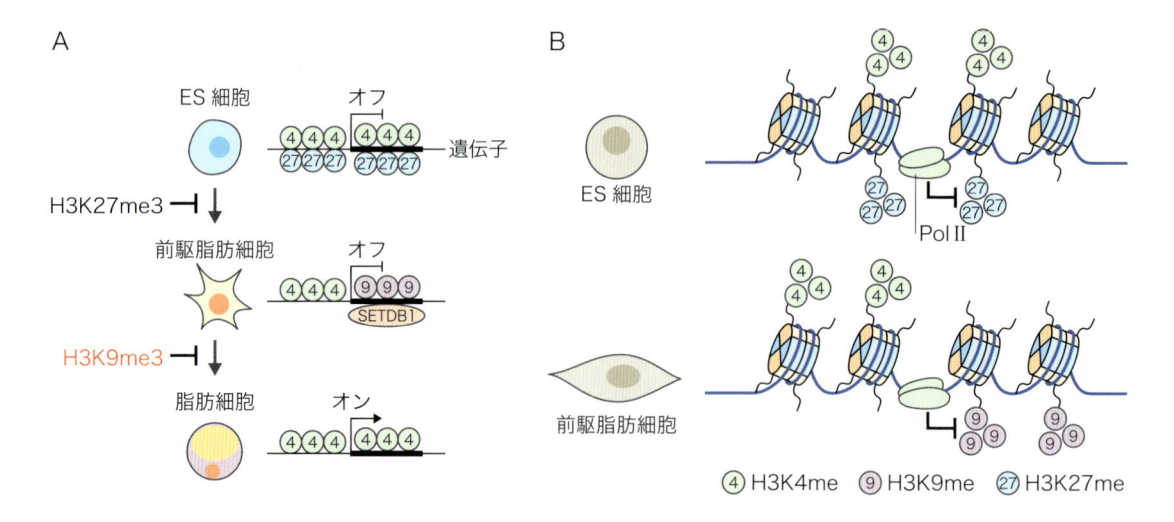

図3　前駆脂肪細胞にとどめる新規なビバレントクロマチンドメイン
図のなかの数値はトリメチル化されているヒストンH3タンパク質のリジンのアミノ酸番号をあらわしている．**A)** ES細胞ではエピゲノムH3K27me3が脂肪を蓄える遺伝子の働きを抑えるのに対し，前駆脂肪細胞ではエピゲノムH3K9me3が遺伝子の働きを抑える．**B)** (A)に示すES細胞と前駆脂肪細胞でのビバレントクロマチンのイメージ図．文献2，3をもとに作成．

胞が成熟し，余分なエネルギーを脂肪として蓄える．前駆脂肪細胞も脂肪細胞もゲノムの塩基配列は同じだが，前駆脂肪細胞では脂肪を蓄える遺伝子の働きが抑えられ，脂肪細胞では逆にそれらの遺伝子の働きが活発になっている．遺伝子の働きがそれぞれの細胞で違うのは，エピゲノムとよばれる後天的に書き換えられるゲノム情報が異なるからである．多分化能をもつ胚性幹細胞（ES細胞）※1において遺伝子の働きを抑えるエピゲノムのしくみは知られていたが，前駆脂肪細胞におけるエピゲノムのしくみは明らかではなかった．われわれは前駆脂肪細胞のエピゲノム解析を行い，新規のクロマチン※2構造が脂肪を蓄える遺伝子の働きを抑えていることを見出した．興味深いことに，前駆脂肪細胞ではES細胞とは全く異なるエピゲノムのしくみを見出した（**図3**）[2)3)]．

> **※1　胚性幹細胞**
> 多分化能をもつ万能性の細胞．ES細胞ともよばれる．脂肪細胞をはじめ，神経細胞，皮膚細胞などさまざまな種類の細胞に分化することができる．
>
> **※2　クロマチン**
> ゲノムDNAとタンパク質の複合体．ゲノムDNAはヒストンタンパク質により巻きとられたクロマチン構造をとり，細胞のなかの核に収納される．

生体内では，ES細胞のような多分化能をもつ細胞が，さまざまな種類の前駆細胞へと運命づけられ，最終的に脂肪細胞，神経細胞，皮膚細胞など多様な細胞へと分化する．この過程においてゲノムの塩基配列は変化しないが，エピゲノムが大きく変化し，遺伝子の働きを決定する．ES細胞では活性化のH3K4me3と抑制化のH3K27me3の両方をもつクロマチン構造が約2,500の遺伝子に存在し，発生にかかわる遺伝子の働きを抑えている．これは，細胞の分化に伴ってすみやかに必要な遺伝子の働きを活発にし，不要な遺伝子の働きを抑えるためのしくみと考えられる．

一方，生体内での脂肪組織においては，脂肪細胞だけではなく，前駆脂肪細胞が存在する．しかし，前駆脂肪細胞が脂肪細胞に変化するのを抑えているエピゲノムのしくみは明らかではなかった．前駆脂肪細胞ではエピゲノムH3K27me3がないことから，われわれは遺伝子の働きを抑える別のエピゲノムH3K9me3に着目し，エピゲノムH3K9me3およびそれにかかわるタンパク質SETDB1※3がゲノム上の遺伝子配列のどこに存在するか，次世代シークエンサー※4を用いてゲノムワイドに解析を行った（**図3**）．その結果，前駆脂肪細胞ではエピゲノムH3K27me3の代わりに，活性化のH3K4me3と抑制化のH3K9me3が直列したクロマ

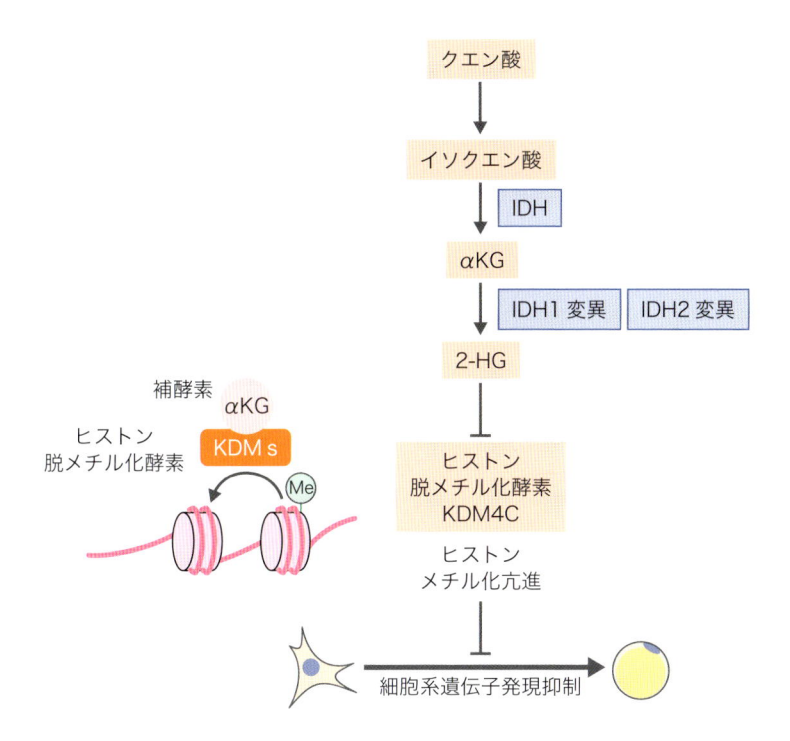

図4 2-HGによる分化抑制機構

IDHの変異によってαKGと異なる2-HGがつくられる．αKGはJMJDヒストン脱メチル化酵素の補酵素として機能するが，2-HGは競合的にこの機能を阻害する．結果としてヒストンH3K9me3の転写抑制のヒストン修飾をはずすことができずに分化が抑制される．KDM4Cのノックダウンにより脂質蓄積が亢進すると，KDM4Cがこの脱メチル化に寄与していることが示唆される．KDM：ヒストンリジン脱メチル化酵素，IDH：イソクエン酸脱水素酵素．

チン構造が約200の遺伝子に存在することが判明した．このH3K4/H3K9me3と命名した新規のクロマチン構造は，1つの遺伝子上に開いたクロマチンと閉じたクロマチンの境界をつくり，脂肪細胞分化のマスターレギュレーター[※5]とよばれるCebpaとPparg遺伝子の働きを抑えていることが明らかとなった．また，前駆脂肪細胞からSETDB1をなくすとエピゲノムH3K9me3が消失し，クロマチンの構造が開き，Cebpa, Pparg遺伝子の働きが活発になるため，前駆脂肪細胞が脂肪細胞に変化して脂肪が蓄えられることも明らかになった．ES細胞のエピゲノムH3K27me3はきわめて多くの遺伝子の働きを抑えて多分化能を保つのに対し，前駆脂肪細胞のエピゲノムH3K9me3は限られた数の遺伝子の働きを抑えることにより，分化のタイミングを調節していると考えられる．

※3　SETDB1
ヒストンをメチル化するエピゲノム修飾酵素．エピゲノムH3K9me3にかかわる．

※4　次世代シークエンサー
数千万のDNA断片の塩基配列を同時に決定することができる解析装置．従来のシークエンサーに比べ大幅に速く，安価に塩基配列を決定できる．

※5　脂肪細胞分化のマスターレギュレーター
脂肪細胞の分化を制御する主要因子．CebpaとPparg遺伝子からできるC/EBPαとPPARγタンパク質をさす．C/EBPαとPPARγタンパク質は脂肪を蓄える遺伝子の働きを活発にする．

---

5 栄養と代謝物によるヒストン脱メチル化と脂肪細胞の分化

TCA回路で供給されるクエン酸はミトコンドリアから細胞質に放出されると，イソクエン酸から，イソクエン酸脱水素酵素（IDH）によってαケトグルタル酸（αKG）に変換される（図4）．このαKGはJMJD（jumonji domain-containing）ヒストン脱メチル化酵

素の補酵素として必要である．前述したように，脂肪細胞の分化の過程では，鍵となる転写因子C/EBPαや核内受容体PPARγ上のヒストンの抑制型のメチル化（H3K9）が脱メチル化し，脂肪細胞は分化していく．

近年，IDHの変異がグリオーマの発症に重要な役割をすることが報告された[4]．IDHが変異すると，本来合成されるべきαKGの代わりに，2ヒドロキシグルタル酸（2-HG）が合成される．2-HGはαKGと競合し，JMJDヒストン脱メチル活性を阻害する．2-HGは，H3K9のヒストン脱メチル化酵素JMJD2C（KDM4C）を抑制し，脂肪細胞分化を抑制した．このことはIDH2の変異（R172K）によって細胞の分化を抑制するということを示したものである．JMJD2Cをノックダウンすることで，脂肪細胞の分化が進み脂質蓄積が起こることが報告されている．

おわりに

どのようにして，細胞は環境の変化を感知し，これを核に伝え，環境に応答しさらに持続的変化に適応していくのか？この生命科学の本質ともいえる命題に，動的なクロマチンの構造変化を介した持続的な応答が可能になることがわかってきた．さらに，栄養と代謝物がエピゲノム酵素によって感知されることがわかりつつある．今後これを標的とした「体質を変える」栄養学が，さらには次世代の薬も生まれうると考えられる．

文献

1） Wellen KE, et al：Science, 324：1076-1080, 2009
2） Inagaki T, et al：Nat Rev Mol Cell Biol, in press, 2016
3） Matsumura Y, et al：Mol Cell, 60：584-596, 2015
4） Lu C, et al：Nature, 483：474-478, 2012

＜著者プロフィール＞

酒井寿郎：東京大学先端科学技術研究センター代謝医学分野教授．1988年，東北大学医学部卒業，'94年，同大学院医学研究科修了（医学博士）．'94〜'98年，米国テキサス州立テキサス大学サウスウエスタンメディカルセンター（Goldstein & Brown博士）分子遺伝学講座研究員．2000〜'02年，東北大学医学部附属病院腎・高血圧・内分泌科助手．'02〜'06年，科学技術振興機構（JST）創造科学技術推進事業（ERATO）柳沢オーファン受容体プロジェクトグループリーダー．'03〜'09年，東京大学特任教授（先端科学技術研究センターシステム生物医学分野），'09年より現職．

第3章 栄養による遺伝子制御と生命現象・臓器機能〜その破綻と疾患の観点から〜

8. メカノ-メタボ連関と栄養による遺伝子発現制御
―エネルギー代謝コーディネータとしての骨格筋機能

清水宣明，田中廣壽

> 骨格筋の運動と密接な関係にある代謝の調節は，栄養をはじめ，張力，酸素，性ホルモン，時計遺伝子など多彩なシグナルのコーディネーションによる．代謝物やマイオカインは他臓器機能を異所性に制御しうる．例えば，分岐鎖アミノ酸はタンパク質代謝調節レベルで筋量維持に貢献し，また筋量維持を支える代謝状態における骨格筋からのアミノ酸供給低減は，脂肪組織からの脂質動員亢進を誘導する．肥満の予防・治療に，運動と個体レベルのエネルギー代謝の連関，すなわち「メカノ-メタボ連関（カップリング）」を利用する理論的基盤が整いつつあるといえる．

はじめに

　骨格筋を使った「運動」と「個体レベルのエネルギー代謝」の関係は，生理学・医学のみならず，スポーツ，健康など人類の多くが共通して関心を寄せる領域として生活・社会全般にきわめて深くかかわっている．古代ギリシャ時代からアスリートは競技に最適な骨格筋の構築を希求する．一方，現代人は体脂肪を減らすための健康増進手段として運動を生活に取り入れている．また，高齢者に顕著なように，運動不足などによって骨格筋は短期間に萎縮し「寝たきり」を招くとともに，肥満などの代謝異常を合併する頻度が増加する．しかしながら「運動」と「個体レベルのエネルギー代謝」の関係を分子機構レベルで明確に示す科学的根拠は驚くほど乏しく，超高齢化が進む先進諸国において学術的貢献が最も待望されている分野の1つである．古典的には，骨格筋の運動器としての機能と，骨格筋を代謝臓器，すなわち個体レベルのエネルギー代謝制御システムを構成する基幹要素の1つとして捉えた場合の機能は，それぞれ独立した解析がなされてきた．本稿では，これら2つの一見独立した機能が遺伝子発現制御のレベルで共通した分子機構をもち本質的に不可分であることが，近年の分子生物学的な解析技術の進歩などにより明らかになってきた過程を中心に概説し，医療・生活への応用展開を含めた当該研究分野の将来展望を述べたい．

1 骨格筋機能とその制御

1）骨格筋組織の成り立ち

　骨格筋はヒトのタンパク質の50〜75％を保持する組織で，運動や姿勢維持に必須なだけでなく，食餌に

Nutritional regulation of gene expression in mechano-metabo coupling
— Skeletal muscle as a coordinator for systemic energy metabolism
Noriaki Shimizu/Hirotoshi Tanaka：Division of Rheumatology, Center for Antibody and Vaccine Therapy, IMSUT Hospital, the Institute of Medical Science, the University of Tokyo（東京大学医科学研究所附属病院抗体・ワクチンセンター免疫病治療学分野）

よって得られた栄養を筋線維タンパク質として備蓄（同化）し，絶食や運動などのエネルギー要求時にタンパク質分解（異化）によってアミノ酸として供給するシステムの一翼を担っている[1]．骨格筋組織は，筋線維ともよばれる細長い多核の筋細胞，筋線維を取り巻く血管系の内皮細胞，血管平滑筋細胞，おのおのの筋線維に接続する運動ニューロン，筋損傷からの再生時に活性化する成体幹細胞である筋衛星細胞を主要な構成細胞とする．

筋線維内部にはミオシン（骨格筋タンパク質重量の55％），アクチン（同25％），トロポミオシン，トロポニンなどのタンパク質を主成分とした筋原線維が，長軸方向に整列してATP依存的な筋収縮を担っている[2]．骨格筋内のATPは1〜2秒の筋収縮に必要な量しか準備されておらず，ミトコンドリア電子伝達系（酸化的リン酸化），解糖系などから絶えず供給される必要がある．これらATP産生機構の使い分けによって筋線維のタイプ，すなわち遅筋線維と速筋線維（あるいはその中間型）の分類ができる．遅筋線維は速筋線維と比較して分子状酸素を貯蔵するミオグロビンとミトコンドリアに富み，酸化的リン酸化を多く行い，持続力のあるゆっくりとした収縮をする．速筋線維は高いミオシンATP加水分解活性をもち，速い収縮をするが，疲労による収縮能低下を起こしやすい[2]．多くの骨格筋において遅筋線維と速筋線維はモザイク状に束ねられて筋束を形成しており，互いの収縮機能を（また，おそらくエネルギー代謝制御における機能を）補完し合っていると考えられる．

2）個体レベルのエネルギー代謝制御における骨格筋機能

エネルギー動員要求として絶食を例にとると，体重77 kg前後のヒトの体重が8日間で8％前後減少する[3]．より代謝回転の速いマウスでは，2日間で足底筋の湿重量が15％程度減少する[4]．タンパク質備蓄・アミノ酸供給装置としての骨格筋機能は，取りもなおさず骨格筋量の可逆的な増加・減少，すなわち量的可塑性（図1）の本態である[5]．骨格筋量がいわゆる「筋トレ」に相当するレジスタンストレーニングによって増加するという経験的に知られた適応機構には，転写共役因子PGC-1α[※1]のアイソフォームPGC-1α4の発現が関与していることも明らかとなるなど[6]，骨格筋の量的可塑性に対してその分子機構理解に基づく人為的介入法の開発研究が加速している[7]．

前述のタンパク質代謝のほか，個体レベルのエネルギー代謝制御における骨格筋機能に関して特筆すべきこととして，骨格筋はインスリン依存的な糖取り込みの80％以上を受けもつことがあげられる[8]．インスリン依存的な糖取り込みは，細胞膜インスリンレセプターの発現，インスリンの結合によりはじまるタンパク質リン酸化シグナル経路から，グルコーストランスポー

> ### ※1 PGC-1α
> PGC（ペルオキシソーム増殖因子活性化レセプターγ共役因子）-1αの数種類のアイソフォームは，運動などにより骨格筋で発現誘導され，さまざまな標的遺伝子の転写を制御する．ミトコンドリア生合成，マイオカイン産生などに必須である．

[キーワード＆略語]
エネルギー代謝，筋萎縮，グルココルチコイド，分岐鎖アミノ酸，臓器連関

- **ATF4**：activating transcription factor 4
- **BCAA**：branched-chain amino acid（分岐鎖アミノ酸）
- **BCAT2**：branched chain amino acid transaminase 2
- **COX7RP**：cytochrome c oxidase subunit 7a related polypeptide
- **FGF21**：fibroblast growth factor 21
- **FoxO**：forkhead box O
- **GC**：glucocorticoid（グルココルチコイド）
- **GLUT4**：glucose transporter 4（グルコーストランスポーター4）
- **GR**：glucocorticoid receptor（グルココルチコイドレセプター）
- **HIF-1**：hypoxia inducible factor-1
- **KLF15**：krüppel-like factor 15
- **mGRKO**：muscle-specific glucocorticoid receptor knock out（骨格筋特異的グルココルチコイドレセプターノックアウト）
- **mTORC1**：mechanistic target of rapamycin complex 1（mTOR複合体1）
- **MuRF1**：muscle RING-finger protein-1
- **PGC-1α**：peroxisome proliferator-activated receptor γ coactivator -1α

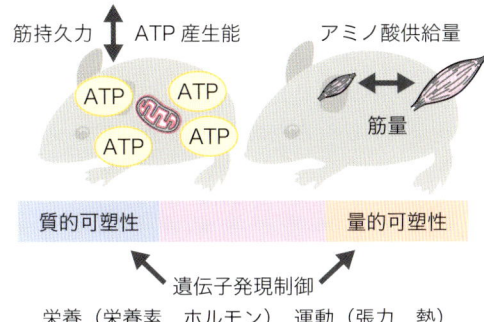

図1 骨格筋の量的質的可塑性

骨格筋の遺伝子発現制御にはさまざまな因子が関与する．例えば，糖や脂肪酸，アミノ酸など栄養素そのもの，中枢神経系や膵臓，消化管などからの栄養状態を伝達するグルココルチコイド，インスリンなどの各種ホルモン，筋収縮により生じる張力，熱，組織中の酸素分圧，末梢時計遺伝子の刻む概日リズム，性ホルモンなどにより伝達される性差情報などがあげられる．骨格筋はこれら多様なシグナルをコーディネートし，遺伝子発現変化を介した可逆的な性質変化によって環境に適応する．シグナルの変化に対応する可塑性の高さは，骨格筋に特徴的な性質である．

ターであるGLUT4の細胞膜への移動にいたる多くの段階で栄養素やホルモンシグナルなどによる多様な制御を受けているが，インスリン抵抗性の分子機構の全容は明らかになっていない[8]．

酸化的リン酸化によるATP産生を受けもつミトコンドリアの活性も，骨格筋のおかれた環境によって可逆的に変化する（質的可塑性，図1）．ミトコンドリアの細胞内密度の調節は，PGC-1αのアイソフォームPGC-1α1の関与をはじめ，転写制御因子を介した分子機構により説明されている[1]．また，呼吸鎖複合体の構造に影響してATP産生能を向上させるタンパク質COX7RPの発現はエストロゲン（女性ホルモン）レセプターを介した転写によって制御されており[9]，エネルギー代謝における性差についても骨格筋機能を基軸とした解析が展開されることが期待される[10]．

収縮した骨格筋から，全身の糖代謝を亢進して糖尿病の進行を遅延させる未同定の液性シグナルが生じるというGoldsteinの先駆的な洞察から約半世紀を経て，骨格筋もホルモン様物質（マイオカイン）を産生し，内分泌的に恒常性維持・環境適応に関与している示唆が続々となされ[11)12]，骨格筋を1つのノードとして捉えた多臓器連関の理解が進展しつつある[4)13]．

3）遺伝子発現調節を介した骨格筋機能制御の分子機構

ここまでに紹介した骨格筋の基幹的な機能について，その生理的な調節を担う分子機構の解明をめざした研究が精力的に行われている．転写因子，転写共役因子などからなる精緻なネットワークを介した遺伝子発現調節は，筋分化の過程においてその役割が認識されていたが，成熟した骨格筋の量的質的可塑性（図1）を担う分子機構においても重要な役割をもっている[1]．例えば，低酸素応答性のHIF-1[14]，末梢組織の概日リズムを司るClock, BMAL1, RORα, Rev-erbα/β[15]，その他にも甲状腺ホルモンレセプター，ペルオキシソーム増殖因子活性化レセプター，エストロゲン関連レセプター，NR4Aファミリー，COUP-TFファミリーといった核内レセプタースーパーファミリー※2に属する転写因子を介した制御が明らかになりつつある[16]．エピジェネティック制御の関与，特にDNAメチル化やヒストンアセチル化についても，食餌性のインスリン抵抗性や運動によるトレーニング効果などの慢性的な代謝変容の解析を基軸として研究が進展している[17]．近年は，microRNAを介した遺伝子発現調節機構が関与している証左も蓄積してきている[18]．

2 筋萎縮

1）グルココルチコイドとそのレセプター

視床下部–下垂体系の制御を受けて副腎皮質から分泌されるストレス応答性ステロイドホルモンであるグルココルチコイド（GC）は，筋線維タンパク質同化の抑制と同時に異化の亢進をもたらす[19]．GCの作用は，核内レセプタースーパーファミリーに属し，ほぼすべての組織に発現しているリガンド依存性転写因子，グルココルチコイドレセプター（GR）との結合を介して発現される．炎症性疾患などの治療に使用される薬理量のGC投与が，筋量と筋力の低下（筋萎縮）の直接原因にもなりうる（ステロイド筋症）．また，糖尿病，

> **※2　核内レセプタースーパーファミリー**
> グルココルチコイドレセプター，ペルオキシソーム増殖因子活性化レセプターなど，構造と機能の類似から分類された48種類（ヒト）の転写因子により構成される遺伝子群で，転写活性制御機構の解析が比較的進んでいる．

飢餓，低インスリン血症，敗血症，悪液質，アシドーシスなど多様な原因により誘発される，あるいは合併する筋萎縮にGC作用が関与していると考えられており，骨格筋タンパク質の同化・異化のバランス制御におけるGCシグナルの重要性が示唆されている[19]．

2）筋萎縮の分子機構

i）KLF15は骨格筋におけるGRの直接標的遺伝子である

われわれは，ラット骨格筋においてGC依存的mRNA発現亢進を呈する遺伝子として，転写因子KLF15（krüppel-like factor 15）を同定した．そのプロモーター領域に種間で保存されたGR結合DNA配列候補を配列相同性から見出し，レポーターアッセイ法，クロマチン免疫沈降法を用いて，KLF15が骨格筋特異的なGRの直接標的遺伝子であることを明らかにした[20]．

ii）KLF15はatrogin-1とMuRF1の発現を活性化する

KLF15を過剰発現させたラット前脛骨筋のmRNA発現プロファイルの解析より，KLF15の既知標的遺伝子BCAT2（branched chain amino acid transaminase 2）のほか，FoxO（forkhead box O）1，FoxO3，atrogin-1，MuRF1（muscle RING-finger protein-1）のmRNA発現亢進を見出した[20]．これら遺伝子は多様な筋萎縮モデルで共通して発現が亢進する「アトロジーン」として知られ，FoxOファミリー転写因子によって骨格筋特異的E3ユビキチンリガーゼであるatrogin-1，MuRF1の発現が亢進する結果，プロテアソーム依存的なタンパク質分解が促進されると考えられていた[21)22]．GC依存的なatrogin-1，MuRF1の発現亢進はsiRNAによるKLF15ノックダウンで著明に抑制されたため，KLF15はGR下流に存在しGR-KLF15軸を形成する，骨格筋タンパク質異化の分子機構に重要な転写因子であるといえる[20]．

iii）GR-KLF15軸は分岐鎖アミノ酸の代謝亢進を介してmTORC1活性を抑制する

KLF15の標的遺伝子BCAT2は分岐鎖アミノ酸[※3]（BCAA）異化酵素である．BCAAはタンパク質合成の鍵因子mTORC1を活性化するため，KLF15による

> **※3 分岐鎖アミノ酸（BCAA）**
> ロイシン，イソロイシン，バリンの総称で，タンパク質の材料となるほか，主に骨格筋で異化されてTCA回路の中間体となりATP産生に寄与する．またリソソーム膜上mTORC1のリン酸化酵素活性を亢進して翻訳を促進する．

BCAT2発現亢進を介した細胞内BCAA濃度低下はmTORC1活性の低下をもたらす[20]．したがってKLF15を介した転写制御は異化促進のみならず同化抑制においても重要である．GRを鍵因子とした転写ネットワーク（本稿では概念的に重要な例をピックアップして記載した）は，異化促進機構および能動的な同化のシャットオフ（抑制）機構を同時に駆動し，骨格筋タンパク質代謝を同化から異化へ迅速かつ効率的にスイッチすると考えられる（図2）．

3）mTORC1活性化療法

われわれはmTORC1の特異的阻害剤ラパマイシンがGC依存的mRNA発現を増強することを発見した[20]．したがってmTORC1を活性化するBCAA，ATP，インスリン，IGF-1などの同化シグナルは，GRを標的としてその下流の転写ネットワーク全体を抑制し，異化を抑制するのみならず，BCAT2を介した同化抑制を解除することによって，きわめて効率よく骨格筋タンパク質代謝を異化から同化へスイッチすることが示唆された．そこで，人為的なmTORC1の活性化がステロイド筋症を抑制する可能性を検証するために，ステロイド筋症モデルラットにBCAAを経口投与したところ，GRの標的遺伝子mRNA発現は低下し，筋量・筋力の低下は認められなくなった．以上の結果から，BCAAはmTORC1活性化を介してステロイド筋症を予防することが示されただけでなく，骨格筋におけるGR-mTORC1クロストークの筋量・筋力制御における意義が動物個体において実証された．

3 個体レベルのエネルギー代謝制御における骨格筋機能

1）生理的条件下の骨格筋タンパク質異化

骨格筋タンパク質の異化によって生じるアミノ酸の供給増加は，アミノ酸代謝物のTCA回路への流入によるATP産生増加に寄与する．さらに，血流により肝臓に輸送されたアラニンは糖新生によってグルコースに変換され，全身のさまざまな組織におけるATP産生に寄与する．骨格筋特異的GRノックアウト（mGRKO）マウスでは，骨格筋が筋線維径レベルで肥大していた一方，全身各所の脂肪組織が脂肪細胞径（主に細胞内脂肪滴の量により決まる）レベルで縮小していた[4]．骨

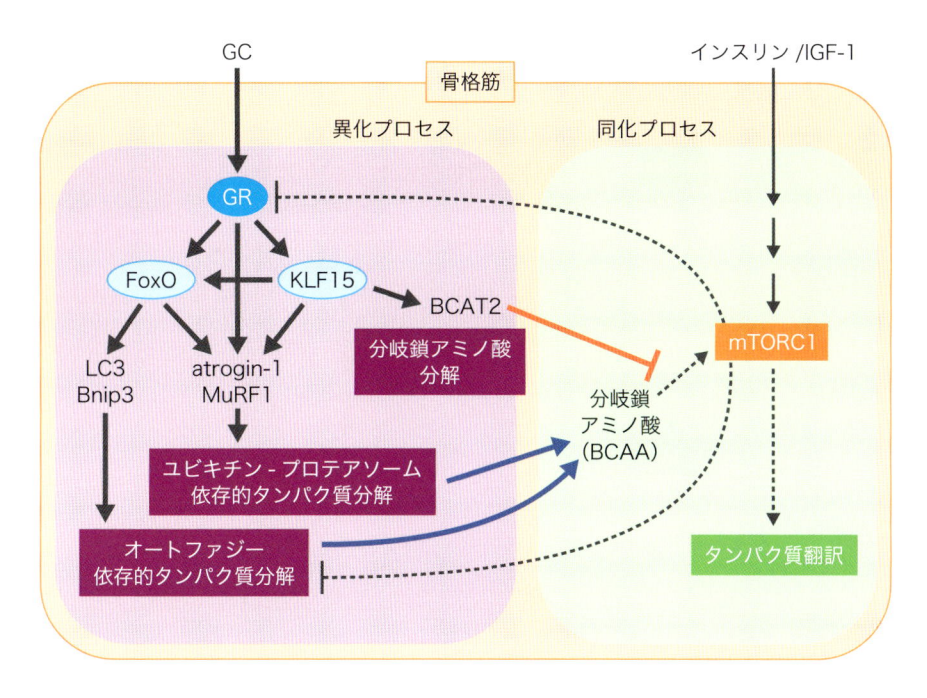

図2 骨格筋線維におけるGR-mTORC1クロストークの概念図

骨格筋GRとその標的遺伝子である転写因子群（KLF15, FoxO）から構成される転写ネットワークは，遺伝子発現レベルでユビキチン-プロテアソーム系（atrogin-1, MuRF1）とオートファジー系（LC3, Bnip3）を駆動して，タンパク質異化を進める．ここで生じるアミノ酸のうちBCAAは，mTORC1活性化による翻訳亢進を介してタンパク質同化に貢献するが，GR-KLF15軸の活性が高い場合，標的遺伝子BCAT2がBCAAを分解することによってmTORC1活性化を阻止する．その結果，mTORC1がもつ翻訳亢進機能だけでなくオートファジー抑制機能，GR機能抑制能が弱まり，GR転写ネットワークによる異化プロセスのフィードフォワード的な活性化が連続して筋萎縮が発症する．

格筋におけるタンパク質分解を促進する遺伝子群の絶食による発現誘導は著明に抑制されており，骨格筋内と血漿中のアラニン濃度は低下していた[4]．

2）骨格筋-肝臓-脂肪組織シグナル軸

マウス初代培養肝細胞の培地中アラニン濃度を低下させると，FGF21（fibroblast growth factor 21）プロモーター上への転写因子ATF4（activating transcription factor 4）のリクルートと，FGF21 mRNA発現が亢進した[4]．動物個体でも，絶食による肝臓FGF21発現の誘導と血漿FGF21濃度の上昇は，骨格筋タンパク質異化が抑制されており，血漿中のアラニン濃度が低いmGRKOマウスで亢進していた[4]．FGF21は，脂肪組織でトリグリセリド分解を促進することが知られており[23]，実際mGRKOマウスの脂肪組織では，絶食によるリパーゼ群の発現誘導の程度が野生型マウスの脂肪組織よりも大きかった[4]．mGRKOマウスをアラニン高含有食で飼養して血漿アラニン濃度を野生型マウスと同等に保つと，各組織における遺伝子発現，血漿中代謝パラメータ，さらに体脂肪量が，野生型マウスと同等に復した[4]．以上の結果から，骨格筋タンパク質異化によるアラニン供給のレベルは，肝臓FGF21発現量調節を介して，脂肪組織からの脂質動員量を調節していると結論づけられた（骨格筋-肝臓-脂肪組織シグナル軸，図3）．すなわちGCと骨格筋GRを中心とした遺伝子転写制御による骨格筋タンパク質代謝の調節は[20]，骨格筋-肝臓-脂肪組織シグナル軸を介した多臓器連関によって，個体レベルでの栄養備蓄・供給，特に環境・状況に応じたタンパク質と脂質の使い分けを制御する高次生体システムの重要な一翼を担っているといえる．したがって，骨格筋GRによる遺伝子転写制御に影響を与えるシグナルを幅広く詳細に解析することで，個体レベルにおけるエネルギー代謝制御機構の理解を大きく進展させることができると考えられる．

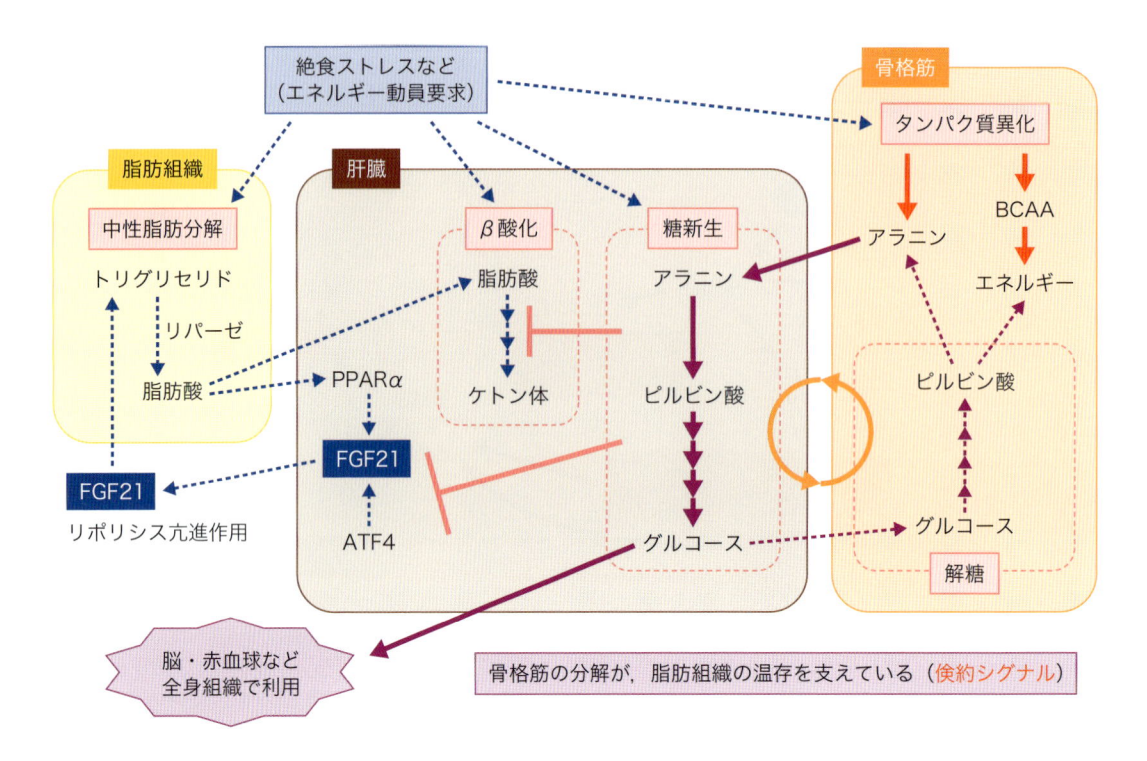

図3　骨格筋 - 肝臓 - 脂肪組織シグナル軸
　骨格筋GRが脂肪組織の代謝変化を引き起こす代謝臓器間連携の分子機構には不明な部分が多いが，mGRKOマウスを利用した解析の結果，本図に示すとおり，肝臓の遺伝子発現と代謝の変化を含む多臓器連関モデルが想定できる．絶食時にGCは，骨格筋のタンパク質 - アミノ酸バランスをアミノ酸優位に傾斜させ，分岐鎖アミノ酸（BCAA）などのアミノ酸からのエネルギー産生を促進する．また，骨格筋内のアミノ酸，特にアラニンは，肝臓に輸送されてグルコースに変換された後，脳や赤血球などグルコース要求性の高い組織のエネルギー源となる．一方で，脂肪組織の脂質を利用するシステムには，脂肪組織のリパーゼ群，肝臓の脂肪酸β酸化にかかわる酵素群の発現上昇，および肝臓から分泌され脂肪組織のリポリシスを亢進するFGF21（fibroblast growth factor 21）ホルモンが含まれている．肝臓にアラニンがある閾値以上に豊富にあれば，転写因子ATF4のFGF21プロモーター上へのリクルート，FGF21 mRNA発現，血中FGF21濃度，脂肪組織リパーゼ群および肝臓の脂肪酸β酸化にかかわる酵素群の発現は抑制される．つまり，骨格筋の分解が脂肪組織の温存を支えている，いわば倹約シグナルとなっている．

おわりに

　骨格筋を標的とする医療に関し，サルコペニア（老化に伴う筋萎縮）はすでに超高齢化社会における大きな社会問題となりつつある．筋萎縮は，進行がん，心不全，慢性閉塞性肺疾患，腎不全などにおいて共通に認められる終末期の病像でもあり，ロコモティブシンドローム，エネルギー代謝異常，感染症合併の誘因となって生命を脅かす．現在のところ確実に筋量増加をもたらす安全性の高い治療は運動のみであるが，実際の患者治療では実施困難なことが多い．近年，運動あるいは動作に伴う骨格筋の張力などの物理的パラメータ変化を「メカノストレス」と捉え，これらに対する細胞応答とその分子機構を解明する「筋メカノバイオロジー研究」が急速に進展している．例えば，筋収縮後にATP，Ca^{2+}，NO，レドックスバランス，活性酸素，細胞内酸素分圧が変動して多種多様なシグナル経路が作動し，1,000種以上のタンパク質のリン酸化状態が変化することが明らかとなっている[24]．今後，例えばBCAAによるmTORC1活性化を介したGR機能抑制の分子機構に対する「メカノストレス」の影響を解明することで，運動と栄養という骨格筋にとって根源的なシグナルのクロストーク機構を基盤にした，骨格筋の健康と個体レベルのエネルギー代謝の健康をもたらす最新の医療パラダイム[25]の究明に大きく貢献できると考えられる．古来より人類の多くが共通して関心

を寄せ続けている．「運動」と「個体レベルのエネルギー代謝」の不可分な関係，すなわち「メカノ-メタボ連関（カップリング）」を医療・生活へ応用展開する理論的な基盤が整いつつあるといえる．なお誌面の都合上，割愛せざるを得なかった文献も多くあることをご承知おきいただければ幸いである．

文献

1) Egan B & Zierath JR：Cell Metab, 17：162-184, 2013
2) 「イラストレイテッド ハーパー生化学 原書29版」（清水孝雄/監），丸善出版, 2013
3) Fazeli PK, et al：J Clin Invest, 125：4601-4611, 2015
4) Shimizu N, et al：Nat Commun, 6：6693, 2015
5) Romanello V & Sandri M：Front Physiol, 6：422, 2015
6) Ruas JL, et al：Cell, 151：1319-1331, 2012
7) Sharples AP, et al：Aging Cell, 15：603-616, 2016
8) Carnagarin R, et al：Mol Cell Endocrinol, 417：52-62, 2015
9) Ikeda K, et al：Nat Commun, 4：2147, 2013
10) Devries MC：Exp Physiol, 101：243-249, 2016
11) Boström P, et al：Nature, 481：463-468, 2012
12) Agudelo LZ, et al：Cell, 159：33-45, 2014
13) Rai M & Demontis F：Annu Rev Physiol, 78：85-107, 2016
14) Favier FB, et al：Cell Mol Life Sci, 72：4681-4696, 2015
15) Mayeuf-Louchart A, et al：Diabetes Obes Metab, 17：39-46, 2015
16) Perez-Schindler J & Philp A：Clin Sci (Lond), 129：589-599, 2015
17) Howlett KF & McGee SL：Clin Sci (Lond), 130：1051-1063, 2016
18) Massart J, et al：Biochim Biophys Acta, in press, 2016
19) Schakman O, et al：Int J Biochem Cell Biol, 45：2163-2172, 2013
20) Shimizu N, et al：Cell Metab, 13：170-182, 2011
21) Sandri M, et al：Cell, 117：399-412, 2004
22) Stitt TN, et al：Mol Cell, 14：395-403, 2004
23) Inagaki T, et al：Cell Metab, 5：415-425, 2007
24) Hoffman NJ, et al：Cell Metab, 22：922-935, 2015
25) Wall CE, et al：J Mol Endocrinol, 57：R49-58, 2016

＜筆頭著者プロフィール＞
清水宣明：2000年に工学博士（東京工業大学大学院生命理工学研究科半田宏研究室）．同大学院で「リガンド固定化微粒子によるレセプター精製技術開発」，その発展として'02年から東京大学医科学研究所で「グルココルチコイド作用」に関し，NEDO養成技術者，学振PD，特任研究員など，計16年間ポスドクとして一貫した研究に取り組み，'16年に田中廣壽研究室で特任講師（現職）．また学振国際共同研究加速基金研究者を兼任し，スウェーデン王立カロリンスカ研究所（Jorge L Ruas研究室）と往復中．

第3章 栄養による遺伝子制御と生命現象・臓器機能 〜その破綻と疾患の観点から〜

9. 栄養素によるグルカゴン，インスリンの変動と糖尿病との関連

北村忠弘，小林雅樹

最近のグルカゴン抑制作用を併せもつ糖尿病薬の登場により，グルカゴンが再注目されている．しかしながら，グルカゴンの測定系には特異性の問題があり，正確に評価するにはLC-MS/MS※やサンドイッチELISA法といった新しい測定法による再検証が必要である．食事負荷後の血中グルカゴン濃度の変動は従来の考え方とは異なるものであり，栄養素の面からも今後の詳細な解析が必要である．また，新規測定系を用いた糖尿病病態におけるグルカゴンの病態生理的意義の解明と，それをもとにした糖尿病治療戦略が期待される．

はじめに

グルカゴンは29アミノ酸からなる分子量3,485のペプチドホルモンで，膵ランゲルハンス島のα細胞から分泌されるが，一部は胃や小腸の細胞からも分泌されている．主な生理作用は肝臓に直接作用した際のグリコーゲン分解，糖新生促進を介した血糖上昇である．しかしながら最近，グルカゴンが中枢（視床下部）を介して神経性に肝臓に作用すると，逆に糖新生を抑制して血糖値を下げることが報告され，注目が集まっている[1]．また，グルカゴンは胃腸の蠕動運動を抑制する作用があり，胃の内視鏡検査の際に利用されている．さらに，中枢に作用すると食欲を抑制する作用や，褐色脂肪に作用すると熱産生促進作用もある．したがって，グルカゴンを単純にインスリンの拮抗ホルモンと

> ※ **LC-MS/MS**
> 化合物を液体クロマトグラフィ（LC）にて分離し，分離された物質を質量分析装置（MS）にてイオン化し分析する過程を2段階行い，高精度で分子を同定する装置．

[キーワード&略語]
グルカゴン，糖尿病，サンドイッチELISA，LC-MS/MS

- **DPP4**：dipeptidyl peptidase-4
- **ELISA**：enzyme-linked immunosorbent assay
- **GIP**：glucose-dependent insulinotropic polypeptide
- **GLP-1**：glucagon-like peptide-1
- **HIF**：hypoxia-inducible factor
- **LC**：liquid chromatography（液体クロマトグラフィ）
- **MS**：mass spectrometry（質量分析装置）
- **PDE**：phosphodiesterase
- **RIA**：radioimmunoassay

Nutritional regulation of plasma glucagon and insulin
Tadahiro Kitamura/Masaki Kobayashi：Metabolic Signal Research Center, Institute for Molecular and Cellular Regulation, Gunma University（群馬大学生体調節研究所代謝シグナル解析分野）

考えてはいけない．また，糖負荷や食事負荷をした際の血中インスリン濃度の変化についてはよく解明されているが，血中グルカゴン濃度の変化，すなわちグルカゴンの生理的動態については，あまり知られていない（あるいは次項以降で述べるグルカゴン測定系の問題が原因で，誤った理解をしている可能性がある）．したがって，本稿では種々の栄養素による血中グルカゴンの変動について，最近のわれわれの知見も含めて紹介したい．

1 グルカゴンが再注目されている

最近の糖尿病基礎研究，ならびに糖尿病実臨床において，グルカゴンが再注目されている．その最大のきっかけはDPP4（dipeptidyl peptidase-4）阻害薬やGLP-1（glucagon-like peptide-1）受容体作動薬といったインクレチン関連薬の臨床応用である．これまでの糖尿病薬はインスリン分泌促進薬やインスリン抵抗性改善薬が主であったのに対し，はじめてグルカゴン抑制作用をもつ薬剤が登場したことになる．

一方，学術的にグルカゴンが再注目されたきっかけとなった論文は2012年のJournal of Clinical Investigationに総説論文として掲載されたUngerとCherringtonの「グルカゴン中心説」である[2]．1975年に提唱されて広く受け入れられてきた「2ホルモン説」，すなわち血糖調節はインスリンとグルカゴンがバランスをとって行っているという定説に対する挑戦である．そして，1921年のインスリン発見，1923年のグルカゴン発見以来，約90年間常にインスリンの脇役であったグルカゴンの復活劇である．この「グルカゴン中心説」の根拠になった論文がある．α細胞欠損マウス，およびグルカゴン受容体欠損マウスに対してストレプトゾトシンを投与して膵β細胞を破壊し，インスリン分泌を完全に阻害してしまっても血糖値は全く上昇しないという報告である[3) 4)]．さらに，ストレプトゾトシン処理したグルカゴン受容体欠損マウスの肝臓にアデノウイルスを用いて一過性にグルカゴン受容体を入れ戻すと血糖値が再上昇することも示されている[5]．

つまり，血糖値が上昇するためにはインスリンがないということよりも，グルカゴンがあることの方が重要であることを示唆している．

2 グルカゴン測定系の問題

1）従来のグルカゴン測定系

インスリン研究とは対照的にグルカゴン研究が進まなかった最大の理由に，グルカゴン測定系が不正確であったことがある．そのことは最近Holstらも指摘している[6]．彼らは現在，世界で標準的に用いられている8種類のグルカゴン測定キットを比較検討し，どれ1つ感度，特異性に優れたものはないという結果を示し，グルカゴン測定系は改良型を開発する必要があると結論づけている．

グルカゴンはインスリンが発見された2年後の1923年に発見された古いホルモンであるにもかかわらず，なぜインスリンと違って測定が困難なのか？ その理由を図1左に示す．グルカゴンはプログルカゴンからプロセシングを受けて合成される過程で，グルカゴン類縁ペプチドとよばれるグルカゴンとアミノ酸配列が類似したいくつかのペプチドも合成されてくる．これはプロインスリンからインスリンとC-ペプチドの2つしか合成されないのとは対照的である．特に，グリセンチンとオキシントモジュリンはアミノ酸配列がグルカゴンと完全に重複しており，抗体を用いたイムノアッセイでは交叉反応の可能性がある．例えば，グルカゴンの中央部分を免疫抗原として作製した抗体はグルカゴン以外にプログルカゴン，グリセンチン，オキシントモジュリンとも交叉する．また，グルカゴンのN末端認識抗体はオキシントモジュリンとも交叉する．したがって，現在使用されているほとんどのグルカゴン測定系ではグルカゴンのC末端認識抗体が使用されている．しかしながら，血中にはグリセンチン（1〜61）の存在が示唆されており，C末端認識抗体でも交叉してしまう．わが国で現在，保険適用になっているグルカゴン測定キットもC末端認識抗体を用いた競合法RIAである．多くの臨床研究で血中グルカゴン濃度に関して安定したデータが得られにくいのは，測定系の問題に起因するところが大きい．

2）サンドイッチELISA法によるグルカゴン測定系

特異性の問題を克服するには，理論的にはN末端認識抗体とC末端認識抗体の両方を用いたサンドイッチELISA法が有効である．図1右にその原理を示す．N末端認識抗体をプレート上に固相化し，結合した血漿

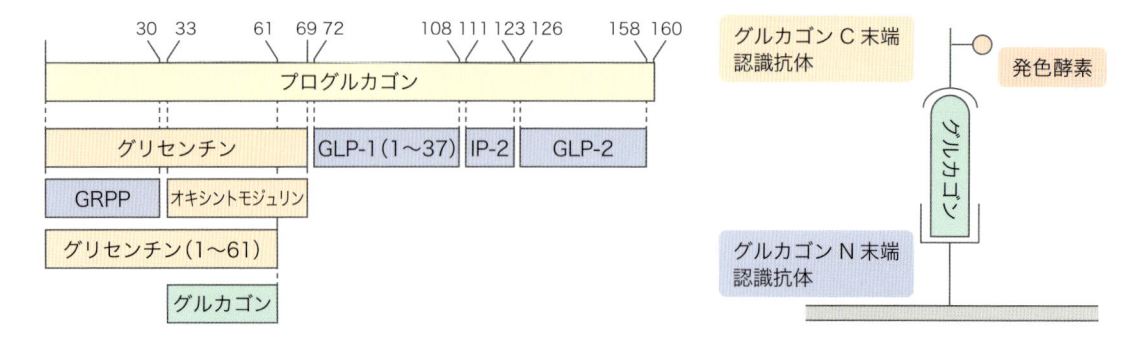

図1　グルカゴン測定系の原理と問題点
左：プログルカゴンから産生されるグルカゴン類縁ペプチド．上の数字はプログルカゴンに相当するアミノ酸配列を示している．グルカゴンは緑で，グルカゴンとアミノ酸配列が重複するペプチドをオレンジで示している．右：グルカゴンのN末端認識抗体とC末端認識抗体を用いたサンドイッチELISA法の原理図．N末端認識抗体をプレート上に固相化し，結合したグルカゴンをC末端認識抗体で検出する．

中のグルカゴンをC末端認識抗体で検出する．この系を用いると，理論上，グリセンチン（1〜61）を含め，種々のプログルカゴン由来のペプチドとの交叉反応を避けられる．最近，Holstもグルカゴンを正確に測定するにはサンドイッチELISA法が必要であることを提唱しており[7]，さらに最近，Mercodia社のサンドイッチELISA法が現時点で最も正確にグルカゴンを測定できると述べている[8]．しかしながら，Mercodia社のサンドイッチELISA法もグルカゴンに対する特異性が十分でないことが指摘されている[9]．すなわち，従来法の競合法RIAに比べると，グルカゴンに対する特異性は増したが，サンドイッチELISAといえども原理はイムノアッセイであり，抗体による非特異反応を100％除外することはできない．

3）LC-MS/MSによるグルカゴン測定系

したがって，われわれはイムノアッセイの原理を用いない新たな測定法として，質量分析装置（LC-MS/MS）を用いたグルカゴン測定系を開発した．誌面の都合上，詳細は割愛するが，質量分析装置に最高精度のOrbitrap-MSを用いることで，プロテアーゼ処理をせずにグルカゴンを直接測定し，さらに測定操作過程での回収率を補正する目的で^{13}Cの安定同位体グルカゴンを用いたキャリブレーションを行うことで，グルカゴンのみを特異的に定量解析することが可能となった．しかしながら，今後すべての検体をLC-MS/MSで測定できるかというと，現時点では以下の理由から困難である．まず，イムノアッセイと違って機器が高額であること，さらに，複数検体を同時に測定することができず，LC過程に1検体当たり75分かかり，その都度カラム洗浄を行う必要もあることから，測定にかかる時間が膨大になるからである．

LC-MS/MSとサンドイッチELISAによる測定法の長所，短所を**図2上**にまとめてある．したがって，機器の技術革新により測定時間やコストの問題をクリアすれば，将来的にはグルカゴンはLC-MS/MSでの測定が標準になる可能性はあるが，現時点では少なくともLC-MS/MSの測定値に最も近いイムノアッセイを採用するべきと考えている．実際にわれわれが検討したLC-MS/MSとイムノアッセイ間でのグルカゴン測定値の相関結果を**図2下**に示す．サンドイッチELISAとLC-MS/MSの値に一致はみられないものの，おおむね良好な相関は得られている．それに対し，従来法の競合法RIAはLC-MS/MSとは低い相関しか得られない．したがって，今後はグルカゴンの測定はサンドイッチELISAを用いて行われるべきであり，これまでのグルカゴンに関するデータもサンドイッチELISAで再評価のうえ，それをもとにして，糖尿病におけるグルカゴンの重要性の解明へとつなげていくべきである．

3　糖負荷と食事負荷による血中グルカゴンとインスリンの変動

最も基本的なことであるが，健常者では糖負荷や食事負荷をすると，血中グルカゴン濃度はどのような変

	LC-MS/MS	サンドイッチELISA	
長所	・非常に高い検出特異性がある ・内部標準物質の添加によりLCによる回収率を補正できる	・操作が簡便である ・多検体を同時に測定できる	
短所	・測定に時間がかかる 　（LC 75分，キャピラリーカラム洗浄，機器のメンテナンスなど） ・機器が高額	ヒト血漿 ・夾雑物質の影響を受ける 　（特異性が十分ではない）	マウス血漿 ・感度が不足している

LC-MS/MS vs サンドイッチELISA

$y = 0.6455x - 0.0632$
$R^2 = 0.886$

LC-MS/MS vs 競合法RIA

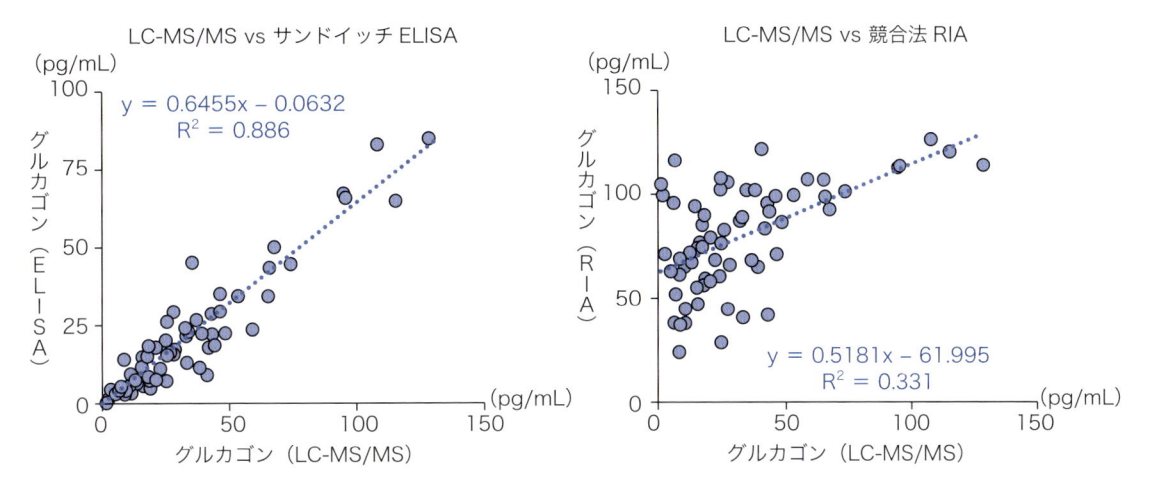

$y = 0.5181x - 61.995$
$R^2 = 0.331$

図2　グルカゴン測定系の比較

上：LC-MS/MSとサンドイッチELISAによるグルカゴン測定系の長所と短所．LC-MS/MSはイムノアッセイ原理を用いるサンドイッチELISAよりもグルカゴンに対する特異性は高いが，測定時間やコストの問題があり，多くの臨床検体を測るには現実的ではない．下：LC-MS/MSとサンドイッチELISA，または競合法RIAとのグルカゴン測定値の相関．一致はしていないが，サンドイッチELISAはLC-MS/MSと良好な相関を示す．一方，競合法RIAはLC-MS/MSと相関が低い．

動をきたすのであろうか？　血糖値，血中インスリン濃度の変動と合わせて，3種類の測定系で血中グルカゴン濃度を解析した結果を図3に示す．まず，血糖値に関しては，糖負荷（75gグルコース）と食事負荷（約50gグルコース，約20gタンパク質，約10g脂質）では，食事負荷の方で負荷後60分での低下が鈍いものの，ほぼ類似の変動パターンを示した．次に，インスリンに関しても糖負荷と食事負荷ではほぼ同様の変動パターンになった．一方，グルカゴンに関しては，LC-MS/MSとサンドイッチELISAの両方において，糖負荷と食事負荷では逆の変動パターンを示し，糖負荷でグルカゴンは低下するが，食事負荷では上昇していた．重要なことに，これらの逆パターンは従来の競合法RIAでは認められなかった．したがって，従来の測定法による結果をもとに，食後はインスリン分泌が促進されると同時にグルカゴン分泌は抑制されると考えられてきたが，それは誤りであり，食後にはインスリンもグルカゴンも促進されることが明らかとなった．

それでは，食後にグルカゴン分泌が促進される生理的意義は何であろうか？　じつはグルカゴンには肝臓における糖新生促進作用以外に，中枢における食欲抑制，消化管運動抑制，褐色脂肪での熱産生促進などの重要な生理作用があり，これらはすべて食後に分泌促進された方が理にかなっている．すなわち，食後に摂食を止めさせる行動や，食事誘導性熱産生（食後には体温上昇や発汗が起こる）にグルカゴンがかかわっているという考え方である．しかしながら，食後にグルカゴンが上昇する最大の矛盾は肝臓におけるグルカゴンの糖新生促進作用である．すなわち，食事性に摂取された糖質により血糖値が上昇するタイミングでグルカゴ

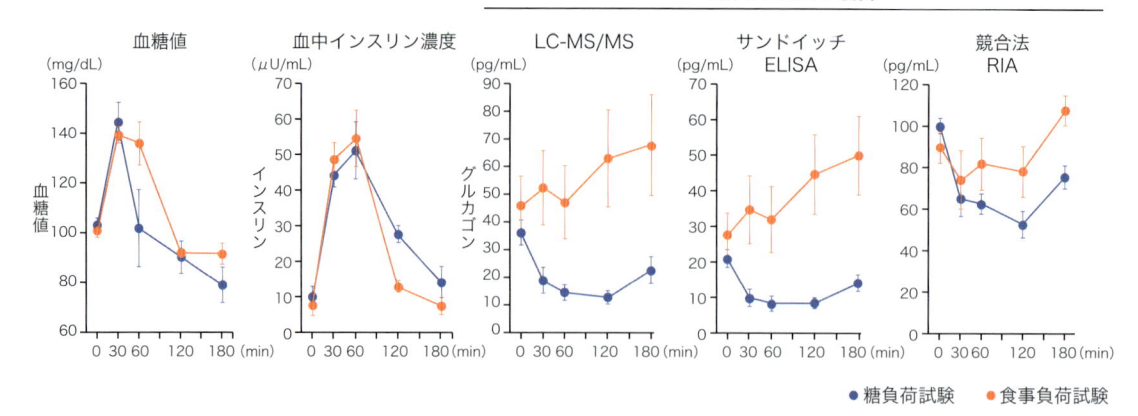

図3 負荷試験における血中グルカゴン濃度の変動
健常者に対し，糖負荷試験と食事負荷試験を行った際の血糖値，血中インスリン濃度，血中グルカゴン濃度の経時的推移．血糖値とインスリン値は両負荷試験で同様の変動パターンであるが，LC-MS/MSとサンドイッチELISAで測定したグルカゴンは糖負荷では低下し，食事負荷では上昇するという逆のパターンを示す．競合法RIAでは両方の負荷試験でグルカゴンが低下しており，測定系の違いで異なる結果が得られた．

ンによってさらに糖新生が促進されるのは非合理的であるという点である．この疑問に答えるヒントがRamakrishnanらによって最近発表された．彼らによると，食後は血流が消化管の方に多く流れ，結果として肝臓の細胞は一過性に相対的な低酸素状態となり，HIF2a（hypoxia inducible factor 2a）が活性化されて，その下流でMAPキナーゼ経路を介してPDE4（phosphodiesterase 4）が活性化され，cAMPが加水分解されることで，肝臓でのグルカゴンシグナルは下流でブロックされることになる．つまり，食後に肝臓においてはグルカゴン感受性が低下することで，グルカゴン分泌が促進していても肝糖新生は亢進しない[10]．

4 各種栄養素による血中グルカゴンとインスリン濃度の変動

先述したように糖負荷では血中グルカゴン濃度は低下するが，食事負荷では上昇することから考えると，食事中のタンパク質（アミノ酸）か脂質（脂肪）がグルカゴン分泌を促進している可能性が高い．これまで，アミノ酸のみ，あるいは脂肪のみによる負荷試験の報告は少なかったが，最近Lindgrenらがアミノ酸（Vaminolac）と脂肪（Intralipid）を経口，および静脈投与した際の血糖調節ホルモンの血中動態を解析したので，

その結果を図4に紹介する．まず，アミノ酸負荷はC-ペプチド（インスリン）分泌を促進し，その変化は経口投与で大きい．GLP-1はほとんど変化しないが，GIPは経口投与で上昇しているので，C-ペプチド（インスリン）分泌促進が経口投与の方で大きいのはGIPによる作用であろうと推察している．一方，グルカゴンに関しては，従来の競合法RIAの結果ではあるが，アミノ酸の経口，静脈投与ともに有意に上昇している[11]．次に，脂肪負荷は経口投与でC-ペプチド（インスリン），GLP-1，GIPの分泌を有意に促進したが，グルカゴンに関しては，経口，静脈投与ともに有意な変化はなかったと報告している[12]．

さて，グルカゴン分泌を促進するアミノ酸であるが，20種類のアミノ酸に作用の違いはあるのであろうか？ 40年以上前の文献であるから，グルカゴンの測定系に問題はあるが，20種類すべてのアミノ酸を犬に投与して，グルカゴンとインスリンの分泌能を解析した興味深い報告がある[13]．図5にその結果を紹介するが，各種アミノ酸によるグルカゴン分泌への影響は異なり，多くのアミノ酸は促進するが，ロイシン，イソロイシンの分岐鎖アミノ酸は反対にグルカゴン分泌を抑制している．対照的にインスリンについては，20種類すべてのアミノ酸が分泌を促進しており，促進作用の強い順に並べた図5の結果では，インスリンに対する影響

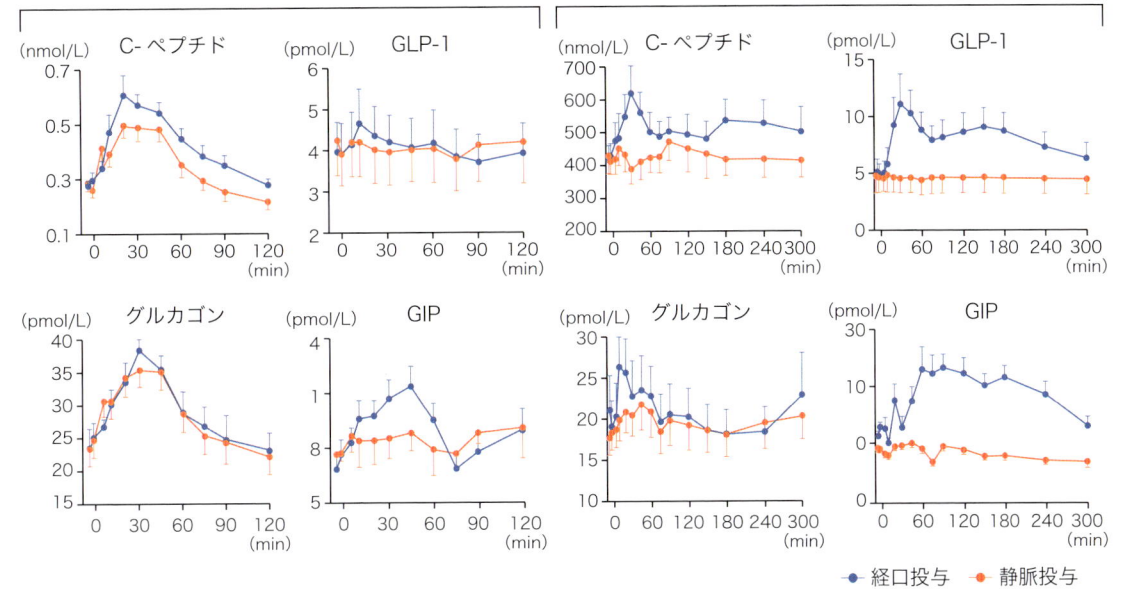

図4 各種栄養素負荷による血中ホルモン濃度の変動
左：アミノ酸（Vaminolac）負荷時の各種ホルモンの変動．アミノ酸は経口，静脈投与ともにグルカゴン分泌を有意に促進させた．文献11をもとに作成．右：脂肪（Intralipid）負荷時の各種ホルモンの変動．脂質は経口，静脈投与ともにグルカゴン分泌に有意な変化を与えなかった．文献12をもとに作成．

とグルカゴンに対する影響に共通性はない．また，臨床検査でインスリン分泌能やグルカゴン分泌能を評価する際に用いられるアルギニン負荷試験であるが，アルギニンはグルカゴンについては12番目，インスリンについては16番目の分泌刺激アミノ酸である．

5 2型糖尿病における高グルカゴン血症の意義

2型糖尿病患者は健常者に比べ，血中グルカゴン濃度が高い（高グルカゴン血症）ことは一般的に知られている．しかしながら，このことが高血糖に寄与している割合は，インスリン分泌不全やインスリン抵抗性といった他の2型糖尿病の病態に比べて低いと考えられてきた．その理由の1つは，従来の測定系で検出された2型糖尿病患者の血中グルカゴン濃度は健常者に比べて軽度の上昇であり，さらに検体間のバリエーションが大きく，統計学的有意差がつきにくかったからである．実際，Holstらの論文でも2型糖尿病患者は正常耐糖能者に比べ血中グルカゴン濃度は高い傾向のみで有意差はなかったとしている[8]．このような背景から，2型糖尿病ではまずβ細胞機能障害が先行し，その後2次的にα細胞機能障害が惹起されるという考え方が主流となっている．実際，β細胞から分泌されるインスリン，GABA，亜鉛が隣接するα細胞のグルカゴン分泌を抑制するという研究成果が多く存在する[14]．さらにα細胞のインスリン受容体欠損マウスが作製され，グルカゴン分泌制御が障害されることが証明された[15]．

しかしながら一方で，2型糖尿病ではグルカゴンの過分泌がインスリン分泌障害よりも先行して起こっているという報告もある[16]．さらに最近，グルカゴンによって発現，分泌が制御されているキスペプチンがβ細胞に作用してグルコース反応性インスリン分泌を抑制していることが報告された[17]．2型糖尿病では高グルカゴン血症のために血中キスペプチン濃度が上昇しており，そのことがインスリン分泌の低下につながっていると本論文では説明している．また，肝臓でキスペプチンをノックダウンさせると db/db マウスや高脂肪食飼育マウスの耐糖能が改善することが証明されている．

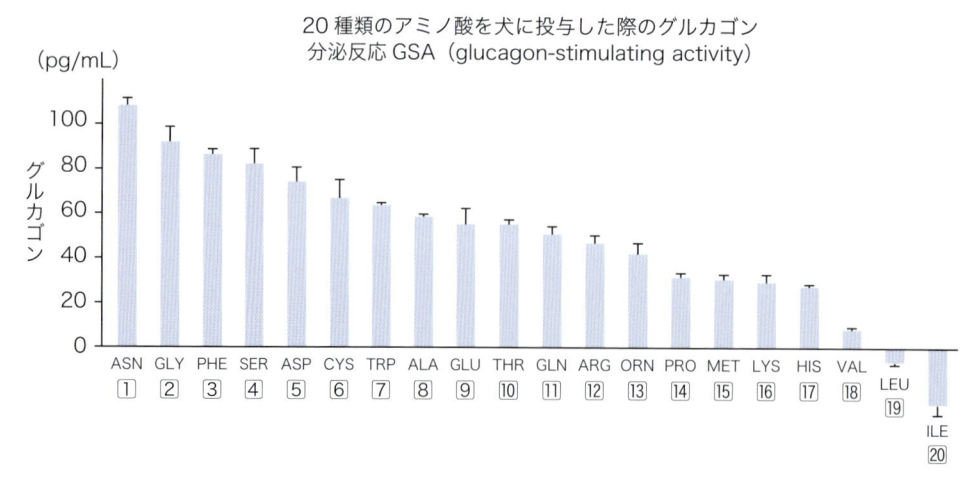

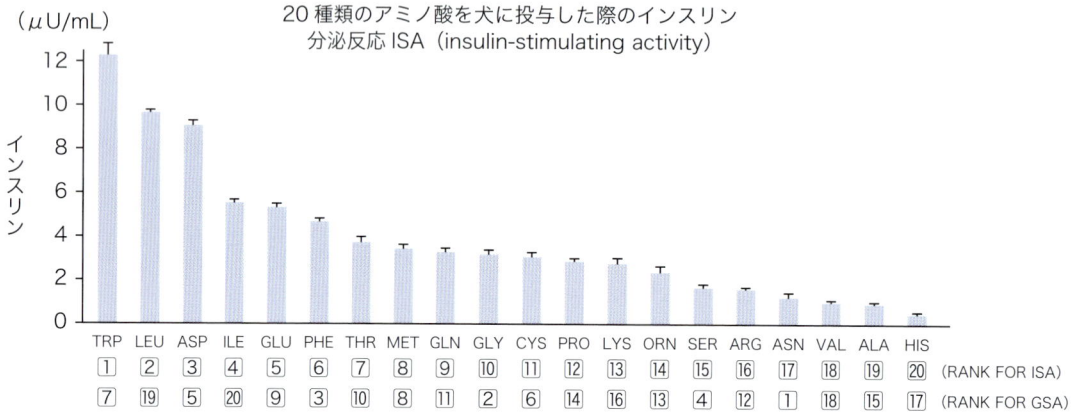

図5 20種類のアミノ酸を犬に投与した際のグルカゴン分泌反応とインスリン分泌反応
グルカゴンに対してはロイシン，イソロイシンといった分岐鎖アミノ酸は抑制し，それ以外のアミノ酸は促進する．一方，インスリンに対してはすべてのアミノ酸が分泌促進に作用する．各種アミノ酸によるグルカゴンとインスリンに対する影響に共通性はない．文献13をもとに作成．

したがって，2型糖尿病における高グルカゴン血症の病態生理的意義を，今後サンドイッチELISA法を用いて再検証し，従来の「はじめにβ細胞障害ありき」の考え方でよいのかどうか，慎重に検討する必要がある．

おわりに

最近のグルカゴン抑制作用を併せもつ糖尿病薬の登場により，グルカゴンが再注目されている．しかしながら，グルカゴンの測定系には特異性の問題があり，正確に評価するにはLC-MS/MSやサンドイッチELISA法といった新しい測定系を用いた再検証が必要である．特に本稿で述べた食後の血中グルカゴン濃度の変化については，従来の考え方とは異なるものであり，栄養素の面からも今後の詳細な解析が必要である．また，新規測定系を用いた糖尿病病態におけるグルカゴンの病態生理的意義の解明と，種々の糖尿病薬による血中グルカゴン濃度への影響の再検証が必要である．将来的には，グルカゴンも視野に入れた糖尿病の病態把握と，それをもとにした治療戦略が望まれる．

文献

1) Mighiu PI, et al：Nat Med, 19：766-772, 2013
2) Unger RH & Cherrington AD：J Clin Invest, 122：4-12, 2012
3) Hancock AS, et al：Mol Endocrinol, 24：1605-1614, 2010

4) Lee Y, et al：Diabetes, 60：391-397, 2011
5) Lee Y, et al：Proc Natl Acad Sci USA, 109：14972-14976, 2012
6) Bak MJ, et al：Eur J Endocrinol, 170：529-538, 2014
7) Holst JJ, et al：Diabetes Obes Metab, 13：89-94, 2011
8) Wewer Albrechtsen NJ, et al：Diabetologia, 57：1919-1926, 2014
9) Matsuo T, et al：J Diabetes Investig, 7：324-331, 2016
10) Ramakrishnan SK, et al：Cell Metab, 23：505-516, 2016
11) Lindgren O, et al：J Clin Endocrinol Metab, 100：1172-1176, 2015
12) Lindgren O, et al：J Clin Endocrinol Metab, 96：2519-2524, 2011
13) Rocha DM, et al：J Clin Invest, 51：2346-2351, 1972
14) Ishihara H, et al：Nat Cell Biol, 5：330-335, 2003
15) Kawamori D, et al：Cell Metab, 9：350-361, 2009
16) Jamison RA, et al：Am J Physiol Endocrinol Metab, 301：E1174-E1183, 2011
17) Song WJ, et al：Cell Metab, 19：667-681, 2014

＜筆頭著者プロフィール＞
北村忠弘：1989年，神戸大学医学部卒業後，神戸大学第2内科入局．'96年に博士課程修了．'99年から米国コロンビア大学糖尿病センターに留学し，主に膵臓，骨格筋，視床下部における転写因子FoxO1の役割を研究．2006年に帰国と同時に群馬大学生体調節研究所教授，'09年代謝シグナル研究展開センター長，'13年生活習慣病解析センター長兼任．現在は膵臓（特にα細胞とβ細胞）と視床下部に注目し，遺伝子改変マウスを用いた糖尿病，肥満の研究を行っている．将来の新しい作用機序の抗糖尿病薬，抗肥満薬の開発に少しでも貢献できればと考えている．

第3章 栄養による遺伝子制御と生命現象・臓器機能〜その破綻と疾患の観点から〜

10. 動脈硬化と栄養遺伝子制御
— 膜貫通型転写因子が制御する脂質代謝と動脈硬化

中川 嘉, 島野 仁

> 動脈硬化の発症では脂質代謝の異常が重要である．脂質の異化・同化のバランスの破綻がその一因であり，脂質代謝を制御する酵素群の遺伝子発現調節を行う転写因子が重要である．代表的な転写因子には脂肪酸・コレステロール合成遺伝子の発現を制御するSREBPと脂肪酸酸化・LPL活性にかかわるリポタンパク質遺伝子の発現を制御するCREB3L3があげられる．SREBPは脂肪酸・コレステロール合成系遺伝子の発現誘導を惹起する．そのため，動脈硬化の進展を引き起こしてしまう．SREBPの活性を制御することが可能となれば動脈硬化の治療への応用が期待できる．CREB3L3も膜貫通型転写因子であり，その活性制御はSREBPと同じである．しかしながら，その機能はSREBPと相反し，脂質代謝を改善する．本稿では，これら因子に中心に脂質代謝と動脈硬化を概説する．

はじめに

　心筋梗塞や脳梗塞などの動脈硬化性疾患は日本人の死因の3分の1を占め，食生活の欧米化に伴って，ますます増加の一途をたどっている．その原因として，血中コレステロール値の上昇や肥満・メタボリックシンドロームなどが知られている．そのなかでも脂質代謝異常はすべての病態の根幹にある．脂質代謝調節の中心として脂肪酸・コレステロール合成系遺伝子の発現を統括する転写因子SREBP（sterol regulatory element binding protein）が存在する．一方，コレステロール排出系遺伝子の制御因子であるLXR（liver X receptor）はコレステロール代謝の改善から動脈硬化を改善させることが期待された．しかしながら，LXR

[キーワード&略語]
SREBP, miR-33, CREB3L3, 動脈硬化, FGF21, ヘパトカイン

CREB3L3：cAMP responsive element binding protein 3-like 3
CRP：C-reactive protein
Elovl6：elongation of very long-chain fatty acids family member 6
FGF21：fibroblast growth factor 21
LXR：liver X receptor
miR-33：microRNA-33
PPARα：peroxisome proliferator-activated receptor α
SAP：serum amyloid P-component
SCAP：SREBP cleavage-activating protein
SREBP：sterol regulatory element binding protein

Membrane-bound transcription factors, SREBP and CREB3L3, govern lipid metabolism and develop atherosclerosis
Yoshimi Nakagawa[1,2] /Hitoshi Shimano[1,2]：Department of Internal Medicine (Endocrinology and Metabolism), Faculty of Medicine, University of Tsukuba[1] /International Institute for Integrative Sleep Medicine, University of Tsukuba[2]〔筑波大学医学医療系内分泌代謝・糖尿病内科[1] / 筑波大学国際統合睡眠医科学研究機構（WPI-IIIS）[2]〕

アゴニストはコレステロール代謝の改善の反面，脂肪肝を呈する副作用が引き起こされてしまった．この原因はじつはLXRがSREBPの発現誘導因子であることにあった．そのため，SREBPの活性制御機構の解明と，活性抑制の手段の開発が動脈硬化治療のために行われてきた．SREBPと逆の機能をもつ因子としてはPPARα（peroxisome proliferator-activated receptor α）があるが，さらに最近，同じ膜結合型転写因子であるCREB3L3（cAMP responsive element binding protein 3-like 3）が脂質代謝の改善に機能することが明らかとなってきている．CREB3L3はPPARαと協調し，その作用を増強するため，新たな動脈硬化治療標的として期待される．

1 SREBPの活性化機構と脂質代謝調節

SREBPは3つのアイソフォームSREBP-1a, 1c, 2があり，DNAに結合するbHLH-Zip構造，2つの膜貫通領域，C末に調節領域を有する．タンパク質として合成されると，まず，小胞体膜上に局在する．小胞体膜上では細胞質側に突出する調節領域にSCAP（SREBP cleavage-activating protein）が結合する．SREBP/SCAP複合体は小胞体からゴルジ体に移行するが，その移行をInsigはSCAPと結合することによって阻害する．しかしながら，コレステロール欠乏時にはこの移行は行われる．ゴルジ体に移行したSREBPはゴルジ体膜に存在するSite-1プロテアーゼ（S1P），Site-2プロテアーゼ（S2P）により膜貫通領域が切断される．この過程により転写活性能を有するN末部分が切り出され，核へと移行する（図1）．SREBP-1cは脂肪酸合成，SREBP-2はコレステロール合成，SREBP-1aは脂肪酸・コレステロール合成を上昇させる遺伝子群の発現を上昇させる．実際，これら因子を肝臓で過剰発現させると著しい脂肪肝を示す[1]．

LXRはオキシステロール（24,25-エポキシコレステロール，25-ハイドロキシコレステロール）により活性化される，SREBPとは別のステロール制御転写因子である．LXRを活性化するとコレステロール排泄にかかわるABCA1，ABCG5/8およびCyp7a1の発現が誘導される．SREBPとは逆の機能を有するが，LXRはSREBP1cの発現を誘導する[2) 3)]．LXRの活性化薬は血

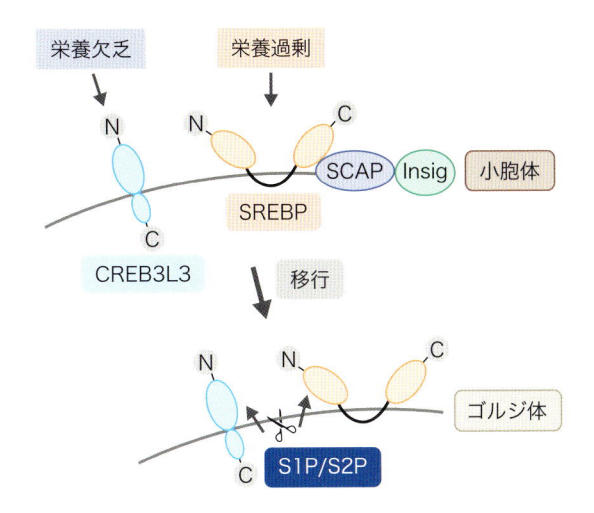

図1　SREBPおよびCREB3L3の転写活性化メカニズム
SREBP，CREB3L3はともに小胞体膜状に存在し，ゴルジ体移行後，S1PおよびS2Pにより切断され活性化体となる．SREBPについてはエスコートタンパク質SCAPとゴルジ体へ移行を阻害するタンパク質Insigがある．

中コレステロールの低下や動脈硬化の改善を示した．しかしながら，同時にSREBP-1cも活性化してしまい，脂肪酸合成が進むため，逆に脂肪肝や高トリグリセライド血症を引き起こしてしまう．この問題に対して，LXRがコレステロール代謝にのみ機能し，SREBP-1cを介した脂肪酸合成に機能しない状態をつくる必要がある．この答えとなるLXRの転写標的の特異性を制御する因子が同定されている（図2）[4)]．TRAP80はLXRに依存したSREBP-1cの発現を抑制し，脂肪酸合成を抑制するが，LXRによるコレステロール排出系遺伝子の発現には影響しない．TRAPは甲状腺ホルモン受容体（TR）に会合する分子群の1つである．TRAP80とともにTRAPファミリーの1つであるTRAP220はLXRのリガンド結合ドメインに直接，結合してリガンド依存的にLXRの転写活性を上昇させる．TRAP220は脂肪酸合成・コレステロール代謝の両方を活性化するのに対し，TRAP80はコレステロール代謝のみを活性化する．TRAP80を肝臓特異的にノックダウンしたマウスではLXRリガンドによる脂肪肝，高トリグリセライド血症を改善するとともにコレステロール代謝の改善がみられている（図2）[4)]．LXRリガンドによるSREBP-1を介した副作用なしに，コレステロール代謝

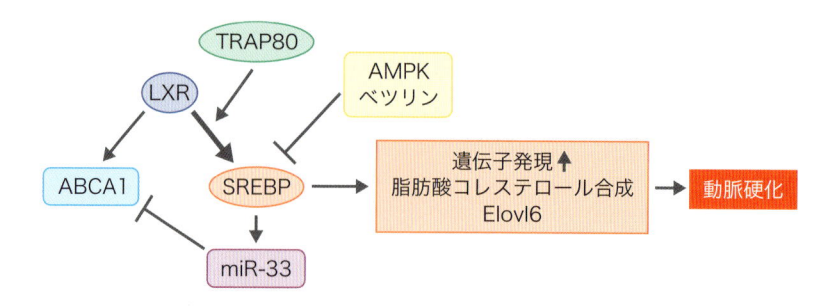

図2　SREBPによる動脈硬化の発症
　SREBPは脂肪酸・コレステロール合成系遺伝子の発現誘導を惹起し，動脈硬化を発症させる．また，脂肪酸伸長酵素Elovl6もこの効果に寄与する．SREBPの発現上昇はSREBPイントロンにコードされるmiR-33の発現も同時に誘導する．miR-33はABCA1の発現を抑制し，これも動脈硬化の原因となっている．LXRはSREBPの発現誘導因子であり，TRAP80が共役因子としてSREBPの発現を誘導する．AMPKはSREBPをリン酸化し，ベツリンは低分子化合物としてSREBPの小胞体からゴルジ体への移行を阻害し，活性を抑制する．

を改善する可能性が示唆されている．

2　SREBPによる動脈硬化の発症メカニズム

1）SREBPによる脂肪酸・コレステロール合成系遺伝子発現

　SREBP-1a，1c，2の肝臓特異的過剰発現マウスはそれぞれで脂肪酸・コレステロール合成が促進し，著しい脂肪肝を示す．われわれは肝臓のSREBP-1cが動脈硬化を発症させることや，肝臓特異的SREBP-1c過剰発現マウスと動脈硬化モデルマウスであるLDLRノックアウト（KO）マウスと交配すると，血中のレムナント・リポタンパク質※1の増加に伴い，動脈硬化を誘発することを報告している[5]．このマウスでは食後高血糖およびVLDLコレステロールの増加と，HDLコレステロールの低下を示す．逆にSREBP-1 KOマウスとLDLR KOマウスを交配すると，血中トリグリセライドは低下し，動脈硬化形成も抑制される[5]．

　Tangらは低分子ライブラリーからSREBP経路を特異的に阻害する分子としてベツリンを同定した[6]．ベツリンはSCAPに結合しSCAP-Insigの結合を増強することでSREBPの切断システムへの移行を阻害する．そのため，ベツリン投与により脂肪酸・コレステロール合成にかかわる遺伝子発現は低下した（図2）．その効果は血中・組織内の脂質量の低下，インスリン感受性の増強を示し，LDLR KOマウスでは動脈硬化病巣の縮小を引き起こした[6]．

　SREBP-1cはポリフェノールやメトフォルミンにより不活化される．SREBPはこれら分子により活性化されるAMPKによりSer372がリン酸化を受けることで切断活性が抑制され，結果，転写活性が抑制される[7]．合成ポリフェノールS17834をLDLR KOマウスに投与するとSREBPのSer372のリン酸化状態が亢進し，SREBP-1c，2に依存した脂肪酸合成が抑制される．この結果，脂肪肝，脂質異常症，動脈硬化が改善する．AMPKの活性を介したSREBPの活性抑制がインスリン抵抗性，脂質異常症，動脈硬化の新たな治療戦略となりうる．

2）miR-33によるSREBP機能抑制

　SREBPのイントロン上にmiR-33（microRNA-33）がコードされている．ヒトのmiR-33bはSREBP-1のイントロン17に，miR-33aはSREBP-2のイントロン16上にコードされている[8]．マウスではSREBP-2のmiR-33bのみが存在する．このmiRNAはHDL合成，

※1　レムナント・リポタンパク質

"レムナント（remnant）"とは，英語の「remain（残る）」が語源の「残り物」という意味である．リポタンパク質上の定義としてはTG richリポタンパク質（カイロミクロン，VLDL）の中間代謝物である．レムナントリポタンパク質は強い動脈硬化惹起作用をもつ．カイロミクロンやVLDLなどのTG richリポタンパク質と比べて，粒子サイズは小さく，密度が高く，コレステロールエステルの含量が多い．高TG血症で増加するのはTG richリポタンパク質の増加を反映し，動脈硬化との関連性が重要視されている．

コレステロールの逆転輸送で中心的な役割を担うABCA1を標的とする．そのため，miR-33の機能を阻害することでABCA1量は増加し，血中HDL量は上昇する[9]．miR-33欠損マウスにおいては，マクロファージおよび肝臓においてその標的遺伝子であるABCA1のタンパク質発現が上昇し，マクロファージでのApoA-Iに対するコレステロール引き渡しが増加する[9]．結果，動脈硬化は改善する（図2）．

miR-33欠損マウスはさらに加齢に伴い肥満症と脂肪肝を呈し，高脂肪食を負荷すると早期に肥満を呈する．またSREBP-1とともに脂肪酸代謝にかかわる遺伝子の発現が上昇する．miR-33欠損マウスとSREBP-1欠損マウスを交配すると肥満，脂肪肝を改善させる．この結果からmiR-33はSREBP-2遺伝子のイントロンにあり，同時に発現され，SREBP-2はmiR-33を介してSREBP-1の発現を抑制する相互作用がある．すなわち，コレステロール欠乏時にはSREBP-2とともにmiR-33が増加してSREBP-1を抑制することにより脂肪酸合成を低下させ，原料のアセチルCoAをコレステロール合成に使う．また，コレステロール過剰の際にはSREBP-1の抑制が解除されてアセチルCoAから脂肪酸合成が進むことになる．

3）SREBP標的遺伝子Elovl6の阻害による動脈硬化改善

SREBPの標的遺伝子としてわれわれが新たに同定した脂肪酸伸長酵素の1つElovl6（elongation of very long-chain fatty acids family member 6）は，炭素数12〜16の飽和・一価不飽和脂肪酸の伸長活性を有する．Elovl6 KOマウスに肥満誘導食を負荷しても肥満，脂肪肝を呈する．しかしながら，肝臓でのインスリン感受性は亢進しており，生活習慣病は改善する[10]．このことは，脂肪の量だけでなく質も重要であることを示す発見であった．Elovl6欠損マクロファージではコレステロール排出能が亢進し，アセチル化LDLによる泡沫化[※2]が抑制される．また，LDLR KOマウスへのElovl6 KOマウス由来骨髄移植により動脈硬化が抑制される．このことからElovl6を介して合成される脂肪酸がマクロファージの泡沫化過程において重要な役割を担い，マクロファージにおけるElovl6の阻害が動脈硬化を改善する（図2）[11]．

3 ヘパトカインFGF21と動脈硬化

FGF21は肝臓での脂肪酸酸化を亢進するとともに，脂肪組織での熱産生および脂肪分解により糖尿病，脂質異常症，肥満などの病態を改善する新たな肝臓由来ホルモン（ヘパトカイン）である．肝臓でのFGF21の発現はPPARαが支配する[12)13]．FGF21は動脈硬化に対しても機能することが報告されている．ApoE KOマウスにFGF21を投与すると脂質代謝の改善，動脈硬化病変の減少を示す[14]．FGF21は血管に受容体が存在しないため，血管を直接的な標的とせず，肝臓と脂肪組織に対する影響が動脈硬化に影響を及ぼしていると考えられている．FGF21 KOマウスとApoE KOマウスを交配すると動脈硬化の形成が促進し，FGF21を補充すると動脈硬化が改善する[15]．FGF21は脂肪組織でアディポネクチンの分泌を促進させ，内皮細胞の機能回復，平滑筋細胞の増殖抑制，マクロファージの泡沫化抑制を誘導する．また，肝臓のFGF21はSREBP-2の切断を抑制し，転写活性化能を抑制するため血中コレステロールの低下を引き起こす（図3）[16]．

マウスモデルでの解析では，FGF21が動脈硬化を改善することが明らかとなっている．実際，肥満や糖尿病の患者に対するフェーズ1bの臨床試験でもアディポネクチンの上昇，高コレステロール血症の改善が観察されている[17]．しかしながら，ヒトでは血中FGF21濃度が冠動脈疾患，脂質異常症，高血圧，糖尿病，肥満の病態と正の相関を示しており，単にFGF21が冠動脈疾患のマーカーとはなりえない．これはFGF21がストレス応答因子でもあるためのフィードバックと想定される．筋肉において炎症が惹起されると，FGF21の発現が上昇することが報告されている[18]．

※2 泡沫化

LDLコレステロール（悪玉コレステロール）が血管組織内に多量に溜まると，変性LDLコレステロールに変化する．この変性LDLコレステロールがマクロファージによって貪食されると泡沫細胞となる．この泡沫細胞内ではコレステロールが過剰蓄積された状態にあるだけでなく，しだいに血管組織の構造を破壊しはじめる．血管内でこの細胞が増加すると，動脈硬化病変の徴候として捉えられる．

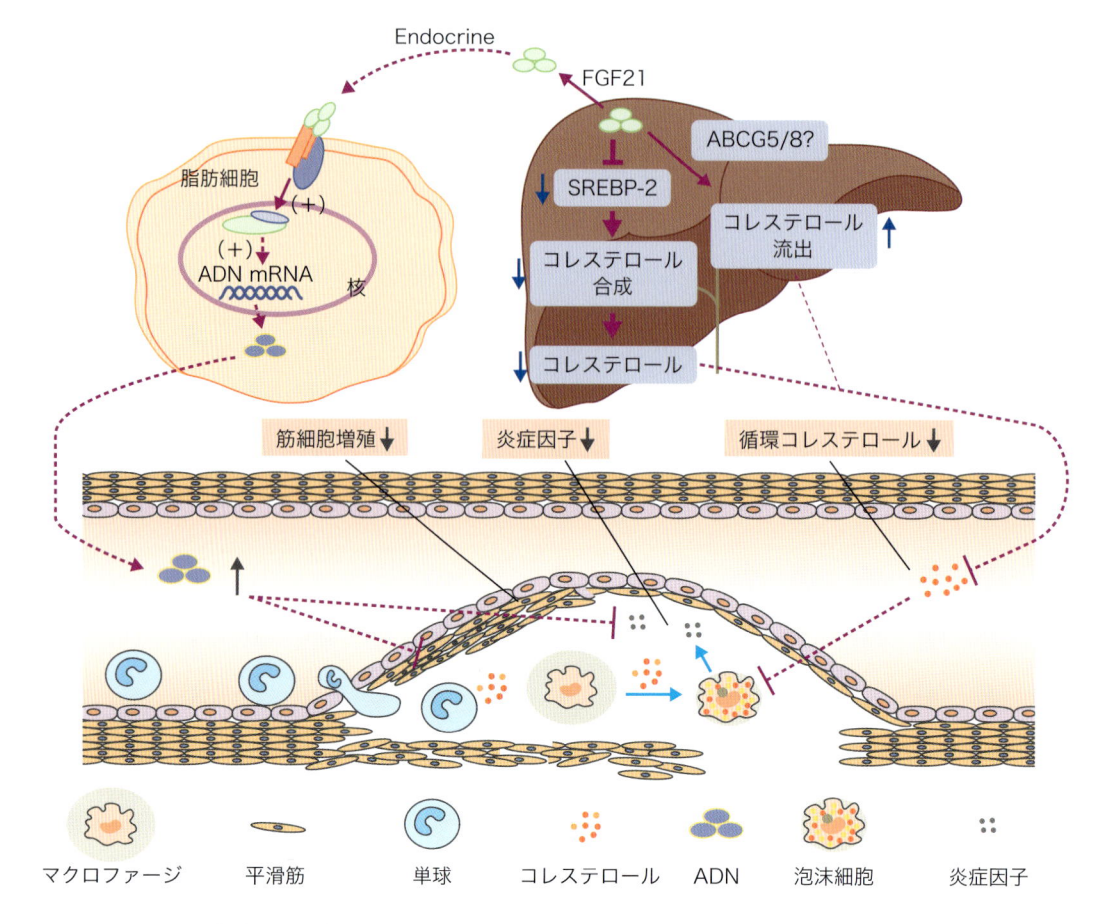

図3 FGF21による動脈硬化改善機構
肝臓でのFGF21はSREBP2の活性を抑制しコレステロール合成を抑制する．血中FGF21は脂肪組織に作用しアディポネクチンの発現を誘導する．肝臓でのコレステロール合成の抑制とアディポネクチンの増加が動脈硬化の発症を抑制する．文献14をもとに作成．

4 膜結合型転写因子CREB3L3によるエネルギー代謝と動脈硬化

CREB3L3は肝臓，小腸にのみ発現する転写因子である．その構造では膜貫通領域をもち，SREBPと同様に未成熟型は小胞体膜上に存在する．活性化の際には小胞体からゴルジ体へ移行し，S1PおよびS2Pにより切断を受け活性化体となる．この過程はCREB3L3とSREBPで同じである（**図1**）[19]．CREB3L3の発現は絶食時に誘導され，実行因子としてHNF4α，グルココルチコイド受容体，刺激として小胞体ストレス，脂肪酸などが発現誘導にかかわることが報告されている[19,20]．しかしながら，タンパク質レベルでの切断を誘導する因子の解明はほとんど進んでいない．

CREB3L3は絶食時の糖新生にかかわる酵素PEPCK，G6Paseの発現を上昇させる因子として同定された．しかしながら，遺伝子発現は上昇させるが，マウスの血糖値を上昇させるかについては明確な答えは出ていない．これら因子の発現制御において，CREB3L3は共役因子Crtc2と結合し機能を増強させる[20]．また，急性炎症時のCREB3L3は活性化され，小胞体ストレス転写因子ATF6とヘテロダイマーを形成し，SAP（serum amyloid P-component），CRP（C-reactive protein）の発現を誘導する[19]．CREB3L3 KOマウスでは絶食時，LPL活性不全により異常なほどの高トリグリセライド血症を示す[21,22]．CREB3L3はLPLを活

A		B		C
LDLR KO	CREB3L3 KO/ LDLR KO	LDLR KO	CREB3L3 Tg/ LDLR KO	

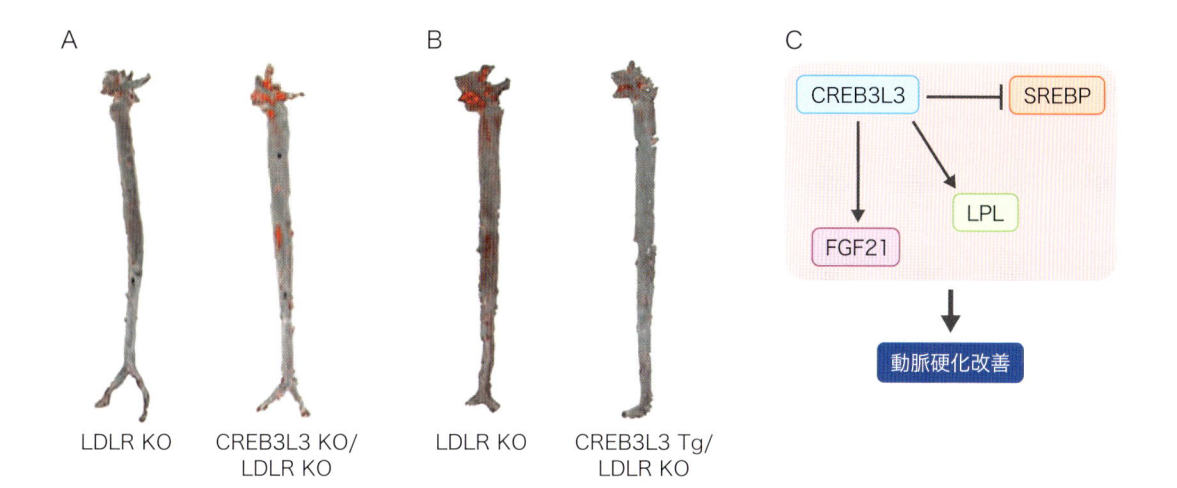

図4　CREB3L3による動脈硬化への影響
A）LDLR KOおよびCREB3L3 KO/LDLR KOマウスにウエスタンダイエット5週間負荷後の大動脈をSudan IV染色により脂質沈着を評価．B）LDLR KOおよびCREB3L3 Tg/LDLR KOマウスにウエスタンダイエット11週間負荷後の大動脈をSudan IV染色により脂質沈着を評価．C）CREB3L3はLPL活性の上昇，FGF21の発現誘導，SREBPの活性抑制により動脈硬化を改善する．

性化するアポタンパク質ApoA4，ApoA5，ApoC2の発現を誘導するためである．ヒトにおいても，CREB3L3の異常が高トリグリセライド血症を示すことが報告されている[21) 23)]．

CREB3L3は脂肪酸酸化遺伝子の発現を支配するPPARαとポジティブフィードバックループを形成し，互いの発現を上昇させる．そのため，CREB3L3の過剰発現ではPPARαの標的遺伝子である脂肪酸酸化系遺伝子の発現が上昇し，KOマウスでは逆に低下する．最近，われわれを含むグループによりCREB3L3がPPARαとともに協調してFGF21の発現を調節することが明らかとなっている[24) 25)]．結果として，糖尿病，肥満，脂質異常症をCREB3L3過剰発現では改善する．

動脈硬化において，CREB3L3 KOマウスとLDLR KOマウスを交配したCREB3L3 KO/LDLR KOマウスは異常なまでの高トリグリセライド値，高コレステロール値を示す．CREB3L3はLPL活性にかかわるアポタンパク質の発現を肝臓で制御し，血中LPL活性を増加させ，血中トリグリセライドを低下させる．そのため，CREB3L3 KOマウスでは逆の効果から血中トリグリセライドは上昇する[21)]．この効果がCREB3L3 KO/LDLR KOマウスでの血中トリグリセライド上昇を説明する．さらに，脂肪酸酸化にかかわる遺伝子およびFGF21の低下も原因の1つである．コレステロールの上昇はコレステロール代謝にかかわる遺伝子の発現上昇が原因である．動脈硬化誘発食を負荷すると早期に血管，心臓起始部に脂質沈着を認め，動脈硬化が誘発される．逆に肝臓特異的CREB3L3過剰発現（CREB3L3 Tg）マウスとのCREB3L3 Tg/LDLR KOマウスではLPL活性の増加による血中トリグリセライドの低下，CREB3L3による肝臓FGF21の発現上昇とそれに伴う血中FGF21の増加し，動脈硬化形成の抑制が観察されている（Nakagawa 私信，図4）．

おわりに

CREB3L3とSREBPはともに同じ切断メカニズムにより活性が制御されることから，動脈硬化病態における相互作用の解明が新たな動脈硬化の治療戦略の1つとなり得ると考えられる．

文献

1) Shimano H, et al: J Clin Invest, 98: 1575-1584, 1996
2) Repa JJ, et al: Genes Dev, 14: 2819-2830, 2000
3) Yoshikawa T, et al: Mol Cell Biol, 21: 2991-3000, 2001
4) Kim GH, et al: J Clin Invest, 125: 183-193, 2015

5) Karasawa T, et al：Arterioscler Thromb Vasc Biol, 31：1788-1795, 2011
6) Tang JJ, et al：Cell Metab, 13：44-56, 2011
7) Li Y, et al：Cell Metab, 13：376-388, 2011
8) Najafi-Shoushtari SH, et al：Science, 328：1566-1569, 2010
9) Horie T, et al：Proc Natl Acad Sci USA, 107：17321-17326, 2010
10) Matsuzaka T, et al：Nat Med, 13：1193-1202, 2007
11) Saito R, et al：Arterioscler Thromb Vasc Biol, 31：1973-1979, 2011
12) Badman MK, et al：Cell Metab, 5：426-437, 2007
13) Inagaki T, et al：Cell metab, 5：415-425, 2007
14) Wu X, et al：Heart Vessels, 30：657-668, 2014
15) Fisher FM, et al：Gastroenterology, 147：1073-1083, 2014
16) Lin Z, et al：Circulation, 131：1861-1871, 2015
17) Gaich G, et al：Cell metab, 18：333-340, 2013
18) Kim KH, et al：Nat Med, 19：83-92, 2013
19) Zhang K, et al：Cell, 124：587-599, 2006
20) Lee MW, et al：Cell metab, 11：331-339, 2010
21) Lee JH, et al：Nat Med, 17：812-815, 2011
22) Nakagawa Y, et al：Sci Rep, 6：27857, 2016
23) Cefalù AB, et al：Arterioscler Thromb Vasc Biol, 35：2694-2699, 2015
24) Nakagawa Y, et al：Endocrinology, 155：4706-4719, 2014
25) Kim H, et al：Endocrinology, 155：769-782, 2014

＜筆頭著者プロフィール＞
中川　嘉：東京理科大基礎工学部生物工学科，筑波大学農学研究科を経て，2002年より筑波大学医学医療系内分泌代謝・糖尿病内科．現在，筑波大学国際統合睡眠医科学研究機構准教授．

第3章 栄養による遺伝子制御と生命現象・臓器機能〜その破綻と疾患の観点から〜

11. 腸内細菌による栄養成分の代謝物と宿主病態
―発がん・がん予防との関連に着目して

大谷直子,原 英二

ヒトをはじめとする多くの哺乳動物では,腸内細菌と共生状態にあることが知られている.腸内細菌は宿主が代謝できない栄養物質を代謝し,宿主はその代謝物を利用することで,宿主にとっても腸内細菌自身にとっても互いに有利になるよう,共生し適切に生体の恒常性を保っている.近年,メタボローム解析などの網羅的解析手法が発達し,さまざまな腸内細菌代謝物が明らかになるとともに,それらの代謝物が宿主生体に影響を及ぼしていることが明らかになってきた.本稿では,そのような機能をもつ腸内細菌代謝物を紹介する.今後,腸内細菌代謝物の合成・分解経路や,さらなる機能の詳細が明らかになれば,腸内細菌叢と宿主の共生機構の解明のみならず,腸内細菌代謝物の有効利用がいっそう可能になるものと期待される.

はじめに

ヒトの腸内には100兆個以上,重さにして2 kg以上の500〜1,000種類ほどの腸内細菌が存在するといわれている.栄養学的にみると,腸内細菌は宿主が代謝できない物質を代謝し,宿主はその代謝物を利用できるようになることが多く,宿主にとっても腸内細菌自身にとっても互いに有利になるよう共生していると考えられている.

近年,分子生物学の発展や次世代シークエンサー技術の進歩により,腸内細菌を単離培養できなくとも,腸内容物や糞便から腸内細菌のゲノムDNAを精製し,

[キーワード&略語]
腸内細菌代謝物,オリゴ糖,短鎖脂肪酸,デオキシコール酸

bai:bile acid-inducible
DMBA:7,12-dimethylbenz[a]anthracene
FMO:flavin-containing monooxygenase
（フラビン含有モノオキシゲナーゼ）
GPR:g protein coupled receptor
（Gタンパク質共役受容体）
ROS:reactive oxygen species（活性酸素種）
SASP:senescence-associated secretory phenotype（細胞老化随伴分泌現象）
TMA:trimethylamine（トリメチルアミン）
TMAO:trimethylamine N-oxide
（トリメチルアミンN-オキシド）

Gut microbial metabolites of nutrients and host pathophysiology—focusing on cancer development and cancer prevention
Naoko Ohtani[1] /Eiji Hara[2,3]:Department of Applied Biological Science, Faculty of Science and Technology, Tokyo University of Science[1] /Department of Molecular Microbiology, Research Institute for Microbial Diseases, Osaka University[2] /Division of Cancer Biology, Cancer Institute, Japanese Foundation for Cancer Research[3]（東京理科大学理工学部応用生物科学科[1] ／大阪大学微生物病研究所遺伝子生物学分野[2] ／がん研究会がん研究所がん生物部[3]）

細菌のもつゲノム配列を解析することにより，さまざまな病態での菌のプロファイリングができるようになってきた．また，生体内の代謝物を網羅的に調べるメタボロミクス研究もさかんになり，腸内細菌が産出する代謝物の変化も網羅的に測定できるようになってきた．このような近年の解析手法を用いると，腸内細菌の生育に影響する腸内の栄養成分の変化により，大きく腸内細菌叢のプロファイルが変化し，その代謝物の種類や量も大きく変化することがわかってきた．その結果，腸内細菌の代謝物は宿主の体に有用に働く場合もあるが，逆に有害な代謝物が増加する場合もある[1]．

本稿では，宿主である哺乳動物（ヒト）の栄養状態によって変化する腸内細菌叢とその代謝物，そしてそれに起因するさまざまな宿主生体内の生理や病態に着目し，特に発がんとの関連について，最近の知見を含め概説する．

1 腸内細菌による栄養成分の代謝物

宿主が摂取する食物や栄養成分によって，腸内細菌叢そのものや腸内細菌叢による代謝物の種類や量が大きく変化することが知られている．近年，腸内細菌代謝物による作用について，興味深い結果が多く報告されている．ここでは，1）短鎖脂肪酸，2）二次胆汁酸，3）オリゴ糖，4）コリン代謝物などをとり上げ，以下に紹介する（図1）．

1）短鎖脂肪酸

腸内細菌が食物繊維（難消化性糖類）を発酵する際に，短鎖脂肪酸を産生することが知られている．このようにして腸内細菌によって産生される短鎖脂肪酸には，主に酢酸，プロピオン酸，酪酸がある[2]．これら短鎖脂肪酸（特に酪酸）は，腸管においてエピジェネティックな機構により，Foxp3という制御性T細胞への分化をつかさどるマスター転写因子の発現誘導を介して制御性T細胞への分化を促し，腸の炎症を抑制することが示されている[3]．

また，別の報告では，これら腸内細菌によって産生された短鎖脂肪酸がGタンパク質共役受容体に結合し，それらの受容体を介してエネルギーの恒常性維持につながっていることが示された．その1つは，短鎖脂肪酸GPR41受容体を介する経路である．すなわち，過剰な食事によって短鎖脂肪酸が増え体内を循環し，交感神経節に多く存在するGPR41が刺激を受け，交感神経節細胞のシグナルを活性化し，エネルギーを消費させて，肥満を予防する方向に働くという研究結果が示された[4]．

また，腸管や脂肪組織に存在する別のGPR43も，食事によって体内で増加した短鎖脂肪酸により刺激を受け，インクレチンの分泌を促進し，インスリンの感受性を上昇させ，体内のエネルギー消費量を高めて，肥満を防ぐ方向に働くという研究結果も報告されている[5]．これらの報告から，腸内細菌の代謝物である短鎖脂肪酸が，肥満の予防に重要であることが示唆される．

2）二次胆汁酸

胆汁酸とは哺乳動物の胆汁内に存在するステロイド誘導体の総称である．胆汁酸は十二指腸内で消化された脂質を包み込んで親水性のミセルを形成し，消化管から脂質を吸収しやすくする役割を担っている．胆汁酸の合成については，ヒトでは肝臓の酵素群によってコレステロールからコール酸やケノデオキシコール酸が一次胆汁酸として合成され，さらに一部はアミノ酸のグリシンあるいはタウリンなどとの抱合体を形成して，胆汁成分として十二指腸に分泌される．その後，腸管内に分泌された抱合型の胆汁酸は，大部分が腸管から再吸収される．しかし吸収されなかった一部の一次胆汁酸は，ある種の腸内細菌により脱抱合され，再び非抱合型となり，腸内細菌のもつbai（bile acid-inducible）オペロンのコードする酵素群によって，7-α-脱水酸誘導体であるデオキシコール酸やリトコール酸などの二次胆汁酸に変換される[6]．

この腸内細菌により産生される二次胆汁酸のデオキシコール酸やリトコール酸は，DNAダメージを誘発し発がんに導く作用があることが知られている．また通常，一次胆汁酸に親和性の強い核内受容体型転写因子FXRは，発がんを抑制する方向に働くが，二次胆汁酸に変換されると親和性が弱まり，がんを促進する可能性があると考えられる[7]．このような作用のある二次胆汁酸は，古くから大腸がんのリスク因子として注目されてきた．2 3）で後述するが，筆者らはデオキシコール酸が，腸肝循環により肝臓に到達し，肝がん促進的ながん微小環境を形成し，肥満誘導性肝がんを促進することを見出した[8]．

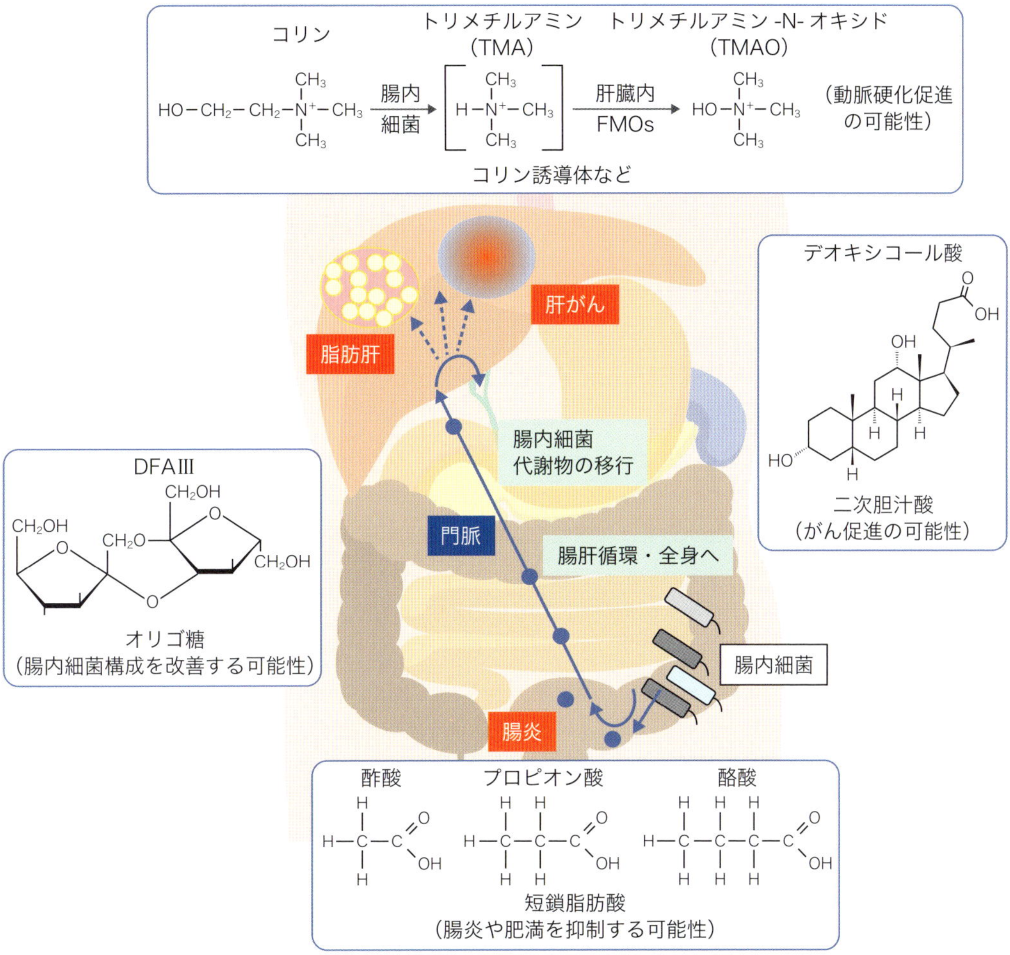

図1　腸内細菌代謝物の作用

宿主が摂取する食物や栄養成分の腸内細菌叢による代謝物は腸のみならず，腸肝循環によって肝臓にも多くの影響を及ぼし，さらに全身の遠隔臓器にも作用する．短鎖脂肪酸は腸炎や肥満の抑制作用，オリゴ糖のDFA IIIは腸内細菌の構成を改善する作用が確認されている．逆に二次胆汁酸のデオキシコール酸は，発がん促進作用が知られている．また腸内細菌代謝物のトリメチルアミンが肝臓で代謝されると，トリメチルアミン-N-オキシドが産生され，この代謝物は動脈硬化などを促進する可能性がある．

3）オリゴ糖

オリゴ糖とは単糖が2～数個結合した化合物である．宿主である哺乳動物が分解できない多糖類を，腸内細菌がオリゴ糖や単糖まで分解できる場合があることが知られている．さまざまな研究より，ある種のオリゴ糖を餌として増殖しやすいビフィドバクテリウム属やルミノコッカス属など，宿主である哺乳動物にとっては善玉菌と考えられている腸内細菌を増やす効果があることが確認された．また，オリゴ糖そのものがもつさまざまな生理活性作用（抗炎症作用など）が，プレバイオティクス※効果をもたらすと期待されている．

2 3）で後述するが，筆者らの研究では，腸内細菌が

> ※ **プレバイオティクス**
>
> イギリスの微生物学者Gibsonらが1995年にJournal of Nutritionで提唱した用語で，「プロバイオティクス」が，腸内細菌叢を変え宿主の健康によい効果をもたらす腸内微生物を指すのに対して，「プレバイオティクス」は，プロバイオティクス効果をもたらす，食品成分のことを意味する．この原著論文では，上部消化管で分解・吸収されず大腸に到達し，大腸に存在する有益な腸内細菌を選択的に増殖・活性化し，宿主の健康の維持改善に役立つ食品成分と定義されている．

産生するDFA Ⅲ（difructose anhydride Ⅲ）という難消化性オリゴ糖が，ルミノコッカス属の腸内細菌を増やし腸内環境を変えることにより，デオキシコール酸産生菌を減少させ，その結果肥満誘導性肝がんの進展を抑制することを明らかにした[8)9)]．

このように，近年注目されるオリゴ糖であるが，どのような腸内細菌が，それらのもつどのような酵素によって，オリゴ糖まで分解できるのかについては未知の部分が多く，さまざまな研究が行われつつある．例えば，多くの野菜に含まれる多糖類のキシログルカンは，バクテロイデス門の腸内細菌がもつ酵素で分解されることが示された[10)]．この研究では250人の成人から集められた腸内細菌ゲノムのデータから，92％の人がこの研究で解析された遺伝子配列をもった細菌を保有していることが示された．また別の研究では，ヒトが分解できない酵母の細胞壁成分αマンナンを，腸内細菌叢の主要構成細菌である*Bacteroides thetaiotaomicron*が，菌の餌として利用し大量のオリゴ糖を産生していることが報告された．ヒトではさらに他の腸内細菌のもつ酵素により，マンノースという単糖にまで分解され，吸収されていることが明らかになっている[11)]．

このようにヒトが分解できず，そのままでは吸収できない多糖類を腸内細菌が分解し，ヒトの体が吸収できるようにするという，ヒトと腸内細菌の共生機構は多くの研究者に着目され，解明されつつある．

4）その他（コリン誘導体，脂肪酸など）

他にも，動物性の食品に含まれるホスファチジルコリンやL-カルニチンを多く摂取すると，これらは腸内細菌により代謝され，トリメチルアミン（trimethylamine：TMA）となる．TMAは肝臓のフラビン含有モノオキシゲナーゼ（flavin-containing monooxygenase：FMO）により，トリメチルアミン-N-オキシド（trimethylamine N-oxide：TMAO）に代謝され，TMAOが動脈硬化の促進などの害を及ぼすことが報告されている[12)]．また，腸内細菌には脂肪酸代謝についても哺乳動物とは異なる代謝経路が存在しており，不飽和脂肪酸から飽和脂肪酸を産出する経路により，宿主の哺乳動物が産生できない飽和脂肪酸を腸内細菌が産生することも知られている[13)]．

2 腸内細菌と肥満誘導性肝がん

このようにさまざまな作用をもたらす腸内細菌代謝物であるが，筆者らは腸内細菌代謝物の1つ，デオキシコール酸が肥満誘導性肝がんを促進する機構の一端を解明したので，以下に述べる．

1）肥満と肝がん

肥満は大腸がんや前立腺がんなど，さまざまながんのリスク因子であることが疫学的調査によって明らかになっているが，肝がん（特に男性）の顕著なリスク因子であることが示されている[14)]．肥満に伴い，しばしば脂肪肝を発症するが，脂肪肝から非アルコール性脂肪性肝炎（NASH）を発症する症例が多く報告されている．NASHまで進行すると，ウイルス性肝炎に伴う肝がんと同様，肝硬変を経過して肝がんが発症する場合もあるが，肝硬変をほとんど認めず肝がんを発症する例が多く報告されている[15)]．肝臓の傷害が起こると肝再生がくり返され，同時に線維化が進行することが多いが，肝障害と肝再生がくり返されることにより，肝がんが発症する危険性が高まると考えられる．NASHに伴う肝がんには，肝線維化を伴わないケースも3分の1ほどあると報告されており[15)]，肥満誘導性肝がんはそれ特有の肝がん発症機構が存在する可能性がある．

2）肥満誘導性肝がんの発症機構

最近，筆者らは肥満に伴って肝がんを発症するマウスモデルを用いて，肥満誘導性肝がんの発症機構の一端を明らかにした[8)]．新生仔マウスにDMBA（7,12-dimethylbenz[a]anthracene）を1回のみ塗布し，その後，肥満にさせるプロトコルで実験を行ったところ，食餌性肥満マウス，遺伝性肥満マウスとも，普通食摂取群のマウスに比べて，有意に肝がんを多く発症することを見出した[8)]．さらに肝がん組織の詳細を調べたところ，肝星細胞において，「細胞老化」が生じていた．これに伴って発がん促進作用のある多くの炎症性サイトカインやプロテアーゼなどが分泌されるSASP（senescence-associated secretory phenotype）とよばれる現象が生じ[16)]，発がん促進的な微小環境を形成していることが明らかになった．

細胞老化とは，正常細胞に発がんの危険性があるDNAダメージなどが生じると誘導される，不可逆的増殖停止状態であり，生来正常細胞に備わったがん抑制

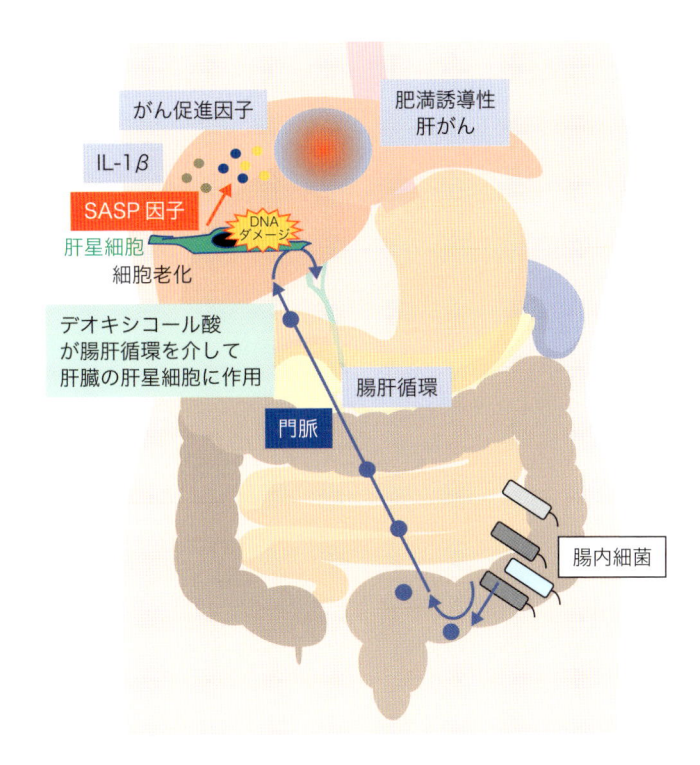

図2 肥満で増加した腸内細菌の代謝物によるSASP誘導が肝がんを促進する

肥満により腸内細菌叢が変化し，増えた腸内細菌により代謝された一次胆汁酸の代謝物，デオキシコール酸の量が増加する．デオキシコール酸は腸肝循環により肝臓に到達し，肝臓の間質に存在する肝星細胞の細胞老化とSASPを誘発し，それによって分泌されたSASP因子が肝がんを促進する．文献8をもとに作成．

機構である．しかし，細胞老化を起こした細胞はすぐには死滅せず長期間生存し続けるため，周囲に何らかの影響を及ぼす可能性が考えられていた．その1つがSASPという現象である．筆者らのマウスモデルではさまざまな遺伝子改変マウスの解析結果から，SASPにより分泌されるIL-1βやその下流因子が発がん促進に働くことが強く示唆された[8]．

3）デオキシコール酸は肥満誘導性肝がん促進因子である

さらに筆者らは肥満によって誘導されるどのような変化が肝星細胞の細胞老化を誘導するのか調べた．興味深いことに，肥満により肝がんを発症したマウスでは，腸内細菌が産生する二次胆汁酸，デオキシコール酸が，野生型マウスに比べて血中で数倍増加していることを見出した．メタ16SrRNA遺伝子解析をしたところ，クロストリジウムクラスターXIやXIVaに属する菌が著しく増加していた．腸内で産生されるデオキシコール酸のほとんどは腸管から吸収され，腸肝循環を介して肝臓に移行する．デオキシコール酸は，ROS（reactive oxygen species）産生を介して[17]細胞老化を誘導することが培養細胞で確認され，肝臓に到達したデオキシコール酸は肝星細胞にDNAダメージを与え，細胞老化とSASPを誘導する可能性が示唆された（図2）．さらに興味深いことに，マウス個体において，血中デオキシコール酸量を減らす処置として，発がん処理をして高脂肪食を摂取させているマウスに，以下2つの処理を行った．①オリゴ糖のDFA IIIを投与し腸内環境を変え，デオキシコール酸の産生量を減らした場合や，②ウルソデオキシコール酸を投与し胆汁酸の排泄を促進させた場合には，血中デオキシコール酸量がコントロールマウスと比べ有意に減少し，これらのケースでは，肝腫瘍形成数が有意に減少した．逆に抗生剤を投与して，腸内細菌をほぼ死滅させた条件では肝腫瘍形成は有意に減少するが，この条件で，デオキシコール酸を経口投与させた場合には，肝腫瘍形成数が著しく増加した．これらの結果から，デオキシコー

ル酸は明らかに肝腫瘍形成を促進させる重要な因子であることが明らかになった．また同時に，DFA IIIというオリゴ糖は肥満誘導性肝がんを予防する可能性のある物質であることもわかった．加えて，今回のマウスでみられた肝がんは肝線維化が少ないことが確認され，肝硬変を伴わない脂肪肝から直接発症する肝がんモデルと考えられた．さらに筆者らはヒトのNASH関連肝がんの臨床検体をしらべたところ，NASH肝がんのうち3分の1程度の頻度で，今回のマウスモデルと同様に，線維化が少なく，肝星細胞で細胞老化やSASPが生じていることを確認できた[8]．

おわりに

これまで述べてきたように，われわれが摂取する栄養成分は腸内細菌によってさまざまな物質に代謝され，宿主と腸内細菌はうまく共生している．また，それらの腸内細菌の代謝物が体を循環することによって，腸内細菌が腸だけでなく，肝臓など遠隔臓器の病態変化をもたらすことが明らかになってきており，特に腸と肝の関係は腸肝軸とよばれ注目されている[18]．

本稿後半では，腸内細菌と肥満や肥満誘導性肝がんの関連について，最近の筆者らの知見を述べてきた．この病態モデルでは特に腸内細菌が代謝するデオキシコール酸やオリゴ糖が重要な役割をもつことが明らかになったが，前半で紹介したように，近年注目度の高い腸内細菌代謝物は多く知られており，それら以外でも今後さらに機能的な腸内細菌代謝物が発見されると予想される．

このようにヒトをはじめとする哺乳動物は，腸内細菌と共生し適切に生体の恒常性を保っている．今後，腸内細菌代謝物の合成・分解経路や，さらなる機能の詳細が明らかになれば，腸内細菌叢と宿主の共生機構の解明のみならず，腸内細菌代謝物の有効利用がますます可能になるものと期待される．

文献

1) Holmes E, et al：Cell Metab, 16：559-564, 2012
2) Kasubuchi M, et al：Nutrients, 7：2839-2849, 2015
3) Furusawa Y, et al：Nature, 504：446-450, 2013
4) Kimura I, et al：Proc Natl Acad Sci USA, 108：8030-8035, 2011
5) Tolhurst G, et al：Diabetes, 61：364-371, 2012
6) Ridlon JM & Hylemon PB：J Lipid Res, 53：66-76, 2012
7) Gadaleta R.M, et al：Biochim Biophys Acta, 1851：30-39, 2015
8) Yoshimoto S, et al：Nature, 499：97-101, 2013
9) Minamida K, et al：Biosci Biotechnol Biochem, 70：332-339, 2006
10) Larsbrink J, et al：Nature, 506：498-502, 2014
11) Cuskin F, et al：Nature, 517：165-169, 2015
12) Wang Z, et al：Nature, 472：57-63, 2011
13) Kishino S, et al：Proc Natl Acad Sci USA, 110：17808-17813, 2013
14) Calle EE, et al：N Engl J Med, 348：1625-1638, 2003
15) Takuma Y & Nouso K：World J Gastroenterol, 16：1436-1441, 2010
16) Rodier F & Campisi J：J Cell Biol, 192：547-556, 2011
17) Payne CM, et al：Carcinogenesis, 28：215-222, 2007
18) Paolella G, et al：World J Gastroenterol, 20：15518-15531, 2014

＜筆頭著者プロフィール＞

大谷直子：京都府立医科大学医学部医学科卒業．内科研修後，京都府立医科大学大学院博士課程修了．同大学・助手，京都大学ウイルス研究所・研究員，（英）Paterson Institute for Cancer Research・研究員，徳島大学ゲノム機能研究センター・准教授，公益財団法人がん研究会・主任研究員を経て，2014年4月より東京理科大学理工学部・応用生物科学科・教授（現職）．'11年4月～'16年3月まで科学技術振興機構さきがけ研究者を兼任．現在は特に腸内細菌代謝物による細胞老化・SASPの誘導機構と，そのがん微小環境における役割について研究を進めている．

第3章 栄養による遺伝子制御と生命現象・臓器機能〜その破綻と疾患の観点から〜

Topics

i. 哺乳類の細胞サイズを規定する分子基盤

山本一男

細胞は,その「大きさ」を一定に保つ努力を払う一方,環境や状況に応じてサイズを変える.しかしながら,細胞サイズの恒常性維持とその転換を調節する機構はよくわかっていない.われわれは独自の遺伝学的スクリーニングを行い,ヒト細胞において細胞サイズを調節すると考えられる遺伝子を多数同定した.そのうちの1つであるLargenは,一群のmRNAの翻訳を刺激し,ミトコンドリアの分量とATP産生を促すことにより細胞サイズを正に調節することがわかった.本稿ではこのLargenの性質から,細胞サイズ調節におけるタンパク質合成と栄養需給の関係を論じる.

はじめに

ヒトの成体は1個の受精卵から分裂を重ね,最終的に37兆個程度の細胞から構成されると見積もられている[1].細胞分裂の前にゲノムを倍化することはもちろんであるが,それに先立ち適正な量のタンパク質や脂質,RNA,各種オルガネラを準備する必要がある[2].そのために,細胞周期のG₁期からS期へ移行するにあたって細胞の「大きさ」をチェックする機構が働いており,分裂している細胞はこうしてある一定のサイズを維持することが可能になると考えられている[3].しかしながら,細胞は時としてサイズを変える.例えば表皮が機械的損傷を受けると,傷を埋めるために周囲の細胞が増殖を開始するが,このとき細胞は一時的に大きくなり,治癒した後にまたもとに戻ることが観察されている[4].また,ある種の非対称分裂においては,細胞の成分のみならず大きさも娘細胞間で異なる場合がある[5].いずれも細胞の増殖や分化能に大きな影響を与える事象であり,その調節に伴ってサイズが変動することには何かしらの意味があるに違いない.逆にいえば,細胞サイズを制御する機構の理解から,恒常性の維持とその破綻によって引き起こされる疾患の原理がみえてくるかもしれない.このような観点から,哺乳類の細胞サイズ調節に直接かかわる遺伝子を同定

[キーワード&略語]
細胞サイズ,ミトコンドリア,翻訳制御,タンパク質合成,代謝

Dox: doxycycline (ドキシサイクリン)
ERM: enhanced retroviral mutagen
HA: hemagglutinin (ヘマグルチニン)
mTOR: mechanical target of rapamycin
Rap: rapamycin (ラパマイシン)

A molecular basis of mammalian cell size control
Kazuo Yamamoto: Division of Cell Function Research Support, Biomedical Research Support Center, Nagasaki University School of Medicine (長崎大学医学部共同利用研究センター細胞機能解析支援部門)

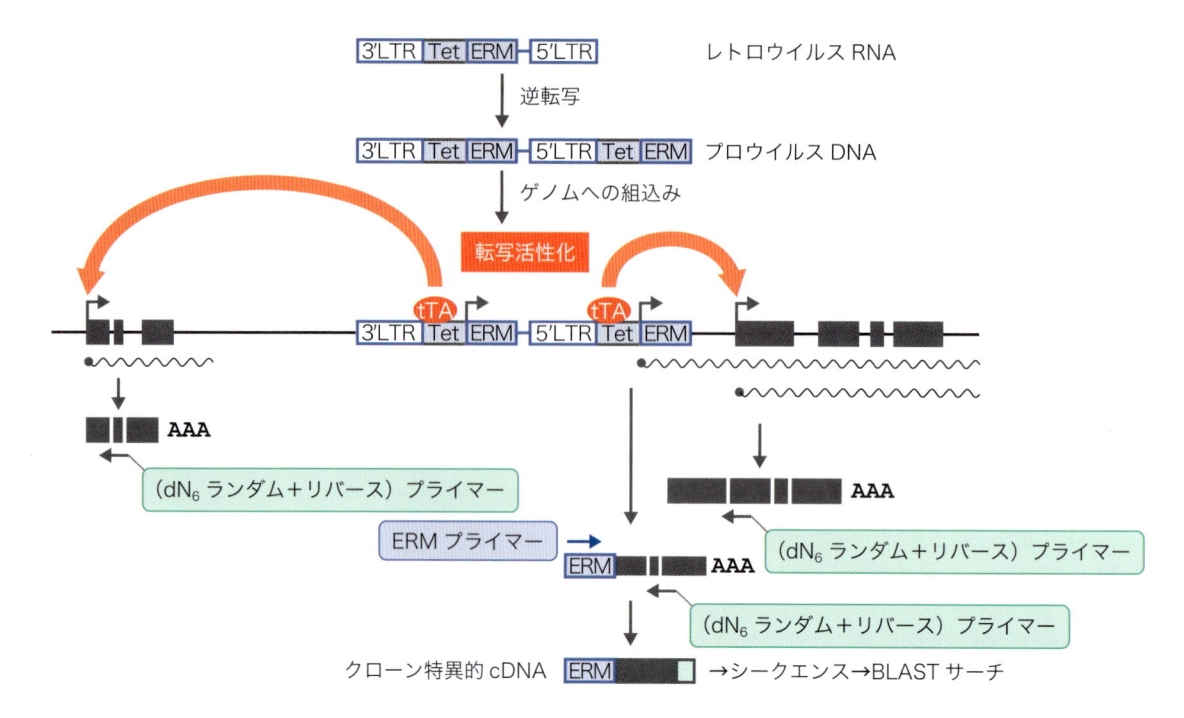

図1 ERMシステムの原理

テトラサイクリン応答配列をもつプロモーター（Tet）の下流に，HAタグとスプライス供与配列〔以上合わせてERMタグ（ERM）とする〕からなるユニットを挿入したレトロウイルスを感染させると，逆転写酵素の働きでプロウイルスDNAに変換され標的細胞のゲノムにランダムに挿入される．あらかじめ発現させておいたテトラサイクリン感受性転写活性化因子（tTA）がプロモーターに結合することにより，5′端にERMタグをもつRNAが合成される（tTAは強力な転写活性化因子であるので，プロウイルス挿入部位近傍の遺伝子の発現を強制的にオンにすることもできる）．このとき，ERMタグに含まれるスプライス供与配列によって下流遺伝子のエクソンとERMタグが連結されたmRNAが生じる．このようなキメラmRNA分子は，6塩基のランダム配列とリバースプライマーの配列を含むオリゴDNAでトータルRNAをcDNA化した後，ERM配列をもつプライマーとリバースプライマーでPCRを行うことにより特異的に増幅することができる（クローン特異的cDNA）．従って，得られたPCRをサブクローニングして塩基配列を読むことにより，その標的細胞の中でどの遺伝子が活性化されたかを知ることができる．

するためのスクリーニングを行い，多数の候補遺伝子を明らかにした．本稿では，そのなかの1つでわれわれがLargenと名付けた因子の解析からみえてきた，細胞サイズの規定要因とその調節について[6]，栄養の取り込みと同化という視点を交えて紹介する．

1 細胞サイズ調節遺伝子スクリーニング

われわれが考案した遺伝子探索法は，3つの重要な柱により支えられている．1つは抗生物質ラパマイシン（rapamycin：Rap）の存在である．もともとはイースター島の土壌細菌から抗真菌活性をもつ物質として単離されたが，後に免疫抑制能，抗腫瘍効果，さらには老化を遅らせる作用があることが示され，近年たい

へんな注目を浴びている[7]．このように広範な生理活性をもつのは，細胞の増殖や代謝調節において中心的な役割を果たすSer/ThrキナーゼmTORの特異的に阻害するためであるが，興味深いことに，ラパマイシンを加えた培地で細胞を培養すると，多くの場合，細胞が小さくなることが知られている[8]．そこで，スクリーニングをはじめるにあたってさまざまな細胞のサイズをフローサイトメーターで分析したところ，ヒトリンパ芽腫由来のJurkat細胞がサイズ分布の幅も狭く，ラパマイシン添加により顕著に細胞サイズが縮小することがわかった．Jurkatが浮遊細胞であることも，後述するセルソーターを使ううえで好都合であった．これが2つめの点である．

3つめは，ERM（enhanced retroviral mutagen）

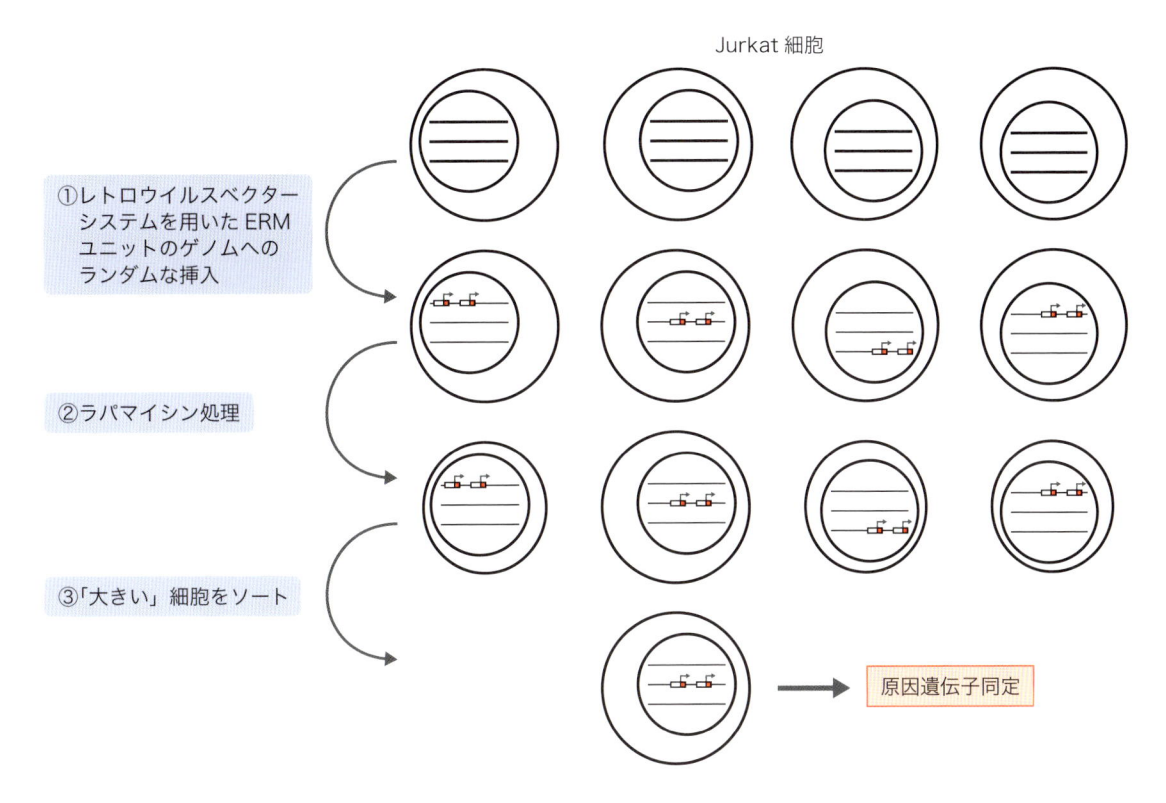

図2 細胞サイズ調節遺伝子スクリーニングの原理
詳細については本文を参照のこと．

法という優れた遺伝子改変法が得られたことである．これは，テトラサイクリン感受性転写活性化因子（tTA）によって制御されるプロモーターの下流に，HAタグとスプライス供与配列（以上合わせてERMタグとする）からなるユニットを挿入したレトロウイルスを感染させることにより，標的細胞のゲノム上の遺伝子をランダムに活性化するシステムである[9]．これにより，ウイルスが挿入されたゲノム部位近傍の遺伝子が常時活性化され，テトラサイクリン〔またはその安定誘導体ドキシサイクリン（Dox）〕でその発現がオフになる変異細胞を作出することができる（図1）．

これらを次のように組合わせる．①ERM法でJurkat細胞の変異体プールをつくる，②この変異体プールをRapで処理する，③Rap処理した変異体プールをセルソーターにかける（図2）．もしRapによる細胞サイズ縮小作用に拮抗する遺伝子があるとすれば，それを人工的に過剰発現させた細胞はRapで処理しても小さくならず，他の細胞と区別できると考えられる．そのような変異体は単純に「大きい細胞」をソートすることで濃縮されるはずである．

ソーティングと培養のサイクルを数回くり返して変異細胞を濃縮した後，限界希釈法で細胞をクローン化し，各細胞クローンのRapに対する細胞サイズ応答性をDoxの存在・非存在下で比較する．Dox非存在下ではRapによる細胞縮小に対して抵抗性を示すが，Dox添加によりERMで活性化されている遺伝子の作用をオフにするとRapへの感受性が復活するものが真の陽性変異細胞となる．この原理に従って，実際に200個以上の細胞サイズ変異クローンを単離した．各変異細胞クローンにおける原因遺伝子は，ERMタグをプライマー配列にして得られるRT-PCR産物の塩基配列をゲノム情報と照合すれば容易に判明する．このような戦略により，数十個の細胞サイズ調節にかかわる候補遺伝子を同定することができた[6]．

2 Largenを介した細胞サイズ調節機構

このなかに見出されたある機能未知遺伝子のcDNAを発現ベクターに挿入して，Jurkat，293T，HeLa細胞などに導入したところ，実際にサイズが大きくなり，Rapを加えてもあまり小さくならなかった．反対にその遺伝子の内在性発現をsiRNAによって阻害すると，細胞が小さくなり，一部で細胞死が誘導されることが判明した．これらの結果から，データバンク上でPRR16（Proline-rich protein 16）として分類されていたこの遺伝子産物をLargenと名付け，さらに解析を加えた．

まずLargen過剰発現細胞はコントロール細胞と比べてより多くのタンパク質を蓄えているという観察結果から，標識アミノ酸の取り込みやルシフェラーゼレポーターアッセイ系を用いた実験を行い，Largenの過剰発現によってmRNAの翻訳効率が上がることを確認した．そこで，Largen過剰発現細胞とコントロール細胞の細胞質画分をそれぞれショ糖密度勾配遠心により分画したポリゾームから翻訳途上にあるmRNAを抽出し，マイクロアレイで比較解析した結果，Largen過剰発現細胞ではヒストンやミトコンドリアタンパク質などの合成が特に促進されていることが明らかになった[6]．

そこでLargen過剰発現細胞のミトコンドリアの状態を調べたところ，実際にミトコンドリア量が増加し，結果としてより多くの酸素を消費しながらATPを過剰に生産していることが確認された．細胞サイズとミトコンドリア活性の相関をみるために，正常細胞を脱共役剤FCCPで処理してミトコンドリアにおけるATP産生を阻害すると，細胞が縮小することが確認された．Largen過剰発現細胞でもFCCPによる細胞サイズの縮小は起こるが，その度合いは正常細胞よりも小さい．この差は，Largen過剰発現細胞におけるミトコンドリアの活性化によるものと考えられる[6]．

Largen過剰発現で観察されたこれらの現象がin vivoでも再現されるか否かを調べる目的でLargenのトランスジェニックマウスを作製した．まずLargenを胎生期から全身で発現させたところ，そのトランスジェニックマウスは胎生致死となった．このことはLargenの発現は発生過程において厳密に制御される必要があることを示唆する．一方，肝臓または筋特異的

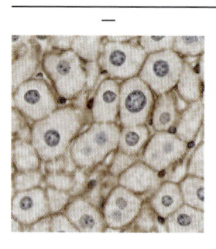

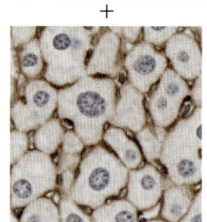

図3 Largenの過剰発現による肝細胞サイズの増大
肝特異的Largen発現マウス（右）とコントロールマウス（左）から得た肝臓の組織切片染色像．Largenの発現により肝細胞のサイズが大きくなっていることが分かる．文献6より転載．

にLargenを過剰発現させたマウスは正常なメンデル比で生まれ，その成体において肝臓や心筋の細胞がコントロールに比べて大きくなることが確認された（図3）．したがってLargenは，生体内においても細胞の大きさを調節することが証明された[6]．

3 栄養の取り込みと細胞サイズ

以上の結果から，Largenが過剰発現するとミトコンドリアが増加しATP合成が促進された結果，タンパク質合成が総体的に増強され細胞が大きくなるという機構が導き出される（図4）．しかしながら，Largenの発現量と生理的に細胞サイズが変化する局面との間に相関がみられるかどうかはまだ検証されていない．現時点で重要なことは，細胞内タンパク質の総量が細胞サイズを規定しうる要素であるという知見である．細胞の乾燥質量のおよそ7割がタンパク質によって占められているという事実にかんがみれば[10]，その増減が細胞体積に大きく影響することは想像に難くない．ではそのタンパク質は，細胞が取り込む栄養素のいずれによってもたらされるのだろうか．この疑問に対する回答が，同位体標識した栄養素の行方を質量分析で丁寧に追うという仕事によってなされた（図5）[11]．

培養細胞が最も消費する栄養素はグルコース，次いでグルタミンである．セリンがそれに続くが，前二者に比べると数分の1程度である．他のアミノ酸の消費率はもっと低くなり，アラニンやグルタミン酸は逆に細胞から放出される．普通に考えれば最も取り込みの

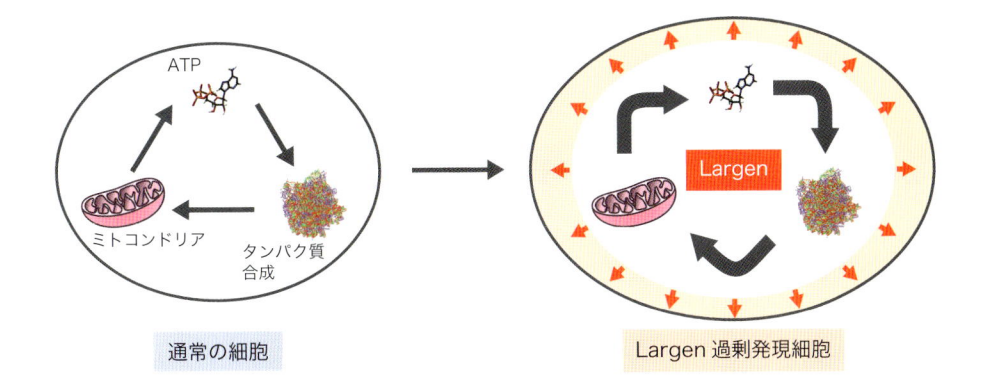

図4　Largenによる細胞サイズ調節のメカニズム
通常，細胞内ではミトコンドリアから供給されるATPがタンパク質合成に使われる．これによりミトコンドリアを構成するタンパク質も提供される．Largenが過剰発現するとミトコンドリアタンパク質の合成が刺激され，このサイクルが増強される．結果として細胞内により多くのタンパク質が蓄積することとなり，これが細胞マスの増大につながっていると考えられる．リボソームは日本蛋白質構造データバンク（PDBj）PDBID：1FFKより作成．

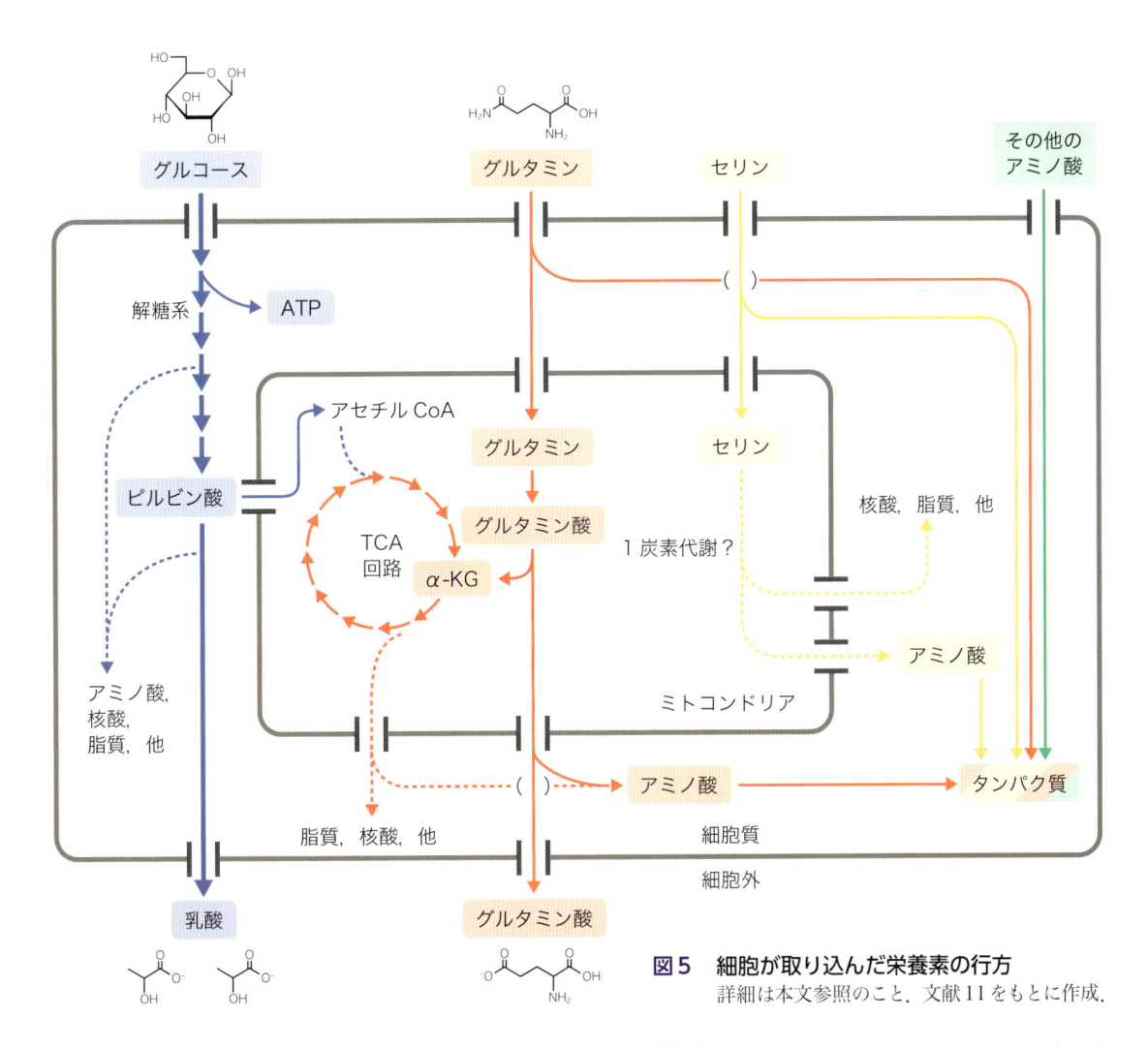

図5　細胞が取り込んだ栄養素の行方
詳細は本文参照のこと．文献11をもとに作成．

高いグルコースやグルタミンが細胞マス（質量・容積）の増加に大きく寄与しているはずだが，驚いたことにグルコースのほとんどは乳酸として放出され，炭素原子として細胞乾燥重量の10〜15%を占めるほどしか残らない．グルタミン由来の炭素も10%程度の寄与であるが，アミド基と側鎖のα-アミノ基の窒素が細胞全体の窒素の3割近くを補っていることが明らかにされた．そして，培地から吸収されたアミノ酸は，グルタミンやセリンの一部がヌクレオチドや極性分子に代謝されることを除いてほぼストレートにタンパク質として固定される．すなわち，細胞質量のほとんどを占めるタンパク質を構成するのは，外からゆるやかに取り込まれるアミノ酸であり，その数倍以上の勢いで取り込まれているグルコースやグルタミンの代謝から供給されるアミノ酸ではないのである[11]．このことは，Largen過剰発現細胞におけるサイズ調節において，グルコースよりもアミノ酸の方が重大な影響を与えるという予備的な観察結果と矛盾しない．

おわりに

3での考察から，細胞サイズは栄養の供給やその代謝と密接に関連していることがわかる．近年，Warburg効果に代表されるごとく，がん細胞は正常細胞とは異なる代謝を行うことにより増殖優位性を確保していることが明らかになりつつある[12]．本稿で紹介したLargen過剰発現細胞クローンはDoxの添加により，LargenトランスジェニックマウスはCre ERT2システムを使ったタモキシフェン投与により，それぞれLargenの発現をコントロールすることができる．このように簡便な方法でミトコンドリアの機能亢進やタンパク質合成の活性化を調節できるシステムは，これからの代謝研究における強力なツールとして有益な情報を与えてくれるものと期待している．

文献

1) Bianconi E, et al：Ann Hum Biol, 40：463-471, 2013
2) Schmoller KM & Skotheim JM：Trends Cell Biol, 25：793-802, 2015
3) Ginzberg MB, et al：Science, 348：1245075, 2015
4) Kim S, et al：Nature, 441：362-365, 2006
5) Roubinet C & Cabernard C：Curr Opin Cell Biol, 31：84-91, 2014
6) Yamamoto K, et al：Mol Cell, 53：904-915, 2014
7) Lamming DW：Cold Spring Harb Perspect Med, 6：e025924, 2016
8) Fingar DC, et al：Genes Dev, 16：1472-1487, 2002
9) Liu D & Songyang Z：Methods Enzymol, 446：409-419, 2008
10) Bonarius HP, et al：Biotechnol Bioeng, 50：299-318, 1996
11) Hosios AM, et al：Dev Cell, 36：540-549, 2016
12) DeNicola GM & Cantley LC：Mol Cell, 60：514-523, 2015

<著者プロフィール>
山本一男：1992年 大阪大学大学院理学研究科生物科学専攻後期課程修了，同年より埼玉医科大学医学部第二生化学教室助手．学部ならびに大学院では大阪大学タンパク質研究所にて転写因子と核酸の構造と機能について京極好正教授のご指導をたまわる．埼玉医科大学では村松正實教授の下，リボソームRNAの転写制御の研究に携わる．'97年 長崎大学医学部講師，2003年 同大学院医歯薬学総合研究科助教授となるも研究休職制度により'04年にカナダにわたりトロント大学・キャンベルファミリーがん研究所にてTak W. Mak所長の下で細胞サイズ研究に着手．'07年 同研究所上席研究員を経て，'12年より長崎大学医学部共同利用研究センター細胞機能解析支援部門准教授（現職）．さまざまな生命現象を「サイズ」というキーワードから俯瞰してみたい．

第3章 栄養による遺伝子制御と生命現象・臓器機能〜その破綻と疾患の観点から〜

Topics

ii. ERRによるメタボリックスイッチとiPS細胞誘導

櫛笥博子，川村晃久，木田泰之

本研究は細胞内のエネルギー代謝に着目し，iPS細胞誘導過程における細胞内代謝の変化とその制御遺伝子群の同定を試みたものである．われわれは転写因子ERRα/γと活性化補助因子PGC-1α/βの一過性的な遺伝子発現上昇が起こることを見出し，初期化早期の酸化的リン酸化がiPS細胞誘導に重要な役割を担っていることを明らかにした．さらに，この一過性的な酸化的リン酸化の上昇（OXPHOSバースト）が起こる細胞画分（Sca1⁻/CD34⁻）からは高効率にiPS細胞が誘導できることを見出した[1]．

はじめに

再生医療におけるヒトiPS細胞の有用性に加え，分化した体細胞が分化万能性を獲得する初期化（リプログラミング）[※1]や他細胞種への分化転換を誘導する分子メカニズムは非常に興味深い．これまでに多能性獲得過程の遺伝子発現やエピジェネティクスの変化に関する報告は多くあるものの[2〜4]，細胞内のメタボリックスイッチ（代謝変換）についてはあまり明らかにされていなかった．また，代謝機能にかかわるミトコンドリア関連タンパク質は初期化早期に強く誘導されることが知られているが[5]，司令塔となって細胞内代謝をダイナミックに制御する鍵因子は同定されていなかった．

一方で，われわれを含めたこれまでの多くの研究から，核内受容体遺伝子群は糖や脂質代謝を多面的に制御することによりエネルギー恒常性を維持していることが明らかとなっており，初期化における鍵因子の可能性があると考えられた．そこでわれわれは，初期化

[キーワード&略語]
初期化，代謝変換，酸化的リン酸化，核内受容体遺伝子

ECAR：extracellular acidification rate
（細胞外酸性化速度）
ERR：estrogen-related receptor
（エストロゲン関連核内受容体）
iPS細胞：induced pluripotent stem cell
（人工多能性幹細胞）

OCR：oxygen consumption rate（酵素消費速度）
OXPHOS：oxidative phosphorylation
（酸化的リン酸化）
PGC-1：PPARγ coactivator 1
（ペルオキシソーム増殖因子活性化受容体γコアクチベーター1）

ERRs mediate a metabolic switch required for somatic cell reprogramming to pluripotency
Hiroko Kushige[1] /Teruhisa Kawamura[2] /Yasuyuki S. Kida[1]：Stem Cell Biotechnology Research Group, Biotechnology Research Institute for Drug Discovery, National Institute of Advanced Industrial Science and Technology[1] /Department of Biomedical Sciences, College of Life Sciences, Ritsumeikan University[2]（産業技術総合研究所創薬基盤研究部門ステムセルバイオテクノロジー研究グループ[1] / 立命館大学生命科学部生命医科学科[2]）

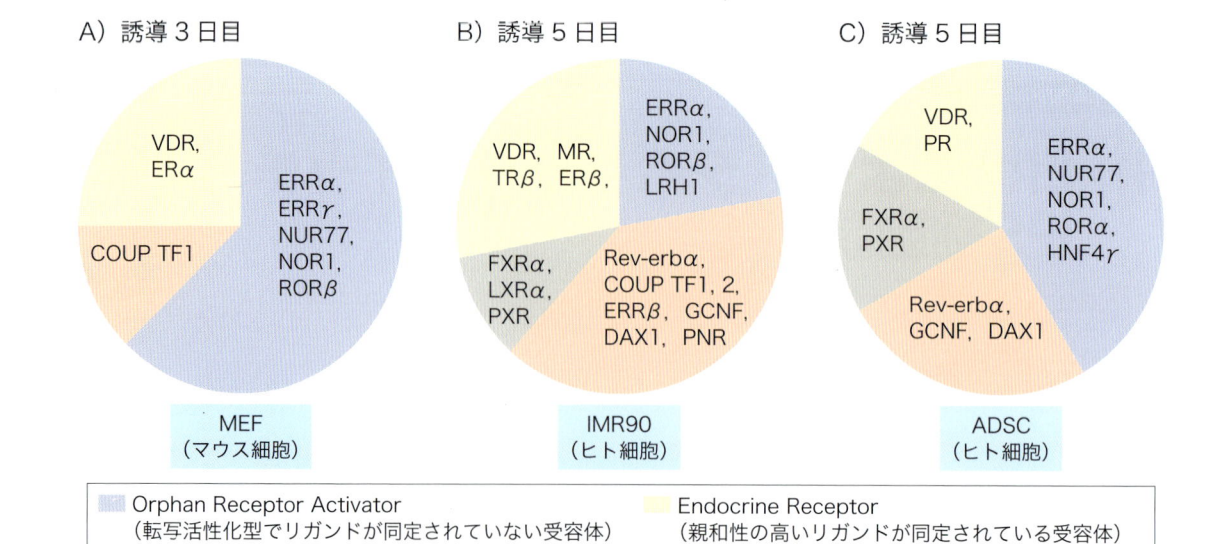

A）誘導3日目	B）誘導5日目	C）誘導5日目
VDR, ERα / ERRα, ERRγ, NUR77, NOR1, RORβ / COUP TF1	VDR, MR, TRβ, ERβ / ERRα, NOR1, RORβ, LRH1 / Rev-erbα, COUP TF1, 2, ERRβ, GCNF, DAX1, PNR / FXRα, LXRα, PXR	VDR, PR / ERRα, NUR77, NOR1, RORα, HNF4γ / Rev-erbα, GCNF, DAX1 / FXRα, PXR
MEF（マウス細胞）	IMR90（ヒト細胞）	ADSC（ヒト細胞）

- Orphan Receptor Activator（転写活性化型でリガンドが同定されていない受容体）
- Orphan Receptor Repressor（転写抑制化型でリガンドが同定されていない受容体）
- Endocrine Receptor（親和性の高いリガンドが同定されている受容体）
- Adopted Orphan Receptor（親和性は低いがリガンドが同定されている受容体）

図1 初期化早期において発現上昇する核内受容体遺伝子群

初期化因子（Oct4, Sox2, Klf4, cMyc：OSKM）の発現誘導により，初期化早期に発現が誘導される核内受容体遺伝子群を定量PCR法により網羅的に調べた．初期化誘導3日目のMEF（A），5日目のIMR90（B），ADSC（C）において，コントロールのGFP導入細胞と比較して発現上昇した核内受容体遺伝子群のプロファイルをグラフに示した．マウス，ヒト細胞において共通して発現変化を示した核内受容体遺伝子は，ERRファミリー，NOR1，RORファミリー，VDRなどであった．

過程におけるヒトおよびマウスの全核内受容体遺伝子群の発現プロファイルを調べることから研究をスタートさせた．

1 ERRα/γの発現上昇は初期化に必須である

われわれは初期化過程における核内受容体遺伝子および活性化補助因子群の関与を調べるため，マウス胎児由来線維芽細胞（MEF）を用いて初期化因子（Oct4, Sox2, Klf4, cMyc：OSKM）を発現誘導した．その結果，さまざまな核内受容体遺伝子群の発現変化が認められ，その中でもマウス核内受容体遺伝子

のERRγおよびその活性化補助因子であるPGC-1α/β遺伝子の初期化早期における顕著な発現上昇がみられた（**図1**）．そこで次にタモキシフェン誘導型のERRγノックアウト細胞を用いて，ERRγが初期化に与える影響を時間軸に沿って評価したところ，OSKM誘導3日間でのERRγノックアウトでは初期化が起こらず線維芽細胞様の形態を示した．これらの結果から，MEFでは初期化早期のERRγの発現誘導がiPS細胞の誘導に必須であると考えられた．

同様の現象はヒト胎児肺由来線維芽細胞（IMR90）および脂肪由来幹細胞（ADSC）でもみられたが，責任遺伝子はERRγではなくPGC-1α/βを伴ったERRαであり，これらの発現は初期化の誘導効率と強い相関を示した．また，われわれは先行研究でp53のノックダウンによりiPS細胞の誘導効率が大幅に上昇することを示しており[6]，この状況においてもERRαの顕著な発現上昇がみられた．興味深いことに，ERRγとp53を同時にノックダウンすると初期化が著しく阻害されることから，iPS細胞への初期化におけるERR

※1 **初期化（リプログラミング）**
分化した細胞が多能性をもつ初期状態に変換すること．特に分化万能性を有する細胞の状態に移行させることをいう．近年，人為的な操作を加えることにより細胞の状態を初期化させるiPS細胞誘導技術が確立された．

のシグナル経路はp53に対してエピスタティックな関係であると考えられた．

2 ERRファミリーは一過的な高エネルギー状態を誘導する

　エストロゲン関連核内受容体群（ERRファミリー）はオーファン型核内受容体に属し，リガンド非依存的でありながら高エネルギーを要求する組織において解糖と酸化的代謝の両者に直接的に関与する[7]．また，活性化補助因子であるPGC-1α/βが選択的に結合することによってさまざまな細胞内代謝の状態を切り替えていることが知られている[8,9]．ERRファミリーは多くのミトコンドリア関連遺伝子の発現を制御することから，初期化過程でのミトコンドリア電子伝達系活性をあらわす酸化的リン酸化（OXPHOS）[※2]の変動を調べたところ，MEFではOSKM誘導3日前後で最高値を示した（図2）．また，ヒトIMR90では5日前後にOXPHOSの一過的な上昇がみられた．さらに，初期化過程におけるトランスクリプトーム解析では，エネルギー代謝にかかわる多くの遺伝子群が5日後に発現ピークを示し，これらの多くがERRのノックダウンによって発現低下することを確認した．

　われわれは次にERRファミリーの発現と高エネルギー状態の誘導との因果関係を調べるため，ERRファミリーのノックダウン系を用いて初期化過程の代謝活性を調べた．予想どおりに，ERRファミリーの阻害によりOXPHOS活性の上昇が完全に抑制され，同時に解糖活性の上昇も抑制された．このように，ERRファミリーを介した一過的なエネルギー状態の上昇は体細胞の初期化に必須であることが示された．多能性幹細胞はエネルギー産生を主に解糖系に依存していることが知られており，初期化過程における解糖活性に着目し

※2　酸化的リン酸化（OXPHOS）

ミトコンドリアにおいて，酸化反応を伴う電子伝達系と共役してリン酸化反応によりATP合成を行う経路のことをいう．細胞内代謝の状態を解析する細胞外フラックスアナライザーは，OXPHOS活性の指標である酸素消費速度（OCR）および解糖活性の指標である細胞外酸性化速度（ECAR）を計測することができる．

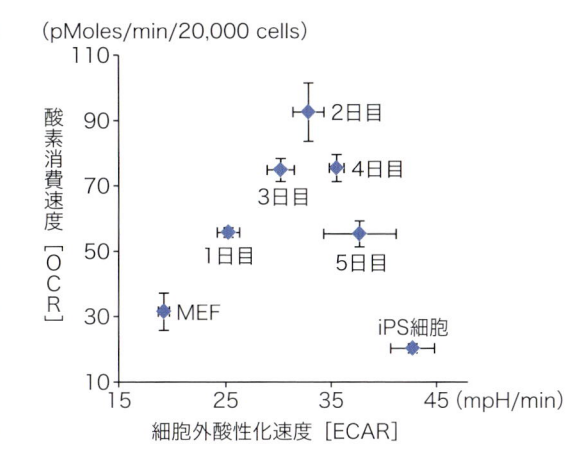

図2　初期化早期に誘導される一過的なメタボリックスイッチ

MEFの初期化過程における細胞内代謝の変動を解析した．細胞外フラックスアナライザーを用いた解析により，OXPHOS活性の指標である酸素消費速度（OCR）および解糖活性の指標である細胞外酸性化速度（ECAR）を経時的に測定した．初期化の誘導時間軸に沿って，解糖経路が徐々に活性化する一方，誘導後2〜4日においてOXPHOS経路が一過的に活性化していることがわかった．

た研究が多く報告されてきた[10〜12]．われわれの実験でも解糖活性が初期化過程で徐々に上昇し，iPS細胞と同等のレベルに推移したことから，従来の報告と一致する結果が得られた一方で，初期化早期におけるOXPHOS活性の一過的なバーストがヒトおよびマウスのどちらの細胞においても存在することを見出した．

3 初期化早期に出現するOXPHOS活性化画分はiPS前駆細胞を含む

　次にわれわれはERR活性化および高エネルギー状態の細胞群を選別するため，初期化早期で特異的な発現パターンを示す細胞表面マーカーを調べ，Sca1（stem cell antigen 1）およびCD34（cluster of differentiation 34）に注目した．初期化早期の細胞集団をSca1⁻CD34⁻ DN（double negative），Sca1⁺CD34⁺ DP（double positive），Sca1⁺CD34⁻ SP（single positive）の3つの明確な亜集団に分けたところ，DN細胞集団は少数（〜5％）であったが，他の2つの細胞亜集団と比べてERRγは〜10倍，PGC-1βは〜7倍とい

う高い発現レベルを示し，酸素消費速度（OCR）や細胞外酸性化速度（ECAR）の顕著な上昇が認められた．さらに，3つの細胞亜集団からそれぞれ誘導したNanog陽性iPS細胞のコロニー数を比較したところ，DN由来細胞群は他の細胞亜集団よりも50倍高いiPS細胞の誘導効率を示した（DN：35.5％，DP：0.6％，SP：0.8％）．これらのDN由来iPS細胞は多能性幹細胞様の形態，多能性マーカーの発現，高いアルカリホスファターゼ活性を示し，その胚様体は三胚葉のそれぞれのマーカーを発現し，キメラマウスの形成も確認された．これらの結果から，初期化早期に同定された高エネルギー状態の細胞はSca1⁻CD34⁻細胞集団として分画され，iPS前駆細胞を含んでいることがわかった．

おわりに

われわれは，核内受容体遺伝子ERRα/γとその活性化補助因子PGC-1α/βの発現が細胞内代謝にかかわる遺伝子群を広範囲に制御することで代謝変換を起こし，初期化早期の特異的なエネルギー状態をつくり出していることを見出した．また，このメタボリックスイッチが誘導された細胞群は高い初期化の誘導効率を示し，われわれが同定した初期化早期のマーカー（Sca1⁻/CD34⁻）によって分取可能であった（図3）．エストロゲン関連核内受容体（ERRα/γ）は，特に心筋や骨格筋においてミトコンドリアを拠点とするOXPHOSを制御している．このOXPHOS，すなわち酸素を消費するATP産生は，同時に酸化ストレスの原因となる活性酸素の産生を伴う．このメカニズムによってiPS細胞にはDNA損傷が起こると予想されるが，同時期に活性酸素分解酵素などの発現上昇もみられたことから，ERRのメタボリックスイッチによって協調的に抗酸化プログラムが誘導されていると考えられる．したがって，ERRファミリーにより誘導される高エネルギー状態の細胞集団を制御することで，より安全なiPS細胞誘導法の開発につながる可能性がある．また，これらの結果は細胞の状態が大きく変化するがんやメタボリック症候群などにおいても新たな知見を見出すことにつながると期待される．

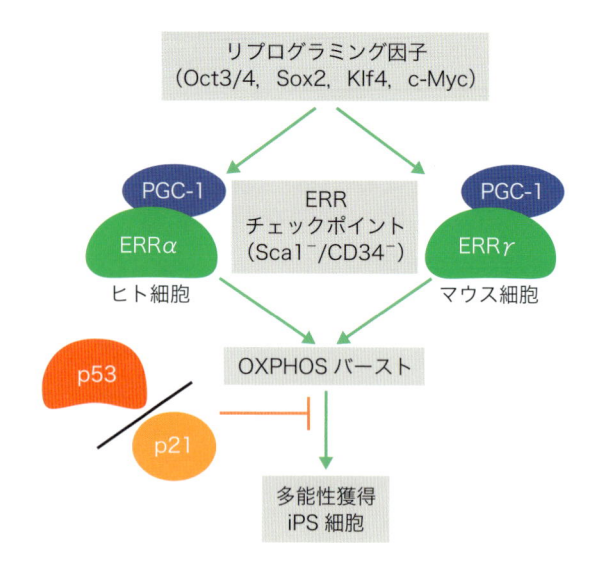

図3　ERRを介する初期化誘導メカニズム

初期化過程の細胞では，特定の核内受容体遺伝子（ヒト細胞ではERRα，マウス細胞ではERRγ）やその活性化補助因子PGC-1α/βが早期に発現誘導される．これに伴って代謝にかかわる多くの遺伝子発現が制御され，OXPHOSバーストが起こる．興味深いことに，OXPHOSバーストが起こった細胞群はSca1⁻/CD34⁻で分取可能であり，この画分からは高効率にiPS細胞を誘導できることがわかった．

文献

1) Kida YS, et al：Cell Stem Cell, 16：547-555, 2015
2) Buganim Y, et al：Cell, 150：1209-1222, 2012
3) O'Malley J, et al：Nature, 499：88-91, 2013
4) Theunissen TW & Jaenisch R：Cell Stem Cell, 14：720-734, 2014
5) Hansson J, et al：Cell Rep, 2：1579-1592, 2012
6) Kawamura T, et al：Nature, 460：1140-1144, 2009
7) Giguère V, et al：Nature, 331：91-94, 1988
8) Dufour CR, et al：PLoS Genet, 7：e1002143, 2011
9) Schreiber SN, et al：J Biol Chem, 278：9013-9018, 2003
10) Folmes CD, et al：Cell Metab, 14：264-271, 2011
11) Panopoulos AD, et al：Cell Res, 22：168-177, 2012
12) Shyh-Chang N, et al：Science, 339：222-226, 2013

＜筆頭著者プロフィール＞

櫛笥博子：2013年 早稲田大学 先進理工学研究科 博士号取得．同年より産業技術総合研究所にて産総研特別研究員（ポスドク）．幹細胞，脂肪細胞，神経細胞などをターゲットとしており，生物学・分子生物学的な解析に加え，生体医工学の技術を取り入れて研究を進めている．

※**太字**は本文中に『用語解説』があります

索 引

数 字

2-HG ……………………… 22, 187
2-OG ……………………………… 98
2-オキソグルタル酸 …………… 98
2型糖尿病 ……………… 62, 166, 185
2成分遺伝子発現系 ……………… **36**
2成分制御系 ……………………… 49
2-ヒドロキシグルタル酸 ……… 22

和 文

あ

アスプロシン …………………… 105
アセチルCoA ………… 53, 128, 184
アセチル化 ……………………… 131
アトロジーン …………………… 192
アミノ酸 ………………………… 131
位相応答性 ……………………… 164
イソクエン酸脱水素酵素 ……… 187
遺伝子発現 ……………………… 58
インスリン ………… 50, 130, 167, 196
インスリン抵抗性 ……………… 179
インスリン/IGF-Ⅰ ……………… 177
インディルビン …………………… 57
インビボイメージング ………… 167
運動 ……………………………… 189
栄養 ……………………………… 172
栄養・代謝物シグナル ………… 127
栄養環境 ………………………… 96
エタノールアミンリン酸経路 … 23
エネルギー ……………………… 147
エネルギー消費 ………………… 74
エネルギー代謝 ……… 93, 130, 190
エピゲノム制御 …………… 20, **122**

炎症 ……………………………… 152
エンハンサー廃止仮説 ………… 91
エンハンサー様長鎖ノンコーディング
　RNA ………………………… **117**
オートファジー ………………… 140
オキシントモジュリン ………… 197
オミクス解析 …………………… 22
オリゴ糖 ………………………… 212
オンコメタボライト …………… 23

か

概日時計 ………………………… 163
概日リズム ……………………… 163
解糖系 ……………………… 45, 147
解糖系シフト …………………… 93
核移行シグナル ………………… 59
核外搬出シグナル ……………… 59
核内受容体 ……………………… 143
核内受容体遺伝子 ……………… 223
核内レセプター ………………… 191
核内レセプタースーパーファミリー
　………………………………… 191
褐色脂肪細胞 …………………… 115
活性化ヒストンマーク ………… 108
活性酸素種 ……………………… 77
カルボニルストレス …………… 47
カロリー制限 …………………… **172**
環境ストレス …………………… 88
肝臓 ……………………………… 167
飢餓応答 ………………………… 140
逆遺伝学 ………………………… **171**
筋萎縮 …………………………… 191
筋線維 …………………………… 190
グリオキサラーゼⅠ …………… 47
グリコーゲン …………………… 131
グリシン ………………………… 71

グリセンチン …………………… 197
グルカゴン ………… 102, 130, 196
グルコース ……………………… 130
グルココルチコイド ……… 130, 191
グルタチオン …………………… 47
クロマチン ……………………… **186**
クロマチン免疫沈降実験 ……… 54
クロマチンリモデリング因子 … **55**
血管新生応答 …………………… 150
血中グルカゴン ………………… 200
解毒機能 ………………………… 57
ケトン体 …………………… 103, 130
コア・メディエーター ………… 113
高グルカゴン血症 ……………… 201
抗体クラススイッチ …………… 79
骨格筋 …………………………… 189
骨格筋-肝臓-脂肪組織シグナル軸
　………………………………… 193
骨格筋の量的質的可塑性 ……… 191
コリン代謝物 …………………… 212
ゴルジ体 ………………………… 66
コレステロール ……………… 64, 71

さ

サーチュイン ……………… 39, 177
細胞サイズ ……………………… 217
細胞内アミノ酸栄養センシング … 25
細胞老化 ………………………… 176
サルコペニア …………………… 194
サルベージ経路 ………………… 42
酸化的リン酸化 …… 150, 223, **225**
酸素 ……………………………… 147
三大栄養素 …………………… 21, 72
サンドイッチELISA法 ………… 196
シグナル伝達 …………………… 184
シグナル伝達物質 ……………… 24

索引

シグナル伝達分子 ………………… 72
視交叉上核 ………………………… 164
次世代シークエンサー …………… **187**
自然リンパ球 ……………………… 156
脂肪細胞 …………………………… 185
脂肪細胞分化の
　マスターレギュレーター ……… **187**
脂肪酸 ……………………………… 59
脂肪酸結合タンパク質 …………… 58
脂肪酸酸化 ………………………… 102
社会的時差ぼけ …………………… 165
終末糖化産物 ……………………… 47
出芽酵母 …………………………… 47
寿命 ………………………………… 171
小胞体ストレス …………………… 60
初期化 ………………………… 223, **224**
食餌性脂肪肝炎誘発マウス ……… 93
腎臓 ………………………………… 152
親電子性物質 ……………………… 119
心不全 ……………………………… 180
スプライスバリアント …………… **91**
制御性T細胞 ……………………… 156
赤脾髄マクロファージ …………… 79
摂食 ………………………………… 127
絶食 ………………………………… 127
絶食応答 …………………………… 102
セマフォリン3E …………………… 180
全身性傷害応答 …………………… 34
全身性創傷応答 …………………… 34
臓器連関 …………………………… 193

た・な

ダイオキシン ……………………… 57
ダイオキシン受容体 ……………… 53
代謝 ………………………………… 218
代謝リプログラミング …………… 150
体内時計 …………………………… 164
タウリン …………………………… 71
脱アセチル化 ……………………… 131
短鎖脂肪酸 …………………… 159, 212
胆汁酸 ……………………………… 70

胆汁酸吸着レジン ………………… 75
タンパク質合成 …………………… 220
タンパク質修飾 …………………… 184
中性脂肪合成系 …………………… 130
腸内細菌 …………………………… 72
腸内細菌代謝物 …………………… 211
低栄養 ……………………………… 24
低酸素応答 ………………………… 147
ディスバイオーシス ……………… 155
デオキシコール酸 ………………… 212
鉄-硫黄クラスター ……………… 78
鉄欠乏性貧血 ……………………… 78
テトラサイクリン ………………… 219
テロメア …………………………… 177
転写因子 …………………………… 105
転写因子EB ……………………… 141
転写コアクチベーター …………… 105
天然変性タンパク質 ……………… **81**
天然変性領域 ………………… 80, **111**
トア制御モデル …………………… 25
糖新生 ………………………… 102, 130
糖尿病 …………………… 47, 179, 196
動脈硬化 ……………………… 179, 207
ドキシサイクリン ………………… 219
時計遺伝子 ………………………… 164
トランススルフレーション経路 … 33
トランスメチレーション経路 …… 33
ニコチンアミド …………………… 41
ニコチンアミド
　アデニンジヌクレオチド ……… 39
二次胆汁酸 ………………………… 212
ノトバイオートマウス …………… **158**

は

バイオマーカー …………………… 62
胚性幹細胞 ………………………… **186**
白色脂肪細胞 ……………………… 115
白色脂肪組織 ……………………… 167
パスツール効果 …………………… 150
ヒストンアセチル化 ………… 53, 54, 106, 185

ヒストンアセチル基転移酵素 … 105
ヒストン脱メチル化酵素 ………… 89
肥満 ……………………………… 98, 166
表現型可塑性 ……………………… **89**
ピルビン酸 ………………………… 52
ピルビン酸デヒドロゲナーゼ複合体
　…………………………………… 52
フィードバックループ …………… 23
フォークヘッド転写因子ファミリー
　…………………………………… 178
フラックス ………………………… 21
プレバイオティクス ………… 162, 213
プロバイオティクス ……………… 159
分岐鎖アミノ酸 …………………… **192**
分泌型FABP4 …………………… 61
ベージュ脂肪細胞 ………………… **115**
ヘパトカイン ………………… 131, 207
ヘム ………………………………… 77
ヘム-Bach1経路 ………………… 79
ヘム-Bach2経路 ………………… 79
泡沫化 ……………………………… **207**
ホーミング分子 …………………… **157**
ポリオール経路 …………………… 46
ホルモン …………………………… 127
ホロ・メディエーター …………… 112

ま・ら

マイクロRNA miR-33a ………… 69
ミトコンドリア ……………… 147, 220
ミトコンドリア電子伝達系 ……… 150
メカノ-メタボ連関 ……………… 189
メカノストレス …………………… 194
メタ16SrRNA遺伝子解析 ……… 215
メタボリックシンドローム … 59, 179
メタボリックスイッチ …………… 223
メタボローム解析 ………………… 19
メタボロミクス …………………… 19
メチオニン ………………………… 174
メチルグリオキサール …………… 45
メディエーター …………………… 110
モジュール ………………………… **111**

※**太字**は本文中に『用語解説』があります

索引

ラパマイシン	192, 218
リソソーム	142
リトコール酸	212
リプログラミング	**224**
リポファジー	**145**
リボフラビン	89
レチノイン酸	157
レドックス	48
レドックス状態	**49**
レムナント・リポタンパク質	**206**
老化関連疾患	176

欧文

A・B

α-ケトグルタル酸	20, 98
α細胞	196
α-KG	98, 188
active histone mark	**108**
AGEs	47
AhR	53, 157
Akt	49
AMPK	151, **173**, 177
AMPキナーゼ	151, 183
asprosin	105
ATP	147
β酸化	102
β-ヒドロキシ酪酸	103
β-oxidation	102
Bach1	79
BAT	43
BCAA	**192**
Bmal1	164
bZip	80

C〜E

C型慢性肝炎	78
C. elegans	170
Caenorhabditis elegans	170
cAMP	105
cAMP依存性キナーゼ	102
CASTOR1/2	30
ChIP-qPCR法	**108**
CITED2	106
Clock	164
COP II 小胞	67
CREB3L3	208
CRISPR-Cas9法	**124**
Cryptochrome	164
CYP1A1	54
daf-2	171
daf-16	171
developmental origins of health and disease	101
DFA III	215
dFOXO	35
DNAメチル化	95
DNAメチル基転移酵素	96
DNA methyltransferase	**96**
Dnmt	**96**
DOHaD	101
DPP4阻害薬	197
dysbiosis	155
Elovl6	207
ERMシステム	218
ERR α/γ	223

F〜G

FABP	58
FABP4	59
FABP5	60
FAD	89
FAD依存性ヒストン脱メチル化酵素	89
FGF21	193, 207
forkhead box O	144
FoxO	144, 178
FoxO1	105
Foxp3	212
FXR	65, 70, 73, 143
γ-アミノ酪酸	47
G6Pase	40, 105
GABA	47
GATOR1	**29**
GATOR2	**29**
GCN5	106
GCN5-CITED2-PKA モジュール	106
general control non-repressed protein5	106
Glo1	47
GLP-1	74, 75
GLP-1受容体	197
gluconeogenesis	102
GLUT1	93
GNMT	36
GPCR	70
GPR41	159, 212
GPR43	159, 212
GPR109A	157
GSH	47

H〜K

HIF-1α	93, 180
His-Aspリン酸リレー系	49
HMG CoA 還元酵素	68
HNF-4α	105
hypoxia-inducible factor 1	147
hypoxia inducible factor-1α	180
IDR	80
IDRs	111
ILC	156
in vivo Ad-luc解析	135
INSIG	66, 205
intrinsically disordered regions	111
iPS細胞誘導	223
IRE	78
IRP	78
JNK	61
jumonjiドメインタンパク質	**90**

KEAP1	120	
KEAP1–NRF2システム	119	
KEAP1–NRF2–MED16経路	125	
KLF15	135, **192**	

L〜N

LAMTOR1	28
Largen	220
LC-MS/MS	123, **196**, 199
LSD1	89
LSD2	89
LXR	65, 134, 204
mammalian target of rapamycin	151
mammalian TOR	**26**
MED1	114
MED12	117
MED13	117
MED13L	117
MED16	124
MED23	124
MED24	124
MG	45
miR-33	206
mTOR	**26**, 151, 177
mTORC1	26, 141, 192
NAD^+	39, 130
NAM	41
ncRNA-a	117
nicotinamide adenine dinucleotide	39
NMN	41
non-coding RNA-activating	117
NRF2	120
NSC	91

O・P・R

One Carbon Metabolism	96, **97**
OXPHOS	**225**
OXPHOSバースト	223

p53	176
p300	55
PCSK9	68
PDC	55
PEPCK	40, 105
Period	164
peroxisome proliferator activator γ coactivator 1 α	105
PGC-1 α	105, 116, 131, 145, **190**
PKA	102
PKC	49
PKM2	52
Pol II	110
PPAR α	143
PPAR γ	40, 60, 114
PRDM16	116
protein kinase A	102
pTreg	156
Rag	27
Rheb	27
ROS	77
RTK	27

S・T

S-アデノシルメチオニン	32, 97
S. cerevisiae	47
S1P	67
S2P	67
S6K	26
SAM	20, 32, 97, 173
SAMS-1	173
SASP	**178**
SCAP	66, 205
SDR	34
Sestrin	30
SETDB1	**187**
SIRT1	40, 106, 131
SIRT7	42, 43
Sirtuin	39
site-1 protease	67
site-2 protease	67

SLC38A9	28
solid dietary restriction	172
SpiC	79
SREBP	65, 204
SREBP-1	132
SREBP-2	68
SREBP1c	40
SREBPs	145
STATシグナリング	60
SUMO化	**68**
SWR	34
TCA回路	148
ten-eleven translocation	**96**
TET	**96**
TFEB	141
TFEL	135
TGR5	74
TMAO	214
TOR	49, 173
TORC1	25, 45
TORC2	49
TR	114, 205
Treg	156
tTreg	156

U〜W・Y

Ucp1	116
V-ATPase	31
Warburg効果	22, 56
WDリピート	**66**
Yap1	47
yeast AP-1	47

編者プロフィール

矢作　直也（やはぎ　なおや）

1994年東京大学医学部医学科卒業，東京大学大学院医学系研究科内科学専攻博士課程修了（医学博士）．東京大学大学院医学系研究科分子エネルギー代謝学講座特任准教授を経て筑波大学医学医療系ニュートリゲノミクスリサーチグループ准教授（現職）．大学院時代より，栄養環境応答としての遺伝子発現変化の研究（ニュートリゲノミクス）をはじめる．糖尿病をはじめとする代謝疾患の診療に従事しつつ，転写複合体解析のための新たな方法論・TFEL scanを駆使したニュートリゲノミクス研究を展開中．

実験医学　Vol.34 No.15（増刊）

遺伝子制御の新たな主役　栄養シグナル
糖、脂質、アミノ酸による転写調節・生体恒常性機構と疾患をつなぐニュートリゲノミクス

編集／矢作直也

実験医学 増刊

Vol. 34 No. 15 2016〔通巻583号〕
2016年9月10日発行　第34巻　第15号
ISBN978-4-7581-0357-2
定価　本体5,400円＋税（送料実費別途）
年間購読料
　24,000円（通常号12冊，送料弊社負担）
　67,200円（通常号12冊，増刊8冊，送料弊社負担）
郵便振替　00130-3-38674

© YODOSHA CO., LTD. 2016
Printed in Japan

発行人　一戸裕子
発行所　株式会社　羊　土　社
　　　　〒101-0052
　　　　東京都千代田区神田小川町2-5-1
　　　　TEL　03（5282）1211
　　　　FAX　03（5282）1212
　　　　E-mail　eigyo@yodosha.co.jp
　　　　URL　www.yodosha.co.jp/
印刷所　株式会社　平河工業社
広告取扱　株式会社　エー・イー企画
　　　　TEL　03（3230）2744（代）
　　　　URL　http://www.aeplan.co.jp/

本誌に掲載する著作物の複製権・上映権・譲渡権・公衆送信権（送信可能化権を含む）は（株）羊土社が保有します．
本誌を無断で複製する行為（コピー，スキャン，デジタルデータ化など）は，著作権法上での限られた例外（「私的使用のための複製」など）を除き禁じられています．研究活動，診療を含み業務上使用する目的で上記の行為を行うことは大学，病院，企業などにおける内部的な利用であっても，私的使用には該当せず，違法です．また私的使用のためであっても，代行業者等の第三者に依頼して上記の行為を行うことは違法となります．

JCOPY　＜(社)出版者著作権管理機構　委託出版物＞
本誌の無断複写は著作権法上での例外を除き禁じられています．複写される場合は，そのつど事前に，(社)出版者著作権管理機構（TEL 03-3513-6969，FAX 03-3513-6979，e-mail：info@jcopy.or.jp）の許諾を得てください．

実験医学

バイオサイエンスと医学の最先端総合誌

2016年よりWEB版購読プラン開始!

医学・生命科学の最前線がここにある!
研究に役立つ確かな情報をお届けします

定期購読のご案内

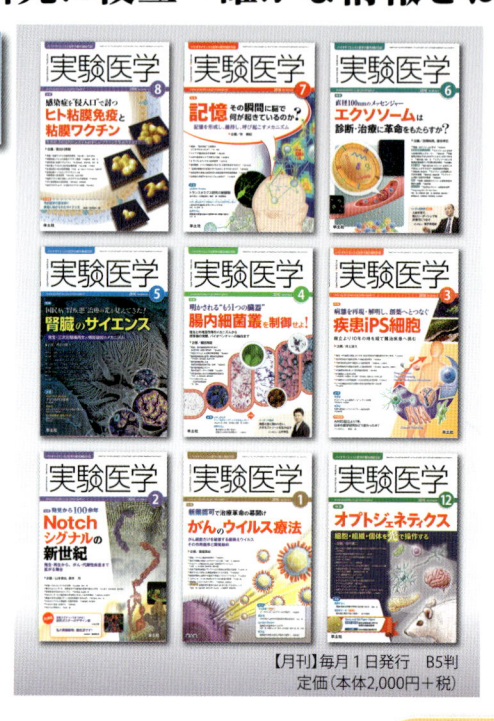

【月刊】毎月1日発行 B5判
定価(本体2,000円+税)

【増刊】年8冊発行 B5判
定価(本体5,400円+税)

定期購読の4つのメリット

1 注目の研究分野を幅広く網羅!
年間を通じて多彩なトピックを厳選してご紹介します

2 お買い忘れの心配がありません!
最新刊を発行次第いち早くお手元にお届けします

3 送料がかかりません!
国内送料は弊社が負担いたします

4 WEB版でいつでもお手元に
WEB版の購読プランでは,ブラウザからいつでも実験医学をご覧頂けます!

年間定期購読料

送料サービス 海外からのご購読は送料実費となります

通常号(月刊)
定価(本体24,000円+税)

通常号(月刊)+増刊
定価(本体67,200円+税)

WEB版購読プラン 詳しくは実験医学onlineへ

通常号(月刊)+ WEB版※
定価(本体28,800円+税)

通常号(月刊)+増刊+ WEB版※
定価(本体72,000円+税)

※ WEB版は通常号のみのサービスとなります

お申し込みは最寄りの書店,または小社営業部まで!

発行 羊土社
TEL 03(5282)1211
FAX 03(5282)1212
MAIL eigyo@yodosha.co.jp
WEB www.yodosha.co.jp ▶▶▶ 右上の「雑誌定期購読」ボタンをクリック!